D1731821

# DIE WELT VON INNEN – ENDO & NANO

## The World from Within – ENDO & NANO

**ARS ELECTRONICA**
Festival für Kunst, Technologie und Gesellschaft
*Festival of Art, Technology and Society*

Veranstalter/*Organizers*:
Brucknerhaus Linz und ORF-Landesstudio Oberösterreich

**BRUCKNERHAUS LINZ**
Vorstandsdirektor Karl Gerbel
Linzer Veranstaltungsgesellschaft mbH (LIVA)
Untere Donaulände 7
A-4020 Linz
Telefon: *732/7612-0   Fax: *732/783 745

**ORF LANDESSTUDIO OBERÖSTERREICH**
Intendant Dr. Hannes Leopoldseder
Franckstraße 2a
A-4020 Linz
Telefon: *732/53481-0   Fax: *732/53481-250

Direktorium/*management committee*:
Vorstandsdirektor Karl Gerbel (LIVA)
Intendant Dr. Hannes Leopoldseder (ORF)
o. Prof. Peter Weibel (Vorsitzender des Künstlerischen Beirates)

Ständiger Künstlerischer Beirat/*permanent artistic advisory board*:
o. Prof. Peter Weibel (Vorsitzender)
Dr. Katharina Gsöllpointner (LIVA)
Mag. Brigitte Vasicek (LIVA)
Dr. Christine Schöpf (ORF)

Kuratoren/*curators*:
Benjamin Heidersberger, Georg Kampis, Woody & Steina Vasulka, Dietmar Wiesner

Herausgeber/*editors*:
Karl Gerbel, Peter Weibel

Redaktion/*editing*:
Katharina Gsöllpointner

Übersetzungen/*translations*:
Linda Altmisdört, Silvia Zendron
Ingeborg Gsöllpointner, Doris Jüngling / James McQuillan, Camilla Nielsen

Grafische Gestaltung/*graphic design*:
Greta Hitz-Kühnel
Covergestaltung unter Verwendung einer Arbeit von Peter Weibel
Offsetreproduktionen/*offset reproductions*:
Krammer Linz, RM Linz
Druck/*printing*:
LANDESVERLAG Druckservice Linz

Vertrieb/*sale*: PVS Verleger

ISBN 3-901196-048

Wir danken für die Unterstützung von Ars Electronica 92:
Stadt Linz
Land Oberösterreich
Bundesministerium für Unterricht und Kunst
AUSTRIA TABAK/Casablanca
Thyssen INTERLUX Hirsch GesmbH
Lufthansa
SILICON GRAPHICS, Österreich
VOEST Alpine Stahl AG

# DIE WELT VON INNEN – ENDO & NANO

## The World from Within – ENDO & NANO

ENDO
und
NANO

Herausgeber/*editors*:

Karl Gerbel, Peter Weibel

Redaktion/*editing*:

Katharina Gsöllpointner

PVS Verleger

# INHALT / *CONTENT*:

# Ars Electronica '92 – Fenster in eine neue Welt

## Karl Gerbel

Ars Electronica, das Festival für Kunst, Technologie und Gesellschaft, steht 1992 unter dem großen und aktuellen Thema „Die Welt von Innen - ENDO & NANO".

Ars Electronica thematisiert damit jüngste Überlegungen aus Wissenschaft, Philosophie und Kunst zu Endophysik und Nanotechnologie, zweier Wissenschaften, die eine neue Sicht von der Welt ermöglichen. Der Betrachter der Welt steht innerhalb des Welt-Systems und ist gleichzeitig Teil dieses Systems. Das bedeutet, daß fast alles, was wir sehen, hören, denken und tun, von uns selbst geschaffen ist. Die menschliche Wirklichkeit ist somit großteils nicht natürlich, sondern konstruiert.

Die künstlerischen Projekte bei Ars Electronica beschäftigen sich in besonderem Maße mit den virtuellen Realitäten, also den künstlichen Wirklichkeiten. In den Performances, Installationen und Ausstellungen wird die Frage nach der Wirklichkeit, in der wir uns befinden und handeln, gestellt.

Mit Ars Electronica '92 und der Auseinandersetzung mit den neuen Wissenschaften Endophysik und Nanotechnologie öffnet Linz das Fenster in eine neue Welt.

**Ars Electronica 92 –**

**Window into a New World**

Ars Electronica, the festival of art, technology and society, in 1992 is dedicated to the major and current topic „The World from Within - ENDO & NANO".

Ars Electronica thus deals with scientists', philosophers' and artists' latest perceptions of endophysics and nanotechnology, two new branches of science that enable us to see our world from a different angle. The observer of our world is within the world system and at the same time a part of this system. That means everything we can see, hear, think or do has been constructed and created by ourselves. Thus the reality is not real but artificial.

The artistic projects shown during Ars Electronica deal above all with the virtual realities, the artificial realities. The performances, installations and exhibitions are enquiring into the reality in which we exist and act.

With Ars Electronica 92 and its analysis of the new branches of science endophysics and nano-technology, Linz is opening a window to a new world.

Gordon Matta-Clark:
View from inside *Conical Intersect*, 1975

# Interface zur Welt

## Katharina Gsöllpointner
## Brigitte Vasicek

„*Reise*: Neuerdings langweilen sich Touristen an heißen Stränden. Ars Electronica findet die Lösung in der Aufwertung alter Linz-Traditionen. Die Linzer mit ihren malerischen Behausungen und mitreißenden Festen sind plötzlich interessant geworden... Das Interesse, das einer eigenständigen Ars Electronica Kultur entgegengebracht wird, ist relativ jung... Die Kultur der Linzer entzieht sich einer einheitlichen Darstellung. ... Den Versuch einer Annäherung stellt das Festival der Linzer dar, das seit nunmehr 13 Jahren in opportuner Nähe zum Donaupark über die Bühne geht."

Bei der Auswahl der Projekte für Ars Electronica 92 war die Thematik eines „neuen" Blicks auf die Welt Grundlage, um eine Arbeit, eine Performance in das Programm aufzunehmen.

Die Zusammenstellung eines Festivals ist immer auch vom Zufall abhängig. Nicht nur die künstlerischen Kriterien und Wunschvorstellungen der Veranstalter, sondern auch so profane wie organisatorische und finanzielle Gründe bestimmen, wie das Programm eines Festivals letztendlich präsentiert werden kann.

Als wesentlicher Faktor erschien uns dabei die „Architektur" dieser Ausstellung, wobei nicht nur die von Eichinger oder Knechtl geschaffene Gestaltung der Räume, die die Veränderung des Blicks fast gewaltsam demonstriert, gemeint ist, sondern naturgemäß eine geistige Architektur, die eine Realität darüberhinaus schafft.

Was die Projekte in diesem Festival verbindet, ist neben der thematischen Einbeziehung des „Blicks" und „Standpunkts" der Betrachter als wesentliches Element der Schaffung eines Kunstwerks auch der Versuch, aufzuzeigen, daß das, was die Wissenschaft als Endophysik rational und radikal neu aufarbeitet, der Kunst von jeher immanent war: die Spiegelung der Welt im Werk, das Werk selbst als Interface zur Welt.

Wir danken Veronika Pelikan für ihre Anregungen, die sie uns mit ihrem Beitrag über „Djerba: Den Berbern auf der Spur" (Der Standard, 24/5/92) geliefert hat.

### Interface to the World

For the choice of the various projects to be presented during Ars Electronica 92 we made it a condition that the work's topic be a „new" perspective of the world.

Such a choice will always be made for various reasons. Not only artistic criteria and ideals of the organizers but also such trivial motives as organizational and financial reasons determine the program of a festival in the end.

A very important factor was the „architecture" of the exhibition. Not only Eichinger oder Knechtl's design of the rooms that demonstrates the transformation of the view almost brutally but naturally a mental architecture that creates a reality past that.

The common factor of the projects at this festival is along with the thematic incorporation of the „view" and the „position" of the spectator as an essential element of the creation of a work of art - also the attempt to demonstrate what has been rationally and radically dealt within the field of endophysics has always been inherent in art: the reflection of the world in the work of art, the work of art itself as the interface to the world.

# Die Welt von Innen – Endo & Nano

# Über die Grenzen des Realen

## Peter Weibel

Ars Electronica '92 versucht, zwei neue radikale Veränderungen des Weltbildes und die damit verbundenen neuen Bildwelten thematisch in den Mittelpunkt zu stellen: Endophysik und Nanotechnologie.

Die elektronische Welt mit ihren Modellwelten und Computersimulatoren, mit ihren Interfaces und virtuellen Wirklichkeiten legt die Vermutung nahe, daß die Welt ein Schnittstellen-Problem ist. Endophysik und Nanotechnologie sind zwei verschiedene Vorgangsweisen, mit denen die Schnittstelle genauer als bisher studiert werden kann, einmal detaillierter als je (sehr klein - nano) und einmal sogar von innen (endo).

In seinem Buch „Engines of Creation, The Coming Era of Nanotechnology" (1986) hat K. Eric Drexler eine „Maschinentechnologie" auf molekularer Basis vorgeschlagen, welche die Materie Atom um Atom strukturiert. Molekulare Nanomaschinen (Enzyme, Hormone, Viren können ja als Maschinen beschrieben werden) verschaffen uns Zutritt zu Mikrosphären nanometrischer Dimensionen (Nanometer ist der milliardste Teil eines Meters). Durch die direkte und gezielte Manipulation, Markierung und Blockbildung einzelner Atome und Moleküle, wie sie Feynman-Maschinen à la Raster-Tunnel-Mikroskope erstmals ermöglichen, dringen wir gleichsam in die Schaltzentrale und an das Mischpult der Natur vor. Von der Medizin bis zur Erforschung neuer Materialeigenschaften bzw. Entdeckung neuer Materialien steht uns eine radikale Änderung unserer materiellen Existenz bevor. Elektronische Nano-Computer, vielleicht hunderttausendmal schneller als elektronische Mikrocomputer, werden diese Entwicklung beschleunigen.

Die Endophysik ist eine Wissenschaft, welche die Frage stellt, wie schaut ein System aus, wenn der Beobachter als

### The World from Within – Endo & Nano

### Over and Beyond the Limits of Reality

This year's Ars Electronica will focus on two new radical transformations of our world image and the new image worlds accompanying it: endophysics and nanotechnology.

The electronic world with its model worlds and computer simulations, interface and virtual realities gives us reason to believe that the world can now be understood in terms of an interface. Endophysics and nanotechnology are two different ways to study the phenomenon of interface in greater detail than was possible up to now - on the one hand on a much smaller scale (nano: very small) and on the other from within (endo). In his book „Engines of Creation. The Coming Era of Nanotechnology" (1986), K. Eric Drexler introduced molecular „machine technology" by means of which matter is arranged around the atoms. Molecular nanomachines (enzymes, hormones, viruses can be described as machines) give us access to the microspheres of nanometric dimensions (nanometer is the billionth of a meter). By means of direct, precise manipulation, identification and block formation of individual atoms and molecules made possible by Feyman machines à la grid tunnel microscope, we are able to approach the central switching station and mixer of nature. From medicine to the exploration of material qualities or the discovery of new materials we are confronted with a radical transformation of our material existence. Electronic nanocomputers, possibly a hundred thousand times faster that electronic microcomputers, will accelerate this development.

Endophysics is a science that explores what a system looks like, when the obserrver becomes part of this system. Is there another perspective than that of the observer? Are we only inhabitants of the inner side of the interface? What does classical objectivity mean then?

Endophysics shows to what extent objective reality is necessarily dependent on the observer. Ever since perspective was introduced in the

Renaissance and group theory in the 19th century, the phenomena of the world are known to be contingent on the regular localization of the observer (co-distorsion). Only outside of a complex universe is it possible to give a full description of it (cf. Gödel). For endophysics this position is only possible as a model, outside of a complex universe - not whithin reality itself. In this sense, endophysics offers an approach to a general model and simulation theory (as well as to „virtual realities" of the computer age). Endophysics developed from chaos theory, to which Otto Rössler has contributed since 1975 (see the famous Rössler-Attractor, 1976). Another aspect of endophysics are the reinterpretations of issues related to quantum physics. Rössler provides a synthesis of Everett's, Bell's and Deutsch's interpretations of quantum physics with Nelson's stochastic mechanics.

Endophysics differs from exophysics, since the physical laws that are valid when what is part of what one is observing are generally different from what is true from an imagined or real external point of view. Gödel's undecidability is also only valid internally - within the system.

An explicit observer has to be intoduced into the model world of physics in order to make the reality existing for him accessible. Endophysics provides a „double approach" to the world. Apart from the direct access to the real world (by way of the interface of the senses) a second observation position is opened from an imaginary observer postition. Is the so-called objective reality only the endo side of an exo world?

The history of cultural production has time and again provided evidence that man senses the possibility of the world being only the endo side of an exo world. It is revealed in many visions, gnostic formulations, riddles and pardoxes. In order to illustrate the phenomenon of the interface as the only reality we can have recourse to the model of the „bubble boy" who lives in a sterile bubble and only communicates with the world via the interface. The menu of his world program is on the keyboard inside the bubble. Whereas our macroscopic world is irreversible, the bubble in which we find ourselves is microscopically reversible with contraintuitive consequences.

The fact that our world is not classic does not necessarily speak against what was said above. The classical time inversion invariance and the classical permutation invariance by means of equal particles result in „non-classical", non-local phenomena. The „rest of the world" becomes distorted for the internal observer so that he/she cannot correct or recognize it. The world is made of rubber, only we do not notice this because we, too, are made of rubber. The resulting hypersurface of simultaneity have a

Teil dieses Systems operiert. Gibt es überhaupt eine andere Perspektive als die jenes internen Beobachters? Sind wir nur Bewohner der Innenseite der Schnittstelle? Was bedeutet dann die klassische Objektivität?

Die Endophysik zeigt, in welchem Ausmaß die objektive Realität notwendig vom Beobachter abhängig ist. Seit der Einführung der Perspektive in der Renaissance und der Gruppentheorie im 19. Jahrhundert wissen wir, daß die Erscheinungen der Welt von der Lokalisation des Beobachters in gesetzmäßiger Weise abhängig sind (Ko-Verzerrung). Nur wenn man sich außerhalb eines komplexen Universums befindet, ist eine vollständige Beschreibung desselben möglich (vergleiche Gödel). Für die Endophysik ist nur im Modell diese Position außerhalb eines komplexen Universums möglich, nicht in der Wirklichkeit selbst, insofern liefert die Endophysik einen Ansatz für eine allgemeine Modell- und Simulationstheorie (und auch für die „virtuellen Realitäten" des Computerzeitalters). Die Endophysik ist aus der Chaostheorie hervorgegangen, zu der Otto Rössler seit 1975 beigetragen hat (siehe den berühmten Rössler-Attraktor, 1976). Ein anderer Aspekt der Endophysik sind Neuinterpretationen quantenphysikalischer Probleme. Rössler schlägt eine Brücke zwischen den quantenphysikalischen Interpretationen von Everett, Bell und Deutsch auf der einen Seite und der stochastischen Mechanik von Nelson auf der anderen.

Die Endophysik ist von der Exophysik verschieden, weil die physikalischen Gesetze, die gelten, wenn man ein Teil dessen ist, was man betrachtet, im allgemeinen andere sind als diejenigen, die von einem gedachten oder wirklichen extremen Standpunkt aus wahr sind. Gödels Ununterscheidbarkeit gilt auch nur von innen - innerhalb des Systems.

In der Physik muß man einen expliziten Beobachter in die Modellwelt aufnehmen, um die für ihn existierende Realität zugänglich zu machen. Die Endophysik ermöglicht gleichsam einen „Doppelzugang" zur Welt. Neben dem direkten Zugang zur realen Welt (durch die Schnittstelle der Sinne) wird ein zweiter, von einer imaginierten Beobachterposition aus eröffnet. Ist die sogenannte objektive Realität nur die Endoseite einer Exowelt?

Die Geschichte der kulturellen Produktion liefert immer wieder Evidenzen, daß der Mensch die Möglichkeit erahnt, daß seine Welt nur die Endoseite einer Exowelt ist. Sie zeigt sich in zahlreichen Bildvorstellungen, gnostischen Formulierungen, Rätseln und Paradoxien. Um das Phänomen der

Schnittstelle als einzige Realität zu illustrieren, bietet sich das Modell des „Bubble-Boy" an, der in einer sterilen Blase lebt und nur durch die Schnittstelle mit der Welt kommuniziert. Das Menü seiner Weltprogrammierung befindet sich auf dem Keyboard innerhalb der Blase. Unsere makroskopische Welt ist zwar irreversibel, aber die Blase, in der wir uns befinden, ist mikroskopisch reversibel, mit kontraintuitiven Konsequenzen.

Die Tatsache, daß unsere Welt nichtklassisch ist, ist nicht unbedingt ein Einwand. Tatsächlich führen die klassische Zeitumkehrinvarianz und die klassische Permutationsinvarianz durch gleichartige Teilchen zu „nichtklassischen", nichtlokalen Phänomenen. Der „Rest der Welt wird für den inneren Beobachter in einer für ihn nicht korrigierbaren oder erkennbaren Weise verzerrt. Die Welt ist aus Gummi, nur wir merken es nicht, weil wir selbst aus Gummi sind. Die dabei entstehenden Gleichzeitigkeitshyperflächen sind vom Standpunkt eines externen Beobachters aus kompliziert gekrümmt, letzterer fühlt sich versucht, dem inneren Beobachter „Hinweise" zukommen zu lassen, die diesem das Erfolgserlebnis eines Blicks hinter den Vorhang ermöglichen würden. Leider besitzen wir in unserer Welt kein ähnliches „großes Auge", das wir um Hilfe bitten könnten. Es sei denn, wir suchen Zuflucht zur Konstruktion eines fiktiven allwissenden, allmächtigen Superbeobachters.

Die einzige wissenschaftliche Methode, herauszufinden, ob unsere Welt eine zweite exo-objektive Seite besitzt, ist die Konstruktion von Modellwelten (bzw. Kunstwelten) auf einer unter unserer Welt befindlichen Ebene. Dieses Vorgehen heißt Endophysik.

Der Endo-Ansatz bietet ein Versprechen für die komplexe Technowelt der elektronischen Epoche. Die Effekte der industriellen (maschinenbasierten) und postindustriellen (informationsbasierten) Kultur-Maschinisierung, Medialisierung, Simulation, Synthetik, Semiosis, künstliche Realität, Seinsentzug, etc. - werden in einen neuen Diskurs hineingezogen. Der Endozugang stellt einen neuen theoretischen Rahmen zur Beschreibung und zum Verständnis der wissenschaftlichen, technischen und sozialen Bedingungen der postmodernen Welt zur Verfügung. Die virtuellen Welten sind zum Beispiel ein Spezialfall der Endophysik. Die Fragen, welche die Endophysik stellt, von der Beobachterrelativität über die Repräsentationsproblematik und Nichtlokalität bis zur Welt als reines Schnittstellenproblem, sind zentrale Fragen der elektronisch-telematischen Zivilisation.

complex curvature from the viewpoint of the external observer. The latter feels tempted to give the internal observer „leads" which let him/her peek behind the curtain. Unfortunately we do not possess a similarly „large eye" in our world to which we could turn to for help. That is unless we try to construct a fictive, omnipotent and omniscient super-observer.

The only scientific way of figuring out whether our world has a second exo-objective side is to construct model worlds (or artifical worlds) on a level below our world. This approach is called endophysics. The world as a „repair shop for a machine of desire" could be the next step.

The endo approach has great promise for the complex techno-world of the electronic age. The implications of the industrial (machine-based) and post-industrial (information-based) culture - mechanization, new media, simulation, synthetization, semiosis, artificial reality, deprivation of being, etc. are integrated into a new discourse. This approach provides a new theoretical framework for describing and understanding the scientific, technical and social conditions of the postmodern world. The virtual worlds are, for instance, a special case of endophysics. The issues that endophysics addresses - from observer-relativity, representation and nonlocality to the world seen as being merely an interface - are central issues of an electronic and telematic civilization. The observer-reality and -contingency of the manifestations of the world revealed to us by endophysics, the difference of observer-internal and observer-external phenomena provide valuable forms of discourse for the aesthetics of self-reference (the world of image signals), virtuality (of the immaterial character of picture sequences) and the interactivity (of the observer relativity of the image) as we see them defined by electronic art.

The endo approach to electronics (from the exhibition „The Intrinsic World of the Machine World" to interactive computer installations in real-time) implies that the possibility of experiencing the relativity of the observer is dependent on an interface and that the world can be described as an interface from the perspective of an explicit internal observer. For isn't electronic art a world of the internal observer par excellence by virtue of its participatory, interactive, observer-centered and virtual nature? This leap from one external and dominant viewpoint to an internal participatory viewpoint also determines the nature of electronic art. Electronic art moves art from its object-centered stage to a context- and observer-oriented one. In this way it becomes a motor of change, from modernity to postmodernity, i.e., the transition from closed, decision-defined and complete systems to open, non-defined and incomplete ones, from the world of necessity to a world of observer-driven variables, from monoperspective to multiple perspective, from monoculture to multiculture, from monopoly to pluralism, from text to context, from locality to non-locality, from local to remote correlation, from totality to particularity, from objectivity to observerrelativity, from autonomy to covariance, from the dictatorshop of subjectivity to the world of the machine.

We propose the introduction of two levels: first the endo approach to electronics and second electronics as the endo approach to the world. The nature of electronic art can only be understood as an endophysical principle since electronics itself is an endo approach to the world. The construction of model worlds on a lower level as a real world with an explicit internal observer like the closed circuit installations, where the observer sees him/herself in the observation devices, the feedback situations where the machine watches itself, or virtual reality where the hand of the external observers simulated as part of the internal observer is in the image, is in keeping with the principle of endophysics. The description of the world in terms of interface and the acknowledgement of the non-objective, only observer-objective nature of objects are corollaries of the endophysical theorem. The world interpreted as observer-relative and as interface is the doctrine of electronics interpreted as endophysics. The world changes as our measuring chains (observation), our interface do. The boundaries of the world are the boundaries of our interface. We do not interreact with the world - only with the interface to the world. This is something else that the endo approach to electronics teaches us. The electronic art to be presented at the 1992 Ars Electronica in exhibitions and performances should help us to better understand the nature of electronic culture and the foundations of our electronic world.

Through electronic art we tend more and more to see the world from within. In the age electronics the world is becoming increasingly manipulatable as an interface between observer and objects. Electronic technology has led to the insight that we are only part of the system or an inner inhabitant of the system that we observe or with which we interact. For the first time we also have access to a technology and theory in which the world is imposed on us as an interface only visible from within.

We are now also able to observe the system and the interface from the outside and conceive of the interface as being extended in nanometric and endophysical terms. In this sense we are able to break out of the prison of space and time (the Cartesian coordinates), described by Descartes for the first time in detail. The grid of here and now becomes more malleable. Virtual reality,

Die Beobachter-Realität und -Abhängigkeit der Erscheinungen der Welt, welche die Endophysik aufzeigt, ihre Unterscheidung von beobachter-internen und beobachter-externen Phänomenen, stellen für die Ästhetik der Selbstreferenz (der Eigenwelt der Bildsignale), der Virtualität (des immateriellen Charakters der Bildsequenzen) und der Interaktivität (der Beobachter-Relativität des Bildes), wie sie die elektronischen Künste unserer Auffassung nach definieren, wertvolle Diskursformen zur Verfügung.

Die Bedingungen der Möglichkeit aller Erfahrung von der Beobachter-Relativität abhängig und die Welt als Interface-Problem aus der Perspektive eines expliziten inneren Beobachters beschreibbar zu machen, dies ist der Endozugang zur Elektronik (von der Ausstellung „Die Eigenwelt der Apparatewelt" bis zu den interaktiven Computerinstallationen in Echtzeit). Denn ist die elektronische Kunst wegen ihres partizipatorischen, interaktiven, beobachterzentrierten und virtuellen Charakters nicht die Welt des inneren Beobachters par excellence? Dieser Wechsel von einem externen und dominierten Standpunkt zum internen und partizipatorischen Standpunkt bestimmt auch das Wesen der elektronischen Kunst. Die elektronischen Kunst treibt somit die Kunst von der objektorientierten zur kontext und zur beobachterorientierten Phase ihrer Entwicklung voran. Dadurch wird sie auch zu einem Motor des Wandels von der Moderne zur Postmoderne. d.h. des Übergangs von geschlossenen zu offenen Systemen, von entscheidungsdefinierten und vollständigen zu indefinierten und unvollständigen Systemen, von der Welt der Notwendigkeit zu einer Welt beobachtergesteuerter Variablen, von der Mono-Perspektive zur multiplen Perspektive, von der Monokultur zu Multikulti, vom Monopol zum Pluralismus, von Hegemonie zu Pluralität, vom Text zum Kontext, von Lokalität zu Non-Lokalität, vom Ort zur Fernkorrelation, von Proximität zu Telematik, von Identität zu Differenz, von Totalität zu Partikularität, von Objektivität zu Beobachter-Relativität, von Autonomie zu Kovarianz, von der Diktatur der Subjektivität zur Eigenwelt der Apparate.

Wir schlagen also zwei Stufen vor: Zuerst den Endozugang zur Elektronik und zweitens die Elektronik als Endozugang zur Welt. Das Wesen der elektronischen Künste als endophysikalisches Prinzip zu verstehen, ist nur möglich, weil eben die Elektronik selbst der Endo-Zugang zur Welt ist. Die Konstruktion von Modellwelten tieferer Stufe als die reale Welt, die einen expliziten inneren Beobachter enthalten, wie bei den Closed Circuit Installationen, wo der

Beobachter sich selbst in den Beobachter-Apparaten sieht, bzw. wie bei den Feedback-Situationen, wo die Maschine sich selbst beobachtet, oder wie bei der Virtuellen Realität, wo die Hand des externen Beobachters simuliert als Teil des internen Beobachters im Bild selbst ist, folgt dem endophysikalischen Prinzip. Die Beschreibung der Welt als Schnittstellenproblem und das Eingeständnis der nicht-objektiven, nur beobachterobjektiven Natur der Objekte sind Korollare des endophysikalischen Theorems. Die Welt als beobachter-relativ und als reines Schnittstellenproblem zu interpretieren, ist die Lehre der endophysikalisch inter-pretierten Elektronik. Die Welt ändert sich daher mit unseren Meßketten (Beobachtung), mit unserer Schnittstelle. Die Grenzen der Welt sind die Grenzen unseres Interface. Wir interagieren nicht mit der Welt, sondern nur mit der Schnittstelle zur Welt. Dies lehrt uns ebenfalls der Endo-zugang zur Elektronik. Die elektronische Kunst, wie sie 1992 bei Ars Electronica von Ausstellungen bis zu Aufführ-rungen vorgestellt wird, soll uns helfen, das Wesen der elektronischen Kultur und die Grundlagen unserer elek-tronischen Welt besser zu verstehen.

Wir sehen die Welt durch die elektronische Kultur immer mehr von innen. Im Zeitalter der Elektronik wird die Welt als Schnittstelle zwischen Betrachter und Objekten immer manipulierbarer. Weil durch die von der elektronischen Technologie geförderte Erkenntnis, daß wir nur Teil oder innere Bewohner des Systems sind, das wir beobachten oder mit dem wir interagieren, wir erstmals auch Zugang zu einer Technik und Theorie haben, die uns die Welt nicht mehr nur als Schnittstelle auferlegen, die wir nur von innen beobachten können, sondern uns auch einen Beobach-terstandpunkt außerhalb des Systems und der Schnittstelle imaginieren bzw. die Schnittstelle nanometrisch und endophysikalisch ausdehnen lassen. Somit wird das von Descartes erstmals genau beschriebene Gefängnis von Raum und Zeit (die cartesianischen Koordination) etwas gedehnt. Die Gitterstäbe des Hier und Jetzt werden etwas weicher. Virtuelle Realität, interaktive Computerinstal-lationen, Endophysik, Nanotechnologie etc. sind Techno-logien des erweiterten Jetzt, des nichtlokalen Hier, (fern-korrelierte) Überschreitungen des lokalen Ereignishorizonts. Sie stellen eine Technologie der Befreiung aus den Fesseln des Realen dar.

interactive computer installations, endophysics, nanotechnolgy, etc. are technologies of the extended now, of the non-local here, (remotely correlated) ways of transcending the local event horizon. All of this represents a technology that frees us from the letters of reality.

# Unsere Regenbogenwelt

## Otto E. Rössler und Peter Weibel

**Our Rainbow World**

A rainbow's ends stand in a pot of gold, it is said. Its location indeed poses a problem since it is different for every observer. The rainbow actually is a distorted virtual image of the sun. Nevertheless it looks like a real object. Could it be that similar distortions apply to other "real" objects?

**An Old Question**

To what extent depends objective reality on the observer? Since the invention of perspective in the Renaissance, and the invention of group theory (Helmholtz-Lie-groups) in the nineteenth century, we know that the appearance of the world depends on the location of the observer in a lawful manner. Computer programs of the "virtual-reality" type accordingly generate a "lawfully non-invariant" (that is, covariant) representation out of an absolute (invariant) one that is present in the computer memory. Even though the lawful distortion of perspectivic vision is tantalizing, it leaves our secure sense of an "objective" reality existing undisturbed.

The rainbow challenges this security. Virtual-reality programs containing rainbows have not so far been developed. The transformation rules are different than those for other objects. The reason has to do with the fact that a rainbow is a rather special kind of object: it is a distorted virtual image of the sun. Thus, if the observer is travelling, so is the rainbow. If the observer artificially increases the distance between the eyes by the use of mirrors (which can be mimicked in a virtual-reality simulation by changing the size of the internal representation of the observer), the rainbow consistently keeps an infinite distance, despite the fact that it is overlaid over rather closer-by objects. While no one doubts that a pot of gold is waiting at the foot of the rainbow, it is somewhat difficult to simulataneously stay and watch and sneak toward the right place to catch the pot.

Thus, the properties of certain objects (in the present case: their location) depend on properties of the observer (like the latter's location and pupil shape) in a way which goes beyond the familar distortions of 3-D Helmholtzian per-

Es heißt, die Enden des Regenbogens stehen in einem Tiegel aus Gold. Seine Position ist in der Tat ein Problem, denn sie stellt sich für jeden Beobachter anders dar. In Wirklichkeit ist der Regenbogen ein verzerrtes virtuelles Abbild der Sonne. Trotzdem gleicht er einem realen Objekt. Kann es sein, daß andere "reale" Objekte ähnlichen Verzerrungen unterliegen?

**Eine alte Frage**

Inwieweit hängt die objektive Realität vom Beobachter ab? Seit der Erfindung der Perspektive in der Renaissance und der Erfindung der Gruppentheorie (Helmholtz-Lie-Gruppen) im 19. Jhdt. wissen wir, daß das Erscheinungsbild der Welt in gesetzmäßiger Weise vom Standort des Beobachters abhängt. Dementsprechend erzeugen Computerprogramme vom "Virtual-Reality"-Typus aus einer im Computer gespeicherten absoluten (invarianten) Darstellung eine "gesetzmäßig nicht-invariante" (d.h. kovariante) Darstellung. Die gesetzmäßige Verzerrung des perspektivischen Sehvermögens ist zwar peinlich, - unser sicheres Empfinden für eine "objektive" Realität wird davon jedoch nicht berührt.

Der Regenbogen stellt diese Gewißheit in Frage. Bislang gibt es noch keine Virtual-Reality-Programme, die Regenbögen beinhalten. Die Transformationsregeln sind anders als jene, die für andere Objekte gelten. Der Grund dafür hängt mit der Tatsache zusammen, daß ein Regenbogen ein sehr spezieller Gegenstand ist: Er ist ein verzerrtes virtuelles Abbild der Sonne. Wenn also der Beobachter wandert, wandert folglich auch der Regenbogen. Wenn der Beobachter den Abstand zwischen den Augen mit Hilfe von Spiegeln vergrößert (was in einer Virtual-Reality-Simulation nachgeahmt werden kann, indem man die Größe der internen Darstellung des Beobachters verändert), verharrt der Regenbogen durchwegs in unendlichem Abstand, ungeachtet der Tatsache, daß er weniger weit entfernte Objekte überdeckt. Wenngleich auch niemand daran zweifelt, daß am Fuße des Regenbogens ein Tiegel aus Gold wartet, so ist es doch einigermaßen schwer, simulierterweise abzuwarten und zu beobachten und an den richtigen Ort zu kriechen um den Tiegel zu erhaschen.

Die Eigenschaften bestimmter Objekte (im vorliegenden Fall: ihr Standort) hängen also von den Eigenschaften des Beobachters ab (etwa von seinem Standort und seiner Pupillenform) und zwar in einer Weise, die *über* die bekannten Verzerrungen der Helmholtzschen 3-D-Perspektive oder der 4-D-Projektion Minkowskis *hinausgeht*. Könnte es sein, daß das durch den Regenbogen dargestellt *Prinzip* von größerer Signifikanz ist?

## Die Schnittstelle zwischen Beobachter und Umwelt

Als Teil der Welt, *kann* ein Beobachter diese Welt *nicht* von einer objektiven Position aus betrachten. Der homogene Matrixalgorithmus des Virtual-reality-Flugsimulators (cf. Newman, Proull, 1979) zeigt, welch nicht-triviale Aufgabe die Schaffung der richtigen Schnittstelle darstellt. In Wirklichkeit braucht der Beobachter - weit davon entfernt, von der mannigfaltigen und sich verändernden Struktur der verwendeten, regelmäßig aufeinanderfolgenden Perspektiven eingeschüchtert zu sein - eine solche Verpackung, um daraus ein korrektes, invariantes Bild zu gewinnen. "Die Initimität eines Kopfes neben dem eigenen gleicht den Lichtern und dem Torweg eines Hauses" (Rodney, 1991). Im Prinzip wären viel mehr Parameter zu untersuchen als jene, die den *Standort* und die *Größe* des Beobachters beschreiben. Sofort fällt einem hier die *Bewegung* des Beobachters ein. Hervorgerufen werden dabei sowohl Phänomene des "visuellen Fließens" wie auch der relativistischen Verzerrungen, die in der Simulation auch tatsächlich reproduziert werden können (Sutherland, 1966, 1970). Sodann denke man *wiederholte Bewegungen* des Beobachters, etwa an ein Kopfschütteln. Die Auswirkungen auf die Schnittstelle können, vor allem wenn es sich um ein schnelles Schütteln handelt, dramatisch sein. Unter solchen Voraussetzungen kann die Suche nach einer invarianten Darstellung einen nicht wieder gut zu machenden Rückschlag erleiden.

spective or 4-D Minkowskian projection. Could it be that the principle illustrated by the rainbow is of a broader significance?

### The Interface between Observer and Rest

An observer who is part of the world cannot see that world from an objective vantage point. The homogeneous matrix algorithm of the flight simulators of virtual reality (cf. Newman, Sproull, 1979) shows how nontrivial a task it is to generate the right interface. The observer, far from being intimidated by the rich and changing structure of the sequentially applying perspectives, actually needs this kind of packaging in order to extract from it the correct, invariant representation. "The intimacy of a head near one's own is like the lights and doorway of a house" (Rodney, 1991). In principle there are many more parameters to try out than those of observer location and size. Motion of the observer comes to mind immediately. Both "visual flow" phenomena and relativistic distortions are hereby generated and can indeed be reproduced simulationally (Sutherland, 1966, 1970). Next, take recurrent motions of the observer, like a shaking of the head. The effect on the interface can be dramatic, especially if the shaking is fast. Indeed, irreparable damage can be done to the goal of finding an invariant representation under such a predicament.

Historically, the interface problem was first seen by Boscovich (1755) who asked what happens when both the observer and the surrounding world were shrinking concomitantly, along with of all involved forces. Obviously, "the same impressions would be generated within the mind." The interface would remain unaffected. Similarly, if the shaking of the observer's head is accompanied by a matching shaking of the rest of the world, nothing is happening for the observer. Therefore, time-dependent features of the interface deserve a closer look.

### The Interface Generated by Brownian Motion of the Observer

Brownian motion or "Archimedean motion" is interesting because of the energy and momentum conservation involved. Any observer who is built out of particles that are in random thermal motion stands in an interesting dynamical relationship with the rest of the world. Archimedes first saw that the joint "center of gravity" can never be moved. How, therefore, does the rest of the world appear to such an observer? This question makes sense to ask only to date since the necessary simulation of many particles simulataneously is a fairly recent option (Alder and Wainwright, 1957).

Every external object will be found to be

performing a Brownian motion relative to the observer. The strength of this motion will be dependent on the object's mass: The smaller the mass, the larger the apparent thermal agitation. This is because the center of gravity of the observer and the external object are linked by a relative Brownian motion. A very small mass object can therefore never be observed accurately by a thermally trembling observer. The thermal noise of the observer will always "infest" the object in such a way that it is the latter which appears to be thermally agitated by the temperature of the observer, even if the object's actual motional temperature were zero.

The effect is the same as if the observer was a Brownian particle himself or herself. How looks the world like to a particle in Brownian motion? The virtual-reality paradigm can in principle be used to find an answer.

### A Quaker's World

Finding the right tranquility of mind to try in the right way is not easy. Numerically, the task is also very demanding. What is needed is to design a whole reversible micro world in a computer. The "eye" inside (that is, the internal macroscopic observer) is to be built out of the same micro constitutents as the rest. The special thermal (momentum-conserving) relationship between that "eye" and a particular micro object, valid in the computer universe, can then be looked at by a human macro observer outside that world (if he wears the right kind of goggles). It will be rewarding to implement this task in the year 2010 say, but even today it is already possible to glimpse some of the unusual rainbow phenomena that will emanate from this contraption.

### False Uncertainty

An irreducible uncertainty is a first implication. The chaos in the observer translates into chaos outside the observer. Apart from the unit thermal noise energy inside the observer (E), which is equal to one half the Boltzmann constant times the temperature of the observer, we have a second intrinsic constant (T). This characteristic time interval is related to the mean collision interval inside the observer: After this time interval has passed, the micro dynamics inside the observer changes course relative to the external object. A precise calculation of T for classical billiard systems is an open problem (Rössler, 1991a). The mean shaking period T needs further clarification from a conceptual point of view as well. If the observer was alone in the universe with the object, the center of gravity of the observer and that of the object would not perform a Brownian motion relative to each

Historisch erstmals erkannt wurde das Schnittstellenproblem von Boscovich (1755), der die Frage aufwarf, was wohl passiert, wenn der Beobachter und seine Umwelt, zusammen mit allen involvierten Kräften, sich gleichzeitig verkleinern. Selbstverständlich würden "im Bewußtsein die selben Eindrücke hervorgerufen". Die Schnittstelle wäre davon nicht tangiert. Ebenso würde sich für den Beobachter nichts ändern, wenn sein Kopfschütteln von einem dementsprechenden Schütteln der übrigen Welt begleitet würde. Die zeitabhängigen Merkmale der Schnittstelle verdienen daher eine eingehendere Betrachtung.

## Die durch eine Brownsche Bewegung des Beobachters erzeugte Schnittstelle

Interessant ist die Brown'sche oder "Archimedische Bewegung" wegen der darin beinhalteten Energie- und Impulserhaltung. Jeder Beobachter, dessen Teilchen sich in zufälliger thermischer Bewegung befinden, steht in einer interessanten dynamischen Beziehung zur übrigen Welt. Archimedes erkannte als erster, daß das gemeinsame "Schwerkraftzentrum" niemals bewegt werden kann. Wie erscheint also die übrige Welt einem solchen Beobachter? Sinnvoll kann diese Frage erst heute gestellt werden, da die erforderliche gleichzeitige Simulation vieler Teilchen eine erst vor kurzem eröffnete Option ist (Alder und Wainwright, 1957).

Jedes externe Objekt vollführt in bezug auf den Beobachter eine Brownsche Bewegung. Die Stärke dieser Bewegung wird von der Masse des Objekts abhängen: Je geringer die Masse, desto größer die sichtbare thermische Erregung. Dies deshalb, weil das Schwerkraftzentrum von Beobachter und externem Objekt über eine relative Brown'sche Bewegung verbunden ist. Ein Objekt mit sehr geringfügiger Masse kann daher von einem thermisch bewegten Beobachter niemals fehlerfrei beobachtet werden. Der thermische Lärm des Beobachters wird das Objekt immer "beunruhigen" und zwar so, daß es durch die Temperatur des Beobachters thermisch erregt erscheint, auch wenn die tatsächliche Bewegungstemperatur des Objekts null wäre. Der Effekt ist der gleiche wie wenn der Beobachter selbst ein Brownsches Teilchen wäre. Wie erscheint die Welt einem Partikel in Brownscher Bewegung? Das Virtual-reality-Paradigma kann grundsätzlich dazu verwendet werden, hierauf eine Antwort zu finden.

## Die Welt eines Quäkers

Es ist nicht leicht, jenen ruhigen Bewußtseinszustand zu erreichen, der den richtigen Weg weist. Auch numerisch ist die Aufgabe sehr anspruchsvoll. Sie besteht im Entwerfen einer vollständigen, reversiblen Mikrowelt in einem Computer. Das innere "Auge" (d.h. der interne makroskopische Beobachter) muß aus eben den Mikrokonstituenten gebildet werden, aus denen auch der Rest besteht. Die in diesem Computeruniversum geltende besondere (impulskonservierende) Beziehung zwischen diesem "Auge" und einem speziellen Mikroobjekt kann dann von einem menschlichen Makrobeobachter außerhalb dieser Welt betrachtet werden (falls er die richtigen Spezialbrillen trägt).

Eine lohnende Aufgabe, die, nehmen wir einmal an, im Jahr 2010 bewerkstelligt werden kann, - ein flüchtiger Blick auf das ungewöhnliche Regenbogenphänomen, das von dieser technischen Neuheit ausstrahlen wird, ist aber heute schon möglich.

## Falsche Unberechenbarkeit

Eine erste Implikation besteht in einer nicht reduzierbaren Unberechenbarkeit. Das Chaos im Beobachter übersetzt sich in ein Chaos außerhalb des Beobachters. Zusätzlich zu der Einheit thermischer Lärmenergie im Beobachter (E), die der Hälfte der Boltzmannkonstante mal der Temperatur des Beobachters entspricht, haben wir eine zweite echte Konstante (T). Dieses charakteristische Zeitintervall steht in einer Beziehung zum mittleren Kollisionsintervall im Beobachter: Nachdem dieses Zeitintervall verstrichen ist, ändern die Mikrodynamiken im Beobachter ihren Verlauf in Relation zum externen Objekt. Die präzise Berechnung von T für klassische Billiardsysteme stellt ein offenes Problem dar (Rössler, 1991a). Die mittlere Schüttelperiode T erfordert auch aus konzeptioneller Sicht eine weitergehende Klärung. Wäre der Beobachter mit dem Objekt allein im Universum, so würden das Schwerkraftzentrum des Beobachters und jenes des Objekts *keine* relative Brown'sche Bewegung vollführen. Sobald jedoch irgend ein drittes Objekt (zum Beispiel ein vermittelndes Teilchen) mit dem Beobachter verbunden wird, bleibt das externe Objekt nur in bezug auf diese kombinierte Anordnung in einem Zustand konstanter Bewegung. Im allgemeinen revidiert der aus vielen Teilchen bestehende Beobachter nun tatsächlich mit jeder Einheit des Zeitintervalles T relativ

other. However, as soon as any third object (for example, a mediating particle) is coupled to the observer, it is only toward this combined set that the external object remains in a state of constant motion. The multi-particle observer now indeed in general reverses course, every unit time internal T, relative to the external object.

The resulting "relative diffusion" between external object and observer is governed by the product of E and T, divided by the object's mass (M). This result holds true when the external object is "directly" (that is, without a measuring chain) coupled to the observer (Rössler, 1987). Unexpectedly, the more general case of "indirect" coupling (via a measuring chain) is still governed by the same law since the measuring chain is unable to undo the objectively existing mutual relationship between observer and object.

The resulting "uncertainty" mimics quantum mechanics. This is because the presence of a diffusion law of the same qualitative type as described above (an action – like E times T – divided by the object's mass) is sufficient to generate the Schrödinger equation (Fényes, 1952; Nelson, 1966).

### False Certainty

We still need to know what happens when the observer forces a micro object into a certain definite observational state. For example, the measurement situation may be chosen such that the micro object must reveal its position in a yes-or-no decision. The problem on hand is analogous to the problem of the formation of an "eigen state" in quantum mechanics. Such a restricting type of measurement can certainly also be performed in our simulated world.

Here a new phenomenon arises. While the previous finding (uncertainty) did not yet qualify as a rainbow phenomenon in the strict sense since mere blurring does not bring in a new phenomenological quality, in the present case a new quality emerges. It is the quality of a well-defined localization in position space (or momentum space, respectively) appearing for the observer which is at variance with the correct location. For if the observed location of the object were identical with the correct location, the relative Brownian motion of the observer would have been eliminated in effect even though this cannot happen. Therefore, the apparent location of the object, valid in the interface, is different from the objectively applying location. This prediction can be verified in the proposed simulation of the interface. Since everything that happens in the simulation is known explicitly, it is possible to compare the content of the interface with what really happens to the particle in question. This comparison is, of course, a privilege confined to the external operator since the internal observer is stuck with the interface.

The yes-or-no decision which appears on the interface depends on the internal dynamics of the observer as much as on the object's. According to Nelson's (1966) stochastic mechanics, that is, diffusion theory, the probability of a certain decision occurring depends on the square of the amplitude of the diffusion-generated Schrödinger equation. This diffusion-theoretical result can be expected to be confirmed once the first simulation of the interface becomes available. However, there is a "complication" to be expected in that case which is absent in the standard formalism of stochastic mechanics. In the latter, the occurring decisions ("eigenstates") are assumed to be permanent. Here, the distortion of the objective world is such that the recorded state, as it appears in the interface, depends on the momentary state of motion of all particles inside the observer. In other words, the interface is a momentary state of affairs. All measurements, no matter how long the measuring chain in terms of space and time, are determined by the momentarily valid relationship between the internal dynamics of the observer and the dynamics of the rest of the world.

An external super-observer who watches the momentary interface as a function of time will therefore record a "superposition" (that is, a temporal integration) over all the momentarily valid "quantum decisions". The momentarily valid "eigen worlds", while mutually different, all fall within the probability distribution prescribed by the wave function of stochastic mechanics.

In quantum mechanics a similar problem is known under the name of "the measurement problem". For example, in the language of Everett's (1957) "relative state" formulation, the different eigen worlds that apply at every moment are said to be "shielded" from each other. There exists one version of Everett's formalism (due to Bell, 1981) in which the different eigen worlds are assumed to exist, not simulataneously as in the usual Everett picture but sequentially – each confined to a very small time window. Bell only wanted to show the mathematical equivalence of this view with the standard, multiple-worlds interpretation. Both interpretations of quantum mechanics are usually considered rather outlandish. Here, the second interpretation unexpectedly arises again in a quite different context.

Bell's insight that the observer would "not notice" being in a different quantum world from one moment to the next (since worlds by definition are complete, that is, contain no trace of another world) is applicable here as well. It follows that the "integration" which an outside observer of the simulated interface experiences is an artifact.

zum externen Objekt den Kurs.

Die daraus resultierende "relative Diffusion" zwischen externem Objekt und Beobachter bestimmt sich aus dem Produkt von E und T, dividiert durch die Objektmasse (M). Dieses Ergebnis stimmt auch, wenn das externe Objekt mit dem Beobachter "direkt" (d.h. ohne Meßkette) verbunden ist (Rössler, 1987). Unerwarteterweise gilt auch für den allgemeineren Fall einer "indirekten" Verbindung (über ein Meßkette) noch das gleiche Gesetz, da die Meßkette die objektiv bestehende wechselseitige Beziehung zwischen Beobachter und Objekt nicht ungeschehen machen kann. Die daraus hervorgehende "Unberechenbarkeit" weist Ähnlichkeiten mit der Quantenmechanik auf. Dies deshalb, weil das Vorhandensein eines Diffusionsgesetzes vom oben beschriebenen qualitativen Typus (eine Operation wie E mal T, dividiert durch die Masse des Objekts) ausreicht, um die Schrödinger-Gleichung hervorzubringen (Fényes, 1952; Nelson, 1966).

## Falsche Gewißheit

Wir müssen erst noch untersuchen was geschieht, wenn der Beobachter ein Mikroobjekt in einen bestimmten, festgelegten Beobachtungszustand zwingt. Die Meßanordnung könnte beispielsweise so gewählt werden, daß das Mikroobjekt seine Position mittels einer Ja-oder-Nein-Entscheidung verraten muß. Das hierbei auftretende Problem verhält sich analog zum Problem der Bildung eines "Eigenzustands" in der Quantenmechanik. Dieser restriktive Meßtypus kann sicherlich auch in unsere simulierte Welt eingeführt werden.

Hier tritt ein neues Phänomen auf. Während die vorherige Entdeckung (Unberechenbarkeit) sich noch nicht im strikten Sinne als Regenbogenphänomen qualifizieren läßt, da die bloße Trübung noch keine neue phänomenologische Qualität darstellt, kommt es im vorliegenden Fall zu einer neuen Qualität. Es handelt sich um die Qualität einer für den Beobachter auftretenden wohldefinierten Standortbestimmung im Positionsraum (bzw. im Impulsraum), die im Widerspruch zum korrekten Standort steht. Denn wenn der beobachtete Standort des Objekts identisch wäre mit der korrekten Position, wäre die relative Brown'sche Bewegung des Beobachters - obwohl dies nicht geschehen kann - im wesentlichen eliminiert worden. Die sichtbare, in der Schnittstelle geltende Position des Objekts, ist daher verschieden vom objektiv zutreffenden Standort.

Diese Vorhersage läßt sich in der vorgeschlagenen Simulation der Schnittstelle verifizieren. Da alles was in der Simulation geschieht, explizit bekannt ist, kann der Inhalt der Schnittstelle mit dem tatsächlichen Geschehen, dem das betreffende Teilchen unterliegt, verglichen werden. Dieser Vergleich ist natürlich ein Privileg, das dem externen Beobachter vorbehalten ist, da der interne Beobachter ja in der Schnittstelle sitzt.

Die an der Schnittstelle aufscheinende Ja-oder-Nein-Entscheidung hängt von der internen Dynamik des Beobachters ebenso wie von der des Objekts ab. Gemäß Nelsons (1966) stochastischer Mechanik bzw. Diffusionstheorie, hängt die Wahrscheinlichkeit für eine bestimmte Entscheidung vom Quadrat der Amplitude der diffusionsgenerierten Schrödinger-Gleichung ab. Es ist zu erwarten, daß dieses diffusionstheoretische Resultat mit dem Vorliegen der ersten Schnittstellensimulation bestätigt wird. Allerding ist eine "Komplikation" vorhersehbar, nämlich für den Fall, der in der Standardformulierung der stochastischen Mechanik nicht enthalten ist. Bei letzterer werden die auftretenden Entscheidungen ("Eigenzustände") als permanent unterstellt. Hier hingegen ist die Verzerrung der objektiven Welt dergestalt, daß der aufgezeichnete Zustand, wie er an der Schnittstelle erscheint, vom *momentanen* Bewegungszustand aller Teilchen im Beobachter abhängt. Mit anderen Worten: Die Schnittstelle gibt den momentanen Stand der Dinge wieder. Alle Messungen, ungeachtet der Länge der Meßkette in bezug auf Raum und Zeit, werden von der momentan gültigen Beziehung zwischen der internen Dynamik des Beobachters und der Dynamik der übrigen Welt bestimmt.

Ein externer Super-Beobachter, der die momentane Schnittstelle als Funktion der Zeit betrachtet, wird daher eine "Superposition" (d.h. ein Zeitintegral) aller momentan gültigen "Quantenentscheidungen" zeichnen. Die momentan gültigen "Eigenwelten" fallen, obgleich wechselseitig verschieden, alle in den Bereich der von der Wellenfunktion der stochastischen Mechanik beschriebenen Wahrscheinlichkeitsverteilung.

Ein ähnliches Problem ist in der Quantenmechanik unter dem Namen "Meßproblem" bekannt. Beispielsweise sind die verschiedenen, jeden Moment auftretenden Eigenwelten - in der Sprache von Everetts (1957) Formulierung des "relativen Zustands" - vor einander "geschützt". Es gibt eine Version von Everetts Formel (nach Bell, 1981), in der die verschiedenen Eigenwelten nicht wie bei Everett

If the outside human observer were a part of the same interface, being unable to escape from it through the use of an outside memory, the phenomenon of integration would disappear and a single consistent "eigen world" would apply at every moment, complete with its own recorded past and anticipated future. Thus, the job of a demiurge – to notice the implications that his own actions (laws and initial conditions) generate for the inhabitants – is surprisingly hard.

**A New Type of Rainbow**

The distortion of an objective world as it is mirrored in an interface thus can go unexpectedly far. The notion "rainbow world" applies to each distorted representation no matter how short-lived. In the one world, for example, Schrödinger's cat is alive and well while in the other, the same "hellish contraption" (Schrödinger, 1935) has chosen the other course. Moreover, that same branching may have taken place some while ago, so that the one outcome would have produced a cat that is playful and frisky right now while the other entails a cat that has been subjected to organic decomposition for quite a while. It appears very hard to reconcile both rainbow worlds with one and the same exo reality.

Equally hard to accept is the claim that these two different internal refractions of the same objective reality alternate at a rapid pace in an unnoticeable way. This "rainbow movie" (one time slice after the other) accordingly contains many consistent "sub-movies" of which a different one is in charge at every moment.

The counterintuitive notion of a rainbow movie needs further scrutiny. One of its features, however, unexpectedly is very close to everyday experience. It is the fact that each moment has its own world (eigen world). In quantum mechanics, the same 1:1 relationship was noted by Deutsch (1986). Here, the same result arises in a completely transparent context (provided all difficulties have been mastered). The inhabitants of a reversible universe are strangely glued to a single moment in time. They call it their world "as it is real now". While the mutual incompatibility of the different "now worlds" lacks a representation in the interface as mentioned, the interface still gives away the fact that a single instant in time is privileged over all other because it "defines a world".

The latter prediction – existence of a now-world for internal inhabitants – is, when transplanted back to our own world, at variance with traditional science which lacks the notion of a privileged now.

The paradigm of virtual reality has made the topic of the "interface" scientifically acceptable (cf. Ars electronica, 1986; Weibel, 1990). The momentary position of the camera distorts the world in a way which makes it fully palpable as an invariant new reality. Generating such an interface is not easy and requires a lot of computer processing power. Experimenting with this interface is presently an important technological and conceptual challenge. How, for example, looks a rainbow inside when it is "reduced" by the vertical pupil of a cat rather than by a round one? How about a cat's pupil that is many meters long, either vertically or horizontally?

A second novel question refers to temporally changing realities if the changes occur in both the position of the "eye" and that of the external object in a correlated fashion. Such changes will obviously not show up in the interface (since the "Boscovich difference" is zero; Rössler, 1991b). Third, there is a very special interface, generated between an microscopically described reversible observer and the rest of the same microscopically simulated world. Phenomena only known from the counterintuitive realm of quantum mechanics suddenly arise as implications of a conceptually completely transparent situation. At the same time, "nowness-bound rainbow worlds" become a topic for scientific discussion.

Thus, "playing with cameras" can be a rewarding pastime. Diverse phenomena known from everyday experience can be retrieved. At the same time a new type of suspicion regarding our own world arises: Maybe, our own world is a rainbow world, too?

Once such a suspicion has taken hold, the logical next step is to call for new diagnostic tools that can be used in our own world to demonstrate the existence of the new predicament and to explore and perhaps manipulate it. Nevertheless, the decisive step is getting suspicious in the first place. The present suspicion, which goes back to Kant and Boscovich, and before them to Anaximander, has now found a new medium for its study.

To conclude, the concept of the rainbow has been re-examined from the vantage point of virtual-reality simulations. A rather unusual type of virtual reality is needed for such a simulation. Eventually, reversible simulated worlds will be useful to further the understanding of the human/world interface (a prosposal which at first sight is confined to the study of an ice scater who cannot get rid of whole-body angular momentum, or of an Archimedean system of interacting balls and springs like a model drug molecule). The first detailed report about the properties of such a "conservative virtual reality" will come in in about ten years time. Presently, only "informed guesses" are possible. In this way, a new "hopeful suspicion" could be arrived at: The VR paradigm may reveal more about our own world than the ordinary course of science

üblich, als gleichzeitig existierend angenommen werden, sondern als aufeinander folgend - wobei jede auf einen sehr kleinen Zeitausschnitt begrenzt ist. Bell wollte lediglich die mathematische Äquivalenz dieser Sicht mit der Standardinterpretation der multiplen Welten zeigen. Beide Interpretationen der Quantenmechanik werden in der Regel für ziemlich abseitig erachtet. Unerwarteterweise erlangt hier jedoch die zweite Interpretation in einem ganz anderen Kontext Geltung.

Bells Erkenntnis, daß der Beobachter den Übergang in eine andere Quantenwelt von einem Moment zum nächsten nicht "registrieren" würde (da die Welten definitionsgemäß vollständig sind, d.h. es gibt keinen Hinweis auf eine andere Welt) ist hier ebenfalls gültig. Daraus folgt, daß es sich bei der von einem außenstehenden Beobachter der simulierten Schnittstelle erlebten "Integration" um ein Artefakt handelt. Wäre der außenstehende menschliche Beobachter Teil der gleichen Schnittstelle und nicht in der Lage, daraus mit Hilfe eines außerhalb angesiedelten Gedächtnisses zu entkommen, so würde das Phänomen der Integration verschwinden und es würde in jedem Moment eine einzige, konsistente "Eigenwelt" - mit ihrer aufgezeichneten Vergangenheit und antizipierten Zukunft - vorliegen. Die Aufgabe des Demiurgen - die Implikationen, die seine eigenen Handlungen (Gesetze und Ausgangsbedingungen) für die Bewohner nach sich ziehen, zu registrieren - ist daher einigermaßen schwer.

## Ein neuer Typus des Regenbogens

Die Verzerrung einer objektiven Welt, wie sie in einer Schnittstelle gespiegelt wird, kann unerwartet weitgehend sein. Der Begriff "Regenbogenwelt" gilt für jede verzerrte Darstellung, ungeachtet ihrer Kurzlebigkeit. Beispielsweise ist Schrödingers Katze in der einen Welt am Leben und wohlauf während der gleiche "höllische Apparat" (Schrödinger, 1935) in der anderen einen anderen Verlauf gewählt hat. Mehr noch, die gleiche Gabelung mag schon vor einiger Zeit stattgefunden haben, sodaß im einen Fall eine gegenwärtig immer noch verspielte und lebhafte Katze herauskam, im anderen dagegen eine Katze, die schon seit geraumer Zeit dem organischen Zerfall unterliegt. Es scheint sehr schwierig, beide Regenbogenwelten mit ein und derselben Exo-Realität zu versöhnen.

Der kontraintuitive Begriff eines Regenbogen-Films bedarf einer genaueren Prüfung. Eines seiner Kennzeichen kommt der Alltagserfahrung wider Erwarten jedoch sehr nahe. Es handelt sich um die Tatsache, daß jeder Moment über eine eigene Welt verfügt (Eigenwelt). In der Quantenmechanik wurde die gleiche 1:1 Beziehung von Deutsch (1986) registriert. Das selbe Resultat erscheint hier in einem vollkommen transparenten Kontext (vorausgesetzt, alle Schwierigkeiten werden gemeistert). Die Bewohner eines reversiblen Universums sind an einen einzigen Moment in der Zeit gebunden. Sie bezeichnen das als ihre Welt "wie sie wirklich ist". Während die wechselseitige Inkompatibilität der verschiedenen "Jetzt-Welten" an der Schnittstelle, wie erwähnt, nicht dargestellt wird, verrät die Schnittstelle jedoch die Tatsache, daß ein einziger zeitlicher Moment vor allen anderen privilegiert ist, denn er "definiert eine Welt". Die letzte Vorhersage - die Existenz einer Jetzt-Welt für die internen Bewohner - steht, wenn sie in unsere eigene Welt übertragen wird, im Widerspruch zur traditionellen Wissenschaft, der der Begriff eines privilegierten Jetzt fehlt.

Das Paradigma der virtuellen Realität hat dem Thema "Schnittstelle" wissenschaftliche Akzeptanz eingebracht (cf. Ars electronica, 1986; Weibel, 1990). Die momentane Position der Kamera verzerrt die Welt in einer Art und Weise, die sie als invariante, neue Realität vollkommen greifbar macht. Die Erzeugung einer solchen Schnittstelle ist nicht einfach und erfordert eine Menge Computerverarbeitungskapazität. Experimente mit dieser Schnittstelle sind gegenwärtig eine bedeutende technologische und konzeptuelle Herausforderung. Wie schaut beispielsweise ein Regenbogen im Inneren aus, wenn er durch die vertikale Pupille einer Katze anstatt durch eine runde "reduziert" wird? Wie verhält sich die Sache im Falle einer mehrere Meter langen, horizontalen oder verikalen Katzenpupille?
Eine zweite ungewöhnliche Frage gilt den sich zeitlich ändernden Realitäten, wenn die Veränderungen sowohl bei der Position des "Auges" wie auch des externen Objekts in Korrelation zueinander erfolgen. An der Schnittstelle scheinen solche Veränderungen natürlich nicht auf (da die "Boscovich-Differenz" null ist; Rössler, 1991 b). Drittens gibt es eine sehr spezielle Schnittstelle, die zwischen einem mikroskopisch beschriebenem reversiblen Beobachter und der übrigen, ebenfalls mikroskopisch simulierten Welt entsteht. Phänomene, die nur aus dem kontraintuitiven Feld der Quantenmechanik bekannt sind, treten

has prepared us to believe. For example, the walls of the prison of the now become palpable. Further distortions of the invariant (exo) reality may exist which can likewise be unmasked by the new Hermetian paradigm of computer-generated worlds.

## Bibliography

ALDER, B. J., WAINWRIGHT, T. E., "Phase transitions for a hardsphere system", Journal of Chemical Physics, 27, 1957, p. 1208.
ARS ELECTRONICA 1988, Philosophies of the New Technology/Philosophien der neuen Technologie, Berlin 1986.
BELL, J. S., "Quantum mechanics for cosmologists", in C. J. Isham, R. Penrose, D. Sciama, eds., Oxford, Clarendon Press 1981, p. 611-637.
BOSCOVICH, R. J., "De spatio et tempore, ut a nobis cognoscuntur (On space and time, as they are recognized by us)", in J. M. Child, ed., Boscovich, R. J., Theory of Natural Philosophy, Latin-English Edition, Open Court, Chicago 1992, p. 404-409. Reprint of the English translation: MIT Press, Cambridge, Mass. 1966, p. 203-205. English re-translation in Rössler (1991b). Compare also: Fischer (1991).
DEUTSCH, D., "Three connections between Everett's interpretation and experiment", in R. Penrose, C. J. Isham, eds., Quantum Concepts in Space and Time, Clarendon Press, Oxford 1986, p. 215-225.
EVERETT, H., III, "Relative state formulation of quantum mechanics", Review of Modern Physics, 29, 1957, p. 454-462.
FÉNYES, I., "A probability-theoretical foundation and interpretation of quantum mechanics" (in German), Zeitschrift für Physik, 132, 1952, p. 81-106.
FISCHER, R., "A neurobiological re-interpretation and verification of Boscovich covariance, postulated in 1758", Cybernetica, 34, 1991, 95-101.
NELSON, E., "Derivation of the Schrödinger equation from Newtonian mechanics", Physics Review, 150, 1966, p. 1079-1085.
NEWMAN, W. M., SPROULL, R. F., Principles of Interactive Computer Graphics, 2nd ed., McGraw-Hill, New York 1979.
RODNEY, T., The Runaway Soul, Farrar, Straus and Giroux, New York 1991.
RÖSSLER, O. E., "Endophysics", in J. L. Casti, A. Karlqvist, eds., Real Brains, Artificial Minds, North-Holland, New York 1987, p. 25-46.
RÖSSLER, O. E., "Four open problems in four dimensions", in G. Baier, M. Klein, eds., A Chaotic Hierarchy, World Scientific, Singapore 1991a, p. 365-369.

RÖSSLER, O. E., "Boscovich covariance", in J. L. Casti, A. Karlqvist, eds., Beyond Belief: Randomness, Prediction and Explanation in Science, CRC Press, Boca Raton 1991b, p. 69–87.

WEIBEL, P., "The two levels of reality, exo and endo", in Y. Shikata, ed., Art Lab 1st Symposium, The Current Condition and the Future of Digital Art, Canon, Tokyo 1991, p. 16.

SCHRÖDINGER, E., "The present situation in quantum mechanics" (in German), Naturwissenschaften, 23, 1935, p. 807–812; 823–828; 844–849. English translation: Proceedings of the American Philosophical Society, 124, 1980, p. 323–338.

SUTHERLAND, I. E., "Computer inputs and outputs", Scientific American, 1966, September issue; "Computer displays", Scientific American, 1970, June issue.

WEIBEL, P., "Virtual worlds: The emperors new bodies", in G. Hattinger, M. Russel, C. Schöpf, P. Weibel, eds., Ars electronica 1990, vol 2, Veritas-Verlag Linz, Linz 1990, p. 9–38.

WEIBEL, P., B. O'KANE, "Das tangible Bild – Endoapproach to electronics", in M. Waffender, ed., Cyberspace, Rowohlt, Reinbek 1991, p. 154.

plötzlich als Implikationen einer konzeptuell vollkommen transparenten Situation in Erscheinung. Gleichzeitig werden "Jetzt-gebundene Regenbogenwelten" Thema wissenschaftlicher Diskussionen.

Das "Spiel mit den Kameras" kann also ein lohnender Zeitvertreib sein. Verschiedene Phänomene der Alltagserfahrung lassen sich wieder auffinden. Gleichzeitig tritt ein neuer Argwohn in bezug auf unsere eigene Welt in Erscheinung: Vielleicht ist auch unsere Welt eine Regenbogenwelt? Wenn dieses Mißtrauen erst Fuß gefaßt hat, besteht der logisch nächste Schritt in der Forderung nach neuen Diagnoseinstrumenten, mit denen sich in unserer eigenen Welt die Existenz der neuen Kategorie demonstrieren, erforschen und eventuell manipulieren ließe. Dessenungeachtet besteht der erste Schritt darin, mißtrauisch zu werden. Das gegenwärtige Mißtrauen, welches auf Kant und Boscovich und vor diesen auf Anaximander zurückgeht, hat nun ein neues Medium für seine Untersuchungen gefunden.

Abschließend sei gesagt, daß das Konzept des Regenbogens vom Blickpunkt der Virtual-Reality-Simulationen einer neuerlichen Prüfung unterzogen worden ist. Für eine solche Simulation ist ein eher ungewöhnlicher Virtual-Reality-Typus erforderlich. *Reversible* simulierte Welten sind geeignet, das Verständnis der Mensch-Welt-Schnittstelle zu fördern (ein Vorschlag, der auf den ersten Blick sich auf die Untersuchung eines Eisläufers beschränkt scheint, der das Ganzkörper-Winkelmoment nicht überwinden kann oder eines Archimedischen Systems interagierender Kugeln und Federn wie in einem Molekülmodell). Der erste detaillierte Bericht über die Eigenschaften solch einer "konservativen virtuellen Realität" wird in etwa zehn Jahren vorliegen. Gegenwärtig ist nur ein "informiertes Rätselraten" möglich. Auf diese Weise könnte man zu einem neuen "hoffnungsvollen Verdacht" gelangen: Das VR-Paradigma könnte mehr über unsere eigene Welt enthüllen als der übliche Gang der Wissenschaft uns bisher glauben machte. Zum Beispiel werden die Gefängniswände die das Jetzt umgeben, fühlbar. Es können weitere Verzerrungen der invarianten (Exo-)Realität existieren, die durch das neue Hermetianische Paradigma der computergenerierten Welten desmaskiert werden. Für J.O.R.

# Von Beobachtern und Bildern erster, zweiter und n-ter Ordnung.

## Florian Rötzer

**Observers and pictures of the first, second and n-th order.**

„Der Geist setzt von sich voraus, daß er alles umfassen, erforschen und begreifen kann. Daraus schließt er, es sei in allem und alles auf solche Weise in ihm, daß es zugleich außer ihm sei, und er behauptet, daß nichts sein könne, das seinem Blick entzogen wäre." (Nikolaus von Kues 1401-1464)

„Mögen wir uns - metaphorisch gesprochen - bis in den Himmel erheben oder mögen wir in die Abgründe hinabsteigen; wir kommen doch niemals aus uns selbst hinaus, und wir nehmen nur immer unsere eigenen Gedanken wahr." (Denis Diderot)

„Wir sind im Gehäuse unserer Wahrnehmungen eingeschlossen und für das, was außerhalb ist, wie blind geboren." (Paul du Bois-Reymond 1890)

„Gewiß wird man sich aber wundern, wie uns die Farben und Töne, die uns doch am nächsten liegen, in unserer physikalischen Welt von Atomen abhanden kommen konnten, wie wir auf einmal erstaunt sein konnten, daß das, was da draußen so trocken klappert und pocht, drinnen im Kopf leuchtet und singt." (Ernst Mach 1896)

„Die bisherigen Experimente versuchen ja nur, eine Vorstellung über die Welt, die im Inneren der Welt gemacht wurde, zu verifizieren. Das ist eine relativ einfache Aufgabe, obwohl jeder Experimentator mir hier sofort widersprechen muß. Trotzdem ist die Philosophie einfach. Die Experimente, von denen wir hier sprechen, wären von einem ganz anderen Typ, denn wir haben ja gegenüber unserer Welt gerade nicht die exteriore Situation, die wir annehmen. Wir können beispielsweise so mit dem Problem umgehen, daß wir im Computer eine Kunstwelt bauen, für die wir diesen privilegierten Zugang von außen

„The mind itself presumes that it can embrace, explore and comprehend everything. Hence, it draws the conclusion that it is present in everything and that everything is present in it, in such a way that it is at the same time outwith it and maintains that there is nothing that could escape its eye." (Nikolaus von Kues 1401-1464)

„Consequently the real place of the mirror, and also the person in the opposite, in the contraposition, in the difference and in the negation of everything - it is, so-to-speak, where all other things are not, where nothing really is, where everything remains outside: but where everything is intended to come into being." (Carolus Bovillus 1472-1553)

„May we - metaphorically speaking - rise into the heavens or may we descend into the abyss; we never really leave ourselves and we only always perceive our own thoughts." (Denis Diderot)

„We are incarcerated inside the shell of our perceptions and are born blind to what is outside." (Paul du Bois-Reymond 1989)

„Yes. one certainly would be astounded at just how the colours and tones which matter most to us could go missing in our physical world of atoms, just as we were all at once astounded by the fact that what clattered out there, so dry and so hollow, rings and sings inside our head." (Ernst Mach 1896)

„The previous experiments only attempt to verify a view of the world which was formed in the inside of the world. This is a relatively simple task although each and every experimentor would feel obliged to contradict me here. Nevertheless, the philosophy is simple. The experiments we are talking about here would be of quite another type, as we do not have quite that exterior position to our world that we suppose we have. For example, we can cope with the problem by creating an artificial world in the computer, to which we are priviledged enough to *have access from the outside. Then we can see how the people in this artificial world see their world and where it differs from our way of seeing it."* (Otto E. Rössler, 1991).

The fact that we have to describe our primary situation as incarceration, as the endophysical statement made by Otto Rössler suggests, is an aspect which is to be found throughout the history of philosophy and religion with various arguments and images. In his book „Höhlenausgänge" (Cave Exits), Hans Blumenberg has traced some stations in this situational description, starting with the philosophical original - Platonic caves. Of course, even the very title of his book suggests - as does the exit from Plato - that the structure of incarceration in a windowless shell filled with pictures is aimed at discovering a door through which the outside can be reached, i.e. the real or true world. If Otto Rössler compares our situation with that of fish in an aquarium or virtual people in a virtual reality, this implicates the search for actually being able to reach an external perspective in order to at least be able to describe oneself as being incarcerated.

If only some superficial thought is given to this, incarceration as the inhabitant of a cave can only be described after one has taken a step out of it, whereby the cave itself turns out to be a construct which gives rise to the possibility of being able to exclude reality from simulation, in a second stage of fiction, as a picture within a picture to a certain extent. The critical cognition which disassociates itself from the naive viewer of the first order, places reality as a picture within the picture, as it very often can only construe the model of reality through complicated experimental arrangements - the Platonic cave, of course, counting as such. As far as empirically orientated cognition is concerned, that proceeds with experiments and mathematical assistance, the assumption of a distortive or delusive endoperspective is, to a certain extent, the stepping stone towards an objective truth. In doing so the natural view of the world, the sphere of phenomenon accessible to the senses must be cancelled systematically, like in a cartesian train of questioning. The endophysical perspective, as Otto Rössler has in mind, would have to be appointed as reflection of the third order: The observer not only observes a „naive" observer, he already knows all the facts about the distortions from the systematic procedure, from the critism of the naive observer, the emerging observer or scientist.

Could we ever „seriously" and without foundering under paradoxes, imagine that we were totally and utterly cave dwellers i.e. the naive observer of the first order or, the other way round, can cave dwellers "really" think that they are such? If not - and that may well be the case

*besitzen. Dann könnten wir sehen, wie die Leute in dieser Kunstwelt ihre Welt sehen und worin dies sich von unserer Sicht unterscheidet."* (Otto E. Rössler, 1991)

Daß wir unsere primäre Situation als Gefangenschaft beschreiben müssen, wie dies auch der endophysikalische Ansatz Otto Rösslers nahelegt, ist ein Topos, der sich mit verschiedenen Begründungen und Bildern durch die Geschichte von Philosophie und Religion zieht. In seinem Buch „Höhlenausgänge" hat Hans Blumenberg, ausgehend vom philosophischen Urbild der platonischen Höhle, einige Stationen dieser Situationsbeschreibung nachgezogen. Natürlich legt schon der Titel seines Buches wie auch der Ausgang von Platon nahe, daß die Konstruktion einer Gefangenschaft in einem fensterlosen, aber mit Bildern angefüllten Gehäuse dahin ausgerichtet ist, eine Tür zu entdecken, durch die man nach außen, in die wirkliche oder wahre Welt, hinaus- oder hinaufgelangt. Wenn Otto Rössler unsere Situation mit denen von Fischen in einem Aquarium oder von virtuellen Menschen in einer virtuellen Realität vergleicht, dann ist auch darin die Suche impliziert, doch eine äußere Perspektive erreichen zu können, um zumindest sich selbst als einen Gefangenen beschreiben zu können.

Denkt man nur oberflächlich darüber nach, so läßt sich eine Gefangenschaft als Höhlenbewohner aber nur dann beschreiben, wenn man bereits einen Schritt aus ihr herausgetan hat, wodurch die Höhle selbst sich als Konstrukt erweist, durch das in einer zweiter Stufe der Fiktion, gewissermaßen als Bild im Bild, erst die Möglichkeit auftaucht, Wirklichkeit gegenüber der Simulation ausgrenzen zu können. Die kritische, sich vom naiven Beobachter erster Ordnung absetzende Erkenntnis siedelt die Wirklichkeit also als Bild im Bild an, da sie erst durch oft sehr komplizierte Versuchsanordnungen - die platonische Höhle kann durchaus als eine solche gelten - das Modell der Wirklichkeit konstruiert. Für eine empirisch orientierte, mit Experimenten vorgehende und mathematisch gestützte Erkenntnis ist die Annahme einer verzerrenden oder täuschenden Endoperspektive gewissermaßen das Sprungbrett, um zu einer objektiven Wahrheit vorzustoßen. Dabei muß die natürliche Weltsicht, der etwa den Sinnen zugängliche Phänomenbereich, wie im cartesianischen Zweifelsgang systematisch entwertet werden. Die endophysikalische Perspektive, wie sie Otto Rössler im Auge hat, müßte man also als Reflexion dritter Ordnung ansetzen:

Der Beobachter beobachtet nicht nur einen „naiven" Beobachter, sondern er ist bereits aufgeklärt über die Verzerrungen des systematisch vorgehenden, aus der Kritik des naiven Beobachters hervorgehenden Beobachters oder Wissenschaftlers.

Können wir uns aber überhaupt „ernsthaft" und ohne in Paradoxien zu versinken vorstellen, wir wären ganz und gar Höhlenbewohner, d.h. die naiven Beobachter erster Ordnung, oder, andersherum, können Höhlenbewohner „wirklich" denken, daß sie solche sind? Wenn nicht, was vermutlich der Fall sein dürfte, welche Bedeutung hat dann dieses, als Aufklärung über primäre Illusionen verstandene Bild einer abgeschlossenen Welt in der Welt, die, ähnlich motiviert, freilich noch mit der Newtonischen Physik als Verankerung, bereits Kants transzendentaler Idealismus vorgeführt hat?

Der endophysikalische Ansatz ist nicht nur mit der traditionellen Physik konfrontiert, sondern wohl auch mit einem logischen Problem, das der Philosoph Hilary Putnam in einer Szene vorgeführt hat. Bescheidener als Platon, nämlich die Immanenz oder einen internen Realismus mit der Grundlosigkeit seiner Annahmen bereits akzeptierend, bewegt sich seine Philosophie innerhalb der als unübersteigbar vorausgesetzten Innenperspektive. Ein böser Wissenschaftler, so seine Höhlenversion, operiert, während die Menschen schlafen, ihre Gehirne aus dem Körper, legt sie in eine Nährlösung und verbindet deren neuronale Ein- und Ausgänge mit einem Supercomputer. So kann man den Gehirnen vorgaukeln, sie befänden sich mit ihrem Körper noch in der wirklichen Welt, könnten sich in ihr bewegen und auch mit anderen Gehirnen wie zuvor interagieren. Wenn diese Gehirne sich nicht an die Operation erinnern könnten und wenn diese Welt genauso bis ins Kleinste durchstrukturiert wäre wie die natürliche, könnten sie, falls sie nicht einen Tip von außen erhalten, nicht wissen, ob sie wirklich Gehirne in einem Tank wären, denn auch die von einem äußeren Beobachter erkennbare Realität des Computers und des organischen Gehirns wäre für die Gehirne selbst nur über die Simulation zugänglich. Wenn also diese „Gehirne im Tank" denken würden, sie wären Gehirne im Tank, so müßte dieser Satz eben nicht den Bedingungen unterliegen, die durch die Szene einer totalen Simulation aber vorausgesetzt sind, was man eine sich selbst widerlegende Aussage nennt. Auch ein Argument der Art des cartesianisches Cogito kann die Endowelt nicht transzendieren, sondern in ihr höchstens für eine gewisse

- what significance does this picture of a closed world within the world that is understood to be an explanation of primary illusions, have? Similarly motivated, and of course still embodied in Newton's physics, it is already presented in Kant's transcendental idealism.

The endophysical statement is not only confronted with traditional physics, but also with a logical problem which the philosopher Hilary Putnam has presented in a scene. More humble than Plato, that is, already accepting the immanence or an internal realism with the baselessness of its assumptions, this philosophy moves within the insurmountable presupposed inner perspective. A nasty scientist, according to his cave version, operates the brains from the bodies of mankind while they sleep, placing them in a nutrient solution and connecting their neuronal inputs and outputs with a super computer. In this way brains can be duped to believe that they are still in the real world with their bodies, able to move within it and interact with other brains just as before. If these brains are unable to remember the operation and if this world is structured right to the very finest detail as the natural one, they would be unable to know, unless tipped off from the outside, that they were really brains in a tank, as even the reality of the computer and the organic brain which can be recognized by an external observer would only be accessible for the brains via simulation. If these „brains in a tank" were to think that they were brains in a tank, this statement would be subject to the conditions presupposed by the scene of a total simulation. This is termed to be a self-contradictory statement.

Even an argument like that of the cartesian cogito cannot transcend the endoworld, but can at the very utmost, only bear witness to a certain consistency in it. Even if it were technically and physically possible to simulate such a world, as we perceive it, for a brain in a tank, one would, according to Putnam, encounter a „terminological impossibility".

Nevertheless, the brains in the tank could say that they were brains in a tank, which of course would be true for an external observer and we naturally could imagine that we were brains in a tank, but this is not logically valid. Entering a renewed vicious circle, one would be forced to pre-occupy oneself with the association between logic and reality.

The impossibility of being someone quite different and at the same time being conscious of what this is like, results in great epistemological problems. Not only do these concern the possible limits of simulation but also the endophysical assumption, by making inferences to us, through analogy, of inhabitants existing in a virtual and closed world, in order to see what we necessarily cannot see.

To illustrate this at an elementary level, we, for example, are as observers of the first order, unable to consciously perceive how our visual perception comes to be at a neuronal level. But nevertheless, perhaps at some point in time some other observer will be able to recognize every detail of how certain retino-stimulations can be computed from the brain to a visual perception. It is already possible to project images directly onto the retina using a retina scanner and laser without the intercession of monitors. However, what the second observer cannot see, even when these computing steps are simultaneously transferred visually on a monitor screen, is what I see directly, as I am not sitting in front of a monitor display during my perceptions, I do have perceptions which are supplementary to the sensoric input and evidently only create scenes in an 8-second rhythm. Could I myself see how and what I see? That would be similar to Escher's hands which draw themselves. Then, for example, I would have to see my brain activity on a monitor display simultaneous to what it produces while I in fact look at the monitor display showing my brain activity and what it actually produces.

What then results is not only an unending interlocked hierachy which cannot be terminated. Implicated in this is a temporal difference, as small as it may well be, which cannot be bridged, so that the observed and the observing perception-self cannot be identical. The most minute changes to the view would probably result, through feedback, in a chaotic process which would distort the original scene, as known from the video camera aimed directly at a monitor which shows what the video camera „sees". Incarceration in caves is obviously not as simple as one would imagine it to be.

It does not have to be pointed out that self-refer entiality or auto-poiesis was - as the outcome of the structure of the world, culminating in self-confidence - the logical problem that the idealistic philosophers Fichte, Schelling and Hegel pre-occupied themselves with. An even more banal version of this cave as was to be found materialistically and empirically inverted in the waning 19th Century with the mathematician Bois-Reymond or the physicist Ernst Mach, based on a theory of sensation and perception as the interface between observer and the world, can be described as being idealistic or subject-concentrated. The so-called radical constructivism cannot not only be traced back to Hegel, Schopenhauer, Kant, Berkeley, Vico or New Platonism stamped with the features of Kues. The origins are to be found in Greek antiquity just as the Platonic caves. Protagora's theorem that man is the measure of all things is only one version of the self-referential construction that gave rise to the scientific project, so that, today on this side

Konsistenz Zeugnis ablegen. Selbst wenn es mithin technisch und physikalisch möglich wäre, eine solche Welt, wie wir sie wahrnehmen, auch für ein Gehirn im Tank zu simulieren, so stieße man laut Putnam auf eine „begriffliche Unmöglichkeit". Trotzdem könnten natürlich die Gehirne im Tank sagen, daß sie Gehirne im Tank sind, natürlich wäre dies für einen externen Beobachter wahr und natürlich können wir uns vorstellen, wir wären Gehirne im Tank, aber logisch haltbar ist dies nicht, wobei man dann allerdings, in einen erneuten Teufelskreis eintretend, dazu gezwungen wäre, sich mit der Verbindung von Logik und Wirklichkeit zu beschäftigen.

Die Unmöglichkeit, ganz jemand anderes zu sein und gleichzeitig ein Bewußtsein darüber zu haben, wie dies ist, in gewichtige erkenntnistheoretische Probleme. Sie betreffen nicht nur die möglichen Grenzen der Simulation, sondern auch die endophysikalische Annahme, durch Analogie Rückschlüsse von Bewohnern, die in einer virtuellen und abgeschlossenen Welt existieren, auf uns zu machen, um das sehen zu können, was wir notwendigerweise nicht sehen können.

Wir sind, um dies auf einer elementaren Ebene zu illustrieren, als Beobachter erster Ordnung beispielsweise unfähig dazu, bewußt wahrzunehmen, wie auf neuronaler Ebene unsere visuelle Wahrnehmung zustandekommt. Aber selbstverständlich könnte ein anderer Beobachter vielleicht irgendwann bis in alle Einzelheiten hin erkennen, wie bestimmte Netzhauterregungen vom Gehirn zu einer visuellen Wahrnehmung errechnet werden. Man kann bereits mit einem Retina-Scanner durch Laser direkt, ohne Vermittlung von Monitoren, Bilder auf die Netzhaut projizieren. Was aber der zweite Beobachter, selbst wenn diese Rechenschritte gleichzeitig auf einem Bildschirm visuell umgesetzt würden, nicht sehen kann, ist das, was ich unmittelbar sehe, denn ich sitze während meiner Wahrnehmungen nicht vor einem Bildschirm, sondern ich habe Wahrnehmungen, die gegenüber dem sensorischen Input noch dazu nachträglich sind und offenbar Szenen nur in einem 3-Sekunden Rythmus bilden. Könnte ich selber sehen, wie und was ich sehe? Das wäre ähnlich Eschers Händen, die sich selber zeichnen, denn dann müßte ich beispielsweise meine Hirnaktivitäten zugleich mit dem, was sie produzieren, auf einem Bildschirm sehen, während ich auf den Bildschirm sehe, der meine Hirnaktivitäten und zugleich das, was sie produzieren, zeigt. Daraus folgt nicht nur eine endlos ineinander verschachtelte Hierarchie, die nicht abschließbar ist, sondern darin impliziert ist eine zeitliche Differenz, so klein sie auch sein mag, die nicht übersprungen werden kann, so daß das beobachtete und das beobachtende Wahrnehmungs-Ich nicht identisch werden können. Bei kleinsten Veränderungen des Blickes würde das durch die Rückkoppelung vermutlich zu einem chaotischen Prozeß führen, der die ursprüngliche Szene verzerrt, wie man es von Videokameras kennt, die auf einen Monitor ausgerichtet sind, der zeigt, was die Videokamera „sieht". Die Gefangenschaften in Höhlen sind offenbar so einfach nicht, wie man sie sich vorstellen kann.

Man muß nicht daran erinnern, daß die Selbstreferentialität oder die Autopoiese als Ausgang der Konstruktion von Welt, kulminierend im Selbstbewußtsein, das logische Problem war, mit dem sich die idealistischen Philosophien Fichtes, Schellings und Hegels beschäftigten. Eine banalere Version dieser Höhle, wie sie auch, materialistisch und empirisch gewendet, im ausgehenden 19. Jahrhundert etwa bei dem Mathematiker Bois-Reymond oder dem Physiker Ernst Mach auf der Basis einer Theorie der Empfindung als dem Interface zwischen Beobachter und Welt zu finden ist, läßt sich als idealistisch oder als subjektkonzentriert beschreiben. Der sogenannte radikale Konstruktivismus geht nicht nur auf Hegel, Schopenhauer, Kant, Berkeley, Vico oder dem Neuplatonismus cusanischer Prägung zurück, sondern seine Ursprünge liegen ebenfalls wie die platonische Höhle in der griechischen Antike. Protagoras Satz, daß der Mensch das Maß aller Dinge sei, ist nur eine Version der selbstbezüglichen Konstruktion, von der das wissenschaftliche Projekt ausgegangen ist, um sich heute, diesseits der Philosophie, wieder in ihm zu fangen. Ohne die hier nur angedeuteten Gedankengänge weiter auszubauen, könnte man doch auch einmal davon ausgehen, daß Menschen nach Eingängen in Höhlen suchen, die sie dann mit den verfügbaren oder nur vorgestellten Techniken versehen.

Der Gehirnwissenschaftler Gerhard Roth etwa glaubt, daß wir uns deswegen gerne in Höhlen der Simulation zurückziehen, weil „unser Gehirn pausenlos konstruktiv ist und durch die Sinnesdaten an dieser überbordenden Konstruktivität gehindert wird." Deswegen arbeiten wir, vielmehr: unser Gehirn daran, die Sinnesdaten durch Veränderungen unserer Welt, d.h. beispielsweise durch Technik oder Kunst, gemäß unserer Simulationsmaschine auszurichten oder die Koppelung der Simulationen an sie aufzuheben, also bei vollem Wachbewußtsein träumen oder halluzinieren zu

of the philosophy, we can get caught up in it again.

Without having to further elaborate the trains of thought indicated here, one could even for once assume that people look for entrances to caves, which they then equip with the technologies available or even only imagined.

The brain scientist Gerhard Roth believes that the reason why we like retiring to caves of similation is because „our brain is incessantly constructive and is being hampered by the sensory data to the overburdoning constructivity". For this reason we are working at, or rather our brains, at aligning the sensory data through changes in our world, i.e. through technology or art to conform with our simulation machine, or to offset the coupling of the simulations to it. That is, to be able to dream or hallucinate while fully awake and conscious. But then looks could kill.

Joachim Sauter's „Der Zerseher" (Destructive Vision) works with an eye-tracking system. Here, when our eyes see a picture they destroy or disintegrate it at the same time by means of feedback. Every glance into the relation determined by the interface distorts the scene; the non-distorted, non-destructed picture only being accessible to an external observer.

In contrast, the traditional picture which does not permit the interaction with the seeer can be regarded as being a model for an observer position which is undermined by scientists and new technologies today. Here, we can look at a closed scene or a closed sequence of scenes, as in a film, which have been organized for the observer who was on the outside of this. The observer looks at or into the picture which is separated from its environment by a frame. After all, the picture was regarded as being the excellent condition of how consciousness or cognition could perceive something. To a certain extent, the senses transport information from outside onto a display on which they leave their impression in order to be received by the mind's eye, or by means of which they are translated into the language of the mind through forms of visualization (species), which is reflected in them. Even with both kinds of reflection, that is the passive-realistic and the constructive-idealistic have been constantly criticized throughout the course of philosophical history, it is the mirror, right up to the photo plate, with which physicists prove the existence of elementary particles, a model for the ideal of objective cognition, at the same time having remained the possibility of delusion. The polished mirror only appears to reflect, even when it reverses left and right. It is the model of an observer who hides himself behind his surface, but this always shows something else and which negates its materiality, at least for the visual senses.

Manufactured images normally not only comply with what they show, the demands of perception for the unequivocal. They, too, have been fitted into the difference of figure and background, as pictures, images and can only be recognized when distinguishable from „real" objects, and when they represent a world in the world which can be excluded and identified. This change-over by means of the structure of a frame or a detail is seen by everyone when they look through the eye of a camera or at a television picture. The scenes immediately transform into a picture, which although just as sensually received, is obviously interpreted differently as it not only distances the observer from the scene but also the scene from the picture, even when it is produced in real time.

The observer of a picture is a voyeur, as he himself steps into the background, anonymous, and remains at a distance, shaded like the audience in a theatre, in a cinema or watching TV, the way the observer follows a traditional experimental arrangement. This ideal of objectivity was not only held for science. It still even determines our perception, aesthetically speaking. We want to keep our distance to the picture even when we also feel the need that it draws us, in order to increase the intensity of the perceived in the stoic-aesthetic distance. This can be produced by the theme and the means of presenting what is shown, but also by the fact that the size of the picture tends to be enlarged, as in panorama, in large-scale picture projections or in HDTV.

What actually characterizes a picture in general, and the perception of a picture? A person suffering from a so-called delusion of reference believes, for example, that he is being personally addressed by the television announcer. Consequently, he has taken the production seriously, yet we have learned to ignore it, even when we still obviously feel the need to see a person and not an automatic talking machine. We are much rather irritated when this picture person, locked up behind the glass, reacts to our questions, for example, even when this takes place within a very closely limited software programme. We have learned to look at the screen and have learned that the living beings incarcerated in it cannot look out. Glass, a metaphor for transparency and insight produces from this that the pictures, as close as they may well be, are separated from us by an insurmountable distance.

The question arises as to who is incarcerated: the observer who cannot get away or the observed which posseses no access to the level of reality of the observer. If we break the glass there is only some machinery behind it. If we split open the skull of a person what we see is a gall-like mass and neuronal flows of information which remind

können. Dann aber könnten Blicke töten.

Joachim Sauters „Der Zerseher" arbeitet mit einem eye-tracking System, in dem es durch Rückkoppelung möglich wird, daß unsere Augen, wenn sie ein Bild sehen, dieses gleichzeitig zerstören oder auflösen. Jeder Blick in der durch das Interface bestimmten Relation verzerrt die Szene, das unversehrte, unzersehene Bild ist nur für einen äußeren Beobachter zugänglich.

Das herkömmliche Bild hingegen, das die Interaktion mit dem Sehenden nicht ermöglicht, kann hingegen als Modell für eine Beobachterposition gelten, die heute von seiten der Wissenschaften, aber auch durch neue Technologien untergraben wird. Bei ihm nämlich können wir auf eine abgeschlossene Szene oder auch, wie beim Film, auf eine abgeschlossene Sequenz von Szenen blicken, die für den Beobachter organisiert wurden, der außerhalb ihrer steht: Der Beobachter sieht auf oder in das Bild hinein, das durch einen Rahmen von seiner Umwelt abgetrennt ist. Schließlich galt das Bild auch als ausgezeichnete Bedingung dafür, wie das Bewußtsein oder die Erkenntnis etwas wahrnehmen können. Die Sinne transportieren gewissermaßen die Informationen von außen auf einen Bildschirm, auf dem sie sich abdrücken, um vom geistigen Auge rezipiert zu werden, oder durch den sie mittels mentaler Versichtbarungsformen (species) in die Sprache des Geistes übersetzt werden, der sich in ihnen spiegelt. Auch wenn beide Weisen der Spiegelung, also die passiv-realistische und die konstruktiv-idealistische, im Verlauf der Philosophiegeschichte immer wieder kritisiert wurden, so ist der Spiegel bis hin zur Fotoplatte, mit der Physiker die Existenz von Elementarteilchen beweisen, ein Modell für das Ideal objektiver Erkenntnis und zugleich für die Möglichkeit der Täuschung geblieben. Der glatte Spiegel scheint nur wiederzugeben, auch wenn er links und rechts vertauscht. Er ist das Modell eines Beobachters, der sich hinter seiner Oberfläche, die nur immer anderes zeigt, verbirgt und zumindest für den visuellen Sinn seine Materialität negiert.

Produzierte Bilder fügen sich nicht nur normalerweise in dem, was sie zeigen, den Anforderungen der Wahrnehmung nach Eindeutigkeit, sie sind selbst eingepaßt in die Differenz von Figur und Hintergrund, denn Bilder werden nur dann erkannt, wenn sie von „wirklichen" Gegenständen unterschieden werden können, wenn sie eine ausgrenzbare und so identifizierbare Welt in der Welt darstellen. Dieses Umschalten durch die Konstruktion eines Rahmens oder eines Ausschnittes kennt jeder, wenn er durch das Auge einer Kamera oder auf ein Fernsehbild blickt. Sofort transformieren sich die Szenen in ein Bild, das, obwohl sensuell genauso rezipiert, offenbar anders interpretiert wird, weil es nicht nur den Betrachter von der Szene entfernt, sondern auch die Szene vom Bild, selbst wenn es in Echtzeit erzeugt wird.

Der Betrachter eines Bildes ist ein Voyeur, weil er selbst in den Hintergrund tritt, anonym und in Distanz bleibt, abgeschattet ist wie die Zuschauer im Theater, im Kino oder beim Fernsehen, wie die Beobachter einer herkömmlichen Versuchsanordnung. Dies Ideal der Objektivität war nicht nur für Wissenschaft gültig, auch ästhetisch bestimmt es noch immer unsere Wahrnehmung. Wir wollen unsere Distanz gegenüber dem Bild wahren, auch wenn wir gleichzeitig das Bedürfnis verspüren, daß es uns naherückt, um dadurch die Intensität des Wahrgenommenen in der stoisch-ästhetischen Distanz zu steigern. Das läßt sich über das Thema und die Präsentationsweisen des Gezeigten bewirken, aber auch dadurch, daß das Bildformat tendentiell, wie im Panorama, in den Großbildprojektionen oder im HDTV vergrößert wird.

Was eigentlich kennzeichnet ganz allgemein ein Bild bzw. die Wahrnehmung eines Bildes? Ein Mensch mit einem sogenannten Beziehungswahn glaubte sich z.B. von der Fernsehansagerin persönlich angesprochen. Er nahm also die Inszenierung ernst, von der wir alle gelernt haben, sie zu ignorieren. Wir sind hingegen irritiert, wenn diese hinter das Glas gesperrten Bildmenschen beispielsweise auf unsere Fragen reagieren, selbst wenn dies nur innerhalb z.B. eines eng begrenzten Software Programs geschieht. Gelernt haben wir, daß wir in den Bildschirm hineinsehen, daß aber die in ihm gefangenen Lebewesen nicht heraussehen können. Das Glas, Metapher für Transparenz und Einsicht, zeugt davon, daß die Bilder, so nah sie auch sein mögen, durch eine unüberwindliche Entfernung von uns getrennt sind.

Die Frage stellt sich, wer gefangen ist: der Beobachter, der selbst nicht hinaus kann, oder das Beobachtete, das keinen Zutritt in die Wirklichkeitsebene des Beobachters besitzt. Zerschlagen wir das Glas, ist nichts als eine Maschinerie dahinter, brechen wir den Schädel eines Menschen auf, so sehen wir eine gallertartige Masse und neuronale Informationsströme, die ebensowenig an Bilder erinnern wie der digitale Code des Computers.

Kommt man dem Bild näher, so verschwindet es. Zoomt

us just as little of pictures just as the digital code of the computer does.

If one moves closer to the electronic picture it disappears. If one zooms in on it, what one achieves is some form of material structures which are no longer pictures, but which can, of course, be made into pictures when placed in a real, phenomenalogical or institutional frame. Being able to see a picture obviously means to distance oneself, to introduce an examination or a comparison, to register a reality proviso, to suspend reaction, to let the senses continue to run to a certain extent, yet to forestall every efferent action, where possible.

If we assume, that we generally know what pictures are in contrast to non-pictures, on account of the frame and even if, when enlightened, only have to distinguish between simulations of the first order and second order, the perception of a picture always implies a paradox. To see a picture means to see something, as abstract as it may well be, that is somehow or other „there" and that is simultaneously negated in its existence as it is only the representative that is „really" there: the actor, the screen, the monitor display, the colours, the griding, the digital code, etc.. We have to know what „there" is in order to recognize that what is „there" in a picture does not quite correspond to - what the case would be - if it were „there". Perhaps we would rather have to know what not „there" is, in order to exclude the real as a part sector of the possible. This distinction becomes even more difficult the more the depiction or simulation approaches what is required to perform an examination of reality.

Our perceptive organs are known to be limited and there are a lot of things we cannot perceive with them. Even in this way we live in a cave as a biological organism. In order to open windows there, we can expand our perceptive organs with instruments or build apparatus to snap up information and translate it for us into a compatible language, to acquire knowledge of something which has been withheld from us biological beings with sensory peripheral conditions. We are used to handling realities and believing in them from the sciences, realities which we either primarily cannot experience or which are merely translated as an input for a sense but which are not verifiable for other senses. Here, too, the synaesthetic moment of examination is missing to a great extent.

One could ask oneself which conditions would have to be present for something not to be able to be perceived as a picture, after all, it is also possible for us to transfigure a „real" scene into a picture, whereby we then would have to create certain mental frames. Of course, pictures which are produced as such are nomally „poorer", that is to say less compact and less defined than the sensory experiences in the material environment, which are always synaesthetic. As already said, the same holds true for scientific pictures which indicate that that what appears to be filtered or perhaps even distorted by the measuring or recording instruments, does exist.

Pictures, here even in the wider sense as scenes, have generally no continuity to usual experience and their expectation capacity. But that is really only a matter of their interpretation, whereby pictures themselves can only be recognized as such by interpretation which again is what they have in common with a scientific argumentation which advocates with a complexity-reducing „accepted". The continuity or consistency of experience as an index for its actual reality was Descartes's argument which Leibnitz then assumed. The experienced phenomena must be „lively, varied and harmonic in themselves". They should permit „long chains of observations" and should be in unison with the „habitual way of things", should be self-explicatory from their preceeding phenomena and should enable future happenings to be predicted. However, as was clear to both philosophers, such criteria cannot ultimately prove the reference of an experience to something outwith their representation, as then it would be possible to at least imagine that dreams, hallucinations or simulations would suffice all these conditions. Furthermore, they do not exactly explain how one can adjust the focus for something seen into a picture perception or vice-versa, something which takes place as suddenly as the changing figure in a rocking picture which can be perceived in this way and then in that, but where one can never „see" both together as is the case in quantum mechanics. Even when distinguishing between pictures and realities, a subconscious neuronal programme appears to be effective, which makes the experience evident, in accordance with an internal ruling, even when this obvious „insistence on unambiguity" (Enst Pöppel) possibly does not conform to reality and certainly not with the purely sensory information; yet only indicating the self-referential mechanism of the brain as in the case of constancy phenomena.

Pictures can be adequately defined both by the distance from the observer and through the difference to the world, as an excludeable world in the world, without having to make any reference content for this. If „pictures" include the observer as in VR technology, with his being integrated in their world, to a certain extent, as a personified being, that he can move sensomotorically from the self perspective in their scenes just as in the natural environment, then they will be interpreted by perception as environment even when the observer naturally knows that they are really only a world within the man in es hinein, so gelangt man zu Pixeln oder irgendwelchen Materialstrukturen, die keine Bilder mehr sind, obwohl natürlich auch sie zu Bildern gemacht werden können, wenn sie in einen wirklichen, phänomenologischen oder institutionellen Rahmen gesteckt werden. Theateraufführung dem bedrohten Helden zu Hilfe eilen will, oder die der gemalten Trauben von Zeuxis, nach denen Vögel gepickt haben sollen, übersteigert noch vom Bild des Parrhasios, der Zeuxis in die Falle hatte laufen lassen, indem er einen Vorhang als Bild malte und dieser dann darum bat, ihn aufzuziehen, um das Bild ansehen zu können. Ein Bild sehen zu können, heißt offenbar, in Distanz gehen zu können, eine Prüfung oder einen Vergleich einzuleiten, einen Realitätsvorbehalt anzumelden, die Reaktion zu suspendieren, die Sensorik gewissermaßen weiterlaufen zu lassen, aber jede efferente Aktion möglichst zu unterbinden.

Geht man einmal davon aus, daß wir aufgrund von erworbenen Frames meistens wissen, was Bilder im Unterschied zu Nicht-Bildern sind, auch wenn wir, aufgeklärt, hier nur zwischen Simulationen erster Ordnung und solchen zweiter Ordnung unterscheiden sollten, so impliziert die Wahrnehmung eines Bildes immer ein Paradox. Ein Bild zu sehen, heißt, etwas zu sehen, so abstrakt es auch ein mag, das irgendwie „da" ist und gleichzeitig in seiner Existenz negiert wird, da einzig der Träger „wirklich" da ist: der Schauspieler, die Leinwand, der Bildschirm, die Farben, die Rasterung, der digitale Code etc. Wir müssen also wissen, was „da" ist, um zu erkennen, daß das, was in einem Bild „da" ist, nicht gänzlich dem entspricht, was der Fall wäre, wenn es „da" wäre. Vielleicht aber müssen wir eher wissen, was nicht „da" ist, um das Reale als Teilbereich des Möglichen davon auszugrenzen. Diese Unterscheidung aber wird desto schwieriger, je mehr sich die Abbildung oder Simulation dem annähert, was nötig ist, eine Realitätsprüfung durchzuführen.

Unsere Wahrnehmungsorgane sind bekanntlich beschränkt, und vieles können wir gar nicht mit ihnen wahrnehmen. Auch so leben wir als biologische Organismen in einer Höhle. Um Fenster zu öffnen, können wir unsere Wahrnehmungsorgane durch Instrumente erweitern oder Apparaturen bauen, die Informationen einfangen und in eine uns kompatible Sprache übersetzen, um Kenntnis von etwas zu erlangen, was uns als biologische Wesen mit sensorischen Randbedingungen entzogen ist. Wir sind von den Wissenschaften daran gewöhnt, mit Realitäten umzugehen und an sie zu glauben, die wir entweder primär nicht erfahren können oder die lediglich als Input für einen Sinn übersetzt werden, aber für andere Sinne nicht verifizierbar sind. Auch hier fehlt also weitgehend das synästhetische Moment der Überprüfung.

Man könnte sich einmal fragen, welche Bedingungen vorliegen müssen, damit etwas nicht als Bild wahrgenommen werden kann, schließlich ist es uns ja auch möglich, eine „wirkliche" Szene in ein Bild zu transfigurieren, wobei wir dann wohl bestimmte mentale Rahmen erzeugen müssen. Natürlich sind Bilder, die als solche hergestellt werden, meist „ärmer", also weniger dicht und geringer aufgelöst als die sensorischen Erfahrungen in der materiellen Umwelt, die immer synästhetisch sind. Dasselbe aber gilt, wie gesagt, für die wissenschaftlichen Bilder, die indizieren, daß das existiert, was, gefiltert oder vielleicht auch verzerrt, durch die Meß- oder Aufzeichnungsinstrumente erscheint.

Bilder, hier auch im erweiterten Sinne als Szenen, stehen meist nicht in Kontinuität zur gewöhnlichen Erfahrung sowie ihrem Erwartungsraum. Aber das heißt letztlich nur, daß es auf ihre Interpretation ankommt, wobei Bilder selbst erst durch Interpretation als solche erkannt werden, was sie wiederum gemeinsam mit einer wissenschaftlichen Beweisführung haben, die mit einem komplexitätsreduzierenden „Angenommen" einsetzt. Die Kontinuität oder Konsistenz der Erfahrung als Index für ihre Realitätshaltigkeit war übrigens bereits das Argument von Descartes, das Leibniz übernommen hatte. Die erfahrenen Phänomene müssen „lebhaft, vielfältig und in sich selbst harmonisch" sein. Sie sollen „lange Ketten von Beobachtungen" ermöglichen und im Einklang mit dem „gewohnten Gang der Dinge" stehen, sich aus ihnen vorausgehenden Phänomenen erklären und künftige Ereignisse vorhersagen lassen. Doch können, was beiden Philosophen ganz klar war, solche Kriterien letztlich nicht die Bezugnahme einer Erfahrung auf etwas außerhalb ihrer, das repräsentiert wird, beweisen, denn es ließe sich zumindest vorstellen, daß Träume, Halluzinationen oder Simulationen all diesen Bedingungen genügen. Darüberhinaus erklären sie gerade nicht, wie man die Einstellung zu einem Gesehenen auf eine Bildwahrnehmung oder umgekehrt umstellen kann, die so plötzlich sich ereignet, wie der Gestaltwechsel bei einem Kippbild, das sich einmal so und einmal anders wahrnehmen läßt, man aber nie, wie in der Quantenmechanik, beides zusammen „sehen" kann. Auch beim

world. In virtual reality there are pictures, too, which however can have the characteristics of being doors through which one can step into another scene. But this electronic environment has a strange feature which conforms with the natural environment scanned by our sensors and their projection in the brain: It can only be realized as environment when all the observer's movements which are of significance for the simulation are observed themselves, when the observer is a prisoner of the electronic panoptic prison. Incarcerated is the brain, our environmental simulator, by means of the feedback to the sensory input, by which it is forced to select those simulations which suit him. It would also appear that our consciousness is also imprisoned in the illusion that everything that is seen, is on the outside. Even when we know that everything visible is produced in the brain, we are unable to distinguish the corresponding neuronal operations of picture production from perceptive pictures. The distinction environment - self can only be derived from the knowledge of an observer - the observer observes - but cannot be realized as perception.

But how, for example, should one prove to an observer of the first order, at the level of perception, that a rocking figure either consists of two pictures which are incompatible for our perceptive system, or of one structure which can be alternatively interpreted, when the neuronal tendency towards the unequivocal cannot be bridged? Similarly difficult is the question as to whether the splitting into waves or particles should be regarded as being two ways of existence for a material object, dependent on the measuring procedure, but which we merely cannot see, or as to whether the modules of the physical world are actually only probable and indeterminate as, for example, the medical psychologist Ernst Pöppel believes: „With its insistence upon certainty, it (the human information processing) overrules the probabilistic and indeterminate nature of the most primitive and archaic components of the universe". Of course we can be deluded by pictures which pretend to depict something realistically, because they are formally adapted to the reality expectations of our neuronal simulator. Nevertheless, we still recognize them to be pictures as soon as our brain has switched over to picture in its tendency towards the unequivocal. Linked to this switch over is obviously the fact that they refer to something in the real world or represent something ficticious.

It is often said that the constitution of aesthetisicm is induced by easing action, which means that the observer of a picture is not involved in his scene as a personified subject of material interest and that, as Leibnitz said, the real scene is complex and cannot be predicted as a whole in all its levels and perspectives - not completely - and by its indeterminable peripheral conditions. The scene of a construed picture is always „poorer". It can principally escape the notice of the observer as a type of Laplacean demon. For example, when Rössler imagines virtual people in an artifical world as guinea pigs, then this virtual reality would have to be parallel to this one as far as its depth and its transfinite exactness is concerned, if one was to make sound analogies to our world: „The world must be built just as exactly, so as to lose nothing when one moves from one state to the next". Accordingly one would need a dissipative structure for this, a „molecularly dynamic simulated world" as the interface distortions exist „only for an observer, who is constructed exactly from quite a lot of quite small particles with reversible dynamics". Such a virtual reality would then no longer be a picture, as far as one could construct such, but rather a parallel world. It would then be just as compact and complex as our world, and probably uncontrollable in the individual parts. It is similar to the experiment of building intelligent robots which can senso-motorically explore their world on account of certain programmes and thus construct such a world. Analogies can then be made referring to certain mechanisms of the world picture structure but the robot world picture is then also only a corner of a possible system and no longer a model for the human world picture generation.

The second feature of a picture can probably not be principally changed even when one expands the frame of the picture, as in virtual reality, to surround the observer being then realized in the form of the data suit. However, the interface with the picture does change, as the principle of virtual reality is based on cancelling the distinction between picture/environment and on realizing the picture as environment. Traditional pictures are, as said, worlds within the world, pictures of virtual reality presuppose the stopping down of the world which is the reason why one has to put on a diving suit, and the relevant sensory organs are now only structurally interlinked to the computer. The interface becomes the second skin. It no longer finds itself in front of and separated from a senso-motorically accessible body space like a keyboard or a mouse. But even when one could simulate the synaesthetic compactness of a „real" experience by direct and specific brain stimulation, then, as long as the brain is still organic its operation must be maintained by substances which cannot be simulated, just as the immaterial world of computers can, merely on the basis of current or some other materialized hardware.

There are picture representatives here, too, even when they need not be made from stone, screen, or flesh. If a picture is always only a world within

Unterscheiden von Bildern und Wirklichkeiten scheint ein subbewußtes neuronales Programm wirksam zu sein, das die Erfahrung gemäß einer internen Regel eindeutig macht, auch wenn offenbar diese „insistence on unambiguity" (Ernst Pöppel) sich möglicherweise mit der Wirklichkeit, sicher aber mit den rein sensorischen Informationen nicht deckt, sondern nur, wie etwa bei den Konstanzphänomenen den selbstreferentiellen Mechanismus des Gehirns aufzeigt.

Bilder sind sowohl durch den Abstand vom Beobachter und durch den Unterschied zur Umwelt als ausgrenzbare Welt in der Welt hinreichend definierbar, ohne dafür auf irgendeinen Inhalt Bezug nehmen zu müssen. Wenn „Bilder" den Beobachter so wie bei der VR-Technik einschließen, daß er als verkörpertes Wesen in wesentlichen Hinsichten in ihre Welt integriert ist, er sich also senso-motorisch aus der Ich-Perspektive in ihren Szenen ungefähr so bewegen kann, wie in der natürlichen Umwelt, dann werden sie von der Wahrnehmung als Umwelt interpretiert, auch wenn natürlich der Beobachter noch weiß, daß sie lediglich eine Welt in der Welt sind. In der Virtuellen Realität gibt es auch Bilder, die jedoch die Eigenschaften haben können, Türen zu sein, durch die man wieder in eine andere Szene schreiten kann. Aber diese elektronische Umwelt hat eine seltsame Eigenschaft, die sich gleichfalls mit der von unseren Sensoren abgetasteten natürlichen Umwelt und ihrer Projektion im Gehirn deckt: Sie kann nur als Umwelt realisiert werden, wenn alle Bewegungen des Beobachters, die für die Simulation wichtig sind, selber beobachtet werden, der Beobachter also ein Gefangener des elektronischen panoptischen Gefängnisses ist. Gefangen ist das Gehirn, unser Umweltsimulator, durch die Rückkoppelung an den sensorischen Input, durch den es gezwungen ist, jeweils die Simulationen auszuwählen, die zu ihm passen. Und gefangen scheint auch unser Bewußtsein in der Illusion zu sein, daß alles, was gesehen wird, sich draußen befindet. Auch wenn wir wissen, daß alles Sichtbare erst im Gehirn erzeugt wird, können wir die entsprechenden neuronalen Operationen der Bilderzeugung nicht von den Wahrnehmungsbildern unterscheiden. Die Unterscheidung Umwelt - Selbst kann nur vom Wissen eines Beobachters, der Beobachter beobachtet, abgeleitet, aber nicht als Wahrnehmung realisiert werden.

Aber wie sollte man beispielsweise auf der Ebene der Wahrnehmung für einen Beobachter der ersten Ordnung beweisen, daß eine Kippfigur entweder wirklich aus zwei, für unser Wahrnehmungssystem miteinander inkompatiblen Bildern oder aber aus einer Struktur besteht, die alternativ interpretierbar ist, wenn die neuronale Tendenz zur Eindeutigkeit nicht übersprungen werden kann? Ähnlich schwierig ist bekanntlich, ob die Aufspaltung in Welle oder Teilchen als zwei Weisen der Existenz eines materiellen Objekts, bedingt durch den Meßvorgang, gelten sollen, wir sie nur nicht sehen können, oder ob die Bausteine der physikalischen Welt tatsächlich nur wahrscheinlich und indeterminiert sind, wie beispielsweise der medizinische Psychologe Ernst Pöppel glaubt: „With its insistence upon certainty, it (the human information processing) overrules the probabilistic and indeterminate nature of the most primitive and archaic components of the universe."

Wir können selbstverständlich durch Bilder getäuscht werden, die vorgeben, realistisch etwas abzubilden, weil sie formal den Realitätserwartungen unseres neuronalen Simulators angepaßt sind, aber trotzdem erkennen wir sie immer noch als Bilder, sobald unser Gehirn in seiner Tendenz auf Eindeutigkeit auf Bild umgeschaltet hat. Mit dieser Umschaltung ist offenbar verknüpft, daß sie auf etwas in der wirklichen Welt bezugnehmen oder Fiktives darstellen.

Man hat oft gesagt, daß die Konstitution von Ästhetischem durch Handlungsentlastung hervorgebracht werde, was eben heißt, daß der Beobachter eines Bildes nicht als verkörpertes und von materiellen Interessen bestimmtes Subjekt in seine Szene verwickelt ist und daß, wie bei Leibniz, die wirkliche Szene komplex ist, sie also in allen Schichten und Perspektiven unabgeschlossen und durch ihre nicht erfaßbaren Randbedingungen nicht im Ganzen voraussagbar ist. Die Szene eines konstruierten Bildes ist immer „ärmer", sie kann prinzipiell vom Beobachter als einer Art des Laplaceschen Dämons übersehen werden. Wenn Rössler sich beispielsweise virtuelle Menschen in einer Kunstwelt als Versuchskaninchen vorstellt, so müßte diese virtuelle Realität, wenn man triftige Analogien zu unserer Welt ziehen will, mit dieser parallel sein, was ihre Tiefe und ihre transfinite Exaktheit anbelangt: „Die Welt muß so genau gebaut sein, daß nichts verloren geht, wenn man von einem Zustand zum nächsten geht." Man braucht dazu also eine dissipative Struktur, also eine „molekulardynamisch simulierte Welt", weil „nur für einen Beobachter, der so genau aus ganz vielen, ganz kleinen Teilchen und mit einer reversiblen Dynamik aufgebaut ist", die Interface-Verzerrungen bestehen. Eine solche virtuelle Realität wäre,

a world, supported by something which cannot be integrated in the picture, then, as said, the frame or the interface can be displaced in order to make the comparison of picture and environment or the difference between picture and representative impossible for the observer's cognitive system. The observer can enter the picture like a „real" scene when his actions have been fed back to the picture.

When the observer, as we hear today with the presence of technologies like VR, can no longer observe a scene from the outside which is independent of his person and his actions, but can influence this scene by interacting with it, then an interesting philosphical question arises: Is it possible to show the observer how his presence interacts with the scene without giving him the possibility of being able to see himself again as an external observer and at the same time as an observer integrated in the scene, even when the perspectives of the external observer do not have to be objective, but which only emerge from a higher-staged reality. When an observer-objective world is staged for an observer via an experimental arrangement, be it for artistic or scientific purposes, then this would have to be possible without having to resort back to eventual worlds of imagination within the realized world. If the observer can take in both perspectives at the same time, or at an interval, a comparison would be possible which would also create a gap for him, consequently breaking the immanence. At least Otto Rössler's endo-physical statement maintains just that as Niklas Luhmann's system-theoretical statement does, that this isn't possible, as the observer-objective world would have to be parallelized and this would contradict the term of a world even when one can take in different perspectives in a world which one could, for example, subdivide into levels or orders.

Peter Weibel has tried to represent the contra-intuitive endo-perspective pictorially by alienating the usual situation of an observer who perceives his environment, but who can only partly see. The starting point is a drawing the philosopher Ernst Mach made of himself. He is an observer in the world which only sees what he sees when he performs the „self observation-I", and which the reflection philosophy made a lot of fuss about absolutely nothing over, as Mach thinks. Of course, he represents himself as someone who looks into the world whose eyes, that is the interface, just as certain parts of his body which is lying on a sofa, remain invisible. Depending on the traditional two-dimensional picture, Mach was only able to realize his paradox self-portrait from the view of one eye. If one shuts one eye, one sees a part of the nose, maybe even the eyebrows or the beard, whereas when looking with both eyes this framing is faded out, which is why we do not have the impression that this picture evokes of looking out of a frame. In addition to this, the picture is presented from the perspective of the drawing and not the drawn observer. As an observer, we assume an external position just as the drawing self-observer does.

What at first glance appears to be the realistic-perspective drawing is not really construed from the position of the first observer due to another representative form. In order to avoid the complications which arise, Mach has, for example, added a window as a world in the world - but not the drawing he is in the process of making, so as to realize himself as an observer of his observer perspective. The hand with the crayon hangs in the air in nothingness. What would the picture in the picture have to look like? Would the drawer be identical to the drawn, then his glance would either be directed towards the page or to the space. However, he would not be able to register both, at least not very clearly. But even if this were possible, the page would shade a part of the perceptive space because it is situated in it. Then the same would be on the picture in the picture as is on the picture, and of course, the picture in the picture would have to include a further identical picture, etc.. Besides this impossibility of representing the unequivocal and closedness of our experience, we are unable, as Mach's drawing suggests, to clearly see the foreground and the background, for example, the nose and the eyebrows in the foreground. This observer-objective view proves to be a construct. It is composed of many perspectives which can only be perceived in sequence.

Above all, Mach wanted to demonstrate that something will always be faded out in a view, that is - the observer as a whole - through which the interface between the outside and the inside passes. Without the aid of supportive media we cannot look forwards and backwards at the same time and similarly the view to the inside is also denied us. What is behind the eyes and behind the head remains hidden to the eyes, or one expands this, for example, by one or more video cameras which - depending on the head and eye movements - record and replay what is happening behind or what cannot be seen at the back of his head for the observer, on one or more monitor displays in front of him. But, if one continues this scene each monitor display showing more in the sense of cybernetics of a second order, than the observer can see directly, at the same time conceals an aspect of what he could see if there were no monitor display. As a result, in terms of the tendency towards the unequivocal, it is difficult to simultaneously follow the different scenes on several monitor displays. A larger computing capacity would probably not be able to change this very much. It could

so man denn eine solche bauen könnte, dann kein Bild mehr, sondern eben eine parallele Welt. Sie wäre dann zwar ebenso dicht und komplex wie unsere Welt, vermutlich aber auch nicht mehr im einzelnen kontrollierbar. Das ist ähnlich dem Versuch, intelligente Roboter zu bauen, die aufgrund bestimmter Programme erst sensomotorisch ihre Umwelt erfahren und so ein Weltbild konstruieren. Dann lassen sich Analogien in Bezug auf bestimmte Mechanismen der Weltbildkonstruktion ziehen, aber das Roboterweltbild ist dann ebenfalls nur die Nische eines möglichen Systems und kein Modell mehr für die menschliche Weltbildgenerierung.

Die zweite Gegebenheit eines Bildes läßt sich wohl nicht prinzipiell verändern, auch wenn man den Rahmen des Bildes wie in der Virtuellen Realität um den Beobachter herum ausweitet, er also in der Form des Datenanzugs realisiert ist. Das Interface mit dem Bild aber verändert sich dadurch sehr wohl, weil das Prinzip der Virtuellen Realität darauf basiert, die Unterscheidung Bild-Umwelt aufzuheben und das Bild als Umwelt zu realisieren. Herkömmliche Bilder sind, wie gesagt, Welten in der Welt, Bilder der Virtuellen Realität setzen die Abblendung der Welt voraus, weswegen man sich in einen Taucheranzug begeben muß und die jeweils einbezogenen Sinnesorgane nur noch mit dem Computer strukturell verkoppelt sind. Das Interface wird zur zweiten Haut, es befindet sich nicht mehr vor einem und getrennt vom sensomotorisch erschlossenen Raum des Körpers wie eine Tastatur oder eine Maus. Aber auch wenn man etwa durch direkte und gezielte Hirnstimulation die synästhetische Dichte einer „wirklichen" Erfahrung simulieren könnte, so müßte doch, solange das Gehirn noch organisch ist, dessen Betrieb durch nicht simulierbare Substanzen aufrechterhalten werden, ebenso wie die immateriellen Welten des Computers nur auf der Basis von Strom oder irgendwelcher materialisierter Hardware laufen können. Bildträger gibt es also auch hier, selbst wenn sie nicht aus Stein, Leinwand oder Fleisch sein müssen. Wenn ein Bild immer eine Welt in der Welt ist, gestützt auf etwas, was nicht in das Bild integriert werden kann, so läßt sich aber doch, wie gesagt, der Rahmen oder das Interface verschieben, um den Vergleich von Bild und Umwelt oder den Unterschied von Bild und Träger für das kognitive System des Beobachters unmöglich werden zu lassen. Der Beobachter kann in das Bild wie in eine „wirkliche" Szene eintreten, wenn seine Aktionen mit dem Bild rückgekoppelt werden.

Wenn der Beobachter nicht mehr von außen eine von ihm und seinen Handlungen unabhängige Szene betrachten kann, sondern er diese Szene notwendig beeinflußt, er mit interagiert, dann ergibt sich daraus eine interessante philosophische Frage: Ist es möglich, dem Beobachter selbst zu zeigen, wie seine Präsenz mit der Szene interagiert, ohne dazu ihm die Möglichkeit eröffnen zu müssen, doch wieder als äußerer Beobachter sich zugleich als in die Szene integrierten Beobachter sehen zu können, auch wenn die Perspektive des äußeren Beobachters deswegen nicht objektiv sein muß, sondern lediglich aus einer höherstufigen Realität erfolgt? Wenn eine beobachterobjektive Welt über eine Versuchsanordnung, egal ob diese künstlerischen oder wissenschaftlichen Zwecken dient, für einen Beobachter inszeniert würde, dann müßte dies möglich sein, ohne etwa auf möglichen Welten der Vorstellung innerhalb der realisierten Welt zurückzugreifen. Könnte der Beobach-

Abbildung aus Ernst Mach: Die Analyse der Empfindungen, 1906

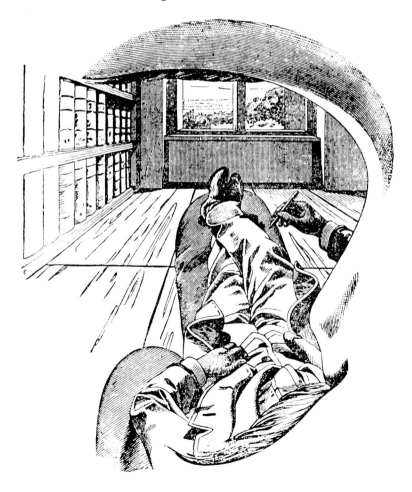

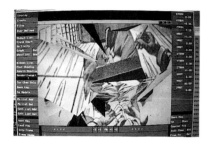

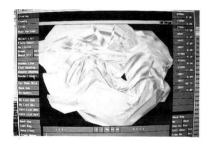

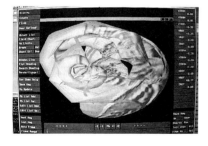

Peter Weibel: Computerunterstützte perspektivische Krümmung der Machzeichnung, 1991

ter nämlich gleichzeitig oder in einem zeitlichen Abstand beide Perspektiven einnehmen, so wäre ihm ein Vergleich möglich, der ihm auch einen Abstand verschafft und so die Immanenz bricht. Zumindest wird im endophysikalischen Ansatz von Otto Rössler wie etwa auch im systemtheoretischen von Niklas Luhmann behauptet, daß dies nicht möglich sei, da damit die beobachterobjektive Welt parzelliert werden müßte, was dem Begriff einer Welt aber widerspricht, auch wenn sich in einer Welt durchaus verschiedene Perspektiven einnehmen lassen, die man beispielsweise in Ordnungsebenen unterteilen könnte.

Peter Weibel hat versucht, die kontraintuitive Endoperspektive bildlich darzustellen, indem er die gewöhnliche Situation eines Beobachters, der seine Umwelt wahrnimmt, aber sich nur teilweise sehen kann, verfremdet. Ausgangspunkt ist eine Zeichnung des Philosophen Ernst Mach von sich selbst als Beobachter in der Welt, der nur sieht, was er sieht, wenn er die „Selbstschauung Ich" durchführt, um die seitens der Reflexionsphilosophie so viel Lärm um buchstäblich nichts gemacht wurde, wie Mach meint. Er stellte sich - natürlich - als jemand dar, der in die Welt blickt, dessen Augen, das Interface also, wie auch bestimmte Teile seines auf einem Sofa liegendem Körper unsichtbar bleiben. Bedingt durch das herkömmliche zweidimensionale Bild konnte Mach sein paradoxes Selbstbildnis nur von dem Blick eines Auges realisieren. Wenn man ein Auge schließt, so sieht man einen Teil der Nase, vielleicht auch die Augenbrauen oder den Bart, während beim Blick mit beiden Augen diese Umrahmung weggeblendet wird, weswegen wir dann nicht den Eindruck haben - den dieses Bild erweckt - daß wir wie aus einem Rahmen herausblicken. Zudem ist das Bild aus der Perspektive des zeichnenden, nicht des gezeichneten Beobachters dargestellt. Als Betrachter nehmen wir deshalb ebenso wie der zeichnende Selbstbeobachter bereits eine äußere Stellung ein.

Die auf den ersten Blick realistisch-perspektivische Zeichnung ist übrigens auch wegen einer anderen Darstellungsform nicht wirklich aus der Position des ersten Beobachters konstruiert. Um die damit auftretenden Komplikationen zu vermeiden, hat Mach beispielsweise zwar ein Fenster als Welt in der Welt eingefügt, nicht aber die Zeichnung, die er gerade anfertigt, um sich als Beobachter seiner Beobachterperspektive zu realisieren. Die Hand mit dem Stift schwebt im Leeren. Wie müßte das Bild im Bild aussehen? Wäre der Zeichner mit dem Gezeichneten identisch, so wäre sein Blick entweder auf das Blatt oder auf den

Raum ausgerichtet. Beides zusammen aber könnte er nicht, zumindest nicht scharf erfassen. Aber auch wenn dies ginge, das Blatt also einen Teil des Wahrnehmungsraumes abschattet, weil es sich in ihm befindet, so befände sich auf dem Bild im Bild das gleiche wie auf dem Bild, und natürlich müßte das Bild im Bild ein weiteres identisches Bild usw. enthalten. Neben dieser Unmöglichkeit, die Eindeutigkeit und Abgeschlossenheit unserer Erfahrung darzustellen, können wir nicht gleichzeitig, wie Machs Zeichnung suggeriert, den Vorder- und Hintergrund sowie beispielsweise im Vordergrund die Nase und die Augenbraue scharf sehen. Der eine, beobachterobjektive Blick erweist sich als Konstrukt, er ist aus vielen Perspektiven zusammengesetzt, die nur nacheinander wahrgenommen werden können.

Mach wollte vor allem demonstrieren, daß beim Blick immer etwas ausgeblendet wird, nämlich der Beobachter als ganzer, durch den hindurch die Schnittstelle zwischen außen und innen geht. Wir können ohne Unterstützung von Hilfsmitteln nicht gleichzeitig rückwärts und vorwärts schauen, und der Blick nach innen ist uns ebenso verwehrt. Was hinter den Augen und hinter dem Kopf ist, bleibt den Augen verborgen, es sei denn, man erweitert sie beispielsweise durch eine oder mehrere Videokameras, die je nach Kopf- oder Augenbewegungen das aufzeichnen und für den Beobachter auf einem oder mehreren Bildschirmen vor ihm wiedergeben, was hinter ihm sich ereignet oder was er, wie seinen Hinterkopf, nicht sehen kann. Aber, spinnt man diese Szene fort, jeder Bildschirm, der ja im Sinne einer Kybernetik zweiter Ordnung mehr zeigt, als der Beobachter unmittelbar sehen kann, verbirgt zugleich wiederum einen Aspekt dessen, was er sehen könnte, wenn der Bildschirm nicht da wäre. Überdies fällt es im Sinne der Tendenz zur Eindeutigkeit schwer, die verschiedenen Szenen auf mehreren Bildschirmen gleichzeitig zu verfolgen. Daran würde vermutlich auch eine größere Rechenkapazität nichts ändern, die vielleicht mehrere Perspektiven parallel verarbeiten könnte, aber dennoch einen, vielleicht statistisch errechneten Durchschnitt bilden müßte. Möglicherweise wäre die Gleichzeitigkeit von verschiedenen Perspektiven für ein reines Auge möglich, das sich weder in der Welt bewegen noch sich in ihr situieren müßte, aber eben dies scheint doch der Fall zu sein für ein selbstreferentielles System wie das in einen makroskopischen Körper implementierte Gehirn.

Man kann die Endoperspektive in einem herkömmlichen Bild nur als Fiktion bzw. aus der Perspektive eines Exo-

possibly process several perspectives parallely, but nevertheless would have to establish a perhaps statically calculated average. Maybe the simultaneousness of different perspectives would be possible for a pure eye, which has to move in the world, not situate itself there. But just this would appear to be the case for a self-referential system like the implemented brain in a macroscopic body.

One can only represent the endoperspective in a traditional picture as fiction, and from the perspective of an exo-observer. How does Peter Weibel attempt to solve this problem not on the level of a theory but on that of a picture i.e. for the perception? Paradoxically, he now represents the endoperspective as a space inverted in itself, whereas one would normally assume that the perspectively divided space should rather correspond to this, as it is our socially coded normal perceptive space, even if only in the representation. Actually one should assume that the space could perhaps look for an observer with another perceptive system or perhaps for a hypothetical exo-observer, the way we would experience it in the utmost and most extreme alcoholic state i.e. when the usual mechanism of the reality structure is considerably disturbed. However, Peter Weibel maintains that the space could be represented „as the interface of an internal observer". This again would mean that the internal observer would be observed by an external observer, namely the one watching the picture „in the electronic age". In order to be able to recognize at all that the space is distorted, one would have to compare it with the observer's space which Weibel characterizes as being external. This again is only possible when the representation presumes that we are, to a great extent, external observers ourselves whose perceptive system is irritated by the distorted space, being unable to orientate in it, in line with internal rules of physical movement which demand the unequivocal. It may be maintained that such a picture could possibly look as if this is not ordered by the one-eyed perspective but that this corresponds to the subconscious visual perceptive process of, for example, the saccadic jumps from one focus to the other. In this case, the picture would represent the basic perceptive level of the endoperspective which is otherwise inaccessible to us and which has not yet been closed to form a shape. The subject of the picture appears not to take up the intended aim. Of course, the problem is also that this picture is not interactive, that the viewer is not a part of the picture. One can certainly produce complex reciprocities on such a picture, just as Velasquez did in his Meninas, but the picture cannot really include the observer, the viewer and the producers: one point always remains empty.

Beobachters darstellen. Wie versucht nun Peter Weibel dieses Problem, nicht auf der Ebene einer Theorie, sondern auf der eines Bildes, d.h. für die Wahrnehmung zu lösen? Paradoxerweise stellt er nun ausgerechnet die Endoperspektive als in sich verdrehten Raum dar, während man doch annehmen würde, daß der perspektivisch gegliederte Raum ihr eher entsprechen sollte, weil es unser, wenn auch in der Darstellung erst sozial codierter, gewöhnlicher Wahrnehmungsraum ist. Eigentlich sollte man annehmen, daß vielleicht für einen Beobachter mit einem anderen Wahrnehmungssystem als dem unseren oder vielleicht für einen hypothetischen Exo-Beobachter der Raum so aussehen könnte, wie wir ihn höchstens unter extremen Rauschbedingungen erleben können, d.h. wenn der gewöhnliche Mechanismus der Wirklichkeitskonstruktion erheblich gestört ist. Peter Weibel hingegen behauptet, daß so der Raum „als Schnittstelle eines internen Beobachters" dargestellt werden könne, was dann aber hieße, daß der interne Beobachter von einem äußeren Beobachter beobachtet würde, eben von dem, der das Bild „im elektronischen Zeitalter" anschaut. Um überhaupt zu erkennen, daß der Raum verzerrt ist, muß man ihn mit dem Raum des Beobachters vergleichen, den Weibel als extern charakterisiert. Das wiederum ist nur möglich, wenn die Darstellung voraussetzt, daß wir selbst zumindest weitgehend externe Beobachter sind, deren Wahrnehmungssystem überdies durch den verzerrten Raum irritiert wird, weil er sich in ihm nach seinen internen Regeln der körperlichen Bewegung, die Eindeutigkeit verlangen, nicht orientieren könnte. Möglicherweise, so ließe sich behaupten, könnte etwa so ein Bild aussehen, das nicht durch die einäugige Perspektive geordnet ist, sondern das dem subbewußten visuellen Wahrnehmungsvorgang, beispielsweise den saccadischen Sprüngen von einem Fokus zum anderen, entspricht. Dann würde das Bild die grundlegende, uns ansonsten nicht zugängliche Wahrnehmungsschicht der Endoperspektive vorstellen, die noch nicht zu einer Gestalt geschlossen wurde. Das Sujet des Bildes scheint also das intendierte Ziel nicht einzulösen. Das Problem liegt freilich auch darin, daß dieses Bild nicht interaktiv, der Zuschauer also nicht Teil des Bildes ist. Auf einem solchen Bild kann man sicher komplexe Reziprozitäten herstellen, wie dies beispielsweise Velasquez in seinen Meninas gemacht hat, aber das Bild kann nicht wirklich den Beobachter, den Zuschauer und Produzenten, einbegreifen: eine Stelle bleibt immer leer.

# Gespräch mit Gerhard Roth

# Florian Rötzer

**Talk with Gerhard Roth**

*In den letzten Jahren ist vor allem über die Theorien von Maturana und Varela die Biologie der Kognition zu einem neuen erkenntnistheoretischen Ansatz geworden. Hier wird besonders betont, daß unser Gehirn ein autopoietisches System sei, das von seiner Umwelt abgeschlossen ist, d.h. nur durch Perturbationen dazu angeregt wird, bestimmte Erkenntnisleistungen zu vollziehen, die so durch Selbstreferentialität charakterisiert sind. Ist denn diese Theorie aus der Perspektive der Hirnforschung haltbar und worin liegen ihre Evidenzen?*

Der Begriff der Abgeschlossenheit, wie er von Maturana und Varela entwickelt wurde, hat zu vielen Mißverständnissen geführt. Man muß viel Arbeit darauf verwenden, um ihn zu klären. Erst einmal ist dieser Begriff kontra-intuitiv. Das Problem besteht darin, daß sich ein Tier oder Mensch mit seinen Sinnesorganen an der Umwelt orientieren muß. Das Gehirn ist das Organ, das diese Sinnesinformation verarbeitet und schließlich ein Verhalten erzeugt, mit dem das Tier oder der Mensch in seiner Umwelt überleben kann. Wie könnten also Lebewesen überhaupt erfolgreich in einer Umwelt leben, wenn das Gehirn davon abgeschlossen ist? Diese Frage haben Maturana und Varela in ihrer Theorie nicht hinreichend beantwortet. Diese Lücke wird auch von den Konstruktivisten nicht wirklich geschlossen. Es ist beispielsweise die Aufgabe der kognitiven Hirnforschung herauszustellen, in welchem Sinne das Gehirn abgeschlossen bzw. nicht abgeschlossen ist.

*Sie würden also auch nicht der konstruktivistischen These ohne weiteres zustimmen, daß wir unsere Realität konstruieren, sie also nur ein Bild ist, das nicht in Kontakt zu dem steht, was außen ist?*

Die Antwort darauf ist kompliziert. Es gibt eine Abgeschlossenheit des Gehirns in dem Sinne, daß alles, was wir empfinden und was wir erleben, das Ergebnis der Aktivität unseres Gehirns ist, d.h. das, was für uns „draußen" und was „drinnen" ist, wird vom Gehirn hervorgebracht. Insofern gibt es nichts, was von „draußen" her-

Q.: In recent years the biology of cognition has become a new epistemological statement, above all, due to the theories of Maturana and Varela. Here, it is particulary emphasized that our brain is an autopoietic system which is excluded from its environment i.e. that is only stimulated by perturbations to perform certain cognitive feats, which are characterized by self-referentiality. Is this theory valid from the perspective of brain research and where does the evidence for this lie?

A: The concept of exclusion, as developed by Maturana and Varela, has led to a number of misunderstandings. One would have to invest a lot of work in this in order to clarify it. First of all, this concept is contra- intuitive. The problem is that an animal or a person must orientate itself with the environment, by means of its sensory organs. The brain is the organ which processes this sensory information, ultimately producing a conduct by means of which the animal or the person can survive in its environment. How at all could living beings successfully live in an environment if the brain was to be excluded from it? Maturana and Varela have not supplied an adequate answer to this question in their theory. This gap has also not really been bridged by the constructivists. For example, it is the task of cognitive brain research to find out in what sense the brain is excluded or not excluded.

Q.: You wouldn't therefore readily agree with the constructivist thesis that we construe our reality; that it is only an image which is not in contact with what is outside?

A.: The answer to this is complicated. There is an exclusion of the brain in the sense that everything we perceive and experience is the result of the activity of our brain i.e. what is „outside" and what is „inside" for us is produced by the brain. In this respect there is nothing that comes in from „outside". This is a trivial part of the concept of exclusion. However, what is not trivial is the question as to how this construed world arises in the brain and how the organism can orientate itself at the same time with the environment. How can these paradoxes be resolved? The solution is that the brain naturally orientates itself with the environment with the aid of the sensory organs, by receiving signals from it. However, what the brain does on the strength of these signals is in no way determined by the environment. The brain of a person and an animal must always interpret the signals which come from outside and which, as such, are free from significance. This is where the only meaningful substance to „exclusion" can be found.

Q.: For some time it was assumed that the brain was to be understood as an information-processing system analogous to the sequential and hierarchically structured Neumann computer. At present, the model of the so-called neuronal parallel processing networks tends to thrust itself into the foreground as a model which is more efficient. Does this mean that what can be installed in the computer, in accordance with the model of the brain, really compares to what takes place in it?

A.: Firstly, not at all. The step from the sequential to the parallel processing computer is a purely technical aspect. It has been seen that a number of technical cognitive tasks such as image detection work cannot be successively worked out as this would take too much time. This, however, has really nothing to do with the actual problem of the brain, which is, in fact, to find out which environmental signals are of significance for itself. As to whether this is processed sequentially or parallely does not play a decisive role for the problem of the brain as a semantic machine or a semantic system.

Q.: Until now computer simulations of intelligent work have obviously not been able reach this area of semantics. Would this be a consequence of your statements that this cannot even be achieved?

A.: Computers that are built by us should do something that is of benefit to us. This may be simple or complicated, but the significance of what they do is stipulated by us. For the time being, we do not want computers that do something that they, themselves, want.

Q.: But this would be conceivable?

einkommt. Das ist ein trivialer Bestandteil des Begriffs der Abgeschlossenheit. Nicht trivial hingegen ist die Frage, wie diese konstruierte Welt im Gehirn entstehen und der Organismus gleichzeitig sich an der Umwelt orientieren kann. Wie also läßt sich dieses Paradoxon auflösen? Die Lösung besteht darin, daß sich das Gehirn natürlich mit Hilfe der Sinnesorgane an der Umwelt orientiert, indem es Signale aus ihr aufnimmt. Was das Gehirn aber aufgrund der Signale tut, ist in keiner Weise von der Umwelt determiniert. Das Gehirn von Mensch und Tier muß die Signale, die von außen kommen und als solche bedeutungsfrei sind, immer interpretieren. Darin besteht der einzig sinnvolle Inhalt von „Abgeschlossenheit".

*Man ist einige Zeit davon ausgegangen, das Gehirn als informationsverarbeitendes System analog dem sequentiell und hierarchisch aufgebauten von-Neumann-Computer zu verstehen. Gegenwärtig schiebt sich eher das Modell der sogenannten neuronalen parallelverarbeitenden Netze als Vorbild in den Vordergrund, die leistungsfähiger seien. Ist denn das, was im Computer nach dem Vorbild des Gehirns installiert werden kann, wirklich vergleichbar mit dem, was in ihm stattfindet?*

Vorerst überhaupt nicht. Der Schritt vom sequentiell zum parallel verarbeitenden Computer ist ein rein technischer Aspekt. Man hat gesehen, daß viele technische kognitive Aufgaben wie Bilderkennungsleistungen nicht nacheinander abgearbeitet werden können, weil das zuviel Zeit kostet. Mit dem eigentlichen Problem des Gehirns hat das aber gar nichts zu tun, das darin besteht, herauszufinden, welche Umweltsignale für es selbst bedeutungsvoll sind. Ob das sequentiell oder parallel verarbeitet wird, spielt für das Problem des Gehirns als einer semantischen Maschine oder eines semantischen Systems keine entscheidende Rolle.

*Bislang können offenbar Computersimulationen von intelligenten Leistungen diesen Bereich der Semantik nicht erreichen. Wäre es eine Konsequenz Ihrer Ausführungen, daß dies auch gar nicht erreichbar sein wird?*

Computer, die man baut, sollen ja etwas tun, was uns nutzt. Das kann einfach oder kompliziert sein, aber die Bedeutung dessen, was sie tun, wird von uns vorgegeben. Wir wollen, vorerst zumindest, keine Computer, die etwas tun, was sie selber wollen.

*Aber das wäre denkbar?*

Nehmen wir einmal an, wir könnten Computer konstruieren, die so gebaut sind wie wir, daß sie also nach internen

Regeln dem, was sie erleben, Bedeutungen zuweisen. Dann würden sie unter Umständen Dinge tun, die wir nicht wollen oder die für uns irrelevant sind. Deshalb ist es für uns nicht interessant, semantische Computer zu bauen. Das Gehirn hingegen muß ein Verhalten erzeugen, das für es selbst und den Organismus, in dem es sitzt, und nicht für einen Beobachter bedeutungsvoll ist. Das Gehirn konstruiert sich zusammen mit dem Organismus selbst und damit auch seine Regeln, nach denen es bedeutungsvoll wahrnimmt und handelt. Solange wir solche Computer nicht wollen, ergibt sich auch das Problem der Bedeutungserzeugung in Computern nicht. Es mag sehr schwer sein, solche Computer zu bauen, aber ausgeschlossen ist es nicht, wenn wir herausfinden würden, wie natürliche kognitive Systeme Signalen bestimmte Bedeutungen zuweisen.

*Müßte dann aber nicht auch die Verbindung von Gehirn und Körper entscheidend werden, weil der Körper ja nicht nur unsere Position in und unsere Interaktion mit der Welt bestimmt, sondern auch unsere Bedürfnisse und Wünsche hervorruft? Müßte man also die KI, wenn sie die Dimension der Semantik erreichen sollte, in einem Roboter implementieren?*

Man kann das Gehirn nicht verstehen, wenn man nicht versteht, in welchem sensomotorischen Umfeld es existiert. Wir wissen von Menschen und von vielen Tieren, daß sie keine kognitive Welt aufbauen, wenn sie nicht in der Welt aktiv sind. Von Säuglingen und Kleinkindern wissen wir, daß sie die Welt aktiv erfahren und begreifen müssen, damit sich überhaupt das, was wir als Wahrnehmungs-, Vorstellungs- oder Gedankenwelt erleben, entwickeln können. Ein Ergebnis der Untersuchungen des Verhältnisses zwischen Gehirnforschung und Künstlicher Intelligenz ist, daß man Computer als sich sensomotorisch verhaltende Systeme bauen muß, wenn sie wirklich intelligent sein sollen. Sie müssen handgreifliche Erfahrung mit der Welt machen können, um eine interne kognitive Welt zu entwickeln. Ob man das, wie gesagt, will und ob man das auch technisch realisieren kann, ist eine ganz andere Frage.

*Die Analogie Computer und Gehirn wird auch davon unterstützt, daß die neuronale Sprache, dem digitalen Code vergleichbar, unspezifisch ist. Sie übersetzt alle Signale in einen Ja-Nein-Code, übermittelt nur Intensitäten, aber nicht die Qualitäten der von den einzelnen Sensoren aufgenommenen Reize. Offenbar ist lediglich die Lokalität, wo Reize aufgenommen und im Gehirn verarbeitet werden, nicht aber ihre Qualität dafür entscheidend, wie sie interpretiert werden. Ist*

A.: If we assume we could design computers which are built like us, that they could attribute significance to what they experience in accordance with internal rules, then, under certain circumstances they would do things that we did not want or that were irrelevant for us. For this reason it is of no interest to us to build semantic computers. Whereas, the brain must produce a behaviour that is of significance for itself and the organism it is located in, and not for an observer. The brain construes itself together with the organism and consequently, its rules, too, according to which it meaningfully perceives and acts. As long as we do not want such computers there will not be the problem of producing meaning in computers. It may well be very difficult to build such computers but it is not impossible if we could find out how natural cognitive systems attribute certain meanings to signals.

Q.: Would then the association of brain and body not also be decisive, as our body does not only determine our position in, and our interaction with the world, but also evokes our needs and wishes? Would artificial intelligence then have to be implemented in a robot if it were to achieve the dimensions of semantics?

A.: One cannot understand the brain if one does not understand the senso-motoric environment it exists in. We know from people and from many animals that they do not construct a cognitive world if they are not active in the world. We know from babies and small children that they must actively experience and comprehend the world so that what we exprience as the perceptive, imaginative or intellectual world, can develop. One result of the investigations of these relationships between brain research and artificial intelligence is that one would have to build computers as senso-motorically acting systems if they were really to be intelligent. They must be able to make tangible experiences with the world in order to develop an internal cognitive world. As to whether, as said, we want that and as to whether this can be realized technically is another matter.

Q.: The analogy computer and brain is supported by the fact that neuronal language is comparable to digital code andis not specific. It translates all the signals into a yes-no code, only transmitting intensities but not the qualities of the stimuli received by the individual sensors. What is obvious is merely the locality where stimuli are received and processed in the brain but their quality is not decisive as to how it is interpreted. Is it really correct that only the locality should decide what we perceive to be a visual, auditive or tactile impression? Similar to the way we can transform every bit sequence into any output by means of the corresponding peripheral equipment?

A.: Basically there is the principle of uncertainty or neutrality of the neuronal code i.e. the activity of the nerve cells has primarily nothing to do with what we perceive subjectively when the nerve cells are active. When a nerve cell is active, this can be in the context of seeing, hearing, smelling, in the context of colour or shape or movement, but one cannot read this from their activity. Now, there are of course, different types of coding on which what we ultimately perceive is founded. What nerve cells „can do" is, be either active or not active, be either inhibited or stimulated and take in quite different stages of stimulation. Only quantative differences can be expressed with these different stimulation stages e.g. the degree of brightness of a colour, the volume of a sound or the speed of a stimulation. Everything that is qualitative is coded according to other principles. We know that modality, that is the elementary difference between seeing, hearing, feeling, tasting etc., takes place according to the locality principle i.e. the modality is determined by where a stimulation takes place in the brain. However, where the stimulation really comes from is quite irrelevant. Whether I artificially stimulate a region of the brain like the occipital cortex, or whether the stimulation originates from the eye, what arises is a visual impression. Here, the neuronal code is a spatial code. This spatial coding is also valid for the so-called primary and secondary qualities e.g. that a visual impression is perceived as colour. Then, of course, there are a number of very complicated codes which say something about the newness, the familiarity or the sense of stimulations. This is based on comparisons of comparisons between neuronal stimulations. The stimulation of nerve cells is always compared with the stimulation of other nerve cells. Meaning always arises in the brain proportionally. From this, the brain construes i.e. the parts of the brain construe the world together. There are certain spatial and temporal principles according to which the brain obviously strictly proceeds. When something happens at a certain time, at place A, then this is seeing, for example. If this happens at place A and something happens at place B this is, for example, either familiar or unfamiliar, meaningful or not meaningful.

Q.: Stimulations come from our sensory organs then, which translate into neural language and which are then computed into certain pheno-

*es denn wirklich zutreffend, daß einzig die Lokalität darüber entscheidet, was wir als visuellen, auditiven oder taktilen Eindruck empfinden, also ähnlich wie man beim Computer durch entsprechende periphere Geräte jede Bitfolge in einen beliebigen Output verwandeln kann?*

Es gibt grundsätzlich das Prinzip der Unbestimmtheit oder Neutralität des neuronalen Codes, d.h. die Aktivität von Nervenzellen hat primär nichts mit dem zu tun, was wir subjektiv empfinden, wenn Nervenzellen tätig sind. Wenn eine Nervenzelle aktiv ist, so kann das im Kontext des Sehens, des Hörens, des Riechens, im Kontext der Farbe, der Form oder Bewegung sein, aber man kann dies an ihrer Aktivität nicht ablesen. Nun gibt es natürlich verschiedene Arten der Codierung, auf denen das, was wir letztlich wahrnehmen, beruht. Was Nervenzellen „können", ist, daß sie aktiv oder nicht aktiv sind, daß sie gehemmt oder erregt sind und daß sie ganz verschiedene Stufen der Erregung einnehmen. Mit diesen verschiedenen Erregungsstufen können nur quantitative Unterschiede ausgedrückt werden, z.B. Grade der Helligkeit einer Farbe, der Lautstärke eines Tones oder der Geschwindigkeit eines Reizes. Alles Qualitative wird nach anderen Prinzipien codiert. Wir wissen, daß die Modalität, also die elementarste Unterscheidung von Sehen, Hören, Fühlen, Schmecken usw., nach dem Ortsprinzip geschieht, d.h. die Modalität wird bestimmt davon, wo im Gehirn eine Erregung stattfindet. Dabei ist es völlig irrelevant, woher die Erregung „in Wirklichkeit" kommt. Ob ich eine Hirnregion wie den Hinterhauptskortex künstlich stimuliere oder ob die Erregung vom Auge stammt, es entsteht ein Seheindruck. Der neuronale Code ist hier ein räumlicher Code. Diese räumliche Codierung gilt auch für die sogenannten primären und sekundären Qualitäten, z.B. daß ein visueller Eindruck als Farbe wahrgenommen wird. Dann gibt es natürlich noch sehr viele kompliziertere Codes, die etwas über die Neuheit, die Vertrautheit oder die Sinnhaftigkeit von Reizen aussagen. Dies beruht auf Vergleichen von Vergleichen zwischen neuronalen Erregungen. Die Erregung von Nervenzellen wird immer mit der Erregung von anderen Nervenzellen verglichen. Bedeutung im Gehirn entsteht also immer relational. Daraus konstruiert sich das Gehirn, d.h. daraus konstruieren sich die Teile des Gehirns gegenseitig die Welt zusammen. Es gibt bestimmte räumliche und zeitliche Prinzipien, nach denen das Gehirn offenbar strikt vorgeht. Wenn also etwas zu einer bestimmten Zeit am Ort A geschieht, dann ist es beispielsweise Sehen. Wenn das am Ort A passiert und irgendetwas am Ort B, dann ist es beispielsweise vertraut oder unvertraut, bedeutungshaft oder nicht bedeutungshaft.

*Es kommen also Reize von unseren Sinnesorganen an, die in die neurale Sprache übersetzt und dann gewissermaßen zu bestimmten Phänomenen des Sehens oder Hörens komputiert werden. Wäre denn dann die Metapher zutreffend, daß unsere Wahrnehmungswelt auf einen mentalen Bildschirm projiziert wird? Wir sehen nicht nach draußen, sondern auf einen Bildschirm, auf den das Außen simuliert wird.*

Nein, diese Metapher wäre nicht richtig, weil wir dann jemanden bräuchten, der sich diesen Bildschirm anschaut. Das ist übrigens eines der zentralen Probleme der Hirn- und Kognitionsforschung. Man stellt fest, daß die verschiedenen Codierungen, die ich eben beschrieben habe, an vielen Orten im Gehirn gleichzeitig passieren. Es gibt kein oberstes Wahrnehmungszentrum, es gibt niemanden, der sich das noch einmal anguckt, was im Gehirn passiert, und der dann sagt, was das bedeutet, daß ich beispielsweise einen bunten Gegenstand sehe. Wie das Prinzip der Organisation geschieht, ist nach wie vor ungelöst. Man vermutet zwar, daß bestimmte Mechanismen die einzelnen Erregungen zu einem Gesamtbild zusammenfügen. Das System, das diesen Gesamteindruck produziert, ist offenbar unser Gedächtnis. Vielleicht liegt hier die Lösung des scheinbaren Paradoxons, daß es keine höchste Wahrnehmungsinstanz in unserem Gehirn gibt. Obwohl wir eine Welt erfahren, ist sie in vielen Teilen des ganzen Gehirns repräsentiert. Wir müssen davon ausgehen, daß unser Gedächtnis dieses integrative System ist, das uns unsere Welt schafft. Dabei ist das Gedächtnis selbst über das ganze Gehirn verteilt. Dazu muß man sich die Normalsituation der Wahrnehmung vorstellen. Auf der Tagung über Psychophysik, von der ich gerade komme, wurde gesagt, daß eines der wesentlichen Probleme für die Wahrnehmung die Tatsache ist, daß die Sinnesorgane sehr viel mehr Informationen aufnehmen, als das Gehirn verarbeiten kann. Der erste und wichtigste Schritt ist dabei, alles, was bekannt, also redundant ist, zu eliminieren. Das Gehirn sucht das heraus, was abweicht, was nicht zu erwarten war, was sich nicht aus dem Kontext ergibt. Das ist eine extrem effiziente Weise der Komplexitätsreduktion, wobei das Gedächtnis ständig entscheiden muß: bekannt-unbekannt, neu-alt, interessant-uninteressant. Das Gedächtnis bindet unsere Wahrnehmung zu einem gestalthaften Ganzen zusammen. Alle Systeme stehen sozusagen im Dienste des Gedächtnisses,

mena of seeing or hearing, to a certain extent. Would the metaphor then be correct, that our perceptive world is projected onto a mental screen? We do not see towards the outside, but onto a screen on which the outside is simulated.

A.: No, this metaphor would not be correct as we would then need someone to look at this screen. This, by the way, is one of the central problems of brain and cognition research. One discovers that the different codings that I have just described, take place simultaneously at many places in the brain. There is no supreme perceptive centre, there is no one to have another look at what is happening in the brain and then say what it means, for example, I see a bright object. As to how the principle of organization takes place has not yet been solved. One presumes that certain mechanisms unite the individual stimulations to form an overall picture. The system which produces this overall impression is obviously our memory. Perhaps the solution to the apparent paradox is that there is no supreme perceptive instance in our brain. Although we experience a world, it is represented in many parts of the entire brain. We must assume that our memory is the integrative system which creates our world. Yet, our memory itself is distributed over the entire brain. Here one would have to imagine the normal situation of perception. At the symposium about psychophysics that I have just come back from it was said that one of the most significant problems facing perception is the fact that the sensory organs take in much much more information than can be processed by the brain. The first and most important step here is to eliminate everything which is familiar, that is redundant. The brain looks for what differs, what was not to be expected, what does not result from the context. This is an extremely efficient · way to reduce complexity, whereby the memory must constantly decide: known-unknown, new-old, interesting-uninteresting. The memory joins our perception together to form a materialized whole. All systems are, so to speak, at the service of the memory, which is the relevant state of experience and which depends on previous states of experience. Even before birth, the brain starts to accumulate experience and each experience again creates a new perceptive situation. The result is appraised and is deposited in the memory.

Q.: If, as you say, only information that is new and unexpected can be registered by the memory, then one could, to put it naively, not even orientate oneself in our environment which is constituted by expectations? We expect that the next step we take will not have us fall into some empty space. We do look at, even when perhaps not attentively or consciously, objects or spaces which are generally familiar to us, as we could otherwise not move around with any sort of routine and without „knocking into" something. In addition to this, we are often afraid of something new, especially when it is something unexpected. Is the elimination of the familiar really a basic feature of the memory, which has to be memorized in order to be able to compare it with an experience?

A.: Let us consider the situation facing our perceptive system every tenth of a second. If we were to experience everything primarily perceived by our sensory organs, we would never be able to act. But we must act by reacting to important things and by ignoring the unimportant. The most simple possibility of solving this problem is to be found in the fact that the memory itself produces everything it can expect. We subjectively experience a great deal in our visual environment that comes from our memory and that we have actually not perceived. The central perceptive system is only penetrated by what was not to be expected. By means of such a constructive perception one can react in the shortest possible way. A system which always only registers the differences to what was perceived before, before meaning a tenth of a second ago, is exceptionally economic as it is the differences that matter. Everything else is produced centrally by the memory and is „added". For this reason we live in a highly construed world. This is also the survial factor of the constructivity of the brain, as we can produce an exceptionally complex behavior in an exceptionally short time without having to recall an endless amount of data from the environment. If our brain was not so constructive, we would never be able to survive in the complex natural and social environment.

das der jeweilige Erfahrungszustand ist, der von früheren Erfahrungszuständen abhängt. Das Gehirn fängt bereits vor der Geburt an, Erfahrung zu akkumulieren, und jede Erfahrung gestaltet wiederum jede neu anliegende Wahrnehmungssituation. Das Resultat wird bewertet und im Gedächtnis niedergelegt.

*Wenn durch das Gedächtnis, wie Sie sagen, nur Informationen registriert werden, die neu und nicht erwartet sind, dann könnte man sich doch, einmal ganz naiv gefragt, gar nicht in seiner Umwelt orientieren, die ja durch Erwartungen konstituiert wird? Wir erwarten doch, daß der nächste Schritt, den wir auf diesem Boden tun, uns nicht in einen leeren Raum fallenläßt. Wir sehen doch, wenn auch vielleicht nicht aufmerksam oder bewußt, meist uns ganz vertraute Gegenstände oder Räume, weil wir uns sonst nicht routiniert und ohne „anzustoßen" bewegen könnten. Zudem ängstigt uns doch auch oft etwas Neues, wenn es noch dazu unerwartet ist. Ist also die Elimination des Vertrauten wirklich eine Grundeigenschaft des Gedächtnisses, das dieses ja speichern muß, um es mit einer Erfahrung vergleichen zu können?*

Überlegen wir uns noch einmal die Situation, vor die unser Wahrnehmungssystem in jeder zehntel Sekunde gestellt ist. Wenn wir alles erleben würden, was unsere Sinnesorgane primär wahrnehmen, dann kämen wir nie zum Handeln. Wir müssen aber handeln, indem wir auf wichtige Dinge reagieren und unwichtige ignorieren. Die einfachste Möglichkeit, dieses Problem zu lösen, besteht darin, daß das Gedächtnis von sich aus all das produziert, was es erwarten kann. Wir erleben subjektiv in unserer visuellen Umwelt außerordentlich viel, was aus unserem Gedächtnis kommt und was wir aktuell gar nicht wahrgenommen haben. In das zentrale Wahrnehmungssystem dringt immer nur das hinein, was nicht sowieso zu erwarten ist. Durch eine solche konstruktive Wahrnehmung kann man auf kürzeste Weise reagieren. Ein System, das immer nur die Unterschiede zu dem früher Wahrgenommenen registriert, wobei „früher" eine zehntel Sekunde heißt, ist außerordentlich ökonomisch, weil es auf die Unterschiede ankommt. Alles andere wird vom Gedächtnis zentral erzeugt und „hinzugedichtet". Deshalb leben wir in einer hochgradig konstruierten Welt. Das ist auch der Überlebenswert der Konstruktivität des Gehirns, weil man so in außerordentlich kurzer Zeit außerordentlich komplexes Verhalten erzeugen kann, ohne daß man gleichzeitig unendlich viele Daten aus der Umwelt abfragen müßte. Wäre unser Gehirn nicht so konstruktiv, dann könnten wir niemals in der komplexen natürlichen und sozialen Umwelt überleben.

*Würden Sie denn sagen, daß so etwas wie ästhetische Empfin-*
*dungen, die mit gewissen Bewertungen wie schön, interes-*
*sant, erhaben, langweilig oder häßlich einhergehen, auf*
*Menschen beschränkt sind? Könte man sagen, daß auch*
*Tiere bestimmte Wahrnehmungen als schön empfinden, was*
*das auch immer näher heißen mag?*

Das ist natürlich schwer herauszukriegen, aber es gibt
Versuche dazu. Mein akademischer Lehrer Bernhard Rensch
hat in Münster bereits vor mehreren Jahrzehnten Versuche
mit Schimpansen gemacht, indem er sie malen ließ. Zumindest von Affen kann man annehmen, daß sie ein
ähnliches ästhetisches Empfinden haben wir wir. Inwieweit
das andere Tiere haben, ist nicht feststellbar, zumal man
nicht zur Gänze weiß, wie visuelle Wahrnehmung funktioniert, geschweige denn eine solche im Kunstbereich. Es
gibt aber das interessante Phänomen, daß Menschen
interindividuell und interkulturell sehr weit in dem übereinstimmen, was sie schön finden. Das mag eine Auffassung
sein, die ein Kunstästhet nicht teilt. Viele Menschen mögen
im Bereich der Musik Harmonisches, Ausgeglichenes und
Ruhiges oder im Bereich der Bildenden Kunst klare Linien
und saubere Konturen. Von diesen Strukturen weiß man
auch, daß sie vom Wahrnehmungssystem im auditorischen
oder visuellen Bereich stark bevorzugt werden. Hier ergibt
sich zumindest ein Übergang vom allgemeinen zum ästhetischen Wahrnehmen. Das Problem dabei ist natürlich, daß
der ausgedehnte Umgang mit solchen künstlerischen
Strukturen sich sehr stark verfeinern kann. Man kann
einfache Musik sehr schön, aber auch sehr langweilig
finden. Man kann z.B. ein Freund von Händel oder einer
von Schönberg oder Stockhausen sein. Hier wird ganz
offensichtlich durch Erfahrung ein bestimmtes Wahr-
nehmungsmodell überformt. Aber wenn man fragt, was
Völker auf dieser Erde und sogenannte ungebildete Menschen schön finden, dann ist das erstaunlich gleichförmig.

*Würden Sie denn sagen, daß auch innerhalb der Wissenschaf-*
*ten ästhetische Kriterien eine erheblich größere Rolle spielen*
*als die bislang meist zum Ausdruck gebrachte Orientierung an*
*der Wahrheit oder einer objektiven Erkenntnis?*

Mit Wahrheit hat das sicher nichts zu tun, schon eher mit
der Tendenz unseres kognitiven Systems, Dinge möglichst
einfach zu handhaben, also alles auf einfachste Gesetze
und Prinzipien zu reduzieren. Vom Wahrnehmungssystem
zumindest kann man dies sagen, weil das die Strategie ist,
Freiheitsräume für das Verhalten zu erzeugen. Das mag

copyright: Doug Michels. Foto: Jules Backus

eine der Wurzeln der naiven Freude an der Kunst, aber auch der naiven Freude eines Wissenschaftlers sein, wenn er komplizierte Sachverhalte auf möglichst einfache Prinzipien reduziert hat. Wir müssen aber dabei im Auge behalten, daß dies nur eine erste Stufe ist. Man kann auch Freude an sehr komplexen Dingen haben. Das ist die überwältigende Plastizität unseres kognitiven Apparates.

*Sie würden also sagen, daß es eine primäre Schicht ästhetischer Anmutungen gibt, die für alle Menschen etwa gleich ist und die auch wesentlich in unser Verhalten und Wahrnehmen hineinwirkt. Weil aber Menschen Umwelten erzeugen können, die nach diesen ästhetischen Kriterien der Selektion aufgebaut sind, kommt es gewissermaßen zu einem rekursiven Prozeß, in dem die Dynamik zur Geltung kommt, die Sie vorher in Bezug auf Neuigkeit herausgestellt haben.*

Unser Wahrnehmungssystem befindet sich bezüglich des Wohlgefallens oder des Lustempfindens in einem Dilemma. Auf der einen Seite müssen Wahrnehmungsphänomene möglichst vereinfacht werden, damit sie handhabbar sind, auf der anderen Seite ist diese Vereinfachung aber langweilig, sie unterfordert unser Aufmerksamkeitssystem. Es gibt ja in uns das schon genannte Wahrnehmungs- und Aufmerksamkeitssystem, das immer nur durch Abweichendes, Neues und Unbekanntes aktiviert wird. Aufmerksamkeit und Neugierde sind auch etwas Lustvolles. Wir haben also das Dilemma, daß sehr einfache Strukturen als angenehm und andererseits als langweilig empfunden werden, während etwas Neues auch als lustvoll empfunden wird. Das ist unter anderem das Dilemma der Kunstempfindung. Wird etwas zu einfach, schlafen wir ein. Wird es zu kompliziert, wie etwa bei der modernen Musik, sind wir sensorisch und intellektuell oft überfordert. Dieser Bereich zwischen dem, was nicht zu einfach und was nicht zu kompliziert ist, ist offenbar die Variationsbreite, die der Kunstempfindung zugrundeliegt. Der Neuigkeitsgrad kann sich natürlich auch sehr stark verändern. Man kann ständig Neues erfahren, aber auch selbst das wird allmählich langweilig, weswegen man einen höheren Grad an Neuigkeit, an Unbekanntem erfahren muß. Das ist zum Beispiel der Fall, wenn man sich zuerst an Mozart und dann an Wagner „sattgehört" hat. Darauf möchte man vielleicht Schönberg oder Stockhausen hören. Aber Menschen sind in dieser Hinsicht sehr plastisch. Es ist immer die Frage der Einfachheit und der Interessantheit der Wahrnehmung, zwischen der unser Bedürfnis nach lustvoller Erfahrung, worauf ja Kunst beruht, sich einstellen muß.

**45**

*Wenn das so wäre, dann müßte sich doch eine Formel dafür angeben lassen, zumindest welche formalen Ordnungs-strukturen Menschen als schön empfinden müßten. Dem aber würde die von Ihnen angeführte Dynamik zwischen Wahrnehmungs- und Aufmerksamkeitsystem entgegenlaufen, die ja auch eine Geschichte beinhaltet. Wäre es also sinnvoll eine solche Formel zu suchen, auf deren Fährte bereits die Informationstheoretiker der fünfziger Jahre waren?*

Nein. Einfachheit und Komplexität haben gleichermaßen Nachteile. Jeder Mensch ist ein Individuum, das nur vor-übergehend zwischen diesen Polen seine Kunsteinstellung findet, die sich ja fortwährend verändert. Was man zuerst interessant fand, wird langweilig. Zuviel moderne Musik und Kunst wird einem vielleicht zu kompliziert. Man will einfache Strukturen. Das ist von Mensch zu Mensch, aber auch bei einem Menschen in den verschiedenen Lebens-altern sehr verschieden.

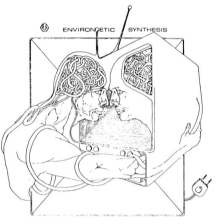

Zeichnung: Richard Lowenberg, 1972

*Nun gibt es seit der Moderne, Duchamp wäre für diese Position charakteristisch, den Versuch, Kunstwerke aus dem Kontext von ästhetischen Erfahrungen herauszulösen und mit ihnen meist paradoxe, jedenfalls reflexive Fragen an den Begriff der Kunst zu stellen. Damit wird einerseits der Bereich von Kunst immer größer und andererseits wird damit auch der Unter-schied etwa zwischen Kunst und Nicht-Kunst oder auch zwischen Bild und Wirklichkeit nivelliert. Wie würde man denn aus der Perspektive der Gehirntheorie sich solche Phänomene erschließen? Das Bildbewußtsein scheint bei Menschen ja sehr zentral zu sein, während Tiere nicht in der Lage sind, Bilder zu erkennen, also daß sie nicht nur Gegenstände sind, sondern auch etwas repräsentieren. Warum also könnte es für das Gehirn interessant sein, die Ausdifferenzierungen, die kulturell oder auch biologisch geleistet worden sind, wieder einzu-ziehen?*

Dazu gehört natürlich die Eigenschaft unseres Wahr-nehmungssystems, etwas zu tun, was nicht unmittelbar verhaltensrelevant ist, was für viele Tiere nicht unmittelbar zutrifft. Tiere können es sich, auch von ihrer Gehirn-kapazität her, wohl nicht „leisten", Kunst zu machen. Der Mensch mit seinem großen und komplizierten Gehirn kann sehr viel mehr tun, als für sein Überleben notwendig wäre. Das ist eine wesentliche Wurzel von Kunst, aber auch von Wissenschaft. Wenn man vom konstruktivistischen Stand-punkt her erklären will, was Kunst ist, dann muß man scheinbar paradox sagen, daß Kunst all das ist, was be-stimmte Leute für Kunst halten. Es gibt keine scharfe Trennlinie zwischen Kunst und Nicht-Kunst. Weil das Ge-

Q.: A strong drive to develop illusion technologies can be observed throughout the history of mankind, starting with rituals, ceremonies, images, as well as the theatre, panorama and so-called virtual reality, where we put on a „diving suit" and can enter a computer controlled picture. Why do we want to invent doors in order to be able to enter an illusionary and self-created reality? And is it realistically conceivable that we will - at some point in time - be in a position, thanks to brain research, to directly couple the brain to a computer which will be able to release certain stimulations without us having to contemplate pictures or put on a data suit? That is, will we be able to bridge our sensorium and still possess a perceptive world?

A.: We must realize that we have already reached this stage. The world we live in, which we are a part of, is a construed world. The question is only, whether there is a further construed world in this construed world, a world of, so to speak, a second degree. We can, of course, already achieve a lot of effects today with brain stimulations. As to whether the nerve system can stimulate so specifically for us to have exactly those perceptions as we can have with our sensory organs, is a question which still remains to be answered. I don't think so. A further question is also why do we want this at all, because the sensory organs are these exact stimulators.

Q.: We can also supplement them by connecting them to technical equipment, such as a telescope, which also enables us to make sensory experiences that we would otherwise not be able to make.

A.: Your first question was yes, why do we have such a drive to process everything. Even the most simple cultures have this drive to transcend harsh reality. This would appear to be rooted in the fact that our brain is incessantly constructive and is hampered by the sensory data to this overburdening constructivity. We are constantly engaged in construing realities. And we will be made to select one of them which is best compatible with the actual sensory data. If this coupling is done away with, we either dream or hallucinate. This is actually a normal state. It is therefore an elementary pleasure for our brain as a cognitive system, to produce worlds. Perhaps it is rather more unpleasant for us to sort out the very world that best corresponds to the „hard" sensory data.

hirn sich die Wirklichkeit konstruiert, muß es auch innerhalb dieser Wirklichkeit konstruieren, was überlebensrelevant ist und was nicht, was schön ist und was nicht. Insofern gibt es auch keinerlei Unterschied zwischen wissenschaftlich und nicht-wissenschaftlich. Diese Grenze ist historisch verschiebbar. Wenn man die Aussagen der Relativitätstheorie nimmt, so wären sie vor 150 Jahren noch als purer Mystizismus angesehen worden. Der Grund dafür liegt darin, daß solche Definitionen selbstreferentiell sind. Was Wissenschaft ist, definieren in jeder historischen Epoche Wissenschaftler, und diese wiederum definieren sich über Wissenschaft.

*Darin läge ja auch eine Parallele zur Selbstreferentialität des Gehirns.*

Ja; weil das Gehirn sich die Wirklichkeit selber konstruieren muß. Was es dann für wirklich hält, muß es in einem Selbstbewährungsprozeß herausbekommen.

*In der Geschichte der Menschheit läßt sich ein starker Drang beobachten, Illusionstechnologien zu entwickeln, angefangen von Ritualen, Zeremonien und Bildern bis hin zum Theater, zum Panorama oder zur sogenannten Virtuellen Realität, wo man sich in einen „Taucheranzug" begibt und in ein computererzeugtes Bild einsteigen kann. Warum wollen wir Türen erfinden, um in eine illusionäre und selbsterzeugte Wirklichkeit eintreten zu können? Und ist es realistisch denkbar, daß wir irgendwann einmal durch die Gehirnforschung in der Lage sein werden, das Gehirn direkt an einen Computer zu koppeln, der bestimmte Stimulationen auslöst, ohne daß wir noch Bilder betrachten oder so einen Datenanzug anziehen müssen, also daß wir unser Sensorium überspringen können und dennoch eine Wahrnehmungswelt besitzen?*

Wir müssen uns darüber klar werden, daß wir diesen Zustand bereits erreicht haben. Die Welt, in der wir leben und von der wir ein Teil sind, ist eine konstruierte Welt. Die Frage ist nur, ob es in dieser konstruierten Welt noch eine weitere konstruierte Welt sozusagen zweiten Grades gibt. Man kann natürlich mit Hirnstimulationen heute schon eine Menge Effekte erzielen. Ob man allerdings das Nervensystem so spezifisch stimulieren kann, daß wir genau solche Wahrnehmungen haben wie mit unseren sensorischen Organen, ist eine offene Frage. Ich glaube das nicht. Eine Frage ist auch, warum man das überhaupt haben will, weil die Sinnesorgane genau diese exakten Stimulatoren sind.

*Wir ergänzen sie doch auch dadurch, indem wir sie an technische Geräte wie ein Fernrohr anschließen, die uns dann auch sensorische Erfahrungen machen lassen, wie wir sie sonst nicht machen könnten.*

Ihre erste Frage war ja, warum wir einen solchen Drang haben, der überall verbreitet ist. Schon ganz einfache Kulturen haben diesen Drang, die rauhe Wirklichkeit zu transzendieren. Dies scheint eine Wurzel darin zu haben, daß unser Gehirn pausenlos konstruktiv ist und durch die Sinnesdaten an dieser überbordenen Konstruktivität gehindert wird. Wir sind ständig dabei, Wirklichkeiten zu konstruieren. Und wir werden veranlaßt, eine davon auszuwählen, die mit den aktuellen Sinnesdaten am besten vereinbar ist. Wenn diese Koppelung wegfällt, dann träumen oder halluzinieren wir. Das ist eigentlich der Normalzustand. Es ist also eine elementare Freude unseres Gehirns als ein kognitives System, Welten zu erzeugen. Vielleicht ist es für es eher unangenehm, genau diese Welt herauszusortieren, die mit den „harten" Sinnesdaten am besten übereinstimmt.

# Endophysik – Physik von innen

## Otto E. Rössler

### Endophysics – Physics from Within

A new science, Endophysics, is introduced. Only if one is outside of a nontrivial universe is a complete description of the latter possible – as when you have it in your computer, for example. The laws that apply when you are an inside part are in general different (endophysics is different from exophysics). Gödel's proof is the first example, in mathematics. In physics, it is desirable to have explicit observers included in the model world. Brain models are a case in point. Macroscopic brain models, however, are non-explicit

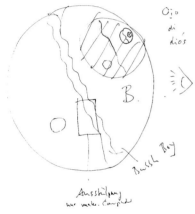

in general. Therefore, an explicit microscopic universe is introduced in terms of a formally one-dimensional Hamiltonian, in which "formal brains" can arise as explicit dissipative structures in the sense of Prigogine. The pertinent endophysics is still largely unknown. As a first step, the implications of having the observer contain indistinguishable particles (Gibbs symmetry) are considered. Campbell's postulate – a micro-vacillation of time's axis – is an implication, with Nelson's postulate and hence the Schrödinger equation following as corollaries. Thus a "nonlocal" internal interface is implied by a local theory. Microscopic observer properties can "percolate up" to affect the macroscopic spatio-temporal appearance of the model world. Physics becomes dependent on brain theory.

Jede objektive Physik muß den Beobachter außerhalb halten. Dieses Ziel kann paradoxerweise nur erreicht werden, wenn der Beobachter explizit hineingenommen wird in ein größeres Bild, das dann erst Beobachter-unabhängig ist. Man erkennt bei diesem Vorgehen, daß die Welt immer nur definiert ist auf der Schnittstelle zwischen dem Beobachter und dem Rest der Welt. Da diese Schnittstelle per definitionem unzugänglich ist, scheint es für uns keine Lösung zu geben. Wir können aus unserer eigenen Welt nicht heraustreten, um die Rolle eines Super-Beobachters anzunehmen. Also können wir die Welt nicht verstehen. Unerwarteterweise gibt es ein kleines mögliches Schlupfloch: Es können „Modellwelten" aufgestellt werden, die einen expliziten (mikroskopisch beschriebenen) internen Beobachter enthalten. Als Beispiel könnte man an die klassisch-molekulardynamische Simulation eines erregbaren Systems (als Beobachter) und eines gekühlten Gasdruckverstärkers (als Meßkette) und eines einzelnen Mikroteilchens (als Objekt) denken. In diesem Fall kann die Schnittstelle studiert werden. Ein möglicher (nur wenig idealisierter) Fall ist der, daß die Mikrobewegungen im Beobachter in genau zwei Äquivalenzklassen fallen, deren Elemente paarweise identisch sind unter Zeitumkehr (Fall gleichperiodischer Oszillatoren). Obwohl in Wirklichkeit der Beobachter zwischen schwarz und weiß (nicht zeitumgekehrt/zeitumgekehrt) hin und her springt, erscheint es ihm, als ob die extreme Realität einer raschen Abfolge von Kausalitätsumkehrungen unterworfen wäre. Dieser Eindruck ist unkorrigierbar. Sogar makroskopische Dokumente wären nicht geeignet, diesen halluzinatorischen Eindruck vom Verhalten eines gemessenen Mikroobjektes aufzuheben. Viele objektive (auch makroskopische) Eigenschaften der Welt wären daher nur objektiv „relativ zum Beobachter". Ihre Gesamtheit könnte als der – für den Beobachter nicht erkennbare, da nur für ihn existierende – „paranoische Part der Physik" (PPP) bezeichnet werden. Eine Heilung von dieser Krankheit ist unmöglich. Dennoch könnten die Einwohner der Modellwelt ihrerseits ein endophysikalisches Forschungsprogramm in Angriff nehmen. Als Folge könnten sie es sich angewöhnen, „beobachterzentrierten" Phänomenen gegenüber besonders kritisch zu sein. In unserer eigenen Welt könnte man versucht sein, die folgenden Phänomene mit einem exophysikalischen Fragezeichen zu markieren: [1] das Bohrsche Privileg (welche Realität ich kreiere durch meine Entscheidung, den Ort und nicht den Impuls zu messen); [2] das Heisenbergsche Privileg (wo im Formalismus der „Schnitt" gelegt wird); [3] das Wheelersche Privileg (der verzögerten Bohrschen Wahl); [4] das Everettsche Privileg (daß der empfindende Beobachter genau eine Welt vorfindet); und [5] das Bellsche Privileg (der Erzeugung nichtlokaler Fernkorrelationen). Analoga zu all diesen Privilegien gibt es in der genannten Modellwelt. Neue beobachter-spezifische Phänomene können vorhergesagt werden. Sogar die Möglichkeit, durch die Durchführung von Metaexperimenten (wie man sie den Bewohnern einer Modellwelt empfehlen möchte) selbst einen „Blick hinter den Vorhang zu werfen", erscheint nicht vollkommen unmöglich.

(Ich danke George Kampis und Peter Kugler für Anregung.)

## Zum Symposion

Es wird eine Erweiterung der Naturwissenschaft, die Endophysik, vorgestellt. Nur, wenn man sich außerhalb eines nichttrivialen Universums befindet, ist eine vollständige Beschreibung desselben möglich – zum Beispiel, wenn man dieses Universum im Computer vor sich hat. Die Gesetze, die gelten, wenn man selbst ein innerer Teil ist, sind im allgemeinen andere (die Endophysik ist verschieden von der Exophysik). Gödels Beweis ist das erste Beispiel in der Mathematik. In der Physik ist es nötig, explizite Beobachter in die Modellwelt mit aufzunehmen. Gehirnmodelle sind ein Beispiel. Makroskopische Gehirnmodelle sind jedoch ihrem Wesen nach nicht explizit. Es wird deshalb ein explizites mikroskopisches Universum eingeführt in Form einer eindimensionalen Hamiltonfunktion klassischen Typs, in dem „formale Gehirne" als explizite dissipative Strukturen im Sinne Prigogines existieren können. Die zugehörige Endophysik ist noch weitgehend unerforscht. Als ein erster Schritt werden die Implikationen untersucht, die entstehen, wenn der Beobachter ununterscheidbare Teilchen enthält (Gibbs-Symmetrie). Das

Endophysics has so far been largely confined to science fiction. The best example to date is probably *Simulacron Three* by Galouye [1], which for some reason was not included in Hofstadter and Dennett's anthology on computer-cognition relevant fiction [2]. Galouye lets a whole world be simulated in a computer. The operator is able to look at this world through the eyes of the "ID units" – the poor inhabitants of the world. One inhabitant, code numbered ZNO (Zeno), unfortunately has to be unprogrammed because he gets suspicious and is about to infect the rest of the community. Only later does the evidence accumulate, to his creator, that he too – but perhaps you wish to read the story for yourself. (Eventually, the two lovers, from different levels, come to live happily ever after, since, after all, there is no basic difference between two subroutines that formally belong to two different levels of nesting.)

Shortly after Gödel [3] had given his famous proof about the incompleteness (from the inside) of arithmetic, his close friend von Neumann [4] began to ponder the question of whether or not quantum mechanics might represent an analogous limitation – within a physical rather than mathematical context. Fortunately, von Neumann was able to prove that if quantum mechanics is accepted as the most basic physical theory, which contains all possible others as special cases, then there is no need to worry. The structure of quantum mechanics happens to be such that "the state of information of the observer regarding his own state" cancels out from the formalism [5]. That such a type of result is particulary likely to kindle suspicion in certain vulnerable individuals did not occur to von Neumann, since he could not possibly have read Galouye.

About half a century before, a similar physical nightmare had already haunted Maxwell [5] (and apparently Lohschmidt before him, according to Boltzmann [6]). Maxwell conjectured that there might in general exist two types of physical law. An example of the first kind would be Newton's law when applied to celestial bodies – it would make no difference whether or not you sat on one of the bodies. An example of the second kind would be Newton's (or Hamilton's) law again, but applied to the many microscopic bodies whose mechanical interactions supposedly underlie thermo- dynamics. Being confined to the same world here could make a significant difference. Unexpectedly, this point of Maxwell's, which was made implicitly, went unnoticed. The two famous proofs [7, 8] that the demon cannot work (opening and shutting a little trapdoor of near-zero mass at the right moments), both do no more than show that the demon, if it is a sub-system, cannot do its job with a net gain, in case it has to go about hunting for information. The fact that a much simpler mechanism suffices (an asymmetric trapdoor of near-zero mass needs only to be cooled regularly – i. e., an infinitesimal amount of kinetic energy must be removed – to generate the same effect automatically [9]) was overlooked. This oversight is nevertheless minor since operating a near-perfect cooling machine, for a single particle, presumably requires the same investment of free energy once more, from a subsystem. But what is the situation for a non-subsystem? Indeed, when sitting at the keyboard of a higher-level computer in which a Hamiltonian universe is being simulated, doing either magic trick (adjusting the tenth digit of a particular particle's position at strategic points in time, or keeping a particular particle cool automatically) will prove equally feasible.

Thus, the second law is endophysical in nature. Maxwell was right with his suspicion. So was Smoluchowski [10] some time later with his debugged version of the demon. He proposed that you try being a demon yourself: just buy one of those modern infrared-sensitive night glasses. In addition you need a bowl of water, a dark room, an ordinary spoon, and two thermos bottles, one red and one blue. Then just wait and sample, with the spoon. Since your eventual success will be the first anyhow, you need not worry about the magnitude of the effect. Any consistent effect that you are able to produce without a fancy lab ($10^{-10}$ degrees) will be fine. Smoluchowski realized that if you are sure that this tamed (macroscopic) version of the demon will be censored too, you as a corollary have to believe the existence of (from the macroscopic point of view) counterintuitive nonlocal macroscopic correlations. As he died the same year he made his proposal, he was not able to tell which outcome he would abhor more. This story (even if slightly dramatized) is exceedingly hard to tell since everyone tends to get the punch line wrong. Again, you need Galouye to point out clearly where you think the answer lies.

Next comes Ehrenfest's demon – Einstein. In a letter [11] Ehrenfest compared Einstein – in his indefatigable attempts to find a loophole in the consistency of quantum mechanics (in his exchanges with Bohr in the Ehrenfests' home) – to a little Jack-in-the-box who wants to play Maxwell's demon against the quantum law. Indeed, in more recent times the quantum nonlocality [12] has taken on a similar status to Smoluchowski's earlier proposal.

Two further important names in the history of endophysics are Popper [13] and Finkelstein [14]. Popper talked Einstein into accepting his proof [13] that complete self-observation is impossible in (continuous) physics, and into believing with him that one should try to find a Gödel-type formulation of quantum mechanics

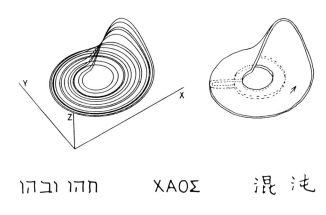

חהו ובהו     ΧΑΟΣ     混沌

Der Rössler Attraktor

Postulat von Norman Campbell – ein rasches Hin- und Herschwanken der Zeilachse auf der Mikroebene – erweist sich als Implikation. Nelsons Postulat und damit auch die Schrödingergleichung folgen als Korollare. Es kann daher eine „nichtlokale" Schnittstelle durch eine lokale Theorie erzeugt werden. Mikroskopische Eigenschaften des Beobachters können „hochperlen", um die makroskopische raum-zeitliche Erscheinungsform der Modellwelt zu beeinflussen. Die Physik wird von der Gehirntheorie abhängig.

Endophysik war bisher weitgehend auf die Sciene Fiction beschränkt. Das beste Beispiel ist immer noch „Simulacron Drei" von Daniel F. Galouye [1], das versehentlich in Hofstadler und Dennets [2] Anthologie für die Computerkognitionsforschung relevanter Belletristik fehlt. Galouye läßt eine ganze Welt als Computer-Simulation erstehen. Der Operateur ist befähigt, auf diese Welt einen Blick durch die Augen der „Identitäts-Einheiten" – der armen Bewohner jener Welt – zu werfen. Einer der Bewohner, mit der Code-Nummer ZNO (Zeno), muß leider herausprogrammiert werden, da er Verdacht schöpfte und im Begriff ist, seine Mitbewohner damit anzustecken. Erst später entsteht Grund zu der Annahme, daß sein Schöpfer selbst ebenfalls... – aber vielleicht möchte der Leser die Geschichte lieber selber lesen. (Schließlich findet das Liebespaar aus verschiedenen Realitätsstufen zusammen, da ja kein grundsätzlicher Unterschied zwischen zwei Subroutines besteht, die sich nur in der Schleifennummer unterscheiden.)

Kurz nachdem Gödel [3] seinen berühmten Beweis der Unvollständigkeit (von innen) der Arithmetik vorgestellt hatte, begann sein Freund von Neumann der Frage nachzugehen, ob vielleicht die Quantenmechanik eine ähnliche Beschränkung darstellt – diesmal in einem physikalischen Zusammenhang. Glücklicherweise war von Neumann in der Lage zu beweisen, daß wenn man die Quantenmechanik als die grundlegendste physikalische Theorie akzeptiert, welche alle anderen möglichen Theorien als Spezialfälle mitumfaßt, tatsächlich kein Grund zur Besorgnis besteht. Die Struktur der Quantenmechanik gewährleistet nämlich, daß „die Informiertheit des Beobachters über den eigenen Zustand" aus dem Formalismus herausfällt [4]. Daß eine solche Art von „Resultat" besonders leicht Verdacht erregt bei gewissen prädisponierten Gemütern konnte von Neumann noch nicht erkennen; er konnte ja unmöglich Galouye gelesen haben.

Ungefähr ein halbes Jahrhundert zuvor hatte ein ähnlicher physikalischer Alptraum bereits Maxwell [5] verfolgt (und laut Boltzmann [6] auch Loschmidt). Maxwell vermutete, daß vielleicht im allgemeinen zwei Typen von physikalischen Gesetzen existieren. Ein Beispiel der ersten Art wäre Newtons Gesetz, wenn es auf Himmelskörper angewandt wird: Es macht keinen Unterschied, ob man sich selbst auf einem dieser Körper befindet oder nicht. Ein Beispiel der zweiten Art wäre erneut Newtons (bzw. Hamiltons) Gesetz, aber diesmal angewandt auf die vielen, mikroskopischen Körper, deren mechanische Interaktionen als die Grundlage der Thermodynamik angesehen werden. Derselben Welt anzugehören, würde in dem zweiten Fall einen entscheidenden Unterschied ausmachen. Ein der betreffenden Welt angehörendes Wesen kann Wärmeenergie nicht ohne Temperaturgefälle in mechanische Energie zurückverwandeln, während ein außerhalb stehendes Wesen (Dämon) dies kann. Diese Erkenntnis von Maxwell [5], die er nicht betonte, blieb übrigens merkwürdigerweise unbeachtet. Die beiden bekannten Beweise von Szilard [7] und Briouin [8], daß der Dämon – der eine kleine Falltür (die nahezu ohne Masse ist) im richtigen Moment öffnen und schließen kann –, nicht funktionieren kann, gelten nur unter der Annahme, daß der Dämon selbst ein Teilsystem der betreffenden Welt ist. Er kann dann seine Aufgabe tatsächlich nicht mit einem Nettogewinn ausführen. Die Tatsache, daß ein einfacherer Mechanismus als ein intelligentes Wesen ausreicht, um denselben Effekt zu erzielen, wurde übrigens zunächst übersehen. (Es muß lediglich die

[13]. Finkelstein [14] set up a program for a "holistic physics" in the spirit of the late Bohr, but discrete. He hypothetically attributed both the quantum limit and the relativistic limit to the fact that the whole is not available to us. Later, he gave an explicit example of a finite-state machine (computer) whose internally evaluated state is different from that existing objectively [15]. Still later he endorsed the two notions "physics from without" and "physics from within" [16] by coining the technical terms [17] used in this chapter. The name "endophysics" is his creation.

In the same year, Fredkin [18] described the first explicit, computercalculable model universe – a reversible-type cellular automaton. (Earlier cellular-automata "worlds" like Conway's game life [19] had all been irreversible.) This universe consists solely of information. Once you assume it exists, implemented in whatever kind of hardware you may think of, its properties are fixed. It starts producing "material" properties of its own inside – like assemblies of black pixels that mutually attract each other with a definitive force law like Coulomb's. The hope is that, eventually, all laws of nature as we know them might come out as an implication. You only have to hit – by happenstance – upon the right reversible local rule. The number of such laws to be checked empirically is unknown. Possible counterarguments invoking the existence of nonlocal phenomena in quantum mechanics are answered with the argument that nonlocal correlations over large distances have been abundantly observed in real-time computer runs [18]. The dichotomy between exophysics and endophysics is hereby invoked. The only major problem with this explicit model world is that, so far, no dissipative macroscopic processes can be simulated since even a single "elementary particle" uses up hundreds of variables. Irreversible "observers" cannot yet be included. This computer world therefore still belongs to the first or "general" phase of endophysics. Here, general limitations that invariably show up from the inside are sought. Gödel provided the paradigm and Maxwell the first potential physical example. In contrast, the second or "special" phase of endophysics will be brain theoretical. Assumptions that are not completely general and that enter into the properties of explicit observers ("brains") arising in the explicit model world will be admitted into consideration. This makes the connection to Galouye's (and Lem's [2]) science fiction even closer. Interestingly, the first potentially conscious computer program was developed by Kosslyn and Shwartz.[20] (cf. also ref. 21 for a related but more complete blueprint). Like its forerunners – of fiction status presumably – it is non-reversible. All such models have yet to be embedded into a more minimal (reversible) universe. On the other hand, a concrete example of a microscopically specified world that "goes all the way up" to include macroscopically subsystems such as observers has so far been lacking. A specific world of this type is considered in the following.

## Discussion

Endophysics is still in its infancy. A single explicit model universe that reaches through all levels from the microscopic to the macroscopic is available so far. A general endophysical question worth considering in detail is the second law with all its ramifications. Other questions of the same standing have yet to be identified. In the realm of special endophysics (including brains), most questions have also yet to be formulated. There may be other "general" special axioms to consider besides that of observer-internal particle indistinguishability.

Even though indistinguishability may turn out to be but a minor determinant of an observer-centered future endophysics, focusing on it at the beginning may turn out to have been a lucky accident. It helped show that simply putting a reversible universe into a computer and running it exophysically is not sufficient to uncover its endophysics. In addition, hints at the possible existence of endophysical properties even where there are no exophysical correlates, are needed. The Gibbs symmetry simply does not exist exophysically. In a similar vein, both quasi-periodization and microvacillation could easily have been overlooked were it not for certain counterintuitive theoretical proposals already present in the literature .

Particle indistinguishability has the further asset that it is a "maximally simple" property. Symmetries and reduced representations are staples of any physical theory. Trajectorial multi-uniqueness, nevertheless, is fairly nontrivial conceptually. To the present author, for example, it is still not clear to what extent one may trust a symmetry argument. For more on the history of this problem, which goes back to Leibniz.

A more general endophysical problem worth discussing is the consistency question. Can any endophysics be consistent? To what extent is "internal consistency" assured for its inhabitants? Specifically, can internal interfaces be consistent? How far can their consistency go, maximally? Are only single measurements covered (direct consistency), or are derived general laws included (indirect consistency)? What about "meta-consistency": a meta-consistent world would be one in which it is impossible even to embark on a endophysical program.

These questions may all be studied explicitly using the present model universe (with the r.t plane forming the main tool). It is also possible

fast masselose Falltür von außerhalb der betreffenden Welt aus gekühlt werden d. h. eine infinitesimale Menge kinetischer Energie muß heimlich entfernt werden [9].) Das Ergebnis, daß ein analoger Effekt innerhalb der Welt nicht erzielt werden kann, bleibt dennoch richtig, da eine Kühlmaschine für ein einzelnes Teilchen – die Falltür – voraussichtlich noch einmal mindestens die gleiche Menge an freier Energie verbrauchen wird, wie durch die Kühlung der Falltür gewonnen wird. Dies bezieht sich jedoch auf ein im System befindliches Wesen, das nicht den Namen „Dämon" verdient. Für ein außerhalb befindliches Wesen (Dämon) gelten diese Beweise alle nicht. In der Tat, wenn man selbst an der Tastatur eines Computers sitzt, in welchem ein Hamiltonsches Universum simuliert wird, dann ist es ganz einfach, jeden der beiden genanten Zaubertricks durchzuführen: Man kann entweder die 10. Stelle nach dem Komma in der Position eines bestimmten Teilchens in einem strategisch gewählten Moment gezielt verändern (Maxwells Zaubertrick), oder man sorgt dafür, daß ein bestimmtes Teilchen – die Falltür – ganz schwach und vom Innern der Welt unmerkbar gekühlt wird.

Daher ist der zweite Hauptsatz der Wärmelehre endophysikalischer Natur. Maxwell hatte recht mit seinem Verdacht. Dasselbe gilt für Smoluchowski [10], der einige Jahrzehnte später seine verbesserte Version des Dämons vorstellte. Er schlug eine Methode vor, wie man selbst zu einem Dämon werden könnte. Man braucht dazu nur – modern ausgedrückt – eine hochempfindliche Nachsicht-Infrarot-Brille, eine mit Wasser gefüllte Schüssel, einen ganz normalen Löffel, ein verdunkeltes Zimmer und zwei Thermosflaschen, eine rot und eine blau. Dann braucht man nur geduldig zu schöpfen: „helle" Portionen der Flüssigkeit in die rote Flasche, „dunkle" in die blaue. Da ein Erfolg des Experiments eine Sensation wäre, kommt es auf die Größe des Effekts zunächst nicht an. Bereits der kleinste konsistente Effekt ($10^{-10}$ Grad), den man ohne Zuhilfenahme eines großartig ausgestatteten Labors erzielen kann, wäre ausreichend. Smoluchowski erkannte, daß wenn man sicher ist, daß selbst diese entschärfte (da makroskopische) Version des Dämons nicht funktioniert, dies automatisch bedeutet, daß man zum Ausgleich an die physikalische Existenz von kontra-intuitiven, nichtlokalen makroskopischen Korrelationen glauben muß, die so raffiniert sind, daß sie den bei einer nicht-mikroskopischen (sondern makroskopisch-phänomenologischen, z. B. stochastischen) Denkweise unvermeidbaren Erfolg exakt aufheben.

Als nächstes wäre der Ehrenfestsche Dämon an der Reihe: Einstein. In einem Brief [11] verglich Ehrenfest Einstein – genauer dessen unermüdliche Versuche, eine Lücke in der Konsistenz der Quantenmechanik aufzudecken – mit einem kleinen „Teufelchen in der Box", das „gewissermaßen Perpetuum mobile zweiter Art" spielen möchte, „um die Ungenauigkeitsrelation zu durchbrechen". Tatsächlich hat neuerdings die Quanten-Nichtlokalität [12] einen ähnlichen Stellenwert angenommen im Denken der Physiker, wie seinerzeit Smoluchowskis thermodynamische nichtlokale Korrelationen (falls man sie ernstgenommen hätte). Zwei weitere wichtige Namen in der Geschichte der Endophysik sind Popper [13] und Finkelstein [14]. Popper überredete Einstein, seinen (Poppers) Beweis zu akzeptieren, daß vollständige Selbstbeobachtung in der (von ihnen als deterministisch angenommenen) Physik unmöglich ist, und daß man versuchen müsse, eine gödelartige Formulierung der Quantenmechanik zu finden [13]. Finkelstein [14] entwarf ein Programm für eine „holistische" Physik, im Geiste des späten Bohr, aber diskret. Hypothetisch führte er sowohl den Quantenlimes wie den relativistischen Limes der Beobachtung auf die Tatsache zurück, daß das Ganze uns nicht zugänglich ist. Später gab er ein explizites Beispiel an für einen endlichen Automaten (Computer), dessen intern festgestellter Zustand ein anderer als der objektiv existierende ist [15]. Um dieselbe Zeit erklärte er sich mit den beiden Begriffen „Physik von außen" und „Physik von innen" [16] einverstanden, indem er die Synonyme „Exo- und Endophysik" als griffigere Namen vorschlug [17]. Der Name „Endophysik" ist seine Kreation. Im selben Jahr beschrieb Fredkin [18] das erste explizite, computersimulierbare Modell-Universum – einen zellulären Automaten vom reversiblen Typ. (Voraufgehende auf zellulären Automaten basierende „Welten" – wie Conways Spiel „Life" [19] – waren alle irreversibel gewesen.) Dieses Universum besteht ausschließlich aus Information. Sobald man es in irgendeiner konkreten Form realisiert hat (wobei die verschiedensten Arten von Hardware denkbar sind), liegen seine Eigenschaften vollkommen fest. Es beginnt, „materielle" Eigenschaften von selbst intern zu erzeugen – z. B. Ansammlungen von Hunderten von schwarzen Pixels, die sich bei einer bestimmten Größe stabilisieren und dann gegenseitig anziehen wie Elementarteilchen, mit einem wohldefinierten Kraftgesetz wie dem Coulombschen. Fredkins Hoffnung ist, daß sich eines Tages alle Naturgesetze, wie wir sie kennen, als Implikationen aus einem

to study the question of "consistent interaction" between two observers – with a single observer who relies on his own earlier notes forming the simplest case. The nontrivial nature of the latter problem was first seen, in real physics, by Bell. The central endophysical idea of meta-unmaskability goes back to Descartes. He introduced the fairness question (in French). Can a "mauvaise plaisanterie" (a bad joke) be excluded, from the inside? Both Einstein and Bohr concurred with him that a physics whose consistency was not great enough to permit at least a glimpse at the reasons for our own limitations would be a "bad dream".

In the present context. Cartesian fairness assumes a different ring. Simulating a Hamiltonian world in a computer having finite precision is bound to destroy many "subtle" conservation laws. Subtle conservation laws would be those that preserve the consistency of internal interfaces. The second law, for example, is subtle since it can be violated by "late digits" (cf. ref. 9). Even more subtle would be a macroscopically consistent world that nevertheless is nonlocal microscopically. Two mutually incompatible macroscopic worlds could then coexist, in harmony, in the same microscopic world (exophysics). Only if such a level of accuracy is guaranteed can the inhabitants embark on an endophysical path.

Therefore, a reversible integration routine will be required in the long run. Its use will amount to putting a discrete "lowest-level universe" underneath the present one. Like Fredkin's universe [18], the latter ought to be "embeddable" again into a continuous Hamiltonian To conclude endophysics is the study of demons. Maxwell's demon do not work – they are each blocked by a censor. Further demons and their corresponding censors will have to be uncovered. Understanding incompleteness is worth more than completeness – almost.

**Literatur:**

1. D. F. Galouye, „Simulacron Drei". Heyne-Verlag, München 1965. (Englisches Original 1964.)
2. D. R. Hofstadter und D. C. Dennett, „The Mind's I", Basic Books, New York 1981. (Deutsch „Einsicht ins Ich", Klett-Cotta, München 1992.)
3. K. Gödel, Über formal ununterscheidbare Sätze der Principia mathematica und verwandter Systeme I, Monatshefte f. Math. u. Physik 38, 173–198 (1932).
4. J. von Neumann, „Mathematische Grundlagen der Quantenmechanik". Springer-Verlag, Berlin, 1932, 1981, S. 233.

5. J. C. Maxwell, „Theory of Heat", Appleton, New York 1872, S. 308. (Nachdruck: AMS Press, New York 1972.)

6. L. Boltzmann, In Memoriam Josef Loschmidt. In: „Populäre Schriften", Johann Ambrosius Barth, Leipzig 1905, S. 150–159.

7. L. Szilard, Über die Entropieverminderung in einem thermodynamischen System bei Eingriffen intelligenter Wesen, Z. f. Physik 53, 840–856 (1929).

8. L. Brioullin, Maxwell's demon cannot operate: Information and entropy I, J. Appl. Phys. 22, 334–337 (1951).

9. O. E. Rössler, Macroscopic behavior in a simple chaotic Hamiltonian system, Lecture Notes in Physics, 179, 67–77 (1983).

10. M. von Smoluchowski, Experimentell nachweisbare, der üblichen Thermodynamik widersprechende Molekularphänomene, Physik. Z. 13, 1068–1080 (1912); siehe auch: Physik. Z. 17, 557, 585 (1916).

11. P. Ehrenfest, Brief an Samuel Goudsmit, George Uhlenbeck und Gerhard Dieke, November 1927. In: „Niels Bohr" (K. von Meyenn, K. Stolzenberg und R. U. Sexl, Hrsg.), S. 152–155, Vieweg, Braunschweig 1985, S. 152.

12. J. S. Bell, On the Einstein-Podolsky-Rosen paradox, Physics 1, 195–200 (1964).

13. K. R. Popper, Indeterminism in classical physics and quantum physics I, Brit. J. Philos. Sci. 1, 117–133 (1951), S. 129. Siehe auch: Autobiography of Karl Popper. In: „The Philosophy of Karl Popper" (P: A: Schilpp, Hrsg.), Bd. 1, S. 3–181. Open Court, La Salle, Ill., 1974, S. 1021.

14. D. Finkelstein, Holistic methods in quantum logic. In: „Quantum Theory and the Structures of Time and Space", Bd. 3 (L. Castell, M. Drieschner und C. F. von Weizsäcker, Hrsg.), S. 37–60. Carl Hanser, München 1979.

15. D. Finkelstein und S. R. Finkelstein, Computer interactivity simulates quantum complementarity, Int. J. Theor. Phys. 22, 753–779 (1983).

16. O. E. Rössler, Chaos and chemistry. In: „Nonlinear Phenomena in Chemical Dynamics" (C. Vidal und A. Pacault, Hrsg.), S. 79–87. Springer Verlag, New York 1981.

17. D. Finkelstein, Brief vom 23. Juni 1983. (Kapitel „Namensgebung" dieses Buches.)

18. E. Fredkin, Digital information mechanics, Preprint 1983; Digital mechanics, Physica D 45, 254–270 (1990).

19. M. Gardner, „Wheels, Life and Other Mathematical Amusements". Freeman, San Francisco 1983.

20. S. M. Kosslyn und S. P. Schwarz, A simulation of visual imagery, Cognitive Sci. 1, 267–295 (1977).

21. O. E. Rössler, An artificial cognitive map system, BioSystems 13, 203–209 (1981).

solchen reversiblen zellulären Automatengesetz ergeben. Das einzige, worauf es ankommt, ist, daß man mit Glück auf die richtige reversible lokale Regel stoßen muß. Die Zahl solcher Regeln, die empirisch durchgecheckt werden müßten, ist unbekannt. Möglichen Einwänden hinsichtlich der Existenz nichtlokaler Phänomene in der Quantenmechanik wird mit der Behauptung begegnet, daß nichtlokale Korrelationen über große Entfernungen in großem Umfang zu beobachten seien, wenn man solche Regeln in Echtzeit rasch auf dem Computer ablaufen läßt [18]. Man sieht, daß die Unterscheidung zwischen Exophysik und Endophysik hier implizit wieder auftritt. Ein Problem mit dieser expliziten Modellwelt besteht darin, daß bisher keine dissipativen makroskopischen Prozesse simuliert werden können, da selbst ein einziges „Elementarteilchen" aus Hunderten von Zellen (Variablen) besteht. Irreversible „Beobachter" lassen sich noch nicht in dieses Modell aufnehmen.

Diese Computerwelt gehört daher noch immer in die erste oder „allgemeine" Phase der Endophysik. In dieser Teildisziplin versucht man, allgemeine Grenzen, die sich unweigerlich von innen her ergeben, zu finden. Gödel lieferte das Paradigma und Maxwell vorher das erste mögliche physikalische Beispiel.

Die zweite, oder „spezielle" Phase der Endophysik hingegen kommt nicht ohne Gehirntheorie aus. Annahmen, die nicht vollkommen allgemeiner Natur sind, sondern bei der Beschreibung expliziter Beobachter („Gehirne"), die in der Modellwelt enthalten sind, notwendig werden, werden in diesem Zweig der Endophysik wesentlich. Dies macht die Verbindung zu Galouyes – und Lems [2] – Science Fiction noch enger. In diesem Zusammenhang ist erwähnenswert, daß das erste potentiell bewußte Computerprogramm erst 1977 entwickelt wurde [20] (vgl. auch [21] für einen vollständigeren Schaltplan). Es ist genau wie seine Vorgänger – aus der Science-Fiction-Literatur – nichtreversibel. All diese Gehirnmodelle bedürfen daher noch der Einbettung in ein feineres (reversibles) Universum. Bisher fehlt jedoch ein konkretes Beispiel einer mikroskopisch spezifizierten Welt, die auf der Makroebene so komplexe Teilsysteme wie Beobachter enthält. Eine spezifische Welt dieses Typs wird nachfolgend vorgestellt.

# Beiträge zur Endophysik

# (Abstracts)

## Das Chaos und die Endophysik

## O.E. Rössler (Vorsitzender)

Das Chaos nimmt das Verhalten eines natürlichen Systems an und reduziert es auf eine fadendünne Verwicklung im Phasenraum. Der auf eine rotierende Plattform exzentrisch gestellte „Taffy-Puller" dient als Paradigma im realen Raum. Die genaue von Einstein und Laplace eingeführte Theorie von der Natur wird dadurch als begriffliches Werkzeug neu belebt. Gleichzeitig wird die Unmöglichkeit eines Laplaceschen Dämons, der ein Teil der Welt ist, greifbar. Daher ist sogar eine klassische Zukunft vom Innen unvorhersehbar, wenn die Verwicklung chaotisch ist. Nur wenn man das Chaos in seinem Computer hat, verschwindet die unveränderbare Unvorhersagbarkeit und die Unreproduzierbarkeit. Das Chaos bringt daher ein Janus-Gesicht in die physikalische Theorie mit. Ein „Exo-" bzw. „Endo-" Gesicht lassen sich im allgemeinen von einander unterscheiden. Anaximander, Archimedes, Aristarchos, Boscovich und Maxwell haben alle auf die Notwendigkeit eines solchen „Doppelverfahrens" hingewiesen. Letzteres kann erst heute im Zeitalter der computergeschaffenen Welten geschätzt werden. Trotzdem müssen „explizite" Modellwelten, in denen die regierenden Gesetze umkehrbar sind, wie in unserer eigenen Welt, noch simuliert zu werden. Die fortlaufende und diskrete Molekulare Dynamik (die „MD" und die „MDMD" Algorithmen von Alder) und Fredkins reversible zellulare Automata („RCA") können verwendet werden. Unerwarteterweise beinhaltet die Theorie zwei unbekannte Symmetrien - die von Gibb und Wigner - wenn Beobachter, z. B. ein flüssiges Neuron, ein Teil der Welt sein sollen. Die Dynamik, die das interne Interface schafft, ist sowohl chaotisch als auch symmetriebeschränkt. Sogar in übervereinfachten, sehr niedrig dimensionalen Fällen ist das Problem, die Schnittstelle zu extrahieren, derzeit noch

## Chaos and Endophysics

## O. E. Rössler (Chairman)

Chaos theory takes the behavior of natural systems and reduces it to a spaghetti tangle in phase space. The taffy puller which is placed excentrically on a rotating platform serves as a paradigm in real space. The exact theory of nature introduced by Newton and Laplace is thereby revived as a conceptual tool. At the same time, the impossibility of a Laplacian demon who is part of the world becomes tangible. Thus, even a classical future is unpredictable from the inside if the tangle is chaotic. Only if you have the chaos in your computer does the irreducible unpredictability and irreproducibility disappear. Chaos therefore brings a Janusfacedness into physical theory. An "exo" and an "endo" face can be distinguished in general. Anaximander, Archimedes, Aristarchos, Boscovich and Maxwell have all previously noted the necessity of such a "double approach". The latter can be fully appreciated only today in the age of computer-generated worlds. Still, "explicit" model worlds – in which the governing laws are reversible as in our own world – have yet to be simulated. Continuous and discrete Molecular Dynamics (the "MD" and the "MDMD" algorithms of Alder) and Fredkin's reversible cellular automata ("RCA") can be used. Unexpectedly, the theory involves two unfamiliar symmetries – Gibbs' and Wigner's – if observers (e. g., a fluid neuron) are to be part of the world. The dynamics which generates the internal interface is both chaotic and symmetry-constrained. Even in oversimplified, very low dimensional cases, the problem of how to extract the interface is currently unsolved. Thus, the hardest job of a "demiurge" who operates a reversible world is not to run it, but to observe it with the eyes of the inhabitants. For J. O. R.

ungelöst. Die schwierigste Aufgabe eines Demiurgen, der eine umkehrbare Welt operiert, ist daher nicht sie zu führen, sondern sie mit den Augen der Einwohner zu beobachten.

## The Internal Origin of Complexity in Evolution, Thought Processes, and Similar Self-Defining Systems

### George Kampis (Curator)

There is a common mistake, rooted in an innocent, everyday version of Platonism, induced by the stationary world of objects we are surrounded with. The mistake consists in thinking that everything has a well-definable origin: that everything comes from somewhere. More scientifically, the idea is that there are some conservation laws which are universal. This idea suggests a transformational philosophy of becoming, which we are ready to accept because it is applicable to many material bodies, which do not appear or disappear by themselves. If they do, we always go and find some lower-level components which don't. That is, there is always something immutable. Therefore, if something changes, we can always name something else which is responsible for it: we can identify a regular cause, expressible in terms of a given set of predefined primites. Well, it is well known that every action can potentially bring forth new degrees of freedom. Every scientist knows this. A common mechanism by which this happens and new information is produced is by the change of context. For instance, one can always combine old components in new ways. The number of combinations is open-ended and cannot be mapped a priori; tape recorders could use knots tied on the tape rather then magnetized domains for recording information. This suggests that in general there is nothing "physical" about the information content per se. It depends entirely on relations, and the relations can change. In other words, besides material properties, we have to speak about informational properties now, or, going even beyond that, we may realize there exist only the latter, as perhaps the material properties themselves can be conceived as instances of some permanent relation or mode of interaction. In short, instead of single and well-defined causes and actions, we are left with an intricate web of modalities that jointly evoke or define a dominant trait or observed action. The two pictures outlined in these two paragraphs are seemingly quite incompatible. It is inevitable to ask, which one is correct?

## Der innere Ursprung von Komplexität in Evolution, Denkprozessen und ähnlichen selbstdefinierten Systemen

### George Kampis (Kurator)

Es gibt einen allgemeinen Fehler, der in einer unschuldige, Alltagsversion von Platonismus wurzelt, und durch die stationäre Welt der Objekte, mit denen wir umgeben sind, ausgelöst wird. Der Fehler besteht im Denken, daß alles einen gut definierbaren Ursprung hat: daß alles von irgendwoher kommt. Wissenschaftlicher ausgedrückt, ist die Vorstellung, daß es universelle Erhaltungsgestze gibt. Diese Vorstellung deutet auf eine transformationale Philosophie des Werdens hin, welche wir bereit sind, zu akzeptieren, weil sie auf viele materielle Körper anwendbar ist, die nicht von selbst erscheinen oder verschwinden . Wenn doch, suchen und finden wir immer irgendwelche auf einem niedrigen Niveau liegende Komponenten, die das nicht machen. Das heißt es gibt immer etwas, was unveränderbar ist. Wenn sich daher etwas verändert, können wir daher immer irgendetwas anderes benennen, das dafür verantwortlich ist: wir können eine normale Ursache identifizieren, die sich anhand eines vorgegebenen Satzes von vordefinierten Primiten ausdrücken läßt.

Zunächst ist es wohl bekannt, daß jede Handlung potentiell neue Grade der Freiheit mit sich bringen kann. Jeder Wissenschafter weiß das. Ein üblicher Mechanismus, durch welchen dies geschieht und neue Informationen produziert werden, ist eine Veränderung im Kontext. Man kann zum Beispiel immer alte Komponenten auf neue Art und Weise kombinieren. Die Zahl der Kombinationen ist unbegrenzt und kann nicht a priori aufgezeichnet werden. Kassetten-rekorder könnten eher Knoten im Tonband verwenden, als magnetisierte Bereiche um Information aufzuzeichnen. Dies deutet darauf hin, daß im allgemeinen nichts „physikalisches" am Informationsinhalt per se ist. Es hängt völlig von Beziehungen ab und diese können sich verändern. Mit anderen Worten, abgesehen von materiellen Eigenschaften, müssen wir über Eigenschaften der Information reden, oder sogar darüber hinaus gehend, könnten wir erkennen, daß nur die letzteren existieren, da vielleicht die materiellen Eigenschaften als Instanzen irgendeiner permanenten Beziehung oder Art von Interaktion wahrgenommen werden. Kurzum, statt einzelner gut definierbarer Ursachen und Handlungen, sind wir mit einem komplexen Netz von Modalitäten alleingelassen, die eine dominierende Eigenschaft oder eine beobachtete Handlung hervorrufen oder definieren. Die zwei in diesen zwei Absätzen skizzierten Bilder sind dem Anschein nach ziemlich unvereinbar. Es ist unvermeidlich die Frage zu stellen: Welches ist richtig?

Natürlich fordert ,wie wir wissen, die Welt der vordefinierten Primitiven eine formelle mathematisch-logische Behandlung . Letztere läuft auf ein geschlossenes System hinaus, in dem Erhaltungsgesetze tatsächlich bestehen. Eines der grundlegenden Erhaltungsgesetze für formelle Systeme ist jenes für Information,ein Ausdruck für die als Komogorov-Chaitin bekannte Komplexitätstheorie. In solch einem System hat man nicht all die besonderen Dinge über die wir gesprochen haben. Von gleicher Bedeutung ist, daß formelle Systeme umgekehrt immer auf invariable Darstellungen hindeuten: Sie sind kleine selbständige Universen, in die alles für ein und alle mal von außen hineingestellt wird. Daher läßt sich daraus schließen, daß die logische Welt nicht eine kreative, sondern eine kreierte ist. Sie wird immer aus der Vogelperspektive eines Außenstehenden gesehen. Hier finden wir eine Antwort auf unsere ursprüngliche Frage. Die Wissenschaft geht traditionell anhand von Modellen vor, und Modellieren im klassischen Sinn schließt den Gebrauch von formalen Konstrukten mit ein. Es hat sich herausgestellt, daß die Metaphysik regulärer Ursächlichkeit unsere vorherrschende Gewohnheit, die Modelle in die Wirklichkeit zu projizieren, widerspiegelt, und dadurch natürliche Prozesse extern und frei beobachtet, als säße man in einem Lehnstuhl.

Es gibt jedoch einen anderen, einen internen Standpunkt, der an Einschränkungen allein durch seine Teilnahme gebunden ist. Von diesem Standpunkt aus werden Phänomene wie die Modifikation der Zusammensetzung eines Systems real. Das heißt, es kommt darauf an wo man steht und wir wissen natürlich sehr gut, wo wir stehen. Zeit, zum Beispiel, ist für den beobachteten Prozeß selbst und genauso für einen internen Beobachter wie uns, eine unerbittliche Eigenschaft. Dies bedeutet, daß die prozessuelle Perspektive, d.h. die „eigene" Perspektive eines Prozesses,

Naturally, as we know, the world of predefined primitives invites a formal, mathematico-logical treatment. This latter amounts to having a closed system, in which conservation laws do exist. One of the ultimate conservation laws for formal systems is the one for information, an expression of which is known as the Kolmogorov-Chaitin complexity theory. In such a system, you don't have all the fancy things we spoke about. Of equal importance is that, in the reverse, formal systems always imply invariant representations: they are little universes of their own, universes into which everything is put once and forever, from the outside. Hence, it is proper to say that the logical world is not a creative but a created one, and it is always treated from the birds-eye perspective of an outsider. And here we find an answer to our original question. Science traditionally proceeds by models, and modeling in the classical style involves the use of formal constructs. The metaphysics of regular causation, therefore, is found to reflect our prevailing habit of projecting the models onto reality, and thereby viewing natural processes externally and freely, as if from an armchair.

However, there is another, an internal viewpoint, which is bound to constraints exerted by the very participation. From this viewpoint, phenomena like the modification of a system's very constitution become real. That is, it all depends on where you stand. And of course we know very well where we stand. Time, for instance, is an inexorable quality for an internal observer like us, and so is it for the observed process itself. This amounts to saying, the processual perspective, that is, the "own" perspective of a process, cannot use more information than is available form the current stage. Only what is already realized can be observed and acted upon. This information content is changing; and it changes irreducibly as we understand that this is the way things, when closed to themselves, work.

We also understand how the first viewpoint comes about. If now a modeler artificially neglects the internal structural constraints of observation we spoke about, he or she will easily tend to construct an invariant model based on globalized knowledge (expressed sub specie eternitatis), which can be useful in some domain but which no longer reflects the actual state of the affairs. So it is better not to try too hard to save the face of science by promising, say, computational models for increase of complexity. What we should do instead is to become more modest and more contemplative. We should reject the principle of omnisience. Maybe we don't have to throw away all models, but we must now begin to grow together with the self-defined unfolding of the temporal becoming of processes.

In the lecture I will try to indicate why I think these thoughts are naturally related to problems of evolution and mentation, and why I believe that the whole story must in fact begin with biology and cognition.

nicht mehr Information gebrauchen kann, als laufend vorhanden ist. Nur das bereits Verwirklichte kann beobachtet und in Bezug darauf kann gehandelt werden. Dieser Informationsgehalt verändert sich. Er verändert sich unverminderbar, da wir verstehen, daß in sich geschlossene Dinge so funktionieren .

Wir verstehen auch wie der erste Standpunkt entsteht. Wenn nun ein Modellbauer die internen Strukturbeschränkungen von Beobachtung über die wir gesprochen haben künstlich vernachlässigt, wird er oder sie leicht dazu neigen, ein invariables auf globalisiertem Wissen (ausgedrückt sub specie eternitatis) basierendes Modell zu konstruieren, welches in manchen Bereichen brauchbar sein kann, aber nicht mehr dem eigentlichen Zustand der Dinge entspricht. Daher ist es besser, sich nicht zu sehr zu bemühen, das Gesicht der Wissenschaft zu bewahren, indem man, sagen wir, rechnerische Modelle für eine Zunahme an Komplexität verspricht. Was wir statt dessen tun sollten, ist bescheidener und bedachter zu werden. Wir sollten das Prinzip der Allwissenheit ablehnen. Vielleicht müssen wir nicht alle Modelle wegwerfen, aber wir müssen jetzt beginnen mit einer sebstdefinierten Entfaltung des zeitlichen Entstehens von Prozessenzusammenzuwachsen. In diesem Vortrag versuche ich, zu zeigen, warum ich glaube, daß diese Gedanken natürlich mit Problemen der Evolution und der Mentation in Zusammenhang stehen und warum ich glaube, daß die ganze Geschichte in Wirklichkeit mit Biologie und Kognition *beginnen* muß.

**Endomorphogenesis –
simulations of mathematical models**

**Ralph Abraham**

Mathematical models for morphogenesis have been evolving since the first reaction-diffusion equations of Fisher and others in the 1930s. Their computer simulations began in the 1970s. This is a review of the literature, with some recent results.

**Endomorphogenese –
Simulationen von mathematischen Modellen**

**Ralph Abraham**

Mathematische Modelle für Morphogenese haben sich seit den ersten Reaktion-Diffusions-Gleichungen von Fisher und anderen in den dreißiger Jahren entwickelt. Ihre Computersimulationen begannen in den siebziger Jahren. Der Vortrag gibt einen Überblick über die Literatur mit einigen jüngsten Ergebnissen.

## Quanten-Endophysik und die Unvermeidlichkeit von verwickelten Systemen

### Harald Atmanspacher

Eine neue Vorgangsweise, verwickelte Quantensysteme zu beschreiben, wird hiermit präsentiert. Sie betrachtet jenen Prozeß, während dem ein anscheinend isoliertes System von einem bestimmten Teil seiner Umwelt von einem internen Standpunkt aus - beschrieben als eine Endobeschreibung (Beschreibung des Endosystems) - gestört wird. Eine solche Beschreibung wird formalisiert, indem man vier komplexe Vektoren verwendet, die entsprechend die externe beziehungsweise interne Raumzeit darstellen. Ein Zusammenhang zwischen den Begriffen von Phasenwellen und interner Zeit wird im Rahmen einer lokalen Lorentz-Unveränderlichkeit abgeleitet. Diese Beziehung verschafft eine konsistente Beschreibung einer unwiderruflichen Dynamik eines Endosystems während der Verwicklung, während die umkehrbare Schrödinger-Dynamik eines Systems exophysisch relevant bleibt. Empirische Folgen für spezifische experimentelle Konfigurationen von der Interferometrie zweier Teilchen werden gezeigt.

## Quantum Endophysics and Irreversibility of Entangled Systems

### Harald Atmanspacher

A novel approach to describe entangled quantum systems is presented. It considers the process during which an apparently isolated system is disturbed by a distinct part of its environment from an internal viewpoint denoted as an endo-description (description of the endosystem). Such a description is formalized using complex four vectors to represent internal and external spacetime, respectively. A relation among the concepts of phase waves and internal time is derived in the framework of local Lorentz invariance. This relation provides a consistent description of an irreversible dynamics of the endosystem during entanglement, while the reversible Schrödinger dynamics of the system remains relevant exophysically. Empirical consequences for specific experimental configurations of two particle interferometry are indicated.

## Die Hintergrundgeschichte über Systeme, den Geist und Mechanismen

### John L. Casti

Unterscheiden sich die Gesetze, die ein System regeln, wenn man sich innerhalb des Systems befindet, von denen, die man sieht, wenn man das System von außen betrachtet? Dies ist die zentrale Frage, dessen, was Endophysik genannt wird. Hier werden wir diese Frage untersuchen für den Fall, daß der menschliche Geist das System ist. Genauer, wir betrachten das Problem der starken künstlichen Intelligenz (AI), die sich die Frage stellt, ob eine rechnende Maschine die kognitive Kapazität des menschlichen Geistes - wenigstens im Prinzip - nachahmen kann. Von außen betrachtet reduziert sich die Frage auf den bekannten Turing Test einer denkenden Maschine. Aber vom endophysikalischen Standpunkt wird die Sache viel problematischer, was zu stärksten Kritiken gegen die starke AI geführt hat.

## The Inside Story on Systems, Minds and Mechanisms

### John L. Casti

Do the laws governing a system differ when you're inside the system from those you see when you look at the system from the outside? This is the central question of what's come to be termed, „endophysics." Here we examine this question for the case when the system is the human mind. More specifically, we consider the problem of „strong" AI, which asks if a computing machine can duplicate the cognitive capacity of the human mind – at least, in principle. Looked at from the outside, this question reduces to the familiar Turing test for a thinking machine. But from the endophysics point of view, the matter becomes far more problematical, leading to some of the strongest critiques against strong AI. Following consideration of the strong AI problem, the paper concludes with a discussion of the issue of a system observing itself. Endophysically speaking, this situation leads immediately to all the familiar problems associated with self-reference, tangled loops and paradox, both logical and geometric. Our final conclusion is that the only way to break out of these loops is to think endophysically, which means explicitly recognizing that, in general, the laws of nature do look different when you stand inside the system than when you're looking at it from the outside.

Das Problem der starken AI in Betracht ziehend, schließt dieser Aufsatz mit einer Diskussion über das Thema eines Systems, das sich selbst beobachtet. Endophysikalisch führt diese Situation sofort zu den bekannten Problemen, die sowohl mit logischer als auch geometrischer Selbstreferenz, verwickelten Schleifen und Paradox verbunden sind. Unsere endgültige Schlußfolgerung ist, daß das endophysikalische Denken der einzige Weg ist, sich von diesen Schleifen zu befreien, d.h. die ausdrückliche Erkenntnis, daß die Naturgesetze im allgemeinen tatsächlich anders aussehen, wenn man innerhalb des Systems steht, als wenn man es von außen betrachtet.

## Vacuum Fluctuations as a Substratum for Computation and Cognition

### Michael Conrad

Organisms manifest vast capabilities for acquiring and processing information from the environment and using the processed information to act in an adaptive manner. Brain mediated perception, conceptualization, decision-making, and effector control are for humans the most dramatic examples. Are capabilities of this type achievable in a universe whose dynamics are at base linear and reversible, and is our internal sense of them (given in experience) possible in such a universe? Or are they expressions of the fact that the true dynamics of the universe Is itself irreversible, measurement-embedding, and adaptive? The purpose of this talk is to show that it is possible to construct expanded nonlinear models of the latter type that possess features both of physical and biological interest. The basic idea is that their forces between manifest particles are mediated by propagating transient excitations of unmanifest vacuum particles (called fluctuons). The motions of the manifest particles alter the structure of the unmanifest particles, and hence alter the forces among the manifest particles. Wave function collapse and irreversibility are endogenously generated by this cyclic interaction between the manifest macrostructure of the universe and the unmanifest microstructure of the vacuum. However, the endogenous irreversibility is pronounced only when the manifest and unmanifest structures are inconsistent. This would have been the case in the early universe. But as the universe evolved to a self-consistent form the underlying irreversibility was masked, except on the very large scale or near very large masses, where it is not easily detectible. Our hypothesis

## Vakuum Fluktuation als Grundlage für Rechnen und Cognition

### Michael Conrad

Organismen offenbaren unermessliche Fähigkeiten, Information von der Umwelt zu erhalten und zu verarbeiten, und weiters diese verarbeitete Information als Mittel zum adaptiven Verhalten zu verwenden. Über das Gehirn vermittelte Wahrnehmung, Vorstellungsvermögen, Entscheidungsfindung, und Effektorkontrolle sind die dramatischsten Beispiele für den Menschen. Sind Fähigkeiten dieser Art in einem Universum erreichbar, dessen Dynamik an der Basis linear und unumkehrbar ist, und ist unser interner Sinn für diese (durch Erfahrung gegeben) in so einem Universum möglich? Oder sind sie ein Ausdruck der Tatsache, daß die wahre Dynamik des Universums selbst unumkehrbar, maß-einbettend, und anpassungsfähig ist. Der Zweck dieser Rede ist es zu zeigen, daß es möglich ist, expandierte, nonlineare Modelle des letzteren Typus zu konstruieren, welcher Eigenschaften von sowohl physikalischem als auch biologischem Interesse habt. Die grundlegende Idee ist, daß die Kräfte zwischen manifesten Teilchen durch Fortpflanzung flüchtigen Stimuli von nicht manifesten Vakuum Teilchen (Fluktuons) vermittelt werden. Die Bewegungen dieser manifesten Teilchen verändern die Struktur der nicht manifesten Teilchen, und verändern daher auch die Kräfte unter den manifesten Teilchen. Wellenfunktionskollaps und die Irreversibilität werden von dieser zyklischen Interaktion zwischen der manifesten Makrostruktur des Universums und der nicht manifesten

Mikrostruktur des Vakuums endogen erzeugt.

Die endogene Irreversibilität ist jedoch nur dann deutlich, wenn die manifesten und die nicht manifesten Strukturen inkonsistent sind. Das wäre der Fall im frühen Universum gewesen. Als sich das Universum in eine selbstkonsistente Form entwickelt hatte, wurde die unterschwellige Irreversibilität maskiert, außer auf sehr großem Maßstab oder in der Nähe sehr großer Massen, wo sie schwer feststellbar ist. Unsere Hypothese ist es, daß sie durch die empfindlichen Transduktions-Verstärkungsschemas, die in den biologioschen Zellen vorhanden sind, demaskiert wird, und daß dies die Grundlage für sowohl die beobachtbaren Fähigkeiten von biologischen Organismen, als auch für die Subjektivität und Privatheit unsere eigenen Erfahrungen ist.

is that it is also unmasked by the sensitive transduction-amplification schemes present in biological cells, and that this ist the basis both for the objectively observable capabilities of biological organisms and for the subjectivity and privacy of our own experience.

## Quanten Denken

## David Finkelstein

Beim Quanten Denken verwerfen wir die absolute Wirklichkeit und das einfache deklarative „ist", und arbeiten mit Input- Outputoperationen.

Quanten Denken fordert uns mehr als Relativitätsdenken. Während die Physik die Relativität rasch assimilierte, bleibt die Quantentheorie bei ihrer kollektiven Unnahbarkeit. Dies spiegelt sowohl die Größenordnung dieser Evolutionen wider, als auch den Unterschied zwischen Einstein und Bohr, den Hauptvertretern dieser Evolutionen. Einstein war der Ikonoklast, der den totalen Sieg der Spinozaschen Wahrheit über Fehler suchte, indem er fröhlich Ockhams Klinge schwang. Bohr zog die ewige Kierkegaardsche Spannung zwischen zwei in Konflikt stehenden Weltansichten vor. Als Heisenberg die Quantentheorie entdeckte, hatte er sich schon von Bohr zurückgezogen, und somit konnte er den radikalen Ockhamismus Einsteins anwenden. Die absolute Realität ist dem Quantenprinzip nach nicht beobachtbar und Heisenberg ließ es fallen. Bohr bot jedoch einen weniger radikalen Kompromiß an, und bewahrte die Realität der Physiker. Heisenberg akkzeptierte, und somit wurde ihre Kopenhagen-Theorie geschaffen. Heutzutage ist dieser Kompromiß im großen und ganzen vergessen, zugunsten einer fremden, konservativeren, und weniger haltbaren Theorie. Sie wurde anfangs „orthodox" genannt, und irrtümlicherweise auf „Kopenhagen" von

## Thinking Quantum

## David Finkelstein

To think quantum we discard absolute reality and the simple declarative "is" and work with input-output operations.

Thinking quantum stretches us more than thinking relativity. While physics assimilated relativity swiftly, quantum theory still sticks in its collective craw. This reflects the sizes of these evolutions. It also mirrors a difference between Einstein and Bohr, the major agents of these evolutions. Einstein was the iconoclast seeking a total victory of Spinozan truth over error, joyfully wielding Ockham's razor. Bohr preferred a perpetual Kierkegaardian tension between conflicting world-views. When Heisenberg discovered quantum theory he had withdrawn from Bohr and so could apply Einstein's radical Ockhamism, but he applied it to Einstein's own hard-nosed realism. Absolute reality is unobservable according to the Quantum Principle and Heisenberg dropped it. Bohr, however, offered a less radical compromise, preserving the reality of the physicist, which Heisenberg accepted, creating their Copenhagen theory. Today that compromise is largely forgotten in favor of a stranger, more conservative, less tenable theory, first called "orthodox" and mistakenly renamed "Copenhagen" by most of its critics. The defects in this pseudo-Copenhagen theory have led in turn to several even stranger compromises between quantum theory and realism.

Now that quantum theory has proven so useful, we no longer need to compromise with realism. We should return to Heisenberg's radical simplicity. It leads to an input-output logics that is more coherent than Boole's Laws of Thought, and violates them as presaged by Boole himself. While some still find the loss of absolute reality unbearable, many find it liberating and supportive. Thinking quantum may be as useful for further progress in physics as it was for Heisenberg's original discovery.

den meisten ihrer Kritikern umgetauft. Die Fehler an dieser Pseudo-Kopenhagen-Theorie haben dann wieder zu einigen noch eigenartigeren Kompromissen zwischen der Quanten Theorie und dem Realismus geführt.

Nun da sich die Quantentheorie als sehr gebräuchlich erwiesen hat, müssen wir nicht mehr mit dem Realismus einen Kompromiß abschließen. Wir sollten zur radikalen Vereinfachung Heisenbergs zurückkehren. Das führt zu einer Input-Outputlogik, die kohärenter als die Denkgesetze Booles ist, und sie gleichzeitig verletzt, wie Boole selbst prophezeite. Während der Verlust der absoluten Realität einigen noch unerträglich ist, finden es viele befreiend und unterstützend. Quanten-Denken könnte für den weiteren Fortschritt in der Physik weiterhin so nützlich sein, wie für es Heisenbergs ursprüngliche Entdeckung war.

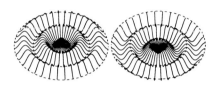

## Perception: Seeing the World or Seeing Our Theories?

**Donald D. Hoffman**

Vision seems effortless and direct. We simply open our eyes and observe the world. With a glance we can perceive the shapes of complex objects, whether those objects be familiar or whether, as in the figures below, they be less familiar. But this apparent ease and directness is deceptive. Note, for instance, that although the lines in the figures below must in fact all lie in the plane of the page, they appear instead to undulate in three dimensions. Your visual system has invented the undulations in depth. Note also that although the two figures are identical (except that one is rotated 180 degrees), their organizations into hills and valleys is nevertheless quite different. For the figure on the left the dashed contours lie in valleys, whereas for the figure on the right they lie on hilltops. Not only does your visual system invent the depth you see, it organizes its invention according to rules which, evidently, depend on the orientation of the figure.

These figures are a problem for the "directness" of perception. Direct misperception seems a contradiction. But are these figures just special cases? Or is perception more generally, in more ecologically natural situations, also a process of quick, clever, and perhaps unconscious, invention? In this talk we explore the structure of current theories in robotic and human vision looking for answers to these questions. In the

## Wahrnehmung: Die Welt Betrachten oder Unsere Theorien Betrachten

**David D. Hoffman**

Sehen scheint mühelos und direkt. Wir machen einfach unsere Augen auf und betrachten die Welt. Mit einem Blick können wir die Gestalten von komplexen Objekten wahrnehmen, seien jene Objekte bekannt, oder seien sie wie die unten gezeigten Abbildungen weniger bekannt. Aber diese anscheinende Leichtigkeit und Direktheit täuscht. Beachten Sie z.B., daß obwohl die in den unten gezeigten Abbildungen angeführten Linien tatsächlich auf der Seitenflächen liegen müssen, sie sich doch dreidimensional wellenförmig zu bewegen scheinen. Ihr visuelles System hat die wellenförmige Bewegungen erfunden. Beachten Sie auch, daß obwohl die zwei Figuren identisch sind (außer, daß eine um 180 Grad gedreht ist), ihr Aufbau aus Hügeln und Tälern dennoch ziemlich anders ist. Für die Figur links sind die mit Bindestrich versehenen Konturen in den Tälern, wobei sie für die Figur rechts oben auf den Hügeln sind. Ihr visuelles System erfindet nicht nur die Tiefe, die man sieht, sondern sie organisiert die Erfindung auch den Gesetzen nach, welche offenbar von der Orientierung der Figur abhängen.

Diese Figuren sind ein Problem für die „Direktheit" der Wahrnehmung. Direkte Fehlwahrnehmungen scheint ein

Widerspruch zu sein. Sind aber diese Figuren nur Spezialfälle? Oder ist die Wahrnehmung in allgemeine ökologisch natürlicheren Situationen auch ein Prozeß der schnellen, klugen, und vielleicht unbewußten Erfindung? In dieser Rede untersuchen wir die Struktur von aktuellen Theorien des robotischen und menschlichen Sehvermögens auf der Suche nach Antworten auf diese Fragen. In dem Prozeß entdecken wir, daß alle Theorien von spezifischen wahrnehmenden Kapazitäten, wie z.B. Stereovision, Kanten-Erkennen und die Wahrnehmung von Oberflächenfarben, eine gemeinsame formelle Struktur haben. Diese formelle Struktur in Betracht ziehend verschafft eine Anleitung zur Auflösung dieser Fragen. Es ermöglicht uns auch, das Problem der Beziehung zwischen dem Beobachter und der Welt mit größerer Genauigkeit zu untersuchen.

process we discover that all theories of specific perceptual capacities (such as stereovision, edge detection, and the perception of surface colors) share a common formal structure. Consideration of this formal structure does indeed provide guidance for the resolution of these questions. It also allows us to examine with greater precision the problem of the relation between the observer and the world.

## Phänomene der Sprache und Phänomene der Physik

### Lars Löfgren

Bei der herkömmlichen linguistischen Betätigung, wie zum Beispiel der Beschreibung von dem was wir sehen, merken wir kaum, daß Sprache involviert ist. Wir neigen dazu, den Eindruck zu haben, daß Sprache universell ist, oder völlig selbstbezogen und können sie daher nicht sehen oder beobachten, zumindest nicht in der Art wie wir physikalische Objekte sehen oder beobachten.

Gewisse tiefere Fragen jedoch, die sich nicht nur von linguistischer, sondern auch von physikalischer Seite erheben, erzwingen die Konzeptualisierung eines vollen Phänomens der Sprache (d.h. nicht einzelner Fragmente davon, wie eine leicht zu sehende Grammatik, etc.). Was dann daraus resultiert ist eine holistische, komplementaristsche Konzeption von Sprache, die spezielle Arten wie genetische Sprache, Programmiersprachen, formelle Sprachen, zerebrale Sprachen und externe Kommunikationssprachen einschließen.

Von einem holistischen Ende ausgehend haben wir die folgenden Ansichten einer linguistischen Komplementarität erhalten, nämlich:

I) als beschreibende Unvollständigkeit: in keiner Sprache kann ihr Interpretationsprozeß vollständig in der Sprache selbst beschrieben werden;

## Phenomena of Language and Phenomena of Physics

### Lars Löfgren

In ordinary linguistic activity, such as describing what we see, we hardly notice that a language is being involved. We tend to be under the impression that language is universal, or totally selfreferential, and cannot then see or observe it, at least not the way we see or observe physical objects.

Certain deeper questions, however, which arize not only from a linguistic outset but also from a physical end, enforce conceptualization of a full phenomenon of language (i.e., not of fragments of it like an easily seen grammar, etc). What then results is a wholistic, complementaristic conception of language, which encompasses particular species like genetic language, programming languages, formal languages, cerebral languages, and external communication languages.

Starting out from a wholistic end, we have obtained the following views of a linguistic complementarity, namely:

(I) as descriptional incompleteness: in no language, its interpretation process can be completely described in the language itself;

(II) as a tension between describability and interpretability within a language;

(III) as degrees of partiality of self-reference (introspection) within a language: complete self-reference within a language is impossible;

(IV) as a principle of "non-detachability of language".

Starting out from a physical end, Finkelstein and

Rössler have proposed an endo-exo-physical perspective. They consider Bohr's doctrine that there is no quantum universe but a partition separating a quantum part of the universe that is being determined, the endosystem, from the vaster part that is determining it, the exosystem. The idea is then (as I have understood) to extend the endosystem by certain relativistic schemes, thereby approaching a wholistic view (beginning to include phenomena of language?).

We have previously been able to relate the linguistic complementarity with Bohr's primary view of complementarity in quantum mechanics, namely as a tension between definability and observability. Now, the question if, and how, the endo-physical scheme can be compared with the views of the linguistic complementarity is considered in terms of a reducibility concept which allows reduction between complementaristically conceived entities.

An associated problem is whether information, in its full-fledged linguistic sense, can be reduced into a physical concept. To that end we suggest how information types are to be related with degrees of partiality of self-reference. We illuminate a recent question concerning algorithmic information theory and Gödel incompleteness.

II) als Spannung zwischen Beschreibbarkeit und Interpretierbarkeit innerhalb einer Sprache;

III) als Grade der Parteilichkeit des Selbstbezugs (Einblick) innerhalb einer Sprache: kompletter Selbstbezug innerhalb einer Sprache ist unmöglich;

IV) als ein Prinzip der „Nicht-Trennbarkeit von Sprache".

Von der physikalischen Seite aus haben Finkelstein und Rössler eine endo-exo-physikalische Perspektive vorgeschlagen. Sie betrachten Bohrs Doktrin, daß es kein Quanten-Universum gibt, sondern eine Teilung, die einen Quantenteil vom Universum, das bestimmt wird, trennt, das Endosystem, von einem viel gewaltigeren Teil, der es bestimmt, dem Exosystem. Die Idee (so wie ich sie verstanden habe) ist daher, das Endosystem anhand von relativistischen Schemata zu erweitern, und damit die holistische Sicht anzusteuern (die Phänomene von Sprache einzubeziehen?).

Wir konnten die linguistische Komplementarität zuvor schon mit Bohrs Hauptansicht der Komplementarität in der Quantenmechanik in Verbindung bringen, nämlich als Spannung zwischen Definierbarkeit und Beobachtbarkeit. Die Frage ob und wie das endo-physikalische Schema mit den Ansichten über linguistische Komplementarität verglichen werden kann, wird anhand eines Reduzierbarkeitskonzepts betrachtet, welches eine Reduktion zwischen komplementaristisch entwickelten Entitäten erlaubt. Ein damit verbundenes Problem ist, ob Information, in ihrem völlig linguistischen Sinn, zu einem physikalischen Konzept reduziert werden kann. Diesbezüglich schlagen wir vor, wie Informationsarten mit Graden der Voreingenommenheit des Selbstbezugs in Beziehung gebracht werden sollen. Wir beleuchten eine aktuelle Frage in Bezug auf algorithmische Informationstheorie und Gödelsche Unvollständigkeit.

## The Brain as a Measuring Apparatur

### Jürgen Parisi

Modern C\*-algebra-based measurement theory claims that Einstein-Podolsky-Rosen correlations must be absent between observer and object, in order for a quantum eigenstate to materialize (Primas, 1981). Strong magnetic fields applied to the brain conceivably induce quantum-mechanical correlations between substructures of the brain and the spins of external particles.

## Das Gehirn als Meßapparat

### Jürgen Parisi

Die moderne auf C\*-Algebra basierende Meßtheorie behauptet, daß Einstein-Podolsky-Rosen Korrelationen zwischen Beobachter und Objekt abwesend sein müssen, um einen Quanten-Eigenstatus zu materialisieren (Primas, 1981). Starke magnetische Felder, die an das Gehirn angeschlossen sind, bewirken nachweisbar quantenmechanische Korrelationen zwischen Substrukturen des Gehirns und den "Spins" äußerer Teilchen. Nach der oben erwähnten Theorie könnte dies beobachtbare Effekte bewirken. Die äußerste Möglichkeit - bisher nicht falsifiziert - wäre das Auftreten von größeren makroskopischen Veränderungen in der Struktur der Welt, wenn ein Subjekt die Kontrolle über den Knopf für eine nuklear-magnetische Resonanzmaschine erhält. Ist es vorstellbar, daß quantenmechanische Veränderungen, die an das Gehirn angeschlossen werden, als eine Art relativistischer Flugsimulator verwendet werden können?

According to the theory mentioned, this might generate observable effects. The extremal possibility - presently nonfalsified - would be the occurance of major macroscopic changes in the structure of the world, when a subject is handed over the control of the knobs on a nuclear-magnetic-resonance machine. Is it conceivable that quantummechanical changes induced in the brain can be used as a kind of relativistic flight simulator?

## Gordon Pask

Vor mehr als 30 Jahren spielten Heinz von Förster und andere, einschließlich mir beim B.C.L. mit der Idee der Selbst-Organisation. In meinem eigenen Labor, bei System Research und in Brunel, belebten diese Ideen von anpassungsfähigen Mensch-Maschinensystemen, unsere Hauptbeschäftigung neben der eines weit von konventionellem Rechnen, in Richtung einer Konversationstheorie und eine Protologik bzw. -sprache (Lp) zur dynamischen Darstellung von geteilten Begriffen und vom Prozess der Wissenserslangung. Etwas später wurde klar, daß gewisse stillschweigende Annahmen, z.B., daß Konversationen im freien Sinne ein „Beginn" und ein „Ende" zugeschrieben werden kann, den gesellschaftlichen und kulturellen Interaktionen, mit denen sich Gerard de Zeeuw und ich, und noch mehr unsere Gruppe an der OOC/CICT Universitiät Amsterdam, beschäftigen, in der Praxis allerdings nicht. Bestimmt habe ich diese Ungenauigkeit der Konversationstheorie und Lp in Montreal und bei Concordia und Old Virginia, und mit Larry Richards in Norfolk gespürt. Aber die Gruppe, welcher ich zur Zeit angehöre, mit ihrer großen sozialen und politischen Verantwortung, führte zu dem Auftrag eines Paradigmen-Wechsels. Im Prinzip ist das schon erreicht, wenigstens teilweise erreicht worden, da keine theoretische Struktur, die einen Blick Wert wäre, ausstirbt, eher entwickelt sich eine solche endlos. Es war daher keine große Überraschung, als Gerard, der ein viel besserer Mathematiker als ich ist, und außerdem unsere Gruppe führt, eine Erweiterung der bestehenden theoretischen Strukturen verlangte, nicht nur aufgrund

**Gordon Pask**

Some 30 or more years ago Heinz von Foerster and those at the B. C. L, toyed with the idea of self-organisation, myself included. At my own laboratory, System Research and at Brunel, these notions enlivened the adaptive human-machine systems, our main preoccupation other than far-from-conventional computation, into conversation theory and a protologic or protolanguage, Lp, for the dynamic representation of shared concepts and the process of coming to know. Somewhat later, it became evident that ceratin tacit assumptions, for example that conversations may, in a very liberal sense, be assigned a "start" and a "finish", the societal and cultural interactions with which Gerard de Zeeuw and myself, even more so our group, the OOC/CICT/ Universitiet Amsterdam, deal, in practice may not. For sure, I had sensed this inadequacy of Conversation Theory and Lp in Montreal, at Concordia and at Old Virginia, with Larry Richards in Norfolk. But the group to which I belong at the moment, with its prolific social and political responsibilities, led to the mandate that a paradigm shift was needed. In principle, this has been acheived, at very least partially acheived, since no theoretical structure worthy of a glance is moribund, rather it continues to evolve, endlessly.
So it was no great surprise when Gerard, who is much better as a mathematician than I am and leads our group, politely demanded an extension of the existing theoretical structures, not only on grounds such as lack of a "start" and "finish", as commonplace, but many other grounds, also. It was gratifying to discover that the establishment of a novel paradigm was in many ways an elaboration of the older ideas, even though it did entail some kind of Kuhnian paradigm shift, hence, a great deal of novelty, as well.

It was surprising, however, although very gratifying, to discover that the required changes of stance tended to bring the principles of theoretical physics, particle and cosmological, both, into correspondence with previously non-existent or merely-neglected theories of social, educational, political and cultural science. Here, it proved of particular value to recognise that cultures (given an architecture of knowledge, or coming to know) are commensual with the concrete architectures (which they create and inhabit, so becoming civilisations), and that art necessarily coexists with science and philosophy, for they are complementary to each other.

Obviously, we do not mean that the theories in question deal with the same data, not even the same kind of data, encountered in the physical and chemical and biological domains. Neither that, nor that the proper truth functionals are the same, except, perhaps, locally in special universes of interpretation. Our theories, dubbed Interaction of Actors, or I. A., theories are participant, dynamic and dwell upon coherence, for sure, but also distinction. Above all, perhaps, they show that unity is not uniformity. Rather, it is the emergence of coherence and of distinction from a far-from-linear dynamic, engaging the observer as a responsible participant.

eines Mangels von „Start und Beginn" als Gemeinplatz, sondern auch aus vielen anderen Gründen. Es war sehr erfreulich zu entdecken, daß die Erstellung eines neuen Paradigmas in vielen Hinsichten eine Erweiterung älterer Ideen war, obwohl sie doch eine Art Kuhnianischen Paradigmen-Wechsel, und somit auch einen großen Teil von Neuheit, beinhaltet.

Es war eine Überraschung, jedoch eine sehr erfreuliche, zu entdecken, daß die erforderlichen Änderungen der Position dazu neigten, die Prinzipien der theoretischen Physik, im Teilchen- und kosmologischen Bereich, mit vorher nicht-existenten bzw. bloß vernachlässigten Theorien der sozialen, bildungs-, politischen und kulturellen Wissenschaften in Übereinstimmung zu bringen. Es hat sich als besonders wertvoll erwiesen, erkannt zu haben, daß Kulturen (eine Architektur des Wissens oder der Wissenserlangung vorausgesetzt) kommensal mit den konkreten Architekturen sind, (die sie schaffen und bewohnen, und somit Zivilisationen werden), und daß die Kunst notwendigerweise mit der Wissenschaft und der Philosophie koexistiert, da sie sich ergänzen.

Natürlich meinen wir nicht, daß die in Frage kommenden Theorien mit den selben Daten, denen man in den physischen und biologischen Domänen begegnet, nicht einmal mit der gleichen Art von Daten, zu tun haben. Weder das, noch daß die passenden Wahrheitsfunktionen gleich sind, außer vielleicht lokal in speziellen Universen der Interpretation. Unsere Theorien, „Interaktion von Akteuren" genannt, oder I.A., sind teilnehmend, dynamisch und gehen sicherlich auf Zusammenhänge ein, aber auch auf Unterscheidung. Vor allem zeigen sie vielleicht, daß Einheit nicht Einheitlichkeit ist. Eher ist es das Hervortreten von Zusammenhang und von Unterscheidung von einer weit von Linearität entfernten Dynamik, die den Beobachter als verantwortlichen Teilnehmer einsetzt.

## The Pythagoras-Church-Thesis

### Robert Rosen

What is today known as Church's Thesis ("effective" = computable) was already invoked by the Pythagorean school, dating back at least to the fifth century BC, in the tacit form geometry = arithmetic. This asserted the primacy of number and counting over geometry and spatial exten-

## Die Pythagoras-Church Theorie

### Robert Rosen

Was heute als die Church These („effektiv" = berechenbar) bekannt ist, wurde schon von der Pythagoräischen Schule, die zumindest bis zum fünften Jahrhundert v.C. zurückgeht, in der stillschweigenden Form Geometrie = Arithmetik beschworen. Dies setzte den Vorrang der Zahl und des Zählens über die Geometrie und räumliche Ausdehnung fest. Für Pythagoras bedeutete „Zahl" „rationale Zahl" und das erklärte etwas (Kommensurabilität) über räumlich ausgedehnte Längen und wie sie gemessen und/oder konstruiert werden. Ironischerweise zeigte das Pythagoräische Theorem, daß diese Annahme falsch ist; völlig effektive Prozesse in zwei Dimensionen hatten kein eindimensionales arithmetisches Gegenstück. Die Antwort war, die Arithmetik in unendliche Bereiche auszuweiten, um die These zu erhalten. Das wiederum führte zu Pradoxen, die Zeno als erster erkannte. Um diesen entgegenzuwirken, mußten noch mehr Erweiterungen der Arithmetik vorgenommen werden, was in der Tatsache resultierte, daß unter anderem die meisten Unterkategorien der Linie, so stellt sich heraus, überhaupt keine objektive „Länge" haben (unmeßbar sind). Wir werden diese Geschichte und einige ihrer beachtlichen wissenschaftlichen und konzeptuellen Auswirkungen betrachten.

sion. For the Pythagoreans, "number" meant "rational number", and this asserted something (commensurability) about spatially extended lengths and how they are measured and/or constructed. Ironically, the Pythagorean Theorem showed this presumption to be false; perfectly effective processes in two dimensions had no one-dimensional arithmetic counterpart. The response was to try to extend arithmetic into infinite realms in order to preserve the Thesis. This in turn led to paradoxes, which Zeno was the first to notice. To counter these, still further extensions of arithmetic had to be made, resulting among other things in the fact that most subsets of the line then turn out to have no objective "length" at all (nonmeasurable). We will examine this history, and some of their considerable scientific and conceptual implications.

## Die Physik der automatonen Universen

### Karl Svozil

Ein durch Rechnen geschaffenes Universum kann „von innen" wahrgenommen werden, d.h. mit Methoden und Verfahren, die im Universum verfügbar sind. Die definierenden Eigenschaften der intrinsischen Wahrnehmung oder der Endophysik werden untersucht. In Übereinstimmung mit der Quantentheorie kann die Struktur der „experimentellen" Logik eines rechnerischen Universums durch die Gitterwerktheorie untersucht werden. Spielzeuguniversen werden konstruiert, die Ähnlichkeiten zu quantisierten Systemen zeigen, insbesondere im Hinblick auf die Einstein-Bohr Debatte über das „Wesen der physikalischen Wirklichkeit". Schließlich werden klassische mathematische Paradoxe in den endophysikalischen Kontext übersetzt. Der Begriff des intrinsischen Indeterminismus subsumiert Unentschlossenheit und es ergibt sich die Unvollständigkeit.

## The "Physics" of Automaton Universes

### Karl Svozil

A universe created by computation can be perceived "from within", i.e., with methods and procedures available in that universe. The defining features of intrinsic perception or endophysics are reviewed. In analogy to quantum theory, the structure of the "experimental" logic of a computational universe can be investigated by lattice theory. Toy universes are constructed which show similarities to quantized systems, in particular in view of the Einstein-Bohr debate on the "nature of physical reality." Finally, classical metamathematical paradoxa are translated into the endophysical context. The concept of intrinsic indeterminism subsumes undecidabilty and incompleteness results.

## Chaotic Hermeneutics
for Understanding the Brain

Ichiro Tsuda

The brain theory is constituted to describe how an observer works. We have to deal with the system where the observer is involved. The brain theory is thus a theory for an observer, who tries to understand the meaning and the information structure of the environment, refered to his internal state. Here, the environment cannot be decoupled with the observer. This process for understanding is inevitably interpretative. The classical Hermeneutics may serve a methodology for understanding such a system. We recognize the necessity of chaotic dynamical systems as serving a mechanism for reorganization of the system.

A chaotic dynamical system is a typical conceptual example of a system in which an intrinsic observer is present. If we define the Markov partition, the Markov partition provides an intrinsic precision, according to which the external observer has to tune in his observation precision in order to obtain the correct description of the system. This always succeeds for chaos with uniform Markov partition, whereas for chaos with nonuniform Markov partition the tuning is impossible, since determination of intrinsic precision is an undecidable problem. Actually, when the observer tries to calculate the chaotic orbit with some fixed precision, the chaotic orbit disappears. Thus, the Markov partition is an intrinsic observer in chaotic dynamical systems.

Taking into account the observations of chaos in various kinds of animals, one may discuss the possibility that chaos works functionally in the human brain. The notion of observation with chaos can be applied to the interpretation process of brain. With some intensive theories we will develop an extensive theory for chaotic Hermeneutics in brain.

## Die Chaotische Hermeneutik zum Verstehen des Gehirns

Ichiro Tsuda

Die Gehirn-Theorie wird eingesetzt, um zu beschreiben, wie ein Beobachter funktioniert. Wir müssen uns mit einem System auseinandersetzen, wo der Beobachter involviert ist. Die Gehirn-Theorie ist daher eine Theorie für jenen Beobachter, der die Bedeutung und Informationsstruktur seiner Umwelt, die als sein interner Zustand bezeichnet wird, zu verstehen versucht. Hier kann die Umwelt nicht vom Beobachter getrennt werden. Dieser Prozeß des Verstehens ist unvermeidlich interpretationsreich. Die klassische Hermeneutik mag einer Methodologie zum Verstehen eines solchen Systems dienen. Wir erkennen die Notwendigkeit chaotischer und dynamischer Systeme, die dem Mechanismus einer Reorganisation des Systems dienen. Ein chaotisches dynamisches System ist ein typisches Begriffsbeispiel eines Systems, in dem ein intrinsischer Beobachter vorhanden ist. Wenn wir die Markovsche-Abtrennung definieren, verschafft diese eine intrinsische Genauigkeit, nach der der externe Beobachter die Genauigkeit seiner Beobachtung abstimmen muß, damit er eine korrekte Beschreibung des Systems bekommt. Es gelingt immer für das Chaos mit einer einheitlichen Markovschen Abtrennung, während die Einstellung für das Chaos mit einer nicht einheitlichen Markovschen Abtrennung unmöglich ist, da die Bestimmung von intrinsischer Genauigkeit ein unentscheidbares Problem ist. Wenn der Beobachter tatsächlich versucht, die chaotische Umlaufbahn mit irgendeiner fixierten Genauigkeit zu kalkulieren, verschwindet die chaotische Umlaufbahn. Daher ist die Markovsche Abtrennung ein intrinsischer Beobachter in chaotischen dynamischen Systemen. Die Beobachtungen des Chaos in verschiedenen Tierarten in Betracht ziehend, mag man über die Möglichkeit darüber diskutieren, daß die Chaotik im menschlichen Gehirn funktional arbeitet. Die Idee von Beobachtungen mit Chaos findet Anwendung auf das Interpretationsverfahren des Gehirns. Mit einigen intensiven Theorien werden wir eine ausführliche Theorie für chaotische Hermeneutik im Gehirn entwickeln.

# Beiträge zur Nanotechnologie

Contributions to Nanotechnology

## Kritik der Nanotechnologie: Eine Erörterung

Critique of Nanotechnology: A Debate

*Die Nanotechnologie ist eine neue technische Fertigkeit, die große Macht durch die Manipulation von Materie auf Atomebene verspricht. Bis dato hat die Debatte über ihre Konsequenzen (Lösung oder Problem?) ihre Unvermeidlichkeit angenommen. Kritiker der vorgeschlagenen Wissenschaft - kann es tatsächlich durchgeführt werden ? - waren in der öffentlichen Diskussion nicht existent. Die folgende Kritik der Nanotechnologie spricht nicht alle Fragen an, die diese Technologie aufwirft, aber was für eine Erleichterung bedeutet es, jegliche technische Kritik zu haben. Simson Garfinkel, ein Reporter für den Christian Science Monitor, beginnt seine Abhandlung mit der Kritik an den zugrundeliegenden technischen Details, auf denen diese neue Kraft basiert. Eric Drexler, Gastwissenschafter an der Stanford University und ein Schlüsselvisionär der Nanotechnologie bringt seinen Widerspruch vor.*

Kevin Kelly (Whole Earth Review)

*Nanotechnology is a new engineering skill which promises great power by manipulating matter at the atom level. To date, the debate over its consequences (solution or problem?) have assumed its inevitability. Critiques of the proposed science – can it actually be done? – have been nonexistent in the public discourse. The following critique of nanotechnology doesn't address all the questions this technology brings up, but what a relief to have any technical challenge. Simson Garfinkle, a reporter for the Christian Science Monitor, starts off this four-part debate by challenging the underlying technical details this new power is based on. Eric Drexler, Visiting Scholar at Stanford University and a key visionary of nanotechnology, offers his rebuttal.*

Kevin Kelly (Whole Earth Review)

## Die Chemie sagt, daß es nicht geschehen kann

### Simson Garfinkel

Das Wort „Nanotechnologie" bedeutet sehr viele verschiedene Dinge für verschiedene Leute. Während die meisten übereinstimmen würden, daß Nanotechnologie Technologie ist, die auf dem Maßstab von Nanometern ausgeführt wird - wobei ein Nanometer ungefähr die Größe von vier nebeneinander liegenden Zinkatomen ist - ist dies aber auch der Punkt, wo die Übereinstimmung meist schon endet. Für Howard Craighead, Direktor der nationalen Nanoherstellungseinrichtung an der Cornell University, ist Nanotechnologie eine Wissenschaft, die Chipherstellungstechniken der mikroelektronischen Revolution verwendet, um Geräte von immer kleineren Dimensionen herzustellen. Für Rick L. Danheiser, einen Professor der

## Chemistry says it can't happen

### Simson Garfinkel

The word "nanotechnology" means very different things to different people. While most would agree that Nanotechnology is technology performed on the scale of nanometers – one nanometer being about the size of four zinc atoms laid side-by-side – that is where the agreement often ends.

To Howard Craighead, director of the National Nanofabrication Facility at Cornell University, Nanotechnology is a science that uses the chip-making techniques of the microelectronics revolution to produce devices of increasingly smaller dimensions.

To Rick L. Danheiser, a professor of chemistry at the Massachusetts Institute of Technology, Nanotechnology is a word that describes synthetic organic chemistry – a science which seeks to place atoms in precise and complex arrangements in order to accomplish exacting goals.

To K. Eric Drexler, an author and visiting scholar in the Computer Science department at Stanford University, Nanotechnology describes a technology of the future – a technology based upon self-replicating microscopic robots controlled by tiny mechanical computers, capable of manipulating matter atom by atom.

Who is right? Everybody and nobody, really, because "nanotechnology" isn't a scientific term. Nanotechnology is a mind set, an ideology, a way of solving big problems by thinking small – thinking very small.

...

The basic tool of the Nanotechnologist is the "assembler", according to *Engines of Creation*, the book by K. Eric Drexler that reads like the Nanotechnologist Manifesto. No larger than a few hundred atoms across, assemblers would be constructed from gears that use single atoms for teeth and turn on frictionless pivots made from single chemical bonds. These nanomachines would come equipped with a computer and a robotic arm, and have the remarkable ability to construct ("assemble") materials or molecule-sized devices a single atom at a time. Assemblers would reproduce by building exact copies of themselves – thus it would only be necessary to build a single assembler, and this first assembler would build the rest.

Although it would be slow for a single assembler to construct anything larger than a fly speck, billions of assemblers working together could do almost anything. You could set a fleet of them about the task of covering your car's paint job with a micron-thin coating of diamond, constructed an atom at a time by assemblers using carbon from carbon dioxide plucked from the surrounding air: forget about rust and car washes. Assemblers could restore the ecological balance of the planet by making more ozone in the upper atmosphere. They could clean up oil spills by eating up the oil, or alternatively they could make oil form air and seawater. In wartime, assemblers would be the ultimate weapon, programmed to be "omnivores" and rip apart attacking armies atom by atom.

There is certainly evidence that such manipulations at the atomic level are possible. Every cell of every living thing is constantly manufacturing, using and destroying tremendous numbers of relatively simple nanomachines called proteins. Some of them are structural, some of them perform chemical reactions, and some of them transmit messages. But proteins are almost always single-purpose devices which require nearly all of the machinery of the cell to produce and regulate them. No protein does all of the things that an assembler would supposedly be able to do.

One of the most intriguing of the proposed nanomachines is the nanosub, a device a little

Chemie am Massachusetts Institute of Technology, ist Nanotechnologie ein Wort, das synthetische organische Chemie beschreibt - eine Wissenschaft, die versucht, Atome in präzisen und komplexen Anordnungen zu platzieren, um genaue Ziele zu erreichen.

Für K. Eric Drexler, Autor und Gastwissenschafter am Institut für Informatik der Stanford University, beschreibt Nanotechnologie eine Technologie der Zukunft - eine Technologie, die auf selbstreproduzierenden mikroskopischen Robotern basiert, die von winzigen mechanischen Computern gesteuert werden, die fähig sind, Materie Atom für Atom zu manipulieren. Wer hat recht? Eigentlich jeder und keiner, da „Nanotechnologie" kein wissenschaftlicher Begriff ist. Nanotechnologie ist ein Geisteshaltung, eine Ideologie, eine Möglichkeit große Probleme zu lösen, indem man klein denkt - sehr klein denkt.

Laut K. Eric Drexlers Buch *Engines of Creation*, ein Buch, das sich wie das nanotechnologische Manisfest liest, ist das grundlegende Werkzeug des Nanotechnologen der „Assembler". Assembler, die nicht größer als ein paar hundert Atome im Durchmesser wären, würden aus Zahnrädern konstruiert, die einzelne Atome als Zähne verwenden und sich auf reibungslosen, aus einzelnen chemischen Verbindungen gemachten Drehpunkten drehen würden. Diese Nanomaschinen würden mit einem Computer und einem Roboterarm ausgerüstet sein, und die bemerkenswerte Fähigkeit haben, Materialien oder molekülgroße Geräte Atom für Atom zu konstruieren („assemblieren"). Assemblers würden sich reproduzieren, indem sie exakte Kopien von sich selbst bauen würden - daher wäre es nur notwendig, einen einzigen Assembler zu bauen und dieser erste Assembler würde die restlichen bauen.

Obwohl ein einziger Assembler sehr lange bräuchte, um etwas zu konstruieren, das größer als ein Fliegendreck ist, könnten Milliarden von zusammenarbeitenden Assemblern fast alles machen. Sie könnten eine Flotte von ihnen sehen, wie sie gerade die Lackierung Ihres Autos mit einem mikronendünnen Überzug aus Diamant bedecken, den sie Atom für Atom herstellen, indem sie Kohlenstoff vom Kohlendioxyd aus der umgebenden Luft entziehen. Assembler könnten das ökologische Gleichgewicht des Planeten wiederherstellen, indem sie in der oberen Atmosphäre mehr Ozon herstellen würden. Sie könnten Ölteppiche entfernen, indem sie das Öl fräßen, oder sie könnten andererseits Öl aus Luft und Meerwasser herstellen. Im Krieg wären Assembler die endgültigen Waffen, programmiert „Allesfresser" zu sein und die angreifenden Armeen Atom für Atom zu zerreißen.

Dies ist sicherlich ein Beweis, daß solche Manipulationen auf Atomebene möglich sind. Jede Zelle jedes lebenden Dinges produziert ständig, indem sie riesige Mengen von relativ einfachen Nanomaschinen, Proteine genannt, verwendet und zerstört. Einige von ihnen sind strukturell, einige von ihnen führen chemische Reaktionen durch, einige von ihnen senden Botschaften. Aber Proteine sind fast immer Einzelzweck-Geräte, die fast die gesamte Maschinerie der Zelle benötigen, um sie zu produzieren und zu regulieren. Kein Protein macht all das, was ein Assembler wahrscheinlich machen könnte.

Eine der verlockendsten der vorgeschlagenen Nanomaschinen ist das Nanounterseeboot (Nanosub), ein Gerät, ein wenig kleiner als ein rotes Blutkörperchen, welches auf der Suche nach Plaque oder Fettablagerungen durch das Kreislaufsystem einer Person schwimmen könnte. Wann immer das Unterseeboot auf etwas stieße, das nicht hingehört, würde es ein Set kräftige Bohrer einschalten und die störende Blockade zerfetzen. Mit ein paar Roboterarmen könnte das Unterseeboot sogar Beschädigungen reparieren.

Der Kult der Nanotechnologie schildert eine Zukunft, in der die Technologie unvorstellbar mächtiger ist als heute. Als ein viel größerer Einfluß als jegliche Technologie davor, so argumentiert man, täten wir gut daran, über das Potential dieser Technologie nachzudenken, bevor die Revolution geschieht: das ist es, was man tut. Das Problem mit den Ideen dieser Leute ist, daß sie sich das Arbeiten mit Atomen so vorstellen, wie ein Modellbauer mit Holzstäbchen und Styroporbällen arbeiten würde - hier eine Verbindung zu lösen, ein Atom auf die andere Seite zu bewegen, und eine neue Verbindung herzustellen. Dieses Konzept liegt allen Zeichnungen der Nanotechnologen von Zahnrädern, Motoren und Nanocomputerteilen, wie auch gerade der Idee des Roboterarms des Assemblers und des Bohrers am Nanounterseeboot zugrunde. Aber Atome funktionieren nicht so.

"[Drexler] behandelt diese molkularen Systeme als mechanische Systeme," sagt Robert J. Silby, Professor der Chemie am MIT. „Er stößt sie an und sie bewegen sich." Das Problem ist, erklärt Dr. Silby, „Moleküle sind nicht fest - sie vibrieren, sie haben sich krümmende Bewegungen."

Sogar gegenseitig verbundene, ineinandergreifende Netzwerke von Kohlenstoffatomen zeigen diese Charakeristika,

smaller than a red blood cell which could swim through a person's circulatory system in search of plaque or fatty deposits. Whenever the sub bumped into something that doesn't belong, it would switch on a powerful set of drills and shred the offending blockage. With a few robot arms, the sub could even repair damage. Sort of a nano-Fantastic Voyage, the concept of this sub has appeared in prestigious newspapers like The New York Times and The Wall Street Journal, as well as magazines such as Scientific American. The sub represents the best of what Nanotechnology has to offer: the ability to make our lives better.

The Cult of Nanotechnology paints a future in which technology has grown unimaginably more powerful than it is today. As a much bigger lever than any technology before it, they argue, it would do us well to think about the potential of the technology before the revolution happens: this is what they are doing. The problem with these people's ideas is that they envision working with atoms the same way a modelmaker might work with wooden sticks and styrofoam balls – breaking a bond here, moving an atom to the other side, and forming a new bond. It is that conceptual model which is at the heart of all the Nanotechnologists' drawings of gears, motors and nanocomputer parts, as well as the very idea of the assembler's robot arm and the nanosub's drill. But atoms don't work that way.

"(Drexler) discusses these molecular systems as mechanical systems", says Robert J. Silby, a professor of chemistry at MIT. "He bangs them and they go." The problem is, Dr. Silby explains, "molecules are not rigid – they vibrate, they have bending motions."

Even cross-linked or interlocked networks of carbon atoms exhibit these characteristics, Silby explains. "Therefore these will not act, mechanically, in the way he has written down. There is more to it than he has said."

Take the example of the assembler's "robot arm." Such an arm could probably pick up a single atom, since lone atoms are very reactive and likely to stick to anything that they come into contact with. Getting the atom off the arm, on the other hand, would require a lot of energy – quite possible more energy than the nanomachine would have available.

The robot arm might have a little more luck working with groups of atoms, called molecular fragments. The energy required to work with molecular fragments is much lower than the energy needed to work with single atoms – this is the reason that proteins almost always work with molecular fragments. The only ways that a robot arm could hold a molecular fragment in place would be by making a chemical bond to it or by clamping the fragment in place with some sort of molecular cage.

...

Molecular cages do occur in nature, but they tend to be bulky and unwieldy. While there are some proteins which hold molecules in their active sites with flaps constructed from chains of amino acids, such active sites are always at the heart of the protein – not on flexible arms which can easily be maneuvered around. And, as with molecular bonds, the cages and the molecular fragments they hold always come in matched sets.

Presuming an "arm" could be constructed, it would need some sort of "eye" to locate molecular fragments that it would reach out and grab. What sort of sensors would the nanocomputer at the heart of the assembler use to locate the fragments in the first place? What would such a sensor be based on? Visible light has a wavelength fifty to a hundred times the size of a molecule. Light does not "bounce off" a molecule but more often goes straight through, only causing slight disturbances in the very outermost electrons of the molecule's atoms. Light that has atomic-sized wavelengths is known as X-rays. However, even if the nanomachines could not generate enough energy to emit an X-ray without breaking apart, there is no way that they could detect the reflected rays or collimate them into recognizable images.

...

The idea of a universal assembler is somehow a very comforting one: a programmable machine, capable of manipulating atoms and carrying out reactions the way that a blacksmith might repair a horseshoe with anvil and fire, is an easier image than proteins or inorganic catalysts carrying out complicated chemical reactions by transferring electrons from atom to atom. And indeed, in the beginning of his book, Drexler describes an assembler grasping "a large molecule (the work piece) while bringing a small molecule up against it in just the right place. Lika an enzyme, it will then bond the molecules together."

The idea of using a few well-crafted machines to make billions, and then using a billion machines to solve the world's problems is really an appealing one. It is especially appealing to a generation of computer scientists that has been raised on ideas such as recursion (a way of solving a problem with a function that refers to itself) and massive parallelism (an approach that uses thousands or millions of simple computers, all working together in unison to solve different chunks of complicated problems in seconds, instead of the days that a conventional computer might take.) Nanotechnology is the physical embodiment of these mathematical ideas.

...

erklärt Silby. „Daher werden diese sich mechanisch nicht so verhalten wie er es aufgeschrieben hat. Es ist wesentlich mehr dran, als er gesagt hat."

Nehmen wir das Beispiel des „Roboterarms" des Assemblers. So ein Arm könnte wahrscheinlich ein einziges Atom aufheben, da einzelne Atome sehr reaktionsfreudig sind und daher wahrscheinlich an allem haften bleiben womit sie in Kontakt kommen. Das Atom vom Arm wieder herunterzubekommen würde andererseits sehr viel Energie erfordern - höchstwahrscheinlich mehr Energie, als die Nanomaschine zur Verfügung hätte.

Der Roboterarm könnte etwas mehr Glück bei der Arbeit mit Atomgruppen , molekulare Fragmente genannt, haben. Die Energie, die benötigt wird mit molekularen Fragmenten zu arbeiten, ist viel niedriger, als die Energie, die man zur Arbeit mit einzelnen Atomen braucht - dies ist der Grund, warum Proteine fast immer mit molekularen Fragmenten arbeiten. Die einzigen Möglichkeiten wie der Roboterarm molekulare Fragmente festhalten könnte, wären entweder, die Herstellung einer chemischen Verbindung dafür, oder eine Art molekularer Käfig.

Angenommen, so ein „Arm" könnte konstruiert werden, so würde er eine Art „Auge" benötigen, um molekulare Fragmente ausfindig zu machen, nach denen er dann greifen könnte. Aber welche Art von Sensoren würde der Nanocomputer im Herzen des Assemblers überhaupt verwenden, um die Fragmente ausfindig zu machen? Worauf würde solch ein Sensor basieren? Das sichtbare Licht hat eine Wellenlänge, die fünfzig- bis hundertmal so groß ist wie ein Molekül. Licht „prallt" nicht von einem Molekül ab, sondern geht viel öfter gerade hindurch, und verursacht dabei nur leichte Störungen in den äußersten Elektronen des Molekülatoms.

Licht, das atomgroße Wellenlängen hat, ist als Röntgenstrahlen bekannt. Wie auch immer, selbst wenn Nanomaschinen genügend Energie erzeugen könnten, um einen Röntgenstrahl zu emitieren, ohne dabei auseinanderzubrechen, könnten sie unmöglich die reflektierten Strahlen wahrnehmen oder in erkennbare Bilder kollimieren.

Die Idee eines universellen Assemblers ist irgendwie eine sehr beruhigende: eine programmierbare Maschine, die fähig ist, Atome zu manipulieren und Reaktionen auszuführen, so wie ein Schmied ein Hufeisen mit Amboß und Feuer reparieren würde, ist ein einfacheres Bild, als Proteine oder anorganische Katalysatoren, die komplizierte chemische Reaktionen durchführen, indem sie Elektronen von Atom zu Atom übertragen. Und tatsächlich beschreibt Drexler am Beginn seines Buches, wie ein Assembler „ ein großes Molekül (das Werkstück) packt, während er ein kleines Molekül an genau die richtige Stelle danebensetzt. Wie ein Enzym wird er die Moleküle dann verbinden."

Die Idee, ein paar gut gebaute Maschinen zu verwenden, um Milliarden herzustellen und dann eine Milliarde Maschinen zu verwenden, um die Probleme der Welt zu lösen, ist sehr reizvoll. Sie ist besonders reizvoll für eine Generation von Informatikern, die mit Ideen wie Rekursion (einer Art, ein Problem mit einer Funktion zu lösen, die sich auf sich selbst bezieht) und massivem Parallelismus (einen Vorgang, der tausende oder Millionen einfacher Computer verwendet, die alle im Einklang zusammenarbeiten, um verschiedene Stücke komplizierter Probleme in Sekunden zu lösen, anstatt, wie ein konventioneller Computer, Tage dafür zu brauchen) aufgewachsen ist. Nanotechnologie ist die physikalische Verkörperung dieser mathematischen Ideen.

## Unter speziellen Bedingungen, kann die Chemie stabile Nanostrukturen bauen.

### K. Eric Drexler

Ich wurde gebeten auf die vorangehende Kritik zu antworten und ich habe das in einem Hypertextstil (um mich auf Simson Garfinkels Bemerkungen zu beziehen) gemacht.

1. *Was ist Nanotechnologie?*
Simson Garfinkel sagt, daß Howard Craighead Nanotechnologie als fortgeschrittene Mikrotechnologie definiert, während Rick L. Danheiser sie als synthetische organische Chemie definiert. Das zeigt, diese Gebiete haben bereits Namen. Soweit ich es beurteilen kann, war ich es, der den Begriff „Nanotechnologie" in den Allgemeingebrauch eingeführt hat, und wie Herrn Garfinkels Paragraph über meine Verwendung andeutet, gibt es keinen allgemein anerkannten anderen Namen für die Fähigkeiten, für deren Beschreibung „Nanotechnologie" allgemein verwendet wird. Wenn diese Technologie wichtig ist, muß sie diskutiert werden und braucht einen kurzen, unzweideutigen Namen. Es wäre daher aus diesem Grund zweckmäßig, bei der ursprünglichen Bedeutung von „Nanotechnologie" zu

**Under special conditions, chemistry can build stable nanostructures.**

**K. Eric Drexler**

I have been asked to reply to the preceding critique and have done so in a hypertext style (to refer to Simson Garfinkel's comments).

1. *What is nanotechnology?*
Simson Garfinkel says that Howard Craighead defines nanotechnology as advanced microtechnology, while Rick L. Danheiser defines it as synthetic organic chemistry. As this shows, these fields already have names. So far as I can tell, it was I who introduced the term "nanotechnology" into general use, and as Mr. Garfinkel's paragraph on my usage suggests, there is no commonly accepted alternative name for the capabilities that "nanotechnology" is generally taken to describe. If this technology is important, then it needs to be discussed and it needs a brief, unambiguous name. Sticking with the original meaning of "nanotechnology" would be useful for this reason. (There is no perfectly clear line between synthetic organic chemistry and nanotechnology, but neither is there a perfectly clear line between night and day; they are distinct, though one leads to the next.)

2. *Why are computer scientists prevalent among those interested in nanotechnology?*

Chemists and physicists are best placed to critique proposals in nanotechnology, but their orientation is that of scientists, not of engineers. The tend to focus on what can be studied today, not on what can be built tomorrow. Computer scientists (despite their name) are, in this sense, engineers. Further, they recognize the value of tiny, fast, controllable things, and they are habituated to technological revolution.

...

4. *Can gears turn on frictionless pivots made from single chemical bonds?*
All pivots (or bearings) have some sliding friction, or drag, though they can be made to have a negligible amount of static friction, or stickiness. Single chemical bonds are too weak and elastic to use as bearings for the gears mentioned here, but there are other, more adequate approaches based on sliding surfaces. Like many of the points that follow, this was discussed in my course at Stanford, "Nanotechnology and Exploratory Engineering."

5. *Will assemblers build devices a single atom at a time?*
In general, probably not, though I have sometimes used language that may suggest literal atom-by-atom construction. A more accurate statement would be something like "Assemblers will maneuver reactive chemical moeties to tenth-nanometer precision, effecting a series of elementary chemical reactions, each of which adds one or several atoms to a workpiece, giving precise control of the resulting molecular structure." And even this is a simplification, since a typical operation will often do something a bit more complex, such as adding three atoms while removing one. The shorter description gives a clear picture of the net effect.

6. *Will assemblers do all these things?*
Not directly. Assemblers will be general-purpose manufacturing machines, able to make almost anything so long as they are given the right raw materials, fuels, operating conditions, and instructions. They will be used to make many special-purpose machines, and the latter will do most of the work. To make a particular product in quantity, it will make no sense to use general-purpose assemblers; these will instead be used to build a special-purpose production line, like an engine fabrication line in Detroit. These production lines will then be used to turn out devices like Simson Garfinkel's hypothetical diamond-coating-appliers (perhaps formulated into a rub-on paste?), or the more desperately needed devices able to clean up the mess made by 20th-century industrial technology.
Weapons are among the potential products we need to worry about, but ripping attacking

bleiben. (Es gibt keine völlig klare Grenze zwischen synthetischer organischer Chemie und Nanotechnologie, aber es gibt auch zwischen Tag und Nacht keine völlig klare Grenze; sie sind ausgeprägt, obwohl eins zum anderen führt.)

2. *Warum sind Informatiker vorherrschend unter denen, die sich für Nanotechnologie interessieren?*
Chemiker und Physiker sind in der besten Position für Kritikvorschläge an der Nanotechnologie, aber ihre Orientierung ist die von Wissenschaftern, nicht von Ingenieuren. Sie tendieren dazu, sich auf das zu konzentrieren, was heute studiert, und nicht auf das, was morgen gebaut werden kann. Informatiker oder Computer-Wissenschafter sind, (trotz ihres Namens), in diesem Sinne Ingenieure. Weiters erkennen sie den Wert winziger, schneller, kontrollierbarer Dinge und sind an technologische Revolution gewöhnt.
...

4. *Können sich Zahnräder auf Lagern, die aus einzelnen chemischen Verbindungen hergestellt sind, reibungslos drehen?*
Alle Lager haben etwas Gleitreibung, oder *Widerstand*, obwohl sie dazu gebracht werden können, ein vernachläßigbares Ausmaß an statischer Reibung, oder *Klebrigkeit* zu besitzen. Einzelne chemische Verbindungen sind zu schwach und zu elastisch, um sie als Lager für die hier genannten Zahnräder zu verwenden, aber es gibt andere, angemessenere Zugänge, die auf gleitende Oberflächen basieren.

5. *Werden Assembler-Geräte Atom für Atom bauen?*
Im allgemeinen wahrscheinlich nicht, obwohl ich manchmal eine Sprache verwendet habe, die eine wörtliche Atom für Atom Konstruktion andeuten mag. Eine zutreffendere Aussage wäre etwas wie „Assembler werden reaktive chemischeElemente auf Zehntelnanometerpräzision manövrieren und damit eine Serie von elementaren chemischen Reaktionen bewirken, von denen jede ein oder mehrere Atome zum Werkstück hinzufügt, und so eine genaue Kontrolle der resultierenden molekularen Struktur ermöglicht." Und sogar das ist noch eine Vereinfachung, da ein typischer Arbeitsvorgang oft etwas ein bißchen komplexeres tun wird, wie zum Beispiel, drei Atome hinzuzufügen und gleichzeitig eines zu entfernen. Die kürzere

Beschreibung gibt ein klares Bild des gesamten Effekts.

## 6. Werden Assembler alle diese Dinge tun?

Nicht direkt. Assembler werden Allzweck Herstellungsmaschinen sein, die fähig sind, fast alles zu herzustellen, solange man ihnen die richtigen Rohmaterialien gibt, Treibstoffe, Arbeitsbedingungen und Instruktionen. Sie werden dazu verwendet werden, jegliche Maschinen für spezielle Zwecke herzustellen und letztere werden die meiste Arbeit machen. Um ein bestimmtes Produkt in Mengen herzustellen, wird es keinen Sinn haben, Allzweck-Assembler zu verwenden; diese werden statt dessen verwendet werden, um spezielle Produktionsreihen, wie Motorenfabrikation-Fließbänder in Detroit zu bauen. Diese Produktionsreihen werden dann dazu verwendet werden, um Geräte hervorzubringen wie Simson Garfinkels hypothetische Diamantbeschichtungs-Aufträger.

Waffen sind unter jenen potentialen Produkten, über die wir besorgt sein müssen, aber angreifende Armeen Atom für Atom zu zerreißen ist doch etwas zu grob und zu dramatisch; man argwöhnt, daß der militärische Verstand andere Anwendungsmöglichkeiten für eine Herstellungstechnologie finden wird, die durch die Herstellung präziser und hochentwickelter Geräte charakterisiert ist. Generell ist die Vorstellung, daß Assembler in der Zukunft alles machen ein bißchen wie die Vorstellung, daß Drehbänke und Fräsmaschine heute alles machen.

## 7. Was nimmt die Nanotechnologie über die Funktionsweise von Atomen und Molekülen an?

Getriebe, Motoren, mechanische Teile des Nanocomputers, und Simson Garfinkels vorgeschlagener Bohrer würden grundsätzlich mechanisch funktionieren, wie auch die Positionierungsarbeiten von Assembler-Armen (industriellen Roboterarmen ähnlich). Die tatsächlichen chemischen Transformationen, die von Assemblern bewirkt werden, haben jedoch wenig Ähnlichkeit mit bekannten mechanischen Arbeitsvorgängen.

...

## 8. Was ist mit Elastizität und Vibrationen?

Jedes physikalische Objekt ist eine Ansammlung von Atomen; Nanomaschinen werden einfach sehr kleine physikalische Objekte sein. Alles vibriert, alles krümmt sich, und Maschinen funktionieren trotzdem; die Unterschiede hier sind mehr quantitativ als qualitativ. Auf sehr kleinem

armies apart atom by atom is rather too crude and too dramatic; one suspects that the military mind will find other applications for a manufacturing technology characterized by the construction of precise and sophisticated devices. In general, having an image of assemblers doing everything in the future would be a bit like having an image of lathes and milling machines doing everything today.

## 7. What does nanotechnology assume about how atoms and molecules work?

Gears, motors, mechanical nanocomputer parts, and Simson Garfinkel's proposed drill would work in an extentially mechanical fashion, as would the positioning operations of assembler arms (resembling those of industrial robot arms). The actual chemical transformations effected by assemblers, however, have little resemblance to familiar mechanical operations.

...

## 8. What about elasticity and vibrations?

Every physical object is a collection of atoms; nanomachines will simply be very small physical objects. Everything vibrates, everything bends, and machines work regardless; the differences here are more quantitative than qualitative. On a very small scale, the vibrations associated with heat itself become of tremendous importance, and are a crucial issue in nanomachine design and operation. I mention this issue in *Engines of Creation*, and have done quantitative analyses of thermal vibrations in both logic systems for mechanical nanocomputers and in assembler arms.

...

## 9. What about problems with picking up and placing lone atoms?

See (5).

## 10. Need an arm bond with any arbitrary piece of an arbitrary molecule?

Assembler arms will wield a variety of tools, each with a standard "handle" fitting a standard "hand"; the tools themselves will be specialized. Further, only a limited range of tools would be needed to build a wide variety of products, since even a complex product can be built through a complex series of simple operations. All this is familiar from macroscopic manufacturing technology.

## 11. Will nanomachines use x-ray or electron-beam "radar" to spot molecules?

Surely not, for reasons well-stated here (I have not seen this proposed elsewhere). Further, freely moving molecules would elude grabbing even if they could be seen; assembler arms would simply be too slow. Industrial robots typically pick prepositioned, preoriented parts off something like a conveyor belt, rather than rummaging around in a bin – and this despite the greater ease of vision on a macroscopic scale. I expect that assemblers will work in a similar fashion.

12. *Will nanomachines rely on diffusion?*
There is a distinction to be drawn between relying on diffusion somewhere, and relying on it everywhere. Asemblers will enable precise construction of large, complex molecular systems because they (i. e., their positioning arms) will be able to direct chemical reactions with a specificity annd reliability that cannot be achieved when molecules are free to bump together in all possible positions and orientations. Thus, they avoid diffusion when moving molecules to the site of reaction.
...

13. *How complicated are assemblers?*
Assemblers and nanocumputers will be roughly as complex as industrial robots and micro-computers, because they will contain similar numbers of parts performing similar functions. All these devices, however, will be far less complex (and adaptable) than living organisms; they will have broader capabilities in some respects, but not in all.

14. *Can these anti-aromatic structures exist?*
For quantum-mechanical reasons, some molecules that can be drawn as rings with alternating double and single bonds are especially stable (like the sixmembered benzene ring) and others are especially unstable (like the four-membered cyclobutadiene ring). One of my nanomechanical designs contains a ring resembling the latter; it has the advantage of having a useful shape for the purpose. Is its "instability" a problem?
Chemists regard chemicals as unstable when (for example) they spontaneously dissociate, or rearrange, or react with themselves at a high rate, or when they readily react with a variety of other molecules. This final process is not intrinsic to the molecule, but results from the presence of other reactive molecules. In a different environment, the molecule will be stable. Chemists ordinarily work with molecules in solution, and in vast numbers; these molecules are free to encounter others of the same kind, so any reactions that occur will be unavoidable. This is a stronger kind of instability, typically dealt with by studying molecules under low-density, near-vacuum conditions, or in solid matrices of noble gases at temperatures near absolute zero.
Under the latter conditions, cyclobutadiene exists, but it begins reacting with itself on even slight warming (to 25 degrees Kelvin). In a nanomachine, of course, molecules do not wan-

Maßstab werden allein die Vibrationen, die man mit Hitze assoziiert, schon ungeheuer wichtig und sind ein entscheidendes Thema in der Planung und Arbeit von Nanomaschinen. Ich erwähne dieses Thema in *Engines of Creation*, und habe quantitative Analysen thermaler Vibrationen sowohl in logischen Systemen für mechanische Nanocomputer, als auch in Assembler- Armen gemacht.

*9. Was ist mit den Problemen beim Aufheben und Platzieren einzelner Atome?*
Siehe (5.)

*10. Muß ein Arm sich mit jedem beliebigen Stück jedes beliebigen Moleküls verbinden?*
Assembler-Arme werden eine Vielfalt von Werkzeugen handhaben, jedes davon mit einem „Standardgriff", der einer „Standardhand" passen wird; die Werkzeuge selbst werden spezialisiert sein. Weiters würde nur eine beschränkte Auswahl von Werkzeugen benötigt, um eine weite Vielfalt von Produkten zu bauen, da sogar ein komplexes Produkt mit einer komplexen Serie einfacher Arbeitsvorgänge gebaut werden kann. All das ist bekannt von der makroskopischen Herstellungstechnologie.

*11. Werden Nanomaschinen Röntgenstrahlen oder Elektronenstrahl-„Radar" verwenden, um Moleküle zu finden?*
Sicherlich nicht, aus Gründen, die hier genau angegeben sind (ich habe diesen Vorschlag sonst noch nirgends gesehen). Weiters würden frei bewegende Moleküle dem Zugriff ausweichen, sogar wenn man sie sehen könnte; Assembler-Arme wären einfach zu langsam. Industrielle Roboter können vorpositionierte, vororientierte Teile von etwas wie einem Fließband aufheben, eher als in einem großen Behälter herumzuwühlen - und das trotz größerer Leichtigkeit der Sicht auf einem makroskopischen Maßstab. Ich erwarte, daß Assembler in ähnlicher Weise arbeiten werden.

*12. Werden sich Nanomaschinen auf Diffusion verlassen?*
Man muß unterscheiden, ob man sich *irgendwo* auf Diffusion verläßt, oder *überall*. Assembler werden eine präzise Konstruktion von großen, komplexen molekularen Systemen ermöglichen, da sie (d.h. ihre Positionierungs-Arme) fähig sein werden, chemische Reaktionen mit einer Spezifiziertheit und Verläßlichkeit zu lenken, die nicht erreicht werden kann, wenn Moleküle frei, in allen möglichen Positionen

und Richtungen, aufeinanderstoßen können. Daher vermeiden sie Diffusion, wenn sie Moleküle an die Stelle der Reaktion bewegen.
...

### 13. Wie kompliziert sind Assembler?

Assembler und Nanocomputer werden ungefähr so komplex sein wie industrielle Roboter und Mikrocomputer, da sie eine ähnliche Anzahl von Teilen beinhalten und ähnliche Funktionen durchführen werden. Alle diese Geräte werden jedoch weitaus weniger komplex (und anpassungsfähig) sein, als lebende Organismen; sie werden in manchen Hinsichten breiter gestreute Fähigkeiten haben, aber nicht in allen.

### 14. Können diese anti-aromatischen Strukturen existieren?

Aus quanten-mechanischen Gründen, sind manche Moleküle, die als Ringe mit wechselnden Doppel- und Einzelverbindungen gezeichnet werden können, besonders stabil (wie der sechsgliedrige Benzolring) und andere sind besonders instabil (wie der viergliedrige Cyclobutadinring). Eines meiner nanomechanischen Designs beinhaltet einen Ring, der letzterem ähnelt; er hat den Vorteil, eine nützliche Form für diesen Zweck zu haben. Ist seine „Instabilität" ein Problem?

Chemiker betrachten Chemikalien als instabil, wenn sie sich (zum Beispiel) spontan zersetzen, oder ändern, oder in hohem Ausmaß mit sich selbst reagieren, oder wenn sie bereitwillig mit einer Vielzahl anderer Moleküle reagieren. Dieser letzte Prozeß ist nicht intrinsisch in einem Molekül, sondern resultiert aus der Präsenz anderer reaktiver Moleküle. In einer anderen Umgebung ist das Molekül stabil. Chemiker arbeiten normalerweise mit Molekülen in Lösung und in riesigen Mengen; diese Moleküle können frei mit anderen Molekülen derselben Art in Kontakt treten, daher sind jegliche Reaktionen, die auftreten, unvermeidbar. Dies ist eine stärkere Art der Instabilität, die man normalerweise so bekämpft, indem man Moleküle unter Bedingungen von geringer Dichte, nahe dem Vakuum, oder in festen Matritzen von Edelgasen bei Temperaturen nahe dem absoluten Nullpunkt studiert.

Unter letzteren Bedingungen existiert Cyclobutadin, aber es beginnt schon bei der geringsten Erwärmung (bis 25 Grad Kelvin) mit sich selbst zu reagieren. In einer Nanomaschine bewegen sich Moleküle natürlich nicht frei; sie treffen nur auf bestimmte andere Strukturen in bestimm-

der freely; they encounter only certain other structures in certain orientations. Under these conditions, the cyclobutadiene ring can indeed be stable (as it is at room temperature when surrounded by bulky, branched side-chains).
...

### 16. Should one talk about what has not been demonstrated?

James S. Nowick is correct that predictions are not publishable in many fields of science. However, nanotechnology is not a branch of science (as I have taken pains to point out in Engines of Creation); it is an engineering discipline based on established science. Engineering projects are often discussed and written about before they are undertaken. Indeed, in the 1930s members of the British Interplanetary Society performed feasibility studies which argued that one could fly to the moon with rockets. With care, feasibility studies can be done today in the field of nanotechnology. The required intellectual discipline includes strict avoidance of areas of scientific uncertainty (or pursuit of designs which are robust despite a given range of uncertainty); it is thus closer to engineering than it is to science. To scientists, engaged in learning new facts about nature, talk of future knowledge is speculative and often pointless. To engineers, engaged in building new devices, talk of future possibilities grounded in established science need not be speculative and is often essential.
...

### 17. Are we doing nanotechnology today?

The developments and goals cited here are relevant, and show how short-term objectives are leading toward steadily more sophisticated molecular devices. In my work I have focused on long-term developments, and have described devices that no one would consider trying to build today (because we lack the tools) and that no one is likely to build tomorrow (because we will then have better designs). Still, even the crude nanotechnology I am able to describe and defend would have capabilities far beyond what has been achieved today. We are speaking of the difference between a mousetrap on the floor and a gripper on an industrial robot arm backed up by a computer.

### In closing ...

I thank Simson Garfinkel for a stimulating critique of my work; it has provided an occasion to explain several points previously made only in teaching or in conference proceedings.

ten Richtungen. Unter diesen Bedingungen kann der Cyclobutadinring tatsächlich stabil sein (wie er bei Raumtemperatur stabil ist, wenn er von sperrigen, verzweigten Seitenketten umgeben ist).

...

16. *Sollte man darüber sprechen, was nicht vorgestellt worden ist?*

James S. Nowick hat recht, daß auf vielen Gebieten der Wissenschaft Voraussagen nicht publizierbar sind. Nanotechnologie jedoch ist kein Zweig der Wissenschaft (wie ich mich bemüht habe in *Engines of Creation* aufzuzeigen); sie ist ein Zweig der Technik, der auf der etablierten Wissenschaft basiert. Technische Projekte werden oft diskutiert und schriftlich behandelt, bevor sie durchgeführt werden. Tatsächlich haben schon in den dreißiger Jahren Mitglieder der British Interplanetary Society Durchführbarkeitsstudien gemacht, die behaupteten, daß man mit Raketen zum Mond fliegen könne. Mit Vorsicht können heute Durchführbarkeitsstudien auf dem Gebiet der Nanotechnologie gemacht werden. Die benötigte intellektuelle Disziplin schließt eine strikte Vermeidung von Gebieten von wissenschaftlicher Unsicherheit (oder die Verfolgung von Designs, die trotz einer vorgegebenen Reihe von Unsicherheiten stabil sind), ein; sie ist daher der Technik näher als der Wissenschaft. Für Wissenschafter, die damit beschäftigt sind, neue Fakten über die Natur zu erfahren, ist das Reden über zukünftiges Wissen spekulativ und oft sinnlos. Für Ingenieure, die damit beschäftigt sind, neue Geräte zu bauen, ist das Reden über zukünftige Möglichkeiten *basierend auf der etablierten Wissenschaft*, nicht notwendigerweiser spekulativ und oft notwendig.

...

17. *Betreiben wir heute Nanotechnologie?*

Die Entwicklungen und Ziele, die hier aufgeführt sind, sind relevant und zeigen, wie kurzfristige Ziele zu immer höher entwickelten molekularen Geräten führen. In meiner Arbeit habe ich mich auf langfristige Entwicklungen konzentriert und Geräte beschrieben, die heute niemand zu bauen versuchen würde, (weil uns die Werkzeuge fehlen) und die auch morgen wahrscheinlich niemand bauen wird, (da wir dann bessere Designs haben werden.) Dennoch hätte sogar die unausgereifte Nanotechnologie, die ich heute beschreiben und verteidigen kann, Fähigkeiten, die weit über das hinausgehen, was wir bis heute erreicht haben.

Wir sprechen über den Unterschied zwischen einer Mause-
falle auf dem Boden und einem Greifer auf einem industriellen Roboterarm, der von einem Computer unterstützt
wird.

*Abschließend ...*
danke ich Simson Garfinkel für eine stimulierende Kritik
meiner Arbeit; sie hat mir die Gelegenheit verschafft, einige
Feststellungen zu erklären, die bis jetzt nur im Unterricht
oder bei Konferenzberichten gemacht wurden.

(Die Texte von Garfinkel und Drexler sind der US Zeitschrift "Whole Earth
Review" - Ausgabe Sommer 1990 - entnommen.)

## Neue Raster Mikroskope, die atomare Landschaften durchqueren

### Jane E. Frommer

Die Landschaft breitet sich vor einem aus wie sanfte Hügel,
unterbrochen durch einzelne Gruben und Löcher, und
führt westwärts zu einer steilen Klippe. Sowie diese Szene
in vielen Fotojournalen über Sommerferien zu finden ist,
kommt sie auch in Laboratorien auf Bildern von Raster-
Mikroskopen vor. Die abgebildeten Hügel sind wirklich
atomare Stufen und Terrassen, während die Gruben zufäl-
lige atomare Öffnungen und die Klippe eine schrau-
benförmige Verdrehung ist. Was erlaubt uns, diesen Vergleich zwischen den großen und kleinen Maßstäben der
Natur zu ziehen? Zum Teil sind es die modernen Techniken
der graphischen Visualisierung von Daten, zum größeren
Teil jedoch ist es die atemberaubende Auflösung von
atomaren und molekularen Darstellungen, die diese Art
von Mikroskopen herstellen kann. Die Fähigkeit, mit
Rastertunnel- und Atomstärke-Mikroskopen (STM und AFM)
direkt an die Physik und Chemie von Oberflächen heranzu-
kommen, wirft neue Fragen auf, z.B. bis zu welchem
Ausmaß kann die abgebildete Oberfläche absichtlich ma-
nipuliert werden?

## New Scanning Microscopes that Traverse Atomic Landscapes

### Jane E. Frommer

The landscape spreads before you as rolling hills,
punctuated by occasional pits and holes, and
leads westerly to a precipitous cliff. Whereas this
scene resides in many a photojournal from
summer holidays, it is appearing also in laboratories in images from scanning microscopes.
The imaged hills are really atomic steps and
terraces, while the pits are random atomic
vacancies and the cliff is a screw dislocation.
What allows us to draw this analogy between the
large and small scales of nature? In part, it is the
modern techniques of graphics visualization of
data; in larger part, however, it is the stunning
resolution of atomic and molecular features that
this class of microscopes is able to produce. The
ability to directly access the physics and chemistry
of surfaces with the scanning tunneling and
atomic force microscopes (STM and AFM) raises
new questions, e. g., to what extent can the
imaged surface be willfully manipulated?

# Die Eigenwelt der Apparate-Welt

## Pioniere der elektronischen Kunst

### Woody und Steina Vasulka

Frank Gillette: "Wipe Circle" 1969. Foto: Howard Wise Gallery

Es war kein Zufall, als Peter Weibel letzten November Steina und mich anrief und fragte: Würdet ihr als Kuratoren für diese Veranstaltung fungieren? Peter hatte Gene Youngblood und uns hier in Santa Fe mindestens zweimal - 1986 und 1987 - einzig und allein zu dem Zweck getroffen, um sich mit uns in einer anhaltenden Diskussion über die bemerkenswerte Erfahrung des frühen Videos, welches unser Leben immer noch entscheidend prägt, klar zu werden. Peter, Gene, Steina und ich selbst haben alle den „Medienaktivismus" der 60er Jahr miterlebt, aus dem wir mit der Sicht derer, die „in der ersten Reihe saßen", hervorgingen.

Für mich war Video keine intellektuelle Bewegung. Die frühen Protagonisten, Nam June Paik und Frank Gillette, haben der Sache den Anschein einer gewissen Legitimität verliehen, aber keiner hat sich mit den formalen Belangen des Mediums befaßt. Mein Interesse lag in der Konfrontation der Filmsyntax mit dem neuen Videobild, ein Anliegen, welches von der Videobewegung überhaupt nicht vertreten wurde. Die Kritik der Medienkunst ist nie über das Stadium des Seichten und Skizzenhaften hinausgelangt.

Aber ich glaube doch, daß Peters Angebot, einer Ausstellung als Kurator zur Verfügung zu stehen, sinnvoll war: Steina hat ein gutes persönliches Videoarchiv und beide haben wir Standardgeräte und maßgefertigte persönliche Videogeräte gesammelt, die eine bestimmte Linie ästhetische Vokabulars (wie es sich in den frühen 70er Jahren sehr rasch entwickelte) markieren.

Als wir Mitte der 60er Jahre in New York ankamen, waren Steina und ich von zwei Erfahrungen beeindruckt: von der amerikanischen Dekadenzbewegung und vom ästhetischen Einsatz von Technologie. Wir begannen beides mit Hilfe von Video zu erforschen. Jackie Curtis führte uns durch die Halbwelt; mit George Brown und Eric Siegel arbeiteten wir Zeit und Energie organisierende Geräte durch. Es gab reiche Ressourcen für unsere Ausbildung, von LaMonte Youngs Drift Oscillators hin zum Automation House, von Loft zu Loft existierte ein Zustand kreativen Wahnsinns - eine Menge Materialien, neue systematische Denkansätze, das Versprechen einer techno-ästhetischen Utopie ...

Nach Peters Anruf wurde unsere Zeit sehr knapp. Mitte Jänner bestätigt Ars Electronica unseren Vertrag und wir stellten unser Team zusammen: MaLin Wilson (unabhängige Kuratorin und Schriftstellerin), David Dunn (Komponist und Schriftsteller) und David Muller (Techniker). Ich wußte, wir hatten funktionsfähige, nicht tote Geräte zu präsen-

Eric Siegel in seinem Studio in San Diego, CA, 1991

Nam June Paik, Magnet T.V., 1965

tieren und je früher die Zeitperiode, aus der die Instrumente stammen, desto besser. Wir mußten sie ausfindig machen, transportieren und viele von ihnen reparieren. Es ist Mitte April da ich dies schreibe und nur Gott weiß, wie dieses Abenteuer ausgehen wird.

Andererseits schienen viele, die jetzt mit der Sache befaßt sind, auf unseren Anruf nur gewartet zu haben. Ralph Hocking, der Begründer des Experimental Television Center in Binghamton, New York, ist jetzt in Ermangelung anderer, der einzige Großproduzent und Förderer maßgefertigter Viedeoinstrumente. Noch eindeutiger ist dies der Fall bei Ralph und Sherry Miller Hocking als einzige Sammler und Archivare von vielen dieser Geräte. Ralph hob den Telephonhörer ab, als hätten wir während der letzten Jahre ununterbrochen miteinander gesprochen.

Ralph Hockings Studio in Owego, NY, 1991

Al Phillips, dem Eric Siegel seinen einzigen Videosynthesizer anvertraute, haben wir noch nicht ausfindig gemacht. Im Gegensatz zu den elektronischen Audiogeräten, gibt es hier keinen vergleichbaren historischen oder intellektuellen Bericht, wonach Videogeräte zumindest als kulturelle Artefakte einzuordnen währen. Während Paiks erster Synthesizer sich immer noch im Keller des MIT befindet, wurde dem Mills College soeben die erste Buchla Box durch eine französische Institution abgekauft.

Es ist wirklich ein Vergnügen, ein Reststück aufzuheben, es abzustauben, ihm seinen Namen zurückzugeben, es zu restaurieren, es auf tausende Dollars zu versichern und es in einem österreichischen Kunstkatalog zu veröffentlichen.

## Pioneers of Electronic Arts

It was no accident when Peter Weibel called Steina and me last November with the question: Could you curate this show? Peter had met with Gene Youngblood and us here in Santa Fe at least twice – 1986 and 1987 – for the sole purpose of illuminating ourselves through ongoing discussion about the remarkable experience of early video which still seems to occupy our life so much. Peter, Gene, Steina and myself have all gone through the "Media Activism" of the sixties which left us with a "front row view."

For me, video has not been an intellectual movement. Early protagonists Nam June Paik and Frank Gillette have given it an illusion of certain legitimacy, but no one has dealt with the formal concerns of media. My own interest was in confronting the syntax of film with the new video image, a concern that has not been addressed at all by the video movement. The criticism of media art has never risen from the shallow and sketchy.

Yet, I think, Peter's offer to curate an exhibition made some sense, after all: Steina has a good personal video archive, and we have accumulated both general and custom/personal video instruments which map a certain line of aesthetic vocabularies (as they rather rapidly appeared in the early 1970's). We have also had a long standing interaction with their makers.

When we arrived in New York in the mid-1960's Steina and I were struck by two experiences: the American decadent movement and the aesthetic use of technology. We set out to explore both via video. Jackie Curtis took us through the demimonde; with George Brown and Eric Siegel we poked through instruments – organizing Time and Energy. There were vast resources for our education, from LaMonte Young's Drift Oscillators to Automation House, from loft to loft, there was a state of creative frenzy – a lot of materials, new systemic thinking, another promise of techno-aesthetic utopia ...

After Peter's call, our time got very short. It was mid-January when Ars Electronica confirmed and we assembled our team: MaLin Wilson (independent curator & writer), David Dunn (composer & writer), and David Muller (technician). I knew we needed to present not dead but live instruments – the earlier the instrument the better. We had to locate them, transport them and restore many. As I am writing this in mid-April, only God knows how this adventure will turn out.

On the other hand, many of those involved seemed to just be waiting for our call. Ralph Hocking, founder of the Experimental Television Center in Binghamton, New York, is now by default, the only large scale producer and facilitator of personalized, custom-built video instruments. By even greater default, Ralph and Sherry Miller Hocking are the only collectors and archivists of many of these instruments. Ralph picked up the phone as if we were having an uninterrupted conversation over the years.

We still haven't located Al Phillips to whom Eric Siegel entrusted his only video synthesizer. In a comparison to electronic audio instruments, there is no comparable historical or intellectual protocol to even consider the video instruments as cultural artifacts. While Paik's first synthesizer is still in the basement of MIT, the first Buchla box has just been purchased from Mills College by a French institution.

It is a real pleasure to lift up a piece of scrap, to dust it off, return its name, restore it, insure it for thousands of dollars and publish it in an Austrian art catalogue!

### The Myopsis

Video infringed on our private lives, crowding our loft on Fourteenth Street. We established the Kitchen in 1971 to resolve that. Overnight we became part of a large network ranging from Europe to Japan to Canada. Of course, the global character of the network did not help our own craft of making pictures electronically; that was helped by a very small tribe building circuits. This tribe is the subject of our exhibition. There was a legitimate underground technological community, with a life free enough to practice low budget experimentation and manufacturing. A new range of high frequency components appeared on the market at the same time that there was a dominant archetypical image commonly shared by the usage of hallucinogens. Finally, there was a generation of artists eager to practice the new witchcraft. And, indeed there was an audience ...

It is important to note that besides these experiments with video, there was widespread practice of mixed media including television as closed circuit installations. And, of course, electronic sound making was in its golden era. It is even more important to understand that all of these forms of media work were being conducted against a full blown cultural background: painting, sculpture, poetry, music and film, to mention only a few. As insiders, the perspective we offer may be grossly exaggerated; nevertheless, that's what you, the viewer, will be getting.

Within the video movement our choices for this exhibition will look a bit odd. We are not going to show or describe works outside of the consideration of audio/video as electronic signal – that blessed state when it becomes accessible for alternation by electronic instruments. We are avoiding the essential and important pictorial

Dan Sandin mit dem IP (Image Processor), Chicago, 1972

## Überblick

Video griff in unser privates Leben ein und führte dazu, daß unser Loft an der Fourteenth Street bald vollgestopft war. 1971 gründeten wir The Kitchen, um das zu beheben. Über Nacht wurden wir Teil eines großen Netzwerks, welches sich von Europa bis nach Japan und Kanada erstreckte. Der globale Charakter des Netzwerks nützte uns natürlich nicht in unserem Können, elektronische Bilder zu erzeugen; hier half uns eine sehr kleine Clique von Leuten, die Schaltkreise bauten. Diese Gruppe ist Gegenstand

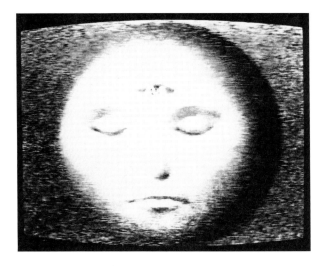

Ed Emshwiller, Sunstone, 1979

unserer Ausstellung. Es existierte eine regelrechte Technologiegemeinschaft im Untergrund, mit einer Lebenseinstellung, die Low-Budget-Experimente und -Produktionen möglich machte. Eine neue Generation von Hochfrequenzbauteilen erschien just zu der Zeit am Markt, da ein, durch die Einnahme von Drogen von allen geteiltes, vorwiegend archetypisches Bild existierte. Und schließlich gab es eine Generation von Künstlern, die darauf brannten, die neuen Hexenkünste praktisch umzusetzen. Und tatsächlich gab es da auch ein Publikum ...

Es ist wichtig zu erwähnen, daß es neben diesen Videoexperimenten eine weitverbreitete Mixed-Media-Praxis, die das Fernsehen als geschlossene Schalt-kreisinstallation

and conceptual influences arising from "art as style" during the time period, from social influences and, from gallery and art market influences. We also believe that the most important works of art in video have been systematically presented by other curators. On the other hand, what we found more essential, more mysterious and unexplainable as new comers from the "Old World" was the undefined spirit of American innovation and invention. To us it was all there was to do.

In the 1960's we used to distinguish between white collar and blue collar artists. Both of us came from socialist societies and would at "the tip of the hat" side with the working class. We thought the world was still material, even though we were handling metaphysical material – Time and Energy.

### The Technology

Besides the instruments, the essence of the exhibition is the images, both still and moving. In our private work we have advanced to the technological state of presenting our work on laserdisk. From the moment that we discovered a link between the laserdisk and the printed page through the barcode we knew it would suit the purpose of the exhibition magnificently. Despite the clumsy laserpen for reading the barcode and despite the time delay, we are convinced that this is a perfect marriage of method and subject.

### The Tapes

Steina has always been an avid collector of videotapes. Very early she was engaged in personal tape exchanges, a habit she still keeps. During the early days the urge to share unique discoveries drove people into almost compulsory communication videoletters, "how to's" and "look what I'm doing" were common, almost a genre. Many times we were the first on the receiving end, and today we are looking at an amazing assortment of tapes which forms the core of this exhibition.

There is an unprecedented affinity between electronic sound and image making. Each generation of artists seems to come up with a tempting proposition of uniting the acoustic and the visual and vice versa – hoping once and for all to solve the mystery of audio-visual aesthetics. The generation that is the subject of our exhibition has gotten somewhat closer: even if the mystery of composing images with sounds was never revealed, this time the material, i.e. the frequencies, voltages and instruments which organized the material were identical. The advent and use of the oscillator became the natural link. As in our case, many of our colleagues

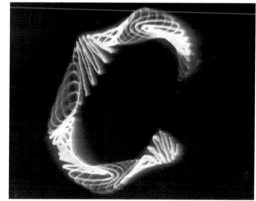
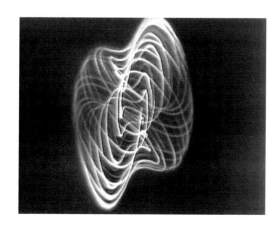

Bilder, die mit Bill Hearns VIDIUM hergestellt wurden, 1968-69, Berkeley,CA

einschloß, gab. Und natürlich war es die goldene Ära des elektronischen Sounds. Noch wichtiger ist es zu verstehen, daß alle diese Formen der Medienarbeit gegen einen blühenden kulturellen Background geführt wurden: Malerei, Bildhauerei, Literatur, Musik und Film, um nur einige zu erwähnen. Die von uns als Insidern offerierte Sicht ist möglicherweise dick aufgetragen; dennoch, - das ist es, was den Besucher erwartet.

Innerhalb der Videobewegung mag unsere Auswahl für diese Ausstellung etwas seltsam erscheinen. Wir zeigen oder beschreiben keine Werke außer solche, wo es um Audio/Video als elektronisches Signal geht, - also aus jenem gesegneten Stadium, da sich die Möglichkeit einer wechselseitigen Veränderung mittels elektronischer Geräte aufgetan hat. Wir lassen die essentiellen und wichtigen bildnerischen und konzeptuellen Einflüsse, die während dieses Zeitraums von der „Kunst als Lebensstil" ausgingen, außer acht, ebenso die sozialen Einflüsse und die Einflüsse des Galerien- und Kunstmarkts. Auch glauben wir, daß die wichtigsten Videokunstwerke systematisch bereits von anderen Kuratoren präsentiert wurden. Was uns dagegen, als Neuankömmlingen aus der „Alten Welt" wichtiger war, was uns geheimnisvoller und unerklärlicher erschien, war dieser undefinierbar amerikanische Innovations- und Erfindungsgeist. Uns ging es einfach darum.

In den 60er Jahren unterteilten wir die Künstler in Kopf- und Handarbeiter. Wir stammten beide aus sozialistischen Gesellschaften und fühlten uns der Arbeiterklasse verbunden. Wir betrachteten die Welt immer noch als etwas Materielles, obwohl wir mit metaphysischem Material - nämlich mit Zeit und Energie - zu tun hatten.

## Die Technologie

Das Wesentliche an der Ausstellung sind, abgesehen von den Geräten, die Bilder, sowohl Standbilder als auch bewegte Bilder. In unseren eigenen Arbeit sind wir bei einem technologischen Stadium angelangt, wo wir unsere Werke auf Laserdisk präsentieren. Seit dem Zeitpunkt, da wir eine über den Bar-Code vermittelte Verbindung zwischen Laserdisk und Druckseite erkannt hatten, wußten wir, daß dies für den Zweck der Ausstellung wunderbar geeignet sein würde. Trotz der plumpen Laserstifte zum Lesen der Bar-Codes und der auftretenden Zeitverzögerung, sind wir überzeugt, daß sich daraus eine perfekte Verbindung von Methode und Gegenstand ergibt.

and friends used audio oscillators of audio synthesizers to generate their first video images. The first video instruments were inspired by the architecture of audio instruments, and the first organization of images was negotiated in similar ways. With feedback, which all these instruments possess generically, the preliminary nomenclature of generated images was established. The continuity between instruments of sound and instruments of image making was basic to our conception of the exhibition in discussions with Peter Weibel. We also knew that there was a chance that the great weight of the cultural history of sound and music might tip the balance of the exhibition off center. So be it.
Woody Vasulka

Following are a list early "personal" electronic audio & video instruments used by artists and researched for this exhibition. Even though it is recent history, the whereabouts of a number of these machines is unknown, and we can only document their existence from ephemera – images on paper, in photographs, and on video tapes. This Ars Electronica exhibition at the Landesmuseum will include those machines that have been dusted off and restored to life. This list is not meant to be comprehensive, it is archeological. During our research we found leads to many other instruments that we hope can also be revived – before it is too late.

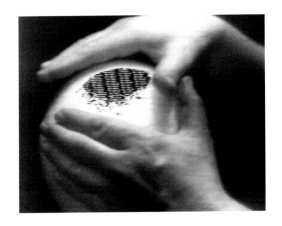 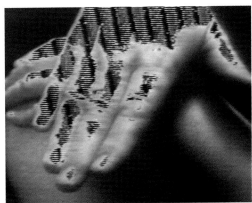

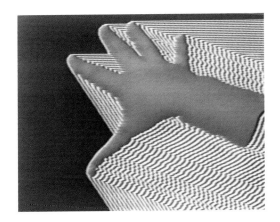 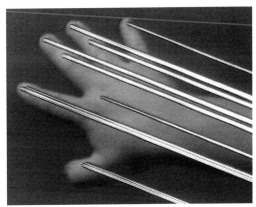

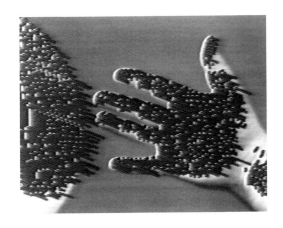 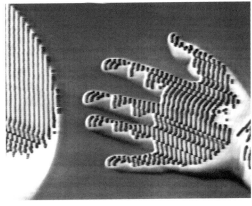

Woody & Steina Vasulka, "Vocabulary", 1973
Produziert mit: Eric Siegel DUAL COLORIZER, George Brown MULTIKEYER, RUTT/ETRA SCAN PROCESSOR

## Die Bänder

Steina war immer eine eifrige Sammlerin von Videobändern. Schon sehr bald bemühte sie sich um den Austausch persönlicher Videobänder, eine Angewohnheit, die sie beibehalten hat. Die Notwendigkeit, einzigartige Entdeckungen miteinander zu teilen, führte die Leute beinahe zwangsweise zur Kommunikation - Videobriefe waren üblich, die „Wie man ..." und die „Schau, was ich mache" beinahe ein Genre. Oft waren wir die ersten Empfänger und heute verfügen wir über ein erstaunliches Sortiment an Bändern, welches den Kern dieser Ausstellung bildet.
Es gibt eine noch nie dagewesene Affinität zwischen elektronischem Sound und der Erzeugung von Bildern. Jede Generation von Künstlern tritt an mit einer verführerischen Idee zur Vereinigung des Akkustischen und des Visuellen und vice versa - in der Hoffnung, damit das Geheimnis der audio-visuellen Ästhetik ein für alle Mal zu lösen. Die Generation, die im Mittelpunkt unserer Ausstellung steht, ist der Sache etwas näher gekommen: selbst wenn das Geheimnis der Bildkomposition mit Tönen noch nie enträtselt worden ist, so war nun doch das Material, d.h. die Frequenzen, Spannungen und Geräte, mit denen das Material organisiert wurde, identisch. In unserem Fall verwendeten beispielsweise viele unserer Kollegen und Freunde für die Herstellung ihrer ersten Videobilder Audiooszillatoren aus Audiosynthesizern. Die ersten Videogeräte waren von der Architektur der Audiogeräte beeinflußt und ähnliches gilt für die erste Organisation von Bildern. Mit der Rückkopplung, über die alle diese Geräte serienmäßig verfügen, war der vorläufige Fachbegriff für die erzeugten Bilder etabliert. In unseren Gesprächen mit Peter Weibel stellte sich die Kontinuität zwischen Soundgeräten und Geräten zur Erzeugung von Bildern als grundlegend für unsere Ausstellungskonzeption heraus. Auch waren wir uns dessen bewußt, daß das große Gewicht der Kulturgeschichte von Sound und Musik die Balance der Ausstellung gefährden könnte. Sei's darum.
Woody Vasulka


Nachstehend eine Liste von frühen „persönlichen", von Künstlern verwendeten, elektronischen Audio- und Videogeräten, die für diese Ausstellung zusammengestellt wurden. Obwohl es sich dabei um jüngstvergangene Geschichte handelt, sind die näheren Umstände bei einer

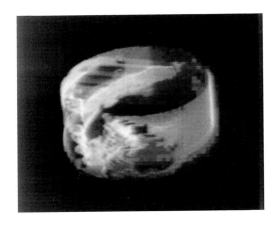
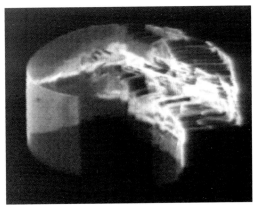

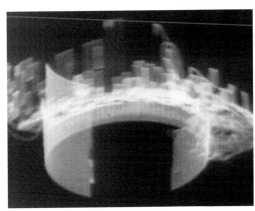
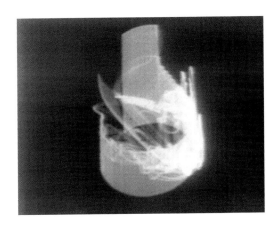
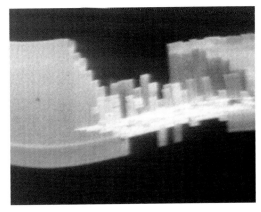

Experimente von Gary Hill mit Analog/Digital-Hybriden, 1977
Produziert mit: RUTT/ETRA SCAN PROCESSOR, David Jones 64x64 REAL TIME BUFFER

Tänzerin mit am Körper befestigten Sensoren, die eine Echtzeit-Animation steuern.
Produziert mit: Lee Harrison ANIMAC, Denver, 1962

Reihe von Maschinen unbekannt und wir können ihre Existenz nur anhand ephemerer Quellen dokumentieren - Bilder auf Papier, in Fotographien und auf Videobändern. Diese Ars Electronica Ausstellung im Landesmuseum umfaßt jene Maschinen, die abgestaubt und in Hinblick auf ihre Funktionstüchtigkeit restauriert worden sind. Es handelt sich nicht um eine umfassende, sondern vielmehr um eine archäologische Auflistung. Während unserer Nachforschungen bekamen wir Hinweise auf viele andere Geräte, von denen wir hoffen, daß auch sie reaktiviert werden können bevor es zu spät ist.

Experimental Ubiquitous
**Video Feed Back w/Audio Input Modulation**

1962
Lee Harrison Associates
**ANIMAC**
**(Hybrid Graphic Animation Computer)**
Destroyed, documented on film

1964
Don Buchla
**BUCHLA PRE-100 SERIES**
**(Audio synthesizer)**
Collection of Michael Czajkowsky, New York City

1968
Eric Siegel
### IMAGE ORTHICON T.V. CAMERA
Courtesy of Vinnie Novak
Collection of the Experimental Television
Center, Ltd. & The State University of
New York, Binghamton
Collection of Eric Siegel

1968
Eric Siegel
### PROCESSING CHROMINANCE
### SYNTHESIZER
Where abouts unknown, no known
documentation

1968–1969
Robert Moog
### MOOG MODULAR AUDIO
### SYNTHESIZER
Courtesy of Norman Lowrey, Professor
of Music; Collection of Drew University,
Madison New Jersey
Donated by CBS (Columbia Broadcasting
System)

Salvatore Martirano mit seiner SAL-MAR CONSTRUCTION, 1969-72,
School of Music, University of Illinois, Champaign/Urbana

1968–1969
Bill Hearn
### VIDIUM (Analog X Y Z Driver/
### Sequencer)
Courtesy of Steve Anderson, Physics
Department, Sononma State University,
Rohnert Park, California
Collection of Bill Hearn

1968
Pulsa Group/Peter Kindelman
### HYBRID DIGITAL/ANALOG AUDIO
### SYNTHESIZER
Collection of Bill Crosby, Tucson, Arizona

1968
Industrial
### PUTNEY, MODEL VCS 3
### (Audio synthesizer)
Collection of the Experimental Television
Center, Ltd. & The State University of
New York, Binghamton

1969–1972
Salvatore Matirano
### SAL-MAR CONSTRUCTION
Collection of Salvatore Martirano, School
of Music, University of Illinois,
Champaign/Urbana

1969
Aldo Tambellini & Tracy Kinsel & Hank Reinbold
### BLACK SPIRAL INSTALLATION
### (Prepared TV set)
(Awaiting restoration)
Collection of the Everson Museum of Art,
Syracuse, New York

1969
Industrial
### SONY CV PORTAPAK
Ubiquitous

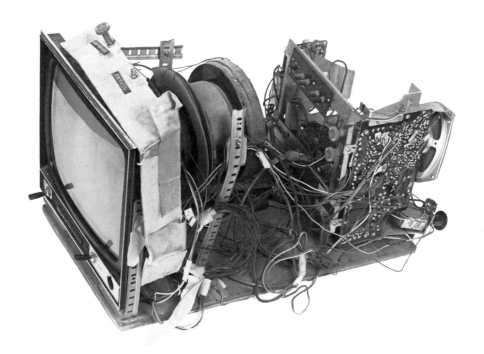

RUTT/ETRA SCAN PROCESSOR PROTOTYPE, ca. 1972
Foto: Dennis Dunda

1970
Stephen Beck
**DIRECT VIDEO SYNTHESIZER (Analog)**
Collection of Stephen Beck, San Francisco

1970
Eric Siegel
**EVS (ELECTRONIC VIDEO
SYNTHESIZER)**
Whereabouts unknown, last in the
possession of Al Phillips,
documented in photographs

1970
Glen Southworth
**CVI (COLORADO VIDEO INC)
QUANTIZER (Colorizer)
CVI DATA CAMERA (Camera Scan
Processor)**
Collection of the Experimental Television
Center, Ltd. & The State University of
New York, Binghamton

1971
Nam June Paik & Shua Abe
**PAIK/ABE SYNTHESIZER SCAN
MODULATOR
(a.k.a. the "Wobbulator")**
Collection of the Experimental Television
Center, Ltd. & The State University of
New York, Binghamton

1971
George Brown
**VIDEO SEQUENCER
(a.k.a. FIELD FLIP/ FLOP SWITCHER
with digital control)**
Collection of the Vasulkas, Santa Fe,
New Mexico

1971
Dan Sandin
**IP (IMAGE PROCESSOR)**
Collection of Phil Morton,
West Yellowstone, Montana

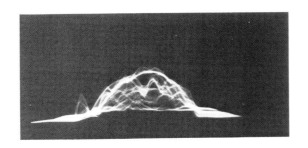

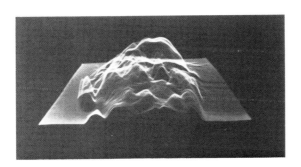

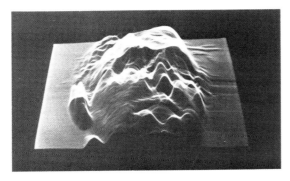

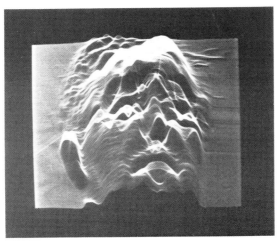

Woody Vasulka: Transformations, R/E Scan Processor, 1974

1972
Eric Siegel
**DUAL COLORIZER (Analog)**
Collection of the Vasulkas, Santa Fe,
New Mexico

CIRCA 1972
Steve Rutt & Bill Etra
**SCAN PROCESSOR PROTOTYPE
(Analog)**
Collection of the Experimental Television
Center, Ltd. & The State University of
New York, Binghamton
Donated by Barbara Buckner

1973
Don Hallock
**VIDEOLA INSTALLATION,
SAN FRANCISCO**
Destroyed, documented in photographs

1973
George Brown
**MULTIKEYER (Analog with digital
control)**
Collection of the Vasulkas, Santa Fe,
New Mexico

1973
Bill Etra & Steve Rutt
**RUTT/ETRA SCAN PROCESSOR
(Analog)**
Collection of the Experimental Television
Center, Ltd. & The State University of
New York, Binghamton

1973
Stephen Beck
**VIDEO OUTLINER (Digital)**
Collection of the Vasulkas, Santa Fe,
New Mexico

1974-1979
David Behrman & Bob Diamond & Robert Watts
**CLOUD MUSIC
(Hybrid Audio/Video Installation)**
Courtesy of Sara Seagull & Larry Miller,
Robert Watts Studio Archives
Collection of David Behrmann,
Bob Diamond

1974
Stephen Beck
**BECK DIGITAL VIDEO WEAVER
(Synthesizer)**
Collection of Stephen Beck, San Francisco

1976
David Jones
**JONES FRAME BUFFER (Digital buffer)**
Collection of Gary Hill, Seattle,
Washington

Don McArthur
**SAID (SPATIAL AND INTENSITY
DIGITIZER)**
Collection of the Experimental Television
Center, Ltd. & The State University of
New York, Binghamton

1976
Don McArthur & Jeffy Schier
**DIGITAL IMAGE GENERATOR**
Collection of the Vasulkas, Santa Fe,
New Mexico

Date Unknown
Marcel Dupouy
**LE MOVICOLOR (Colorizer)**
Courtesy of Don Foresta
Collection of Ecole de Beaux Artes
Decoratif, Paris

Die Ausstellungsgestaltung wurde ermöglicht durch die großzügige Unterstützung der Firma Thyssen Hirsch INTERLUX.

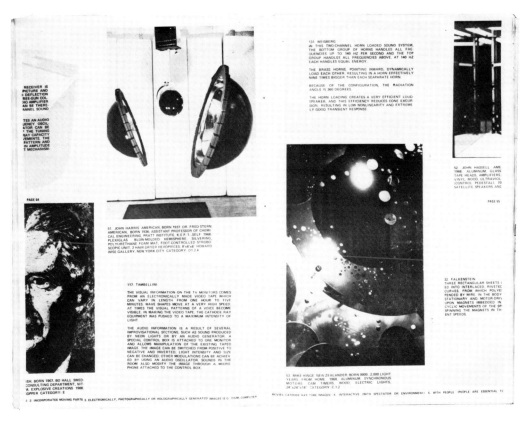

Doppelseite aus dem Katalog "The Machine". Eine Ausstellung des "Experiments in Art and Technologie" im MOMA, NYC, 1968

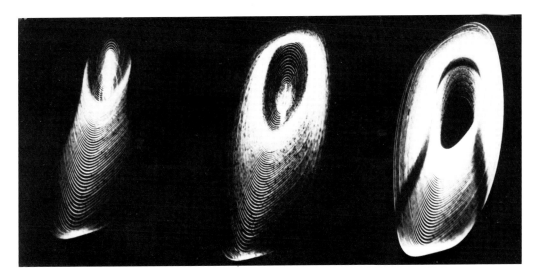

Aldo Tambellini: Black Spiral

Monitorwand im Studio der Vasulkas, Buffalo, NY, 1973–78

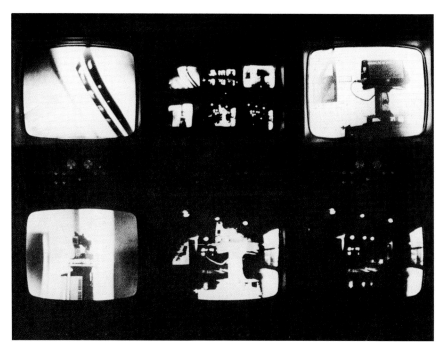

Steina: MACHINE VISION, The Kitchen, 1976

Steina & Woody installieren MACHINE VISION, Albright-Knox Art Gallery, Oktober 1978

Steina & Woody installieren MACHINE VISION, Albright-Knox Art Gallery, Oktober 1978

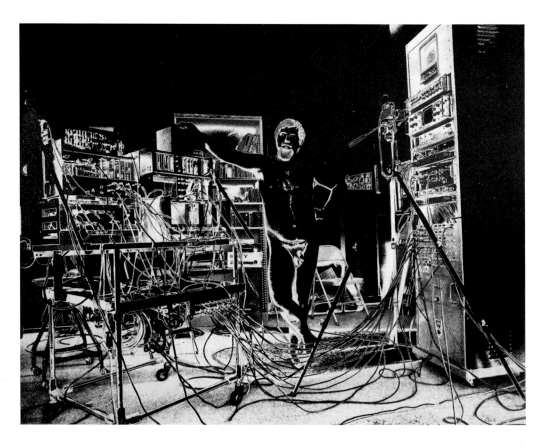

Woody zuhause, (Buffalo, 1974)

# Handsight

Interaktives Computergrafik-Environment

## Agnes Hegedus

**Handsight**
Interactive computer graphic environment

The intention of this work is to emphasize some aspects of virtuality, such as telepresence, and disembodiment and re-embodiment of the senses. Another aim of the work is to bring a transverse relation between the virtual and the real by means of the scaling of a specific physical object and its representation into different spaces and dimensions.

This is done within the circumference of a visual enviroment in which the imagery becomes a spherical anamorphoses that embodies an augmented field of view - the notion of an endoscopic eye. The thematic structure of this work is implied as an exteriorized projection of psychological and symbolic spaces.

All elements coherently merge in one enviroment that is constituted by three main apparatuses: a large circular video projection surface, an eye-shaped interactive interface and a transparent sphere with a hole into which one inserts this 'eye'. This sphere provides the viewer with an endo-spatial inclosure whose manual exploration maps directly into the representation of the virtual domain.

Application software: Gideon May
Computer system: Silicon Graphics 4D/310VGX
Produced with the cooperation of the Zentrum für Kunst und Medientechnologie Karlsruhe

Die Intention dieser Arbeit besteht darin, einige Aspekte der Virtualität wie Telepräsenz, Entkörperlichung und Wiedereinverleibung der Sinnesfunktionen, hervorzuheben. Ein anderes Ziel der Arbeit ist die Herstellung einer Querbeziehung zwischen dem Virtuellen und dem Realen mittels maßstäblicher Veränderung eines spezifischen physischen Gegenstands und seiner Darstellung in anderen Räumen und Dimensionen.

Dies erfolgt im Umkreis eines visuellen Environments, in dem die bildliche Darstellung zur sphärischen Anamorphose wird, die ein erweitertes Sichtfeld - den Begriff eines endoskopischen Auges - verkörpert. Die thematische Struktur dieser Arbeit ist als eine nach außen gerichtete Projektion psychologischer und symbolischer Räume impliziert.

Alle Elemente verschmelzen klarerweise in einem Environment, welches aus drei Hauptgeräten besteht: einer großen kreisförmigen Videoprojektionsfläche, einem augenförmigen interaktiven Interface und einem transparenten Gewölbe mit einem Loch, in das man dieses 'Auge' einfügt. Dieses Gewölbe verschafft dem Betrachter eine endoräumliche Umgebung, deren manuelle Erforschung direkt in die Darstellung des virtuellen Bereichs führt.

Application software: Gideon May
Computer system: Silicon Graphics 4D/310VGX
Produziert in Zusammenarbeit mit dem Zentrum für Kunst und Medientechnologie Karlsruhe

Agnes Hegedus, Handsight ("Eingericht" made by Milhaly Jonas, 1983)

Agnes Hegedus, Handsight

Agnes Hegedus, Handsight

# The Virtual Museum

## Jeffrey Shaw

**The Virtual Museum**

"The Virtual Museum" is a three dimensional computer generated museum constituted by an immaterial constellation of rooms and exhibits. Its apparatuses are a round rotating platform on which is located a large video projection monitor, a computer, and a chair on which the viewer can sit. From this chair the viewer interactively controls his/her movement through "The Virtual Museum".

Forwards and backwards movement of the chair causes forwards and backwards movement of the viewer in the museum space represented on the screen. Turning the chair causes a rotation of this virtual image space, and also a synchronous physical rotation of the platform. Thus the viewer moves (and is moved) simultaneously in both the virtual and real environments.

The architecture of "The Virtual Museum" is constituted by five rooms all of which reproduce the architecture of the real room in which the Installation is located (in this case the Landesmuseum Linz), so making a conjunction of the real and virtual spaces.

The first room shows a representation of the installation itself with its platform, computer. video monitor and chair. Moving through "The Virtual Museum" the viewer in effect takes leave of the chair and transports his disembodied viewpoint freely through the exhibition spaces. The other four rooms are consecutively entered by passing through their immaterial walls. Using alphabetic and textual forms, each room has its own specific virtual contents. The arrangments in the first three rooms are referential to existing genres - painting, sculpture and cinema. The fourth room shows the particularity of a wholly computer generated environment - three moving signs ('A', '2', 'Z') are primary tri-colour light sources that give the room its physical identity.

*We see around us a world that is becoming increasingly museified. This tendency towards premature conservation may be relieved by a*

Das „Virtuelle Museum" ist ein dreidimensionales, computergeneriertes Museum, welches sich aus einer immateriellen Anordnung von Räumen und Ausstellungsgegenständen konstituiert. Seine Apparatur besteht aus einer runden, drehbaren Plattform, auf der sich ein großer Videoprojektionsmonitor, ein Computer und ein Sessel, auf dem der Zuschauer sitzen kann, befinden. Von diesem Sessel aus steuert der/die Zuschauer/in interaktiv seine/ihre Bewegungen durch das „Virtuelle Museum".

Die Vorwärts- und Rückwärtsbewegung des Stuhls führt zur Vorwärts- und Rückwärtsbewegung des Besuchers im auf dem Bildschirm dargestellten Museumsraum. Das Drehen des Sessels verursacht eine Rotation dieses virtuellen Bildraums, und auch eine synchrone, physische Rotation der Plattform. Der Besucher bewegt sich (und wird bewegt) simultan sowohl in der virtuellen wie auch in der realen Umwelt.

Die Architektur des „Virtuellen Museums" besteht aus fünf Räumen, die alle die Architektur des realen Raums, in dem sich die Installation befindet (in diesem Fall das Landesmuseum Linz), reproduzieren, was also eine Vereinigung der realen und virtuellen Räume bedeutet.

Der erste Raum zeigt eine Darstellung der Installation selbst mit ihrer Plattform, dem Computer, Videomonitor und Sessel. Bewegt sich der Besucher durch das „Virtuelle Museum", so verläßt er tatsächlich den Sessel und transportiert sein körperloses Sehen frei durch die Ausstellungsräume.

Die anderen vier Räume werden nacheinander durch immaterielle Wände betreten. Aufgrund der Verwendung von alphabetischen und textlichen Formen, verfügt jeder Raum über seinen spezifischen virtuellen Inhalt. Die

Jeffrey Shaw, The Virtual Museum – Installation at Art Frankfurt 1991

Jeffrey Shaw, The Virtual Museum – Room 1

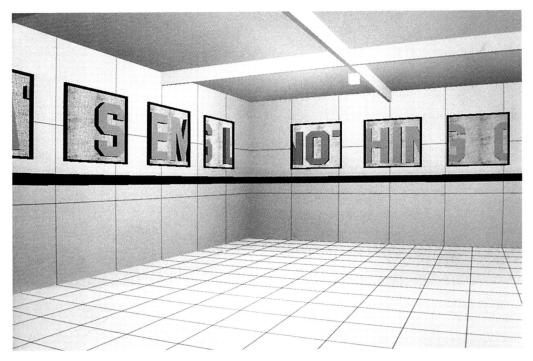

Jeffrey Shaw, The Virtual Museum – Room 2

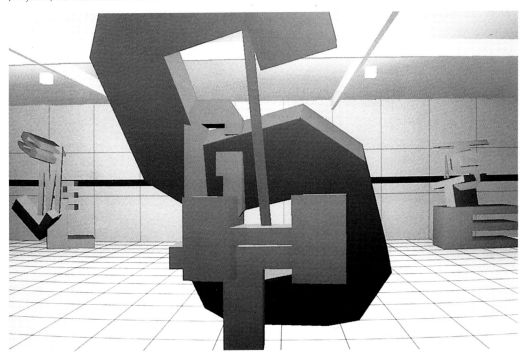

Jeffrey Shaw, The Virtual Museum – Room 3

Jeffrey Shaw, The Virtual Museum – Room 4

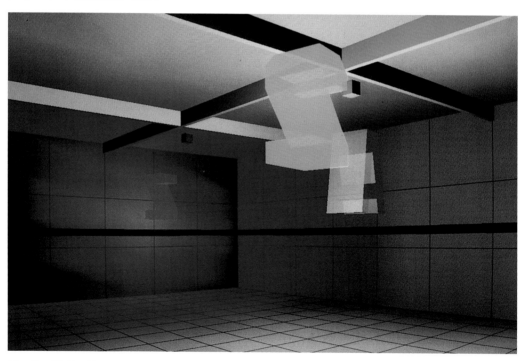

Jeffrey Shaw, The Virtual Museum – Room 5

*virtual museum architecture that is as provisional
as the culture that it embodies. "The Virtual Museum" delineates certain modalities of an interactive
and virtual space. It locates the virtual space in a
contiguous relationship with the real space, and
establishes a discourse in that fine zone that exists
between the real and the virtual - l'infra-mince'.*

Application software: Gideon May
Platform engineering: Huib Nelissen
Computer system: Silicon Graphics 4D/310VGX
Produced for the Ars Electronica with the cooperation
of the Zentrum für Kunst und Medientechnologie,
Karlsruhe

Arrangements in den ersten drei Räumen beziehen sich auf bestehende Genres - auf Malerei, Bildhauerei und Kino. Der vierte Raum zeigt die Eigentümlichkeit einer zur Gänze vom Computer erzeugten Umwelt - drei sich bewegende Zeichen ('A', '2', 'Z') aus Lichtquellen in den drei Grundfarben geben dem Raum seine physische Identität.

*Wir sind von einer zunehmend musealen Welt umgeben. Diese Tendenz zur verfrühten Konservierung kann durch eine virtuelle Museumsarchitektur, die so provisorisch ist wie die Kultur die sie umgibt, abgeschwächt werden. Das „Virtuelle Museum" skizziert einige Modalitäten eines interaktiven und virtuellen Raums. Es lokalisiert den virtuellen Raum in einer nahen Beziehung zum realen Raum und etabliert in dieser spezifischen Zone, die zwischen dem Realen und dem Virtuellen existiert - l'infra-mince - einen Diskurs.*

Application software: Gideon May
Platform engineering: Huib Nelissen
Computer system: Silicon Graphics 4D/310VGX
Produziert für die Ars Electronica in Zusammenarbeit mit dem Zentrum für Kunst und Medientechnologie, Karlsruhe

# Cartesian Chaos

## Peter Weibel / Bob O'Kane

"Cartesian Chaos" zeigt die Unmöglichkeit auf, sich selbst und die umgebende Welt unverzerrt zu sehen, da man sich inmitten eines Systems befindet und so keinen Außenstandpunkt einnehmen kann.

Der Besucher betritt einen Raum, in dem er das Bild des Raumes an der Wand projeziert vorfindet. In dem Augenblick, in dem er den Fußboden berührt, löst er mittels Sensoren (Kontaktmatten) die Verzerrung des Bildes aus. Durch die Wahl des Standortes kann er die Verzerrung des Bildes steuern. Er kann jedoch, solange er sich im Raum befindet, das Bild dieses Raumes niemals unverzerrt sehen.

### Endoapproach to Electronics

Ein Betrachter steht scheinbar vor einem Bildschirm aus Gummi, der er scheinbar berührt. Jede Berührung des Bodens, unter dem Sensoren sind, gibt Informationen an eine Dial-Box und an den Computer VGX weiter. In diesen Computer werden über einen Video Framer auch die Live-Bilder einer Videokamera eingegeben. Die VGX Graphies Pipeline leitet diese weiter an den Videobeamer. Durch diese Konfiguration entsteht der Effekt, daß jede Bewegung auf dem Boden das reale projizierte Bild in Echtheit genau in der gleichen Weisen und am gleichen Ort verzerrt. Jede Bewegung und Berührung des Bodens verformt das projizierte Bild an der Wand. So ist der Betrachter wirklich im Bild, nämlich als Teil der digitalen Datenmenge, während sein Körper disloziert im Echtraum bleibt. Dies ist der Endoapproach zur Elektronik.

**Cartesian Chaos**

"Cartesian Chaos" is an interactive installation by Peter Weibel and Bob O'Kane. This installation ist the second of a series dealing with the idea of personal or group interaction in a "Virtual World". The concept deals with a direct interaction of the viewer with his/her own image, as well as the image of the other people in the space. The "traditional" concept related to virtual reality ist where a person deals with images and objects from a virtual or imaginary world. In "Cartesian Chaos", the person interacts with images from the real world, specifically, the images of the people sharing the "space" with you. Also, the interface is a real, active device. Not as something as passive as a "data glove" or "virtual wand" that exists in other systems. The person deals with an interface which is a direct representation of the image with real tactile feedback.

The "real" space is defined by the viewpoint of a video camera. This image is read in and digitized by a Silicon Graphics 320VGX computer.

The interaction is trough a short wooden platform (2,5m x 2,0m x 2cm) covered with 50sqem wooden tiles. Attached to the bottom fo the tiles are sensors which measure how much the tile bends under the weight of the viewer(s). These measurements are read in by an external computer with an A/D converter. These numbers are then transfered to the Silicon Graphics computer via serial connection between the two machines. The computer then applies the measurements as forces which affect a set of imaginary springs. The springs, being calculated using physical laws, transmit the forces troughout the "grid". The image from the real world is then texture mapped onto the surface of this "grid". The final effect is that, when the viewer walks across or jumps on these tiles, the image on the screen (video projection) is deformed perspectively being calculated from the force used to bend the wood tile. The viewer will deform a projected image of himself and other

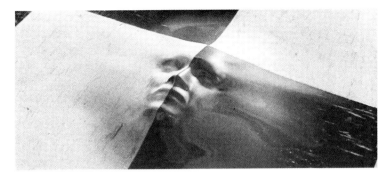

Terminator II
TM & © 1991 Carolco International N. V.

people in the viewer space by stepping around. What the users are interacting with is an image of the space and of themselves as observers (in real time) with which they can deform by changing their position on the platform and also by their style of moving (fast, slow, large steps, heavy or light steps, etc). In fact, the computer creates a simulation of the image as if the screen would be of rubber. The origin of the perspective distortion is directly related to the viewers position on the floor.

What makes this piece different from other virtual reality simulators is that it gives the user:
I: A direct and realtime feedback of the virtual object. (You feel the wood bending)
II: A realistic image of the users environment instead of an iconic or symbolic representation of the 'space'.

What makes this piece different from the „Tangible Image":
I: The viewer is interacting with the piece just by their presence on the floor while in the „Tangible Image", the person must actively touch the rubber screen.
II: The installation of the „Tangible Image" had the interface outside of the view of the camera while in „Cartesian Chaos", the floor is directly contered in the space of the video.

Peter Weibel / Bob O'Cane: Das Tangible Bild

# Der Blick des Dings

## Slavoj Zizek

The gaze of the thing

From hysteria to perversion

The crucial shot in Psycho, perhaps even the quintessence of Hitchcock, is the shot from above of the second-floor hall and staircase in the "mother's house". This mysterious shot occurs twice. In the scene of Arbogast's murder, the shot of Arbogast from the top of the stairs (i. e. from what is still a "normal" perspective, accessible to human eyes) all of a sudden "takes off", jumps back into the air and passes into the uppermost point from which the entire scene in its groundplan is on view. The scene of Norman carrying the mother into the cellar also begins with an "inquisitive" shot from the bottom of the same staircase – that is to say, with a shot which, although not subjective, automatically sets up the viewer in the position of somebody striving to overhear the conversation between Norman and his mother in the room upstairs; in an extremely arduous and long travelling whose very trajectory mimics the shape of a Moebius band, the camera then elevates and simultaneously turns around its axis, so that it reaches the same point of "God's view" on the entire scene. The inquisitive perspective sustained by the desire to penetrate the secret of the house finds its accomplishment in its opposite, in the objective overview of the scene, as if returning to the viewer the message "you wanted to see it all, so here you have it, the transparent groundplan of the entire scene, with no fourth side (off-field) excluded ...". The crucial feature of this travelling is that it does not follow the trajectory of the standard Hitchcockian travelling (from the establishing plan rendering the overview of the scene to the "stain" which sticks out[1], but obeys a different, almost opposite logic: from the ground-level gaze which invites the viewer's identification to the position of pure metalanguage. At this precise moment, the lethal Thing ("Mother") enters through the right-hand door; its odd, "unnatural" character is indicated by the way it moves: with slow, discontinuous, intercepted, cut movements, as if what we see is a doll revivified, a living dead, not a true living person. – The epxlanation offered by Hitchcock himself in his conversations

## Von der Hysterie zur Perversion

Die wichtigste Aufnahme in *Psycho*, vielleicht sogar die Quintessenz von Hitchcock, ist die Einstellung von oberhalb des Ganges im ersten Stock und der Stiege im „Haus der Mutter". Diese geheimnisvolle Einstellung kommt zweimal vor. In der Szene des Mordes an Arbogast, hebt die Aufnahme von Arbogast vom oberen Stiegenende (d.h. von einer immer noch „normalen", für das menschliche Auge zugänglichen Perspektive) „plötzlich ab", springt zurück ins Leere und geht über zum höchsten Punkt, von wo die gesamte Szene, in ihrem Grundriß zu sehen ist. Die Szene in der Norman die Mutter in den Keller trägt, beginnt ebenfalls mit einer „neugierigen" Aufnahme vom Fuß desselben Treppenaufganges - das heißt, mit einer Aufnahme, die, obwohl nicht subjektiv, den Zuschauer automatisch in die Position einer Person versetzt, die versucht, das Gespräch zwischen Norman und seiner Mutter im Zimmer oben zu belauschen, in einer extrem steilen und langen Bewegung, deren Bahn ein Möbiusband nachahmt, hebt sich die Kamera dann und dreht sich gleichzeitig um ihre eigene Achse, um den gleichen Punkt einer „Sicht Gottes" auf die gesamte Szene zu erreichen. Die forschende Perspektive, die von dem Verlangen nach Enthüllung des Geheimnisses unterstützt wird, findet ihre Vollendung in ihrem Gegenstück, dem objektiven Überblick über die Szene, als wolle dies dem Zuschauer die Rückmeldung vermitteln „du wolltest alles sehen, nun, hier ist es, der klare Grundriß der gesamten Szene, ohne Ausschluß einer vierten Seite (eines Abseits) ...". Die entscheidenste Eigenschaft dieser Kamerabewegung ist, daß sie nicht der üblichen Bahn der für Hitchcock bekannten Bewegung folgt (vom festlegenden Plan, der einen Überblick über die Szene gibt zu dem „Fleck" der herausragt[1]), sondern einer anderen, fast gegensätzlichen Logik gehorcht: vom Blick aus dem Erdgeschoß, der den Zuschauer zur Identifikation mit der

Position reiner Metasprache einlädt. Genau in diesem Moment tritt das tödliche Ding („Mutter") durch die Türe rechts auf; sein eigenartiger, "unnatürlicher" Charakter wird durch seine Art, sich zu bewegen angedeutet: nämlich mit langsamen, unzusammenhängenden, unterbrochenen, zerschnittenen Bewegungen, als wäre was wir da sehen eine wiederbelebte Puppe, ein lebender Toter, eine Person, die nicht wirklich lebt. - Die Erklärung die Hitchcock selbst in seinen Gesprächen mit Truffaut angeboten hat, ist, wie sonst auch, irreführend in ihrer entwaffnenden Überzeugungskraft; Hitchcock zählt zwei Gründe für das Einbeziehen dieser „Sicht Gottes" auf: 1) sie macht die Szene transparent und befähigt daher den Regisseur, die Identität von „Mutter" geheim zu halten, ohne den Verdacht zu erwecken zu schwindeln oder etwas zu verstecken; 2) sie erstellt einen Kontrast zwischen der ruhigen, unbeweglichen „Sicht Gottes" und der nächsten Aufnahme, der dynamischen Ansicht von Arbogast wenn er die Treppe hinunterfällt. [2]

Was Hitchcocks Erklärung jedoch anzubieten versäumt, ist der Grund (raison) für den Schnitt von der „normalen" Erdgeschoßansicht auf Arbogast zu der Grundrißansicht von oben, d. h. die Miteinbeziehung der „Sicht Gottes" (oder, im zweiten Fall, den Grund für die lange durchgehende Kamerabewegung von der neugierigen Sicht aus dem Erdgeschoß zur „Sicht Gottes"). Der Schnitt der danach in der Mordszene an Arbogast folgt, ist sogar noch abstoßender: er versetzt uns von der Realitätsebene (d.h. vom Standpunkt reiner Metasprache, der den Grundriß der Realität transparent macht) in das Reale, in den „Fleck", welcher aus dem Rahmen der Realität herausragt: während wir die Szene aus der „Sicht Gottes" betrachten, betritt der „Fleck" (das mörderische Ding) den Rahmen, und die nächste Aufnahme gibt genau die Sichtweise dieses Fleckes wieder. Dieser Schnitt zur subjektiven Sicht des Mörders (der Mörderin?) selbst - d.h. zu dem unmöglichen Blick des Dings welches gerade das visuelle Feld der Realität betreten hat - erreicht, um mit Hegel zu sprechen, die Reflektion in das Selbst des objektiven Blickes in den Blick des Objekts selbst; als solches bestimmt er den genauen Moment des Übergangs in die Perversion. Die inhärente Dynamik der ganzen Szene von Arbogasts Mord drückt die Trajektorie von der Hysterie zur Perversion in *Psycho* aus [3]: Hysterie ist definiert durch die Identifikation des Verlangens des Subjekts mit dem Verlangen des anderen (in diesem Fall, des Verlangens des Zuschauers mit dem

with Truffaut is, as is usually the case, deceptive in its very disarming persuasiveness; Hitchcock enumerates two reasons for including this "God's view": (1) it makes the scene transparent and thus enables the director to keep the identity of the "Mother" secret without arousing the suspicion of cheating or hiding something; (2) it introduces a contrast between the serene, immovable "God's view" and the next shot, the dynamic view of Arbogast falling down the stairs. [2]

What Hitchcock's explanation fails to provide is simply the *raison* of the cut from the "normal" ground-level view on Arbogast to the groundplan view from above, i.e. of the inclusion of "God's view" (or, in the second case, the *raison* of the long continuous travelling from the groundlevel inquisitive view to "God's view"). The cut which then follows in the murder of Arbogast is even more odious: it transposes us from the level of reality (i.e. from the standpoint of pure metalanguage making transparent the groundplan of reality) into the Real, into the "stain" which sticks out from the frame of reality: while we observe the scene from "God's view", the "stain" (the murderous Thing) enters the frame, and the next shot renders precisely the *point-of-view of this stain*. This cut to the subjective view of the murderer himself (herself?) – i.e. to the impossible gaze of the Thing which has just entered the visual field of reality – accomplishes, in Hegelese, the reflection-into-self of the *objective* gaze into the *gaze of the object itself*; as such, it designates the precise moment of passing over into perversion. The inherent dynamic of the entire scene of Arbogast's murder epitomizes Psycho's trajectory from hysteria to perversion [3]: hysteria is defined by the identification of the subject's desire with the desire of the other (in this case, of the viewer's desire with the inquisitive desire of Arbogast qua diegetic personality), whereas perversion involves an identification with the "impossible" gaze of the object-Thing itself – when the knife cuts Arbogast's face, we see it through the very eyes of the "impossible" murderous Thing. [4] In Lacanian mathemes, we thus passed from $\$ \lozenge a$ to $a \lozenge \$$: from the subject peering anxiously into the space in front of him, looking in it for the traces of "more than meets the eye", i.e. for the mysterious maternal Thing, to the *gaze of the Thing itself on the subject*. [5] Hitchcock's explanation according to which the function of "God's view" was to keep us, viewers, in ignorance (as to the Mother's identity), without arousing suspicion that the director ist trying to hide something from us, imposes therefore an unexpected, yet unavoidable conclusion: if we are kept ignorant by assuming God's view, then a certain radical ignorance *must pertain to the status of God himself* who clearly comes to epitomze a blind run of the symbolic machine.

Hitchcock's God goes His way, indifferent to our petty human affairs – more precisely, he is totally *unable to understand us, living humans,* since his realm is that of the dead (i.e. since symbol is the murder of thing). On that account, he is like God from the memoirs of Daniel Paul Schreber, who, "being only accustomed to communication with the dead, does not understand living men" [6] – or, to quote Schreber himself:

"... in accordance *with the Order of Things, God really knew nothing about living men* and did not need to know; consonantly with the Order of Things, He needed only to have communication with corpses." [7]

This Order of Things is, of course, none other than the symbolic order which mortifies the living body and evacuates from it the substance of Enjoyment. That is to say, God qua Name-of-the-Father, reduced to a figure of symbolic authority, is "dead" (also) in the sense that *he does not know anything about enjoyment,* about life-substance: the symbolic order (the big Other) and enjoyment are radically incompatible. [8] Which is why the famous Freudian dream of a son who appears to his father and reproaches him with "Father, can't you see I'm burning?", could be simply translated into *"Father, can't you see I'm enjoying?"* – can't you see I'm alive, burning with enjoyment? Father cannot see it since he is dead, whereby the possibility is open to me to enjoy not only outside his knowledge, i.e. unbeknownst to him, but also *in his very ignorance.* The other, no less known Freudian dream, that about the father who does not know he is dead, could thus be supplemented with" *(I, the dreamer, enjoy the fact that)* father does not know he is dead". [9]

To return to Psycho: the "stain" (Mother) thus strikes as the prolonged hand of the blinded deity, as his senseless intervention in the world. – The subversive character of this reversal comes to light when we confront it with another, almost identical, reversal at work, among others, in Fred Walton's When a Stranger Calls, perhaps the best variation on the theme of anonymous phone menaces. The first part of the film is narrated from the point of view of a young girl babysitting in a suburban family-mansion: the children are asleep on the first floor, while she watches TV in the sittingroom. After the first threatening calls repeating the demand "Did you check the children?", she alerts the police who advise her to lock all the doors firmly, not to allow anybody to enter the house and to try to engage the molester in long conversation enabling the police to trace the call. Soon afterwards, the police locate their source: another telephone within the same house ... The molester was there all the time and has already killed the

neugierigen Verlangen von Arbogast *qua* der diegetischen Persönlichkeit), während die Perversion eine Identifikation mit dem „unmöglichen" Blick des Objekt-Dings selbst einschließt - als das Messer Arbogasts Gesicht zerschneidet, sehen wir das durch genau die Augen des „unmöglichen" mörderischen Dings. [4] In Lacanschen Mathemen sind wir daher von $a◊a zu a◊$ übergegangen: vom Subjekt das ängstlich in den Raum vor ihm blickt, nach Spuren eines „mehr als man zu sehen glaubt" suchend, d.h. nach dem mysteriösen mütterlichen Ding, zu *dem Blick des Dings selbst auf das Subjekt.* [5]

Hitchcocks Erklärung nach der die Funktion der „Sicht Gottes" die war, uns Zuschauer in Unwissenheit zu lassen (was die Identität der Mutter angeht), ohne den Verdacht zu erwecken, daß der Regisseur versucht, etwas vor uns zu verstecken, legt daher eine unerwartete, jedoch unvermeidliche Schlußfolgerung nahe: wenn wir durch Einnehmen der Sicht Gottes unwissend gelassen werden, dann muß *eine gewisse radikale Unwissenheit zum Status von Gott selbst gehören,* der dann klar einen blinden Lauf der symbolischen Maschine darstellt. Hitchcocks Gott geht Seinen Weg, gleichgültig gegen unsere unbedeutenden menschlichen Angelegenheiten - genauer, er ist völlig unfähig, uns lebende Menschen zu verstehen, da sein Reich jenes der Toten ist (d.h. da Symbol der Mord am Ding ist). In dieser Hinsicht ist er wie Gott aus den Memoiren von Daniel Paul Schreber, der, „nur an Kommunikation mit den Toten gewöhnt, *lebende Menschen nicht versteht"* [6] - oder, um Schreber selbst zu zitieren:

„. . . *in Übereinstimmung mit der Ordnung der Dinge, wußte Gott in Wirklichkeit nichts über lebende Menschen* und mußte es auch nicht wissen; übereinstimmend mit der Ordnung der Dinge, mußte er nur mit Leichen kom-munizieren." [7]

Diese Ordnung der Dinge ist natürlich nichts anderes, als die symbolische Ordnung, die den lebenden Körper absterben läßt und aus ihm die Substanz des Genusses entzieht. Soll heißen, Gott *qua* Name des Vaters, reduziert zu einer Figur symbolischer Autorität, ist „tot" (auch) in dem Sinn, *daß er nichts über Genuß,* über Lebenssubstanz *weiß:* die symbolische Ordnung (das große Andere) und Genuß sind grundlegend unvereinbar. [8] Deshalb könnte der Freudsche Traum eines Sohnes der seinem Vater erscheint und ihn anklagt „Vater, siehst du nicht, daß ich brenne?", einfach übersetzt werden in „Vater, siehst du

**115**

nicht, daß ich genieße?" - siehst du nicht, daß ich lebe, brennend vor Genuß? Vater kann das nicht sehen, da er tot ist, wobei mir die Möglichkeit offensteht, zu genießen nicht nur außerhalb seines Wissens, d.h. ohne sein Wissen, sondern auch *gerade in seiner Unwissenheit*. Der andere, nicht weniger Freud´sche Traum, jener über den Vater, der nicht weiß, daß er tot ist, könnte daher ergänzt werden mit „(*Ich, der Träumer, genieße die Tatsache, daß* ) Vater nicht weiß, daß er tot ist". [9]

Um auf *Psycho* zurückzukommen: der „Fleck" (Mutter) schlägt daher zu als die verlängerte Hand der erblindeten Gottheit, als seine sinnlose Intervention in die Welt. - Der subversive Charakter dieser Umkehrung kommt ans Licht, wenn wir sie mit einer anderen, fast identischen Umkehrung, unter anderem, in Fred Waltons *When a Stranger Calls* , vielleicht die beste Variante des Themas der Bedrohung durch anonyme Anrufer konfrontieren. Der erste Teil des Films wird vom Standpunkt eines jungen Mädchens erzählt, das in einer Vorstadtvilla babysittet: die Kinder schlafen im ersten Stock, während sie im Wohnzimmer fernsieht. Nach den ersten bedrohlichen Anrufen, mit der wiederholten Frage „Hast du nach den Kindern gesehen?", ruft sie die Polizei an, die ihr rät, alle Türen fest zu verschließen, damit niemand das Haus betreten könne, und den lästigen Anrufer in lange Gespräche zu verwickeln, um es der Polizei zu ermöglichen den Anruf zurückzuverfolgen. Kurz danach lokalisiert die Polizei den Ursprung der Anrufe: ein anderes Telefon im selben Haus ... Der Belästiger war schon die ganze Zeit da und hat auch bereits die Kinder ermordet. Der Mörder erscheint daher als ein unergündliches Objekt, mit dem keine Identifikation möglich ist, ein reine Wirklichkeit, die unaussprechlichen Terror hervorruft. - An diesem Punkt der Geschichte jedoch nimmt der Film eine unerwartete Wende: wir werden plötzlich in die Perspektive des Mörders selbst versetzt und werden Zeugen der elenden Alltagsexistenz dieses einsamen und verzweifelten Individuums - er schläft in einem Asyl, zieht in schäbigen Cafes herum und versucht vergeblich mit seinen Nachbarn in Kontakt zu kommen; so, daß wenn ein Detektiv, der vom Vater der ermordeten Kinder angeheuert wurde, sich anschickt den Mörder zu erstechen, unser Mitleid ganz auf der Seite des armen Mörders ist.

Wie auch in *Psycho* selbst, ist da nichts subversives in den beiden Standpunkten selbst: wäre die Geschichte von der alleinigen Perspektive der jungen Babysitterin erzählt, hätten wir den Standardfall eines Opfers, das von einer

children. The killer appears thus as an unfathomable object with whom no identification is possible, a pure real provoking unspeakable terror. – At this point in the story, however, the film takes an unexpected turn: we are suddenly transposed into the perspective of the killer himself, witnessing the miserable everyday existence of this lonely and desperate individual – he sleeps in an asylum, wanders around sordid cafes, and attempts in vain to establish contact with his neighbours; so that when the detective hired by the murdered children's father prepares to stab him, our sympathies are wholly on the poor killer's side.

As in *Psycho* itself, there is nothing subversive about the two points of view in themselves; if the story were narrated from the sole perspective of the young babysitter, we would have the standard case of a victim threatened by a phantom-like, bodyless and, for that reason, all the more horrifying menace; if we were limited to the murderer's self-experience, we would have the standard rendition of the murderer's pathological universe. The entire subversive effect hangs upon the rupture, the passage from one perspective to the other, the change which confers upon the hitherto impossible/unattainable object a body, which gives the untouchable Thing a voice and makes it speak – in short, which *subjectivizes* it. The killer is first depicted as an untouchable, horrendous entity, as an object in the Lacanian sense, with all the transferential energy invested in him; then, we are all of a sudden transposed into his own perspective. [10] Yet the crucial feature of *Psycho* is that Hitchcock precisely does not accomplish this step towards subjectivicization: when we are thrown into the "subjective" gaze of the Thing, the Thing, although it "becomes subject", does not subjectivize itself, does not "open up", does not "reveal its depth", does not offer itself to our emphatic compassion, does not open a crack which would enable us to take a peep into the wealth of its self-experience. The point-of-view shot makes it even more inaccessible – we look through its eyes, and this very coincidence of our view with the Thing's gaze intensifies its radical Otherness to an almost unbearable degree.

### "Subjective destitution"

Another way to define this gaze of the Thing on the subject which subverts the usual opposition of "subjective" and "objective", is to say that *it marks the moment when the subject is immediately entrapped in, caught in, the dream of the Other-Thing* – as Gilles Deleuze puts it, "si vous etez pris dans le reve de l'autre, vous etez foutu". In Hitchcock's films prior to Psycho, a similar shot occurs twice: in Vertigo, when, in his dream, Scottie (James Stewart) stares at his own head, depicted as a kind of psychotic partial object located in the point of convergence of the running lines in the background; and, first of all, 30 years previously in Murder, when, seconds before his suicidal jump, a series of visions appear to Fane during his flying on the trapeze, first the faces of the two main protagonists (Sir John and Nora), then the swinging void. This scene seems to rely on the standard shot/counter-shot procedure: the objective shot of Fane alternates with the subjective shot of his visions, which is why interpreters (Rothmann, for example) concentrate on the content of his visions; the true mystery of the scene is, however, the uncanny "objective" shots of Fane, who flies in the air and gapes into the camera with a strange, masochist-aggressive gaze. The basic impression of this shot (and of the two similar shots from Vertigo and Psycho) is that the "natural" relationship between movement and the state of rest is *reversed*: it is as if the head which gapes into the camera (the point of gaze) is at a standstill, whereas the entire world around it runs dizzily and loses clear contours, in contrast to the "true" state of things where the head dashes by and the background stands still. [11] The homology of this impossible gaze from the point-of-view of the Thing which "freezes" the subject, reduces him to immobility, with anamorphosis is by no means accidental: it is as if, in the three above-mentioned shots, the anamorphotic stain acquires clear and recognizable outlines, while all the rest, the remaining reality, becomes blurred. In short, *we look at the screen from the point of anamorphosis, from the point which makes the stain clear* – and the price paid for it is the "loss of reality". (A more humorous, yet not so effective version of it occurs in Strangers on a Train, in the shot of the crowd on the tribune of the tennis-court: all the heads turn in the same rhythm, following the ball – except one, that of the assassin Bruno who stares rigidly into the camera, i. e. into Guy, who is observing the tribune.) [12]

The gaze of the Thing thus concludes the "triad" the terms of which form a kind of "negation of negation": (1) the shot/counter-shot alternation of Arbogast and what he sees remains in the level of the standard suspense – the investigator enters a forbidden domain where an unknown X lurks, i.e. where every object depicted is coloured by the subject's desire and/or anxiety; (2) the cut into an objective "God's view" on the entire scene "negates" this level, i.e. obliterates the stain of the subject's "pathological" interests; (3) the subjective shot of what the murderer sees "negates" the objectivity of "God's view". This subjective shot is the "negation of negation" of the subjective shot of what Arbogast sees at the beginning of the scene: it is a return to the subject, yet to the subject beyond subjectivity,

phantomähnlichen, körperlosen und aus diesem Grund umso mehr schreckenerregenden Gefahr bedroht wird; wären wir auf die Selbsterfahrung der Mörders beschränkt, hätten wir die Standardverurteilung der pathologischen Welt des Mörders. Der gesamte subversive Effekt hängt von dem Bruch, dem Übergang von der einen Perspektive in die andere, der Veränderung, die dem bis dahin unmöglichen/unerreichbaren Objekt einen Körper verleiht, der dem unberührbaren Ding eine Stimme gibt und es sprechen macht - kurz, welche es *subjektiviert* , ab. Der Mörder wird zuerst als ein unberührbares, schreckliches Wesen dargestellt, als ein *Objekt* im Lacanschen Sinn, mit aller Übertragungsenergie ausgestattet; dann werden wir alle plötzlich in seine eigene Perspektive versetzt. [10] Die wichtigste Eigenschaft an *Psycho* ist jedoch, daß Hitchcock genau diesen Schritt zur Subjektivierung *nicht* erreicht: wenn wir in den „subjektiven" Blick des Dings geworfen werden, *subjektiviert das Ding* , obwohl es „Subjekt wird" sich nicht, „öffnet sich nicht", „enthüllt nicht seine Tiefe", bietet sich nicht unserem emphatischen Mitgefühl an, öffnet keine Ritze, die es uns ermöglichen würde, einen Blick in den Reichtum seiner Selbsterfahrung zu werfen. Die Standpunktaufnahme macht es sogar noch unzugänglicher - wir schauen durch seine Augen und gerade diese Übereinstimmung von unserem Blick mit dem Blick des Dings intensiviert sein radikales Anderssein zu einem fast unerträglichen Ausmaß.

## Subjektives Elend („destitution subjective")

Ein anderer Weg, diesen Blick des Dings auf das Subjekt, welches die übliche Opposition von „subjektiv" und „objektiv" umstößt, zu definieren, ist zu sagen, *daß er den Moment markiert, zu dem das Subjekt sofort eingeschlossen, gefangen ist im Traum des Anderen Dings* - wie Gilles Deleuze es nennt, „si vous etez pris dans le reve de l'autre, vous etez foutu" („Wenn Sie im Traum des Anderen gefangen sind, sind Sie verloren") In Hitchcocks Filmen vor *Psycho* , kommt eine ähnliche Aufnahme zweimal vor: in *Vertigo* , als Scottie (James Stewart) in seinem Traum auf seinen eigenen Kopf starrt, dargestellt als eine Art psychotisches Teilobjekt, das am Konvergenzpunkt der laufenden Linien im Hintergrund liegt; und zum ersten Mal, 30 Jahre davor in *Murder* , als Sekunden vor seinem selbstmörderischen Sprung, Fane während seines Flugs am Trapez, eine Reihe von Visionen hat, zuerst die Gesichter der zwei Hauptprotagonisten (Sir

John und Nora), dann die schaukelnde Leere. Diese Szene scheint sich auf die klassische Vorgangsweise von Aufnahme und Gegenaufnahme zu verlassen: die objektive Aufnahme von Fane wechselt sich ab mit der subjektiven Aufnahme seiner Visionen, weshalb Interpreten (Rothman, zum Beispiel) sich auf den Inhalt seiner Visionen konzentrieren; das wahre Geheimnis dieser Szene sind jedoch die unheimlich „objektiven" Aufnahmen von Fane, der in der Luft fliegt und mit einem eigenartigen, masochistisch-aggressiven Blick in die Kamera starrt. Der grundsätzliche Eindruck von dieser Aufnahme (und von den beiden ähnlichen Aufnahmen aus *Vertigo* und *Psycho* ) ist, daß die „natürliche" Beziehung zwischen Bewegung und dem Ruhezustand *umgekehrt* ist: es ist als ob der Kopf, der in die Kamera starrt (der Punkt des Blickes) stillsteht, während die gesamte Welt um ihn wie schwindlig rast und klare Konturen verliert, im Kontrast zum „wahren" Stand der Dinge, wo der Kopf vorbeirast und der Hintergrund stillsteht. [11] Die Homologie dieses unmöglichen Blickes vom Standpunkt des Dings, welcher das Subjekt „einfriert", es mit Anamorphose zur Unbeweglichkeit verringert, ist keinesfalls zufällig: es ist als ob in den drei oben erwähnten Aufnahmen der anamorphotische Fleck klare und erkennbare Konturen annimmt, während der Rest, die restliche Realität verschwimmt. Kurz, *wir schauen auf die Leinwand vom Punkt der Anamorphose aus, vom Punkt, der den Fleck klar macht* - and der Preis, den wir dafür zahlen ist der „Verlust der Realität". (Eine humorösere, jedoch nicht so effektive Version davon kommt in *Strangers on a Train* vor, in der Aufnahme der Menge auf der Tribüne des Tennisplatzes: alle Köpfe drehen sich im selben Rhytmus dem Ball folgend - bis auf einen, den des Mörders Bruno, der unbeweglich in die Kamera starrt, d.h. auf Guy, der die Tribüne beobachtet. [12]

Der Blick des Dings beschließt so die „Triade" deren Begriffe eine Art „Negation der Negation" bilden: 1) Die Abwechslung zwischen Aufnahme/Gegenaufnahme von Arbogast und was er sieht bleibt auf einer Ebene der Standardspannung - der Untersucher betritt ein verbotenes Gebiet wo ein unbekanntes X lauert, d.h. wo jedes Objekt, welches dargestellt wird, vom Verlangen und/oder der Angst des Subjekts gefärbt wird; 2) der Schnitt in eine objektive „Sicht Gottes" auf die ganze Szene „negiert" diese Ebene, d.h. löscht den Fleck des „pathologischen" Interesses des Subjekts; 3) die subjektive Aufnahme von dem, was der Mörder sieht „negiert" die Objektivität der

which is why there is no identification possible with it – in contrast to our identifying with Arbogast's inquisitive glance at the beginning, we now occupy an impossible point of absolute Strangeness. We are brought face to face with this strangeness at the very end of the film when Norman raises his eyes and looks straight into the camera: while we look at Arbogast's cut-up face, we see it through these same eyes. [13] The crucial feature not to be missed here is the co-dependence between the objective shot from above ("God's view") and the point-of-view shot of Arbogast's cut-up face which immediately follows it (therein consists the contrast Hitchcock refers to). In order to elucidate it, let us perform a simple mental experiment and imagine the scene of Arbogast's murder *without* the "God's view", i.e. confined to the limits of the standard shot/counter-shot procudure: after a series of signs registering the imminent threat (a crack in the second-floor door, etc.), one gets a point-of-view shot of Arbogast as seen through the murderer's eyes ... in this way, the effect of the "gaze of the Thing" would be lost, the subjective shot would not function as the gaze of the impossible Thing, but as a simple point-of-view shot of one of the diegetic personae with whom the viewer can easily identify.

In other words, *"God's view" is needed to clear the field of all subjective identifications,* to effectuate what Lacan calls "destitution subjective" – it is only on this condition that the subjective point-of-view shot which follows it is not perceived as a view of one of the diegetic subjects, but as the impossible gaze of the Thing. Here, one should recall the remarks of Jean Narboni which refer precisely to Arbogast's climbing up the stairs, on how Hitchcockian shot/counter shot procedure epitomizes the impossibility of a "free investigative, autonomous and active, gaze not determined by things, belonging to the subject-investigator who is not himself part of the rebus, i.e. of what Hitchcock calls 'tapissery'".

„... why do we have, apropos of so many/ Hitchcock's/ scenes shot from a subjective point-of-view, the feeling that the person's gaze does not reveal things, that his step does not lead him *towards* things, but that things themselves stare at him, attract him in a dangerous way, grab him and are at the point of swallowing him, as occurs in an exemplary way in Psycho when the detective Arbogast climbs the stairs? The will is never free, subjectivity is always under constraint and caught." [14]

Yet this tie that so to speak pins the subject to objects – the foundation of Hitchcock's "subjective mise-en-scene" – is not his last word: the view from above that procures the geometrically-transparent groundplan of the scene and which follows Arbogast's climbing the stairs is precisely the impossible gaze which is autonomous, not determined by things, purified of all pathological identification, free of constraint (in the above-mentioned later scene of Norman moving his mother to the cellar, the camera accomplishes this self-purification of the gaze within a continuous tracking-shot which begins as an inquisitive ground-level glance and ends with the same "God's view" of the entire scene; by means of its round movement, the gaze here literally disengages from, twists off, the pathological constraints). The cut from this neutral-free gaze into the gaze of the Thing itself that follows is therefore an inherent subversion of its purity, i.e. not a relapse into subjectivity, but an entry into the dimension of the subject beyond subjectivity. – The suicide-scene in Murder involves a homologous formal dynamic: the suicidal jump is immediately preceded by a subjective shot which renders Fane's view of the arena and the public from the top of the circustent, i.e. from a point which coincides with "God's view". This point-of-view shot registers Fane's purification: after enduring *destitution subjective*, after freeing himself of subjective identifications, he can throw himself downward, back into terrestrial reality, becoming an object-stain in it. The rope on which he hangs is the umbilical cord linking "God's view" – the position of a pure metalanguage, the view freed from all close-to-the-ground subjective identifications – with the obscene Thing which stains reality.

## Beyond intersubjectivity

The antagonism of the objective "God's view" and the "subjective" gaze of the Thing repeats on another, far more radical level the standard antagonism of objective and subjective which regulates the shot/counter-shot procedure. This complicity of "God's view" and of the obscene Thing does not designate a simple complementary relationship of two extremes, but an absolute coincidence – their antagonism is of a purely *topological* nature, i.e. what we have is *one and the same* element inscribed on two surfaces, put on two registers: the obscene stain is nothing but the way the objective-neutral view of the entire picture is present in the picture itself. (In the above-mentioned "God's-view" shot of Bodega Bay from The Birds the same topological reversal is effectuated within the same shot: as soon as the birds enter the frame from behind the camera, the neutral "objective" shot turns into the "subjective" shot rendering the gaze of the obscene Thing, i.e. of the killing birds.) We thereby rejoin the two opposing features of Hitchcock's "Jansenism": (1) the determinatedness of subjective destinies by the transsubjective blind automatism of the symbolic machinery; (2) the priority of the gaze over what

„Sicht Gottes". Diese subjektive Aufnahme ist die „Negation der Negation" der subjektiven Aufnahme dessen, was Arbogast am Beginn der Szene sieht: sie ist eine Rückkehr zum Subjekt, jedoch zu dem Subjekt *jenseits* der Subjektivität, weshalb eine Identifikation mit ihm nicht möglich ist - im Gegenteil zu unserer Identifikation mit Arbogasts neugierigem Blick am Beginn, nehmen wir nun einen unmöglichen Punkt absoluter Fremdheit ein. Wir werden dieser Fremdheit am Ende des Films von Gesicht zu Gesicht gegenüber gestellt, wenn Norman seine Augen hebt und gerade in die Kamera blickt: während wir auf Arbogasts zerschnittenes Gesicht sehen, sehen wir durch diese selben Augen. [13] Der springende Punkt, den man hier nicht übersehen darf ist die gegenseitige Abhängigkeit zwischen der objektiven Aufnahme von oben („Sicht Gottes") und der Standpunktaufnahme von Arbogasts zerschnittenem Gesicht, die sofort darauf folgt (darin besteht der Kontrast, auf den sich Hitchcock bezieht). Um das zu erläutern, führen wir doch ein einfaches gedankliches Experiment durch und stellen uns die Szene von Arbogasts Mord *ohne* die „Gottes Sicht" vor, d.h. beschränkt auf die Begrenzungen der klassischen Vorgangsweise von Aufnahme/Gegenaufnahme: Nach einer Reihe von Zeichen, die die imminente Bedrohung registrieren (ein Spalt in der Tür im ersten Stock, etc.), bekommt man eine Standpunktaufnahme von Arbogast wie sie durch die Augen des Mörders gesehen wird . . . auf diese Weise wäre der Effekt des „Blickes des Dings" verloren, die subjektive Aufnahme würde nicht als Blick des unmöglichen Dings funktionieren, sondern als eine einfache Standpunktaufnahme von einer der diegetischen *personae* mit denen sich der Zuseher leicht identifizieren kann.

Mit anderen Worten, *ist die „Sicht Gottes" nötig, um das Umfeld von allen subjektiven Identifikationen zu befreien*, um was Lacan die „destitiution subjective" nennt, zu bewirken - nur unter dieser Bedingung wird die subjektive Standpunktaufnahme, welche folgt, nicht als die Sicht des diegetischen Subjekts betrachtet, sondern als der unmögliche Blick des Dings. Hier sollte man sich an die Bemerkungen von Jean Narboni erinnern, die sich genau auf den, die Treppe hinaufsteigenden Arbogast beziehen, in denen er sagt, daß das Hitchcocksche Aufnahme/Gegenaufnahme Verfahren die Unmöglichkeit eines „frei forschenden, autonomen und aktiven Blickes darstellt, der nicht von Dingen bestimmt wird, die zum Subjekt-Forschenden gehören, der nicht selbst Teil des Rebus, d.h. von dem was

Hitchcock 'Tapisserie' nennt, ist."

„... warum haben wir, hinsichtlich so vieler Szenen Hitchcocks, die von einem subjektiven Standpunkt aus aufgenommen sind, das Gefühl, daß der Blick der Person die Dinge nicht enthüllt, daß sein Schritt ihn nicht in Richtung der Dinge führt, sondern daß die Dinge selbst ihn anstarren, ihn auf gefährliche Art und Weise anziehen, in packen und ihn fast verschlucken, wie es beispielhaft in *Psycho* vorkommt, wenn der Detektiv Arbogast die Stiege hinaufsteigt? Der Wille ist nie frei, Subjektivität immer unter Zwang und gefangen." [14]

Diese Verbindung jedoch, die sozusagen das Subjekt an Objekte bindet - die Grundlage von Hitchcocks „subjektive Inszenierung" - ist nicht sein letztes Wort: Die Sicht von oben, die einen geometrisch-transparenten Grundriß erzeugt und die der Aufnahme folgt, in der Arbogast die Treppe hinaufgeht ist genau der unmögliche Blick, der autonom ist, nicht von Dingen bestimmt, gereinigt von aller pathologischen Identifikation, frei von Zwang (in der oben erwähnten späteren Szene, in der Norman seine Mutter in den Keller trägt, erreicht die Kamera diese Selbstreinigung des Blicks in einer durchgehenden Tracking-Aufnahme, die als ein neugieriger Erdgeschoß-Blick beginnt und mit der selben „Sicht Gottes" der ganzen Szene endet: durch seine runde Bewegung löst sich der Blick hier im wörtlichen Sinn, dreht sich weg von den pathologischen Zwängen). Der Schnitt, der von diesem neutral-freien Blick in den Blick des Dings selbst folgt, ist daher eine inhärente Subversion seiner Reinheit, d.h. nicht ein Rückfall in die Subjektivität, sondern ein Eintritt in die Dimension des Subjekts jenseits die Subjektivität.

Die Selbstmordszene in „*Murder*" beinhaltet eine homologe formale Dynamik: der selbstmörderische Sprung wird direkt von einer subjektiven Aufnahme gefolgt, die Fanes Sicht von der Arena und dem Publikum von der höchsten Stelle des Zirkuszelts, d.h. von einem Punkt, der mit der „Sicht Gottes" zusammenfällt, zeigt. Diese Standpunktaufnahme drückt Fanes Reinigung aus: nach dem Erleiden der *destitution subjective*, nachdem er sich von subjektiven Identifikationen befreit hat, kann er sich hinunterwerfen, zurück in die irdische Realität, und damit ein Objekt-Fleck in ihr werden. Das Seil in dem er hängt ist die Nabelschnur, die die „Sicht Gottes" - die Position reiner Metasprache, die von allen subjektiven, erdnahen Identifikationen befreit ist - mit dem obszönen Ding, das die Realität befleckt, verbindet.

is seen, which makes the entire domain of "objectivity" dependent upon the gaze. This same antogonism defines the notion of the "big Other" at the moment when Lacan first elaborated it (in the early fifties, i.e. in his first two Seminars): the "big Other" is introduced as the unfathomable Otherness of the subject beyond the wall of language, and then unexpectedly reverts to the asubjective blind automatism of the symbolic machine which regulates the play of intersubjectivity. And it is the same reversal which constitutes the dramatic tour de force of Rothmann's interpretation in The Murderous Gaze [15]: after hundreds of pages dedicated to the figure of absolute Otherness in Hitchcock's films, epitomized by the gaze into the camera, the final outcome of the analysis of Psycho is that this Otherness ultimately coincides with the machine (camera) itself.

In order to experience this paradoxical coincidence in a "living" form, it suffices to recall the two constituents of monsters, cyborgs, the living dead, etc.: they are machines which run blindly, without compassion, devoid of any "pathological" considerations, inaccessible to our pleas (the blind insistence of Schwarzenegger in Terminator, of the living dead in The Night of the Living Dead, etc.), yet at the same time, they are defined by the presence of an absolute gaze. What is truly horrifying about a monster is the way it seems to watch us all the time – without this gaze, the blind insistence of its drive would lose its uncanny character and turn into a simple mechanical force. The final dissolve of Norman's gaze into the mother's skull epitomizes this indecidability, this immediate coincidence of opposites which constitutes what is perhaps the ultimate Moebius band: the machine produces a left-over – the gaze qua stain –, yet it suddenly turns out that this left-over comprises the machine itself. *The sum is contained in its left-over – this umbilical link that pins the Whole on its stain is the absolute paradox that defines the subject.*

This is, then, the last misapprehension to be clarified: the ultimate "secret" of Psycho, the secret epitomized by Norman's gaze into the camera, does not amount to a new version of the platitude on the unfathomable, ineffable, depth of a person beyond the wall of language, etc. The ultimate secret is that this Beyond is in itself hollow, devoid of any positive content: there is no depth of "soul" in it (Norman's gaze is utterly "soulless", like the gaze of monsters and the living dead) – as such, this Beyond *coincides with gaze itself*: "beyond appearance there is not the Thing-in-itself, there is the gaze" [16] – it is as if Lacan's proposition bears directly on Norman's final gaze into the camera, it is as if it was made to summarize the ultimate lesson of Psycho. [17] Now, we can also answer Raymond Durgnat's [18] ironic remarks on the false "depth" of Hitchcock's films („Potemkin submarines – a fleet of periscopes without hulls"); rather than being refuted, this description has to be transposed into the "thing itself": the odious lesson of Psycho is that "depth" itself *(the unfathomable abyss which defines our phenomenological experience of the other as "person")* is a "periscope without hull", an illusory effect of the surface-mirroring, like the veil painted by Parrhasios which brings forth the illusion of the content hidden behind it ...

This gaze which reveals the true nature of the Beyond is the hard kernel of the Cartesian cogito, the bone that stuck in the throat of the contemporary critics of "Cartesian metaphysics of subjectivity". That is to say, one of the recurrent anti-Cartesian themes in contemporary philosophy from the late Wittgenstein to Habermas is that the Cartesian cogito allegedly failed to take into account the primacy of intersubjectivity: cogito – or so the story goes – is "monological" as to its structure and as such alienated, reified, product that can emerge only against the background of intersubjectivity and its "life-world". In an implicit counter-movement to it, Psycho indexes the status of a subject which precedes intersubjectivity – a depthless void of pure Gaze which is nothing but a topological reverse of the Thing. This subject – the core of the allegedly "outdated" Cartesian problematic of Machine and Gaze, i.e. of the Cartesian double obsession with mechanics and optics – is what the pragmatic-hermeneutic intersubjective approach endeavours to neutralize at any price, since it impedes the subjectivization/narrativization, the subject's full integration into the symbolic universe. The path of Hitchcock from his films of the thirties to Psycho thus in a way runs parallel to that of Lacan. In the fifties, Lacan's theory was also, *via* the motive of inter-subjectivity, inscribed into the traditional anti-scientistic discourse: psychoanalysis has to avoid objectivizing the patient, in the psychoanalytic process, "truth" emerges as the result of intersubjective dialectic where the recognition of desire is inextricably linked to the desire for recognition ... The Seminar on Transference (1960–1961) expressly abandons this problematic in favor of *agalma*, the "hidden treasure", the non-symbolizable object ("surplus-enjoyment") which is "in the subject more than the subject itself" and which thereby introduces into the intersubjective relationship an irreducible asymmetry. [19] In Lacan of the fifties, the object is reduced to the role of the "stake" in the intersubjective game of recognition (to desire an object is a means to desire the desire of the other who claims this object, etc.), whereas in the late Lacan, *the object is what the subject is looking for in another subject*, i.e. what bestows upon the subject his/her dignity. The nostalgia

## Jenseits der Intersubjektivität

Der Gegensatz zwischen der objektiven „Sicht Gottes" und dem „subjektiven" Blick des Dings wiederholt sich auf einer anderen, weitaus radikaleren Ebene, dem Standard-gegensatz zwischen objektiv und subjektiv, der das Auf-nahme/Gegenaufnahmeverfahren regelt. Dieses Mitein-ander der „Sicht Gottes" und des obszönen Dings kenn-zeichnet nicht eine einfache komplementäre Beziehung zwischen zwei Extremen, sondern eine absolute Überein-stimmung - ihr Antagonismus ist rein *topologischer* Natur, d.h. was wir haben ist *ein und das selbe Element* auf zwei Oberflächen geschrieben, auf zwei Register gestellt: der obszöne Fleck ist nichts als die Art, in der die objektiv-neutrale Sicht des ganzen Bildes im Bild selbst präsent ist. (In der oben erwähnten „Sicht Gottes"-Aufnahme der Bodega Bay in *The Birds* wird mit der selben Aufnahme dieselbe Umkehrung bewirkt: sobald die Vögel von hinter der Kamera in den Rahmen eintreten, wird die „objektive" Aufnahme zur „subjektiven" Aufnahme und zeigt somit den Blick des obszönen Dings, d.h. der mordenden Vögel.) Somit vereinigen wir die beiden gegensätzlichen Eigen-schaften von Hitchcocks „Jansemismus" wieder: 1) die Bestimmung subjektiver Schicksale durch den trans-subjektiven Automatimus der symbolischen Maschinerie; 2) die Priorität des Blicks über das, was gesehen wird, was das ganze Gebiet der „Objektivität" vom Blick abhängig macht. Dieser selbe Antagonismus definiert den Begriff des „großen Anderen" in dem Moment in dem Lacan es erstmals ausgeführt hat (in den frühen fünfziger Jahren, d.h. in seinen ersten zwei Seminaren): das „große Andere" wird als die unvorstellbare Andersartigkeit des Subjekts jenseits der Mauer der Sprache eingeführt, und kehrt sich dann unerwartet zu einem asubjektiven blinden Auto-matismus der symbolischen Maschine, die das Spiel der Intersubjektivität regelt. Und es ist die selbe Umkehrung, die die dramatische *Tour de force* von Rothmanns Inter-pretation in *The Murderous Gaze* ausmacht [14]: nach hunderten Seiten, die der Figur der absoluten Andersartigkeit in Hitchcocks Filmen gewidmet sind, dargestellt durch den Blick in die Kamera, ist das Endergebnis der Analyse von *Psycho*, daß diese Andersartigkeit letztendlich mit der Maschine (Kamera) selbst zusammenfällt.

Um diese paradoxe Übereinstimmung in „lebender" Form zu erfahren, reicht es, sich an die zwei Bestandteile von Monstern, Cyborgs, den lebenden Toten, etc. zu erinnern:

sie sind Maschinen, die blind laufen, ohne Mitleid, leer von jeglichen „pathologischen" Überlegungen, unserem Flehen unzugänglich (das blinde Beharren von Schwarzenegger in *Terminator*, der lebenden Toten in *The Night of the Living Dead*; etc.), jedoch werden sie gleichzeitig durch das Vorhandensein eines absoluten Blicks definiert. Was wirklich furchterregend an einem Monster ist, ist die Art in der es uns ständig zu beobachten scheint - ohne diesen Blick, würde das blinde Beharren seines Triebs seinen unheimlichen Charakter verlieren und zu einer einfachen mechanischen Kraft werden. Die letzte Blende von Normans Blick in den Totenkopf der Mutter stellt die Unentscheidbarkeit, diese direkte Übereinstimmung von Gegensätzen, welche etwas bildet, das vielleicht das endgültige Möbiusband ist: die Maschine erzeugt ein Überbleibsel - den Blick *qua* Fleck - man erkennt jedoch plötzlich, daß dieses Überbleibsel die Maschine selbst einschließt. Die *Summe* ist in diesem *Überbleibsel enthalten - diese Nabelschnurverbindung, die das Ganze auf seinen Fleck steckt (heftet) ist das absolute Paradox, das das Subjekt definiert.*

Dies ist also das letzte Mißverständnis, das aufgeklärt werden muß: das endgültige „Geheimnis" von *Psycho*, das Geheimnis das von Normans Blick in die Kamera dargestellt wird, endet *nicht* ib einer neuen Version des Gemeinplatzes der unergründlichen, unbeschreiblichen Tiefe einer Person hinter der Wand der Sprache etc. heraus. Das endgültige Geheimnis ist, daß dieses Jenseits in sich selbst hohl ist, jeglichen positiven Inhalt vermissend: in ihm ist keine „Seelen"-Tiefe (Normans Blick ist völlig „seelenlos", wie der Blick der Monster und der lebenden Toten) - als solches, *fällt dieses Jenseits mit dem Blick selbst zusammen*: „jenseits der Erscheinung gibt es nicht das Ding ansich, sondern es gibt den Blick in-sich-selbst" [16] - es ist als ob Lacans Behauptung sich direkt auf Normans letzten Blick in die Kamera bezieht, es ist als wäre sie gemacht, um die endgültige Lehre von *Psycho* zusammenzufassen. [17] Jetzt können wir auch Raymond Durgnats [18] ironische Bemerkungen über die falsche „Tiefe" von Hitchcock-Filmen („Potemkinsche Unterseeboote - eine Flotte von Periskopen ohne Rümpfe") beantworten; diese Beschreibung muß, eher als widerlegt, in das „Ding selbst" übertragen werden: die abscheuliche Lehre von *Psycho* ist, daß „*Tiefe*" selbst (*der unbegreifliche Abgrund, der unsere phänomenologische Erfahrung des Anderen als „Person" definiert*) ein „*Periskop ohne Rumpf*" ist, ein illusorischer Effekt der Oberflächenspiegelung, wie der von Parrhasios gemalte Schleier, der

many interpreters of Lacan, above all in Germany and England, for the "dialectical-intersubjective" Lacan of the fifties that fits so well the contemporary "life-world" and/or speech-act problematic (and can even be conceived as its forerunner) is therefore nothing but a form of resistance against Lacan, a desperate endeavour to neutralize the hard core of his theoretical edifice.

[1] For a theory of Hitchcockian travelling of. Slavoj Zizek, Looking Awry, Cambridge (Ma): MIT Press 1991, p. 93–97.
[2] Cf. Francois Truffaut, Hitchcock, London: Panther Books 1969, p. 343–346.
[3] Cf. Raymond Bellour, "Psychosis, Neurosis, Perversion", in Marshall Deutelbaum and Leland Poague, eds., Hitchcock Reader, Ames: Iowa State University Press 1986, p. 311–331.
[4] Apropos of Jacob Boehm's mystical relationship to God qua Thing, Lacan says: „To confuse his contemplative eye with the eye with which God is looking at him must surely partake in perverse *jouissance* "God and the Jouissance of The Woman", in Feminine Sexuality: Jacques Lacan and the Ecole Freudienne, ed. Juliet Mitchell and Jacqueline Rose, New York: Norton 1982, p.147).
[5] This perverse gaze of the Thing emerges for the first time in Kant's Critique of Practical Reason; in the last paragraph of its first part, the question is raised of why God created the world in such a way that the Supreme Good is unknowable to us, finite humans, so that we cannot ever fully realize it? The only way to elude the hypothesis of an evil God who created the world with the express intention of annoying man, is to conceive the inaccessibility of the Thing (God, in this case) as a positive condition of our ethical activity: of God *qua Thing* were immediately to disclose himself to us, our activity could no longer be ethical, since we would not do Good because of moral Law itself but because of our direct insight into God's nature, i.e. out of the immediate assurance that Evil will be punished. The paradox of this explanation is that – for a brief moment, at least – Kant is forced to accomplish what is otherwise strictly prohibited in his "critical philosophy", i.e. the reversal from ($ \lozenge a$ zu $a \lozenge$, and to view the world through the eyes of the Thing (God): his entire argument presupposes that we position ourselves within God's reasoning.
[6] Sigmund Freud, " Psychoanalytic Notes on an Autobiographical Account of a Case of Paranoia (Schreber)", in Case Histories II, Harmondsworth: Penguin Books 1979, p. 156.
[7] Ibid.
[8] Cf. Abraham Lincoln's famous answer to a request for a special favour: "As President, I have no eyes but constitutional eyes; I cannot see you."

Terminator

die Illusion des dahinter versteckten Inhalts hervorbringt ... Dieser Blick, der das wahre Wesen des Jenseits enthüllt, ist der harte Kern des kartesianischen *cogito*, der Knochen, der im Hals der zeitgenössischen Kritiker der „kartesianischen Metaphysik der Subjektivität" steckte. Soll heißen, eines der wiederkehrenden anti-kartesianischen Themen in der zeitgenössischen Philosophie vom späten Wittgenstein bis Habermas ist, daß das kartesianische *cogito* es angeblich versäumt hat, den Vorrang der Intersubjektivität in Betracht zu ziehen: *cogito* - so heißt es - ist „monologisch" von seiner Struktur her und als solches ein entfremdetes, reifiziertes Produkt, das nur gegen den Hintergrund der Intersubjektivität und seiner „Lebens-Welt" zum Vorschein kommen kann. In einer impliziten Gegenbewegung dazu zeigt *Psycho* den Status eines Subjekts, das der Intersubjektivität vorangeht - eine tiefenlose Leere des reinen Blicks, was nichts anderes ist, als eine topologische Umkehrung des Dings. Dieses Subjekt - das Kernstück der angeblich „veralteten" kartesianischen Problematik von Maschine und Blick, d.h. der kartesianischen doppelten Bessenheit von Mechanik und Optik - ist, was die pragmatisch-hermeneutisch intersubjektive Auffassung versucht, um jeden Preis zu neutralisieren, da sie die Subjektivierung/Narrativierung, die volle Integration des Subjekts in das symbolische Universum verhindert. Hitchcocks Weg von seinen Filmen der dreißiger Jahre zu *Psycho* verläuft daher parallel zu Lacans Weg. In den fünfziger Jahren wurde Lacans Theorie auch, via das Motiv der Intersubjektivität, in die traditionelle anti-wissenschaftliche Diskussion aufgenommen: Die Psychoanalyse muß es vermeiden den Patienten zu objektivieren, in der psychoanalytischen Vorgangsweise tritt die „Wahrheit" als ein Ergebnis der intersubjektiven Dialektik hervor, wo das Erkennen des Verlangens unlösbar mit dem Verlangen nach Erkenntnis verbunden ist ... Das Seminar über Transferenz (1960-1961) verläßt diese Problematik ausdrücklich in Bevorzugung des *agalma*, dem „versteckten Schatz", dem nicht symbolisierbaren Objekt („überschüssigem Genuß") welcher „mehr im Subjekt ist, als das Subjekt selbst" und welcher dadurch in die intersubjektiven Beziehung eine unveminderbare Asymmetrie einführt. [19] Im Lacan der fünfziger Jahre ist das Objekt zum „Einsatz" im intersubjektiven Spiel der Erkenntnis reduziert (ein Objekt zu begehren ist ein Weg, das Verlangen des anderen zu begehren, der das Objekt fordert etc.), während im späten Lacan *das Objekt das ist, wonach das Subjekt in einem anderen Subjekt sucht*, d.h. was dem Subjekt seine/ihre Würde verleiht. Die Nostalgie vieler Lacan-Interpreten, vor allem in Deutschland und England, nach dem „dialektisch-intersubjektiven" Lacan der fünfziger Jahre, der so gut in die zeitgenössische und/oder Sprech-Akt Problematik paßt, (und sogar als ihr Vorläufer betrachtet werden kann), ist daher nichts anderes als eine Form des Widerstands gegen Lacan, ein verzweifelter Versuch, den harten Kern seines theoretischen Gefüges zu neutralisieren.

[1] Für eine Theorie Hitchcock'scher Kamerabewegung cf. Slavoj Zizek, *Looking Awry*, Cambridge (MA): MIT Press 1991, p. 93-97.

[2] Cf. Francois Truffaut, *Hitchcock*, London: Panther Books 1969, p. 343-346.

[3] Cf. Raymond Bellour, „Psychosis, Neurosis, Perversion", in Marschall Deutelbaum und Leland Poague, eds., *Hitchcok Reader*, Ames: Iowa State University Press 1986, p. 311-331.

[4] Zu Jacob Boehmes mystischer Beziehung zu Gott *qua* Ding, sagt Lacan: „Sein kontemplatives Auge mit dem Auge zu verwechseln, mit welchem Gott auf ihn schaut, muß sicher und der perversen *jouissance* teilhaben." („God and the *Jouissance* of the Woman „, in *Feminine Sexuality : Jacques Lacan and the Ecole Freudienne*, ed. Juliet Mitchell and Jacqueline Rose, New York: Norton 1982, p.147.)

[5] Dieser perverse Blick des Dings tritt zum ersten mal in Kants *Critique of Practical Reason* hervor; im letzten Absatz des ersten Teils wird die Frage aufgeworfen, warum Gott die Welt so erschaffen hat, daß wir, begrenzte Menschen, das höchste Gute nicht kennen können, und daher auch nie erkennen können? Der einzige Weg der Hypothese eines bösen Gottes zu entkommen, der die Welt erschaffen hat mit er ausdrücklichen Intention die

[9] Therein consists, according to Lacan, the dissymetry between Oedipus and Jocaste: Oedipus did not know what he was doing, whereas his mother knew all the time who her sexual partner was – the source of her enjoyment was precisely Oedipus' ignorance. The notorius thesis on the intimate link between feminine enjoyment and ignorance acquires thereby a new, intersubjective dimension: woman enjoys in so far as her other (man) does not know.

[10] We encounter a homologous inversion in the foremost hard-boiled novels and films: the moment when the *femme fatale* subjectivizes herself. She is first rendered from the perspective of her (masculine) social environment and appears as a fatal object of fascination which brings perdition and leaves behind ruined lives, "empty shells"; when we are finally transposed into her point of view, it becomes manifest that she herself cannot dominate the effects of "what is in her more than herself", of the object in herself, upon her environment – no less than men around her, she is a helpless victim of Fate.

[11] It was of course the backwardness of the film technique which was ultimately responsible for such an impression: at that time, it was technically impossible to conceal the discord between the figure and its background; yet the paradox is that this very discord engenders the crucial artistic effect.

[12] One is even tempted to suggest that this shot reveals the secret of Platonism: the only way to isolate – to disconnect from the universal process of generation and corruption – the site of absolute standstill is the fixation upon the Other's gaze as the immovable point in the picture.

[13] The similarity between this shot of Arbogast's face and the shot of Henry Fonda's face reflected in the cracked mirror in The Wrong Man is therefore fully justified: in both cases, the point-of-view is that of the Thing.

[14] Jean Narboni, "Visages d'Hitchcock", in Cahiers du cinema, hors-serie 8: Alfred Hitchcock, Paris 1980, p. 33.

[15] William Rothmann, The Murderous Gaze, Harvard: Harvard University Press 1982.

[16] Jacques Lacan, The Four Fundamental Concepts of Psycho-Analysis, Harmondsworth: Penguin Books 1977, p. 103.

[17] A film which was known to Lacan, as is proven by a passing reference to it in the Seminar on Transference (of. Jacques Lacan, Le seminaire, livre VIII: Le transfert, Paris: Editions du Seuil 1991, p. 23).

[18] Cf. Raymond Dourgnat, The Strange Case of Alfred Hitchcock, London: Faber and Faber 1974.

[19] Cf. Jacques Lacan, Le seminaire, livre VIII: Le transfert, Paris: Editions du Seuil 1991, p. 20–22.

Menscheit zu ärgern, ist, die Unzugänglichkeit des Dings (Gottes, in diesem Fall) als eine positive Bedingung unseres ethischen Handelns zu betrachten: wenn Gott *qua* das Ding sich uns direkt eröffnen würde, könnte unser Handeln nicht länger ethisch sein, weil wir Gutes nicht mehr aus moralischem Gesetz tun würden, sondern wegen unseres direkten Einblicks in das Wesen Gottes, d.h. wegen der direkten Versicherung, daß das Böse bestraft wird. Das Paradox dieser Erklärung ist, daß - zumindest für einen kurzen Moment - Kant gezwungen ist, zu erfüllen, was sonst in seiner „kritschen Philosophie" streng verboten ist, d.h. die Umkehr von $◊a zu a◊$, und die Welt *durch die Augen des Dings (Gottes)* zu sehen: sein ganzes Argument nimmt vorweg, daß wir uns in Gottes Denken versetzen.

[6] Sigmund Freud, „Psychoanalytic Notes on an Autobiographical Account of a Case of Paranoia (Schreber)", in *Case Histories* II, Harmondsworth: Penguin Books 1979, p.156.

[7] Ibid.

[8] Cf. Abraham Lincolns berühmte Antwort auf eine Bitte nach einem speziellen Gefallen: „Als Präsident habe ich keine anderen Augen als konstitutionelle Augen; ich kann Sie nicht sehen:"

[9] Darin besteht, nach Lacan, die Dissymetrie zwischen Ödipus und Jokaste: Ödipus wußte nicht was er tat, während seine Mutter die ganze Zeit wußte, wer ihr Sexualpartner war - war die Quelle ihres Genusses war gerade die Unwissenheit von Ödipus. Die berühmt berüchtigte These über den Zusammenhang zwischen weiblichem Genuß und Unwissenheit nimmt daher eine neue, intersubjektive Dimension an: Frau genießt soweit als ihr *Anderes* (Mann) nicht weiß.

[10] Wir treffen auf eine homologe Inversion ind den besten hartgesottenen Romanen und Filmen: der Moment wenn die *femme fatale* sich subjektiviert: sie wird zuerst von der Perspektive ihrer (maskulinen) sozialen Umwelt hervorgebracht und erscheint dann als ein verhängnisvolles Objekt, das Untergang bringt und zerstörte Leben, „leere Hüllen", zurückläßt; wenn wir endlich in ihren Standpunkt versetzt werden, wird es augenscheinlich, daß sie die Effekte von dem „was in ihr mehr ist als sie selbst", vom *Objekt* in sich selbst auf ihre Umwelt nicht beherrschen kann - nicht weniger als die Männer um sie herum ist auch sie ein hilfloses Opfer des Schicksals.

[11] Es war natürlich die Rückständigkeit der Filmtechnik, die letztendlich für einen solchen Eindruck verantwortlich war: zu dieser Zeit war es technisch unmöglich die Uneinigkeit zwischen der Figur und ihrem Hintergrund zu verbergen; das Paradox ist jedoch, daß gerade diese Uneinigkeit den wesentlichen künstlerischen Effekt erzeugt.

[12] Man ist sogar versucht zu behaupten, daß diese Aufnahme das Geheimnis des Platonismus enthüllt: die einzige Möglichkeit die Stelle des absoluten Stillstands zu isolieren - sie vom universellen Prozeß des Entstehens und Verfalls zu trennen - ist die Fixierung auf den Blick des Anderen als unbeweglicher Punkt im Bild.

[13] Die Ähnlichkeit dieser Aufnahme von Arbogasts Gesicht und der Aufnahme von Henry Fondas Gesicht, in *The Wrong Man*, wie es sich im zerbrochenen Spiegel reflektiert ist daher völlig berechtigt: in beiden Fällen ist der Standpunkt der des Dings.

[14] Jean Narboni, „Visages d´Hitchcock" in *Cahiers du cinema, hors-serie 8*: Alfred Hitchcock; Paris 1980,p. 33.

[15] William Rothmann, *The Murderous Gaze*, Harvard: Harvard University Press 1982.

[16] Jacques Lacan, *The Four Fundamental Concepts of Psycho-Analysis*, Harmondsworth: Penguin Books 1977, p.103.

[17] Ein Film, den Lacan gekannt hat, wie durch durchgehenden Bezug darauf im Seminar über Transferenz bewiesen ist. (df. Jacques Lacan, *Le seminaire, livre VIII: Le transfert*, Paris: Editions du Seuil 1991, p. 23.)

[18] Cf. Raymond Durgnat, *The Strange Case of Alfred Hitchcock*, London: Faber and Faber 1974.

[19] Cf. Jacques Lacan, *Le seminarie, livre VIII: Le transfert*, Paris: Editions du Seuil 1991, p. 20-22.

# Der Innere Beobachter

## Michael Bielicky

### Ausflüge aus dem Inneren der Zeit

Archaisches und Zeitgenössisches, Geschichtliches und Zeitloses, Starres und Fließendes, Spirituelles und Materielles: Michael Bielicky läßt in seiner Arbeit das nur scheinbar Gegensätzliche, das sich bisweilen erst gegenseitig konstituiert, aufeinanderprallen. Sein Blick ist auf jene überzeitlichen Korrespondenzen gerichtet, mit denen Kontinuität, Tradition und das spezifisch Neue an einem Kristallisationspunkt in der Gegenwart erfahrbar gemacht werden können. Durch kulturelle Anverwandlung nimmt Bielicky auf beredte Weise einen Bescheidenheitsgestus ein, der im Umgang mit den Neuen Medien in aller Regel vermißt wird, meldet Zweifel an der Unvergleichlichkeit der Erscheinungen an. Die so eingenommene Haltung kokettiert nicht aus der Warte eines vermeintlichen evolutionären, zukunftsunfreudigen Endpunktes, sondern steht in der Mitte einer imaginären, ungerichteten Entwicklung. Entsprechungen auf abwegigem Terrain, die sich unter einer Formel – hier: Information – subsumieren lassen, werden etwa in der Installation „Spirale" anschaulich. Die begehbare Skulptur ist Symbol für den unablässigen Informationsfluß, dem jeder Mensch ausgesetzt ist und den er selbst absondert. Die sich asymptotisch verjüngende Spirale erinnert überdies an die Doppel-Helix genetischer Codes als natürliche, oder an die Gebetsrollen der Torah als kulturelle Ausprägung jener archetypischen Struktur, in der Informationen übertragen werden und in deren Form sich unser Sonnensystem durch das All bewegt. Bielicky nimmt sich die Freiheit, das Heterogene, auf Anhieb Unverbundene für die Dauer seiner künstlerischen Inszenierung aufzuheben und zu einem Dritten, Neuen zu verbinden. Aus dem ursprünglichen, vertrauten Zusammenhang heraus isoliert, wird so die Geschichte fiktionalisiert, Ausflüge in die Überzeitlichkeit werden ermöglicht. Die Affinität der verschiedensten Formen, die das Ungreifbare anzunehmen vermag, interessiert den Künstler bei seiner

### Excursions from within Time

The archaic and the contemporary, the historical and the timeless, the motionless and the flowing, the spiritual and the material: in his work Michael Bielicky only permits apparent contrasting to clash, which occasionally inter-constitutes itself. His view is aimed at those overtimely correspondences with which continuity, tradition, and the specific newness about a cristalization point in the present can be made explorable. Bielicky assumes an expression of modesty through cultural cognate, in an eloquent way which, as a rule, is lacking in the approach to the new media, indicating doubt as to the immortality of things. This assumed attitude is not coquetted from the standpoint of a supposed evolutionary futuristic extreme point, but is in the centre of an imaginery non-directional development, equivalents on the wrong terrain which can be subsummed under one formula - in this case: information - and which become clear in the installation „Spiral". The walkable sculpture is a symbol of the unrelenting flow of information which every person is subjected to and which he himself disassociates. The asymptotic rejuvinating spiral reminds us of the double-helix genetic code as the natural, or even the prayer functions of Torah as the cultural expression of the archetypical structure by means of which information is transferred and in the form of which our solar system moves through the universe. Bielicky takes the liberty of preserving the heterogenius, offhand, the non-compound, the duration of his artistic performance and of connecting it to a third, new one. Isolated from the original familiar context, history is fictionalized and excursions into overtimeliness are possible. The affinity of the widest variety of forms which the inconceiveable has the power to assume, is of interest to the artist in his archivistic search for traces. The things themselves - from which man remains excluded as they are only accessible to him in an imparted manner - will nevertheless in no way be instrumentalized. Bielicky's art is at one and the same time oxymoronic: ideas become visibly perceptible without even the Judaic image prohibition being infringed. A testimony of

Inventur, 1989

Der Name, 1990

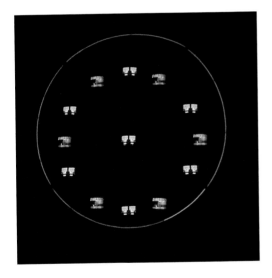

Perpetuum Mobile Clock, 1991

Sephirotbaum, 1991

**127**

archivarischen Spurensuche. Die Dinge selbst – von denen der Mensch ausgeschlossen bleibt, da sie ihm nur vermittelt zugänglich sind – werden indessen keineswegs instrumentalisiert. Bielickys Kunst ist gleichsam oxymoronisch angelegt: Ideen werden visuell erfahrbar, ohne daß je das judaische Bilderverbot mißachtet würde. Eine Respektbezeugung vor den verschiedensten Manifestationen des Wissens, die auf bildliche Hierarchisierung verzichtet. Der Zeitgenosse entscheidet nicht endgültig über seine Position im unablässigen Fluß der Zeit, sondern bejaht seine vorbehaltliche Stellung, die er in diesem inne hat. Er reklamiert sich als Teil jener Zukunft, die in der Gegenwart – aus der Vergangenheit gespeist – im permanenten Entstehen begriffen ist. Die schlichte Präsenz des Symbols etwa in der Installation „Menora" eröffnet eine Flut von Assoziationen, die sich – vom Objekt ungelenkt – über die Begrenztheit des geschichtlichen Augenblicks hinwegsetzt und in Regionen vorstößt, die sich der Abbildbarkeit verschließen.

Das Nachwirken archetypischer Motive in Bielickys Skulpturen – sei es nun die immer wiederkehrende Siebenzahl, die Menora, die Kreis- und Spiralstruktur, Feuer und Wasser als metaphysische Bedeutungsträger – legt Zeugnis ab von der Synchronizität des Diachronen, von der Gleichzeitigkeit des Ungleichzeitigen, von unzeitgemäßen Parallelen. Der eigentümlichen Antiquiertheit des Menschen wird Tribut gezollt, der eine zunehmend dehumanisierte Lebenswelt mit einem Rückgriff aufs Irrationale beantwortet, das mitunter im Ästhetischen angetroffen werden kann. Von der Erschwernis der Bedingungen des Spirituellen zeugt die Tatsache, daß dessen Symbole reproduziert, sprich: allein in der Simulation anschaulich werden. Der freiwillig vollzogene kollektive Abschied vom Authentischen in der Konsumgüterwelt wird so augenfällig. Die Skulpturen indessen weisen auf die Unaufgebbarkeit der Sehnsucht nach dem Spirituellen hin, das sich nicht simulieren, noch reproduzieren läßt. Anders als die tendenziell omnipotenten Medien, achtet die Kunst das Unverstandene, Nicht-Abbildbare. Der Sender der visuell erfahrbaren Informationen ist bei Bielicky immer im „Irgendwo" verortet, dem am nächsten noch eine kryptische Kugel kommt. Zwar lassen sich auch hier die Empfangsbedingungen rekonstruieren und rational erschließen – so wissen wir etwa, daß sich bei der Installation „Der Innere Beobachter" in der schwarzen Kugel eine Infrarotkamera verbirgt, die das Wort „Licht" in alle Heimlichkeit aufnimmt und dann über einen angekop-

respect to the widest range of manifestations of knowledge which does away with graphical hierarchy. The contemporary does not have the final decision as regards his position in the incessant flow of time, but does acknowledge his provisional position which is inherent in this. He reclaims that he is a part of that future - which is understood to be permanently developing in the present - supplied from the past. The mere presence of the symbol, for example in the installation „Menora", opens up a flood of associations which disregard - not directed by the object - the limitation of the historical moment and penetrates into regions which close themselves off to the possibility of depiction. The consequences of archetypical motives in Bielicky's sculptures - be it the recurrent number seven, the Menora, the circular and spiral structure, fire and water as metaphysical symbols of meaning - speaks for the synchronicity of the diachronies, for the simultaneousness of non-simulatneousness, for dated parallels. Tribute is paid to the inherent antiquatedness of man which replies to an increasingly dehumanized world of life with a recourse to the irrational, which occasionally can be found in the aesthetic. The complications of the conditions of the spiritual are proven by the fact that these symbols are reproduced, that is: only become clear in simulation. The voluntarily effected collective farewell from the authentic in the world of consumer goods consequently becomes conspicuous. The sculptures nevertheless indicate the inability to give up the desire for the spiritual which cannot be simulated nor reproduced. In contrast to the tendential omnipotent media, art respects the misunderstood. the, non-depictable. The transmitter of visually perceptible information is always located in the „somewhere" in Bielicky's work, the closest to which comes a cryptic globe. Even here the terms of reception can be reconstructed and rationally made accessible - and so we more or less know that in the installation „The Inner Observer", an infra-red camera is concealed in the black globe which picks up the word „light" in all secrecy, broadcasting it by means of a coupled transmitter to the monitors which are switched on to receive, - yet Bielicky aims deliberately at the dark, opaque form inaugurated by the secretive black globe. A metaphoric approach to the relativity of human perceptive processes.

In his art, Michael Bielicky opposes the omnipotent mania of that hybrid rationality which in the wake of Enlightenment, acts, as it were as the relieving principle. Performed with the aid of artificial gestures and with technical media, Bielicky tracks down the undeceivable dialectics of synchronism and difference, continuity and alterity, the calculated and the chance and reminds us, with man-made means, of that

reality which exists away from anthropocentric world pictures and evolutionary-cultural superiority.
Wolfgang Werth

**The Inner Observer**

The concept, inner observer, plays an important role in Judaism. The Greek and Jewish idea of visual experience is contrary in nature. European art was inspired by the Greek, of comprehending art as a mimesis. The words ars, art, are related to imitation, copy, duplication, fake. Omanut (Hebrew art) is included in words like truth, belief, hand work, education. The statues of Venus and Apollo taught us to contemplate the exterior and to listen to the inner voice (mythology). Jewish philosophy is based on listening to the exterior and seeing the interior. The artist is not so much imitating the God himself, but rather the process of creation.

On account of the character of the eye, the sense of seeing has something alienating about it. We can have direct contact with all our senses, (physical) expect with the eyes. Fingers touch, the nose is buried in a flower, the ear is on the chest, listening to the heart beat. But if the eye is on a picture it cannot recognize the picture. It must distance itself from the picture to be able to see it. The watchmen in museums are there to make us experience art in an exclusively visual way. The "Thora" role is also experienced by reading, dancing, kissing, and touching.

It is the inner light that makes the essence of our life. It is the inner light that gives reason to philosophy, religion, physics, and art as it exists.

pelten Sender an die auf Empfang geschalteten Monitore ausstrahlt –, doch setzt Bielicky gezielt auf den dunklen, undurchsichtigen Gehalt, die jene gemeimnisvolle schwarze Kugel inauguriert. Eine metaphorische Annäherung an die Bedingbarkeit menschlicher Wahrnehmungsprozesse. Michael Bielicky widersetzt sich mit seiner Kunst dem Allmachtswahn jener hybriden Rationalität, die sich im Gefolge der Aufklärung als gleichsam erlösendes Prinzip gebärdet. Mit Hilfe artifizieller, mit technischen Medien inszenierter Gesten spürt Bielicky die unhintergehbare Dialektik von Gleichauf und Differenz, Kontinuität und Alterität, Kalkül und Zufall auf und erinnert so mit menschengemachten Mitteln an jene Realität, die abseits von anthropozentrischen Weltbildern und evolutionär-kultureller Überheblichkeit existiert.
Wolfgang Werth

**Der Innere Beobachter**

Der Begriff des inneren Beobachters spielt im Judentum eine wichtige Rolle. Die griechische und jüdische Idee der visuellen Erfahrung sind gegensätzlicher Natur. Die europäische Kunst wurde von der griechischen inspiriert, die Kunst als Mimesis zu verstehen. Die Wörter ARS, Kunst, Art sind verwandt mit Imitation, Kopie, Nachahmung, Fälschung. Omanut (Hebr. Kunst) ist in Worten wie Wahrheit, Glaube, Handwerk, Bildung beinhaltet. Die Statuen von Venus und Apollo lehrten uns das äußere zu betrachten und die inneren Stimmen zu hören (Mythologie). Die jüdische Philosophie ist begründet im Hören des Äußeren und Sehen des Inneren. Der Künstler imitiert weniger den Gott selbst, als vielmehr den Prozeß der Schöpfung.

Durch die Eigenart des Auges bedingt, hat der Sehsinn an sich etwas Entfremdendes. Man kann mit allen unseren Sinnen einen direkten (Physischen) Kontakt haben, außer mit den Augen. Die Finger berühren, die Nase ist in eine Blume versenkt, das Ohr liegt an der Brust und hört den Herzschlag. Wenn aber das Auge an einem Bild liegt, erkennt es das Bild nicht. Es muß sich vom Bild entfernen, um es zu sehen. Die Wächter in den Museen sind dafür da, uns die Kunst exclusiv visuell erleben zu lassen. Die Thorarolle wird außer durch das Lesen auch durchs Tanzen, Küssen und Berühren erfahren.

Es ist das innere Licht, das das Wesen unseres Lebens ausmacht. Es ist das innere Licht, das die Philosophie, Religion, Physik und Kunst in ihrem Dasein begründet.

# Watch Yourself

## Timothy Binkley

Watch Yourself schafft ein Environment, in dem Teilnehmer mit computergesteuerten Videobildern ihrer selbst interagieren, die in aus der Kunstgeschichte bekannten Gemälden eingebaut sind. Nachdem sie sich selbst in diese verehrten Kultur-Ikonen „gesetzt" haben, können die Benutzer das Resultat in Form einer Postkarte ausdrucken. Diese interaktive Installation verwendet eine einfache Virtual-Reality-Technologie, die keine besondere Fertigkeit oder Übung benötigt. Die Benutzer-Interaktion ist leicht und sofort zufriedenstellend. Eine typische Benutzung dauert zwischen einer und fünf Minuten.

Wenn der Teilnehmer/die Teilnehmerin sich einem Videomonitor nähert, erscheint sein/ihr Bild dort. Eine kleine Ikone, die aus einem der zur Verfügung stehenden Gemälde herausgenommen wird, beginnt, von oben herunterzufallen. Wenn der Benutzer/die Benutzerin diese Ikone mit seinem/ihrem eigenen Bild fängt, greift der Computer nach dem Bild der Person und zeigt es sofort in dem Teil des Gemäldes, aus dem die Ikone genommen wurde. Wenn der Drucker nicht arbeitet, kann der Benutzer/die Benutzerin sich das Gemälde aussuchen, mit dem er/sie arbeiten möchte. In dem Moment, wo der Teilnehmer/die Teilnehmerin mit der Art wie er/sie in das Kunstwerk gestellt aussieht, zufrieden ist, aktiviert eine einfache Geste den Drucker, der eine Postkarte von dem, was auf dem Bildschirm zu sehen ist, anfertigt. Die Installation arbeitet automatisch.

Eine der vorrangigen Absichten dieser Installation ist es, die aktive Beteiligung eines Computers gegen die passive Rolle, die bei traditionellen Kunstwerken vorausgesetzt wird, zu spielen. Ein weiteres Ziel ist es, die persönliche Beteiligung mit unpersönlichen kulturellen Paradigmen zu verbessern. Sie macht den Bildersturm nachvollziehbar, indem sie dem Benutzer/der Benutzerin erlaubt, diese geheiligten Bilder mit ihrem eigenen Abbild zu „beschädigen". Nicht wie die Bilderstürmer der Vergangenheit, die

**Watch Yourself**

Watch Yourself creates an environment in which participants interact with computer-processed video images of themselves that are integrated with will-known paintings from the history of art. After putting themselves into these revered cultural icons, the users can print out the results in the form of a postcard. This interactive installation employs a simple virtual reality technology which requires no special gear of training. The user interaction is easy and immediately satisfying. Typical sessions last from 1–5 minutes. As the participant approaches a video monitor, his or her own image appears there. A small icon extracted from one of the available paintings begins falling from above. As the user catches this icon with his or her own image, the computer grabs the person's picture and immediately displays it in part of the painting from which the icon was taken. If the printer is not busy, the user may choose which painting to work with. Once the participant is happy with the way he or she looks inserted into the artwork, a simple gesture activates the printer, which produces a postcard of what appears on the screen. The installation works automatically and does not require an operator or attendant, except perhaps to collect the fee for a printout. However, it is often useful to have someone present who can coach users into getting what they want more quickly. A second video display is mounted nearby in the exhibition space to draw the interest of potential users.

One of the main motivations of this installation is to play the active involvement of a computer against the passive role assumed by traditional works of art. Another aim is to enhance personal involvement with impersonal cultural paradigms. It makes iconoclasm palpable by allowing users to "vandalize" these hallowed pictures with their own visages. Unlike iconoclasts of the past who were often merely lobbying for replacement icons, its purpose is rather to highlight the radically different cultural possibilities opened up by computerized virtual realities that attenuate and diverslfy the imposing authority of tradition. Two specific themes have to do with the presentation of gender in art and the elusiveness of pictorial space.

oft nur für Ersatzikonen eintraten, ist ihre Absicht eher, die radikal unterschiedlichen kulturellen Möglichkeiten hervorzustellen, die durch die computerisierten virtuellen Realitäten eröffnet werden, die die beeindruckende Autorität der Tradition mildern und diversifizieren. Zwei spezielle Themen haben mit der Darstellung von Geschlecht in der Kunst und der Unerreichbarkeit des bildlichen Raumes zu tun.

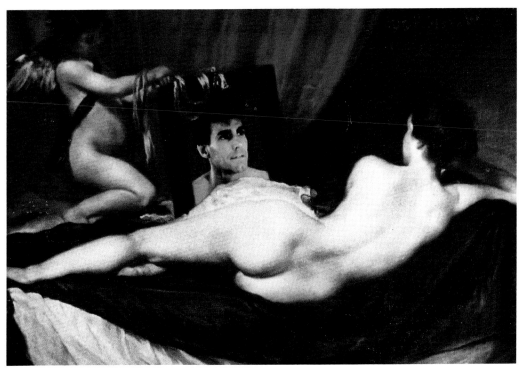

Watch Yourself, 1991

# Globus oculi

## Jean-Louis Boissier

### Die Poetik von interner *Ingangsetzung* und *Abzweigung*

Der Bildschirm ist ein neuer Verlagsraum, ein Mittel der Organisation von Texten, Bildern und Tönen, das – dank der in interaktiven Videoinstallationen gegebenen Verbindung zweier Methoden des Werkzugangs, nämlich des *Spektakels* und der *Lektüre* – vielfältigere Interpretationsmöglichkeiten eröffnet als Buch. Die Lektüre ermöglicht dem Publikum eine Autonomie der Entscheidung, des flüchtigen Durchlesens und der Interpretation. Das Spektakel kann eine vollendete Ausführung, eine organisierte Zeit, gegliederte Ereignisse mit sich bringen. Die üblicherweise vom Spektakel ausgehende Bewegung wird in der interaktiven Lektüre nachvollziehbar. Das Durchblättern und der Gang der Lektüre widersprechen nicht unbedingt der Bewegung, die dem Bild eigen ist: es wird eine Beziehung zu Büchermechanismen hergestellt, wobei der Leser selbst rudimentäre, vereinfachte, signifikante Transformationen in Gang setzt.

Der Computer ist sowohl Produktions- wie auch Distributionsinstrument des Programms. Flüssigkeit und Vollständigkeit von Datenzirkulation, Verfahrensspeicherung und Informatik, inklusive jener in den einfachen Systemen der Mikroinformatik, offenbaren diese Kapazität zur Verwirklichung eines eigentümlichen *Kontinuums* vom Autor hin zum Leser. Der Großteil meiner Recherchen versucht den Begriff des Erfassens einzukreisen und ihn über die Methoden der Filmaufnahme hinaus zum Prinzip der interaktiven Beratung zu erweitern. Die dem Bild innewohnenden potentiellen Ereignisse hängen, wie der photographische Bildertypus, von einem Verfahren zur Ermittlung der Realen ab. Die vom Programm vorgeschlagenen interaktiven Verfahren, können selbst wiederum als Bilder gesehen werden, als Indizien für aus der Wirklichkeit und insbesondere aus der Programmausstattung selbst übernom-

### Poétique du déclenchement et de la bifurcation internes

L'écran de l'ordinateur est un nouvel espace d'édition, un moyen d'organisation des textes, des images et des sons qui offre un potentiel d'interprétation plus ouvert encore que celui de livre, grâce à l'alliance, dans les installations vidéo interactives, des deux modes d'accès à l'oeuvre que sont le spectacle et la lecture. Le mode de la lecture offre au public une autonomie de décision, de parcours et d'interprétation. Le spectacle est à même de fournir une exécution achevée, un temps organisé, des événements articulés. Le mouvement, ordinairement distribué par le spectacle, devient accessible dans la lecture interactive. Le feuilletage et le cours de la lecture ne contredisent pas nécessairement un mouvement propre à l'image: référence est faite aux livres à mécanismes où le lecteur déclenche lui-même des transformations rudimentaires, simplifiées, signifiantes.

L'ordinateur est à la fois l'instrument de la production du programme et celui de sa diffusion. Fluidité et intégrité de la circulation des données, mémorisation des processus, l'informatique, y compris celle qui est à l'oeuvre dans les systèmes simples de la micro-informatique, révèle cette capacité à réaliser un continuum singulier de l'auteur au lecteur. La plupart de mes recherches tentent de cerner la notion de saisie en l'élargissant, au delà des méthodes de prise de vue, au principe de la consultation interactive. Les événements potentiels internes à l'image relèvent, comme les images de type photographique, d'une opération d'acquisition sur le réel. Les procédures interactives que propose le programme peuvent être regardées elles aussi comme des images, comme les indices d'attitudes et de gestes empruntés au réel et, singulièrement, à la confection du programme lui-même. Le lecteur tend à accéder, sur le registre de la simulation, au processus qui a vu l'image se produire.

Avec les programmes multimédia interactifs [que l'on désigne aujourd'hui par hypermédias], comme avec l'image de synthèse interactive [que l'on désigne par réalité virtuelle], s'ouvre un nouveau territoire esthétique. L'auteur y organise des situations de navigation, de choix, de découvertes, de manipulation, de rétroaction. L'interactivité est au cœur de la nouvelle écriture et de la nouvelle plasticité apparues avec les techniques informatiques.

Rétrospectivement, cette dimension de l'interactivité, qui qualifie à la fois la relation de l'auteur à son outil et à sa production et le comportement du public confronté à ce travail, peut être repérée dans de multiples aspects de l' histoire de la création. Comme toujours, l'informatique transforme, principalement à cause de la vitesse de traitement qu'elle implique, des phénomènes secondaires ou latents, jusqu'à en changer la place et les effets esthétiques. Les travaux de création interactive reposent sur cette vitesse de rétroaction, dans le temps que perçoit le manipulateur, et sur la capacité de ce qui est manipulé à fournir une réponse spécifique à une sollicitation spécifique.

L'esthétique spécifique des travaux interactifs, si elle doit être recherchée, réside probablement dans ces deux notions liées: le temps réel et l'autonomie. Elle se joue dans cette situation paradoxale qu'engendrent des entités qui ne peuvent se suffire à elles-mêmes, qui réclament fondamentalement la participation active du public, mais qui pour cela même se doivent de posséder une autonomie de comportement, un potentiel de variabilité et d'adaptation, considérables. C'est pourquoi l'interactivité est attachée à cette mutation du régime de la représentation qui est celle de la simulation. Les «objets» de cette simulation ne sont plus des images, des textes, des sons, ni même la seule combinaison de sensations visuelles, acoustiques et tactiles, mais des dispositifs complexes, hybrides, qui incluent une part des instruments qui les ont préparés, quant ils ne s'identifient pas eux-mêmes aux machines. Il n'est d'œuvre en dehors du dispositif, le dispositif fait œuvre, se fait œuvre.

Un autre aspect de ce paradoxe réside dans cette notion, elle encore empruntée au vocabulaire de l'informatique, qu'est l'interface. On a souvent insisté sur le caractère «immatériel» de ce que travaille l'informatique, sur la dématérialisation de l'œuvre qui en résulterait, prolongeant une tendance artistique de la perte de l'objet. [Au demeurant, le terme d'immatériaux, forgé par Jean-François Lyotard en 1984, l'était pour redonner consistance à ce qui ne pouvait être laissé purement au rang de l'«immatériel»].

Est virtuel ce qui reste «en puissance», ce qui possède le pouvoir de se réaliser sans nécessairement le faire, ce qui exprime ses capacités sans jamais les afficher complètement. À ce qui est fait avec art, à l'artificiel donc, s'adjoint un espace poétique fait de potentiel et d'éven-

mene Einstellungen und Gesten. Der Leser versucht im Simulationsverzeichnis Zugang zu jenem Verfahren zu erlangen, welches die Selbsterzeugung des Bildes verfolgt hat.

Mit interaktiven Multimediaprogrammen (die heutzutage mittels Hypermedien konstruiert werden), etwa mit der interaktiven Bildsynthese (die über Virtual Reality konstruiert wird), eröffnet sich ein neues ästhetisches Terrain. Der Autor organisiert hier Steuerungs-, Auswahl-, Such-, Bearbeitungs- und Rückkopplungssituationen. Die Interaktivität befindet sich im Zentrum des neuen Schreibens und der neuen Plastizität, die mit den Techniken der Informatik in Erscheinung getreten sind.

Im Rückblick betrachtet, zeigt sich diese Dimension der Interaktivität, die die Beziehung des Autors zu seinem Werkzeug und zu seiner Produktion ebenso bestimmt wie das Verhalten des mit dieser Arbeit konfrontierten Publikums, in zahlreichen Aspekten der Geschichte des künstlerischen Schaffens. Immer transformiert die Informatik – hauptsächlich aufgrund ihrer Verarbeitungsgeschwindigkeit – sekundäre oder latente Phänomene, bis hin zur Änderung des Ortes und der ästhetischen Wirkungen. Die interaktiven Arbeiten beruhen auf dieser Rückkopplungsgeschwindigkeit in der vom Benutzer wahrgenommenen Zeit und auf dem Umfang dessen, was bearbeitet wird, um eine spezifische Antwort auf eine spezifische Fragestellung zu erstellen.

Die besondere Ästhetik interaktiver Arbeiten beruht, wenn sie selbst zum Gegenstand der Untersuchung wird, vielleicht auf zwei miteinander verknüpften Begriffen: *Echtzeit* und *Autonomie*. Sie spielt sich in einer paradoxen Situation ab, welche Entitäten hervorruft, die sich selbst nicht genügen können und die grundlegend eine aktive Partizipation des Publikums erfordern, die aber gerade deswegen über eine Autonomie des Verhaltens und über ein beachtliches Potential an Variabilität und Anpassungsvermögen verfügen müssen. Deshalb ist die Interaktivität an eine Veränderung des Verfahrens der Repräsentation gebunden und das ist jene *der Simulation*. Die "Objekte" dieser Simulation sind nicht mehr die Bilder, Texte, Töne, nicht einmal die bloße Kombination von visuellen, akkustischen und Tastempfindungen, sondern komplexe, hybride Apparaturen, die einen Teil der Instrumente, die sie erzeugt haben, mit einschließen, sofern sie sich nicht selbst mit den Maschinen identifizieren. Es ist nicht ein Werk außerhalb der Appparatur, vielmehr macht die Apparatur das Werk, macht sich zum Werk.

Globus oculi, 1992

Ein anderer Aspekt dieses Paradoxons wohnt einem Begriff inne, der ebenfalls dem Vokabular der Informatik entliehen ist, nämlich dem Begriff der *Schnittstelle*. Oft wurde auf dem "immateriellen" Charakter dessen, was die Informatik bearbeitet, insistiert, auf der Dematerialisation des daraus resultierenden Werkes, womit sich die künstlerische Tendenz des Objektverlusts fortsetzt. (Übrigens wurde der Terminus "immatériaux" von Jean-Francois Lyotard 1984 formuliert, um dem, was nicht rein auf dem Rang des "immatériel" belassen werden konnte, wieder Konsistenz zu verleihen).

Ist dasjenige virtuell, was im Zustand "des Vermögens" verharrt, was die Macht hat, sich zu verwirklichen, ohne es notwendigerweise auch zu tun, was seine Fähigkeiten zum Ausdruck bringt, ohne sie jemals völlig kundzutun? An das Kunstgemachte, also an das Artifizielle, schließt ein poetischer Raum des Potentiellen und der Möglichkeiten an, etwas, das über den Anstrich der Realität verfügt, ohne sich mit dem, was gewöhnlich als real bezeichnet wird, zu vermischen. Wenn die vom Computer produzierte und verarbeitete informationelle Substanz sich allein über ihren sprachlichen und abstrakten Charakter bestimmen würde, könnte sie nicht auch noch außerhalb der Maschinen

tualités, quelque chose qui se donnerait des allures de réel sans se confondre avec ce que l'on désigne ordinairement comme réel. Si la substance informationnelle produite et traitée par l'ordinateur s'identifie par son caractère langagier et abstrait, elle ne saurait pourtant exister hors des machines, ni surtout être accessible sans le truchement de quelconques dispositifs.

L'artiste qui veut aujourd'hui aborder ce «genre» qu'est le virtuel, se trouve contraint à choisir ou à concevoir aussi et peut-être d'abord l'inferface éminemment tangible qui en réglera l'accès, les déclenchements et les bifurcations internes. A regarder les recherches récentes des quelques artistes de la «réalité virtuelle» ou des «hypermédias», on constate une prise en compte de l'interface comme partie intégrante de l'oeuvre. Qui plus est, l'implication du spectateur, de son corps, se doit d'être mise en scène. On le savait depuis les recherches sur la «participation du spectateur» des années 60 et 70, le spectateur, maintenant lecteur, interprète et acteur, ou au moins vu comme tel par les autres spectateurs, est devenu partie constitutive de la proposition artistique. Ceci en l'absence, peut-être provisoire, d'une interface «standard», qui tendrait à s'effacer tant pour l'auteur que pour le public, comme peut le faire par exemple le projecteur pour le cinéma ou la reliure pour la littérature. Mais peut-être littérature ou cinéma se sont-ils fondés comme disciplines par ces interfaces là.

L'idée d'interactivité et la relation d'interaction alle-même ne sauraient être acceptées comme simples valeurs d'efficacité. L'implication de ces techniques dans le travail artistique conduit à un écart critique qui émane de l'expérience authentique de leurs limites, de la nécessaire déception. C'est cette considération du travail d'ordre à la fois perceptif, psychologique et comportemental, qui m'a permis d'avancer l'expression de «dramaturgie de l'interactivité»*. J'ajouterais aujourd'hui que, tout en espérant un approfondissement du caractère conceptuel des recherches d'un art du virtuel, conforme à son principe interne fondamental, il convient de travailler à l'homogénéité et à la pertinence de l'interface et de la scénographie qui lui sont inévitablement appliquées, et pour tout dire à sa paradoxale plasticité. Car s'il est difficile et peut-être inutile, de tracer le partage du virtuel à l'actuel, il reste à travailler, comme souvent en art, aux bords extrémes parfaitement repérés: du plus profond du logiciel à la surface de la commande.

* «Dramaturgie de l'interactivité», Colloque *Vers une Culture de l'interactivité*, Cité des Sciences et de l'Industrie, Oktober 1988.

existieren und vor allem wäre sie ohne die Vermittlung irgendwelcher Apparaturen nicht zugänglich.

Der Künstler, der sich heute dem "Genre" *des Virtuellen* zuwenden will, sieht sich gezwungen, sich auch und vielleicht sogar *zuerst* der überaus bedeutsamen Schnittstelle, die den Zugang, die internen Ingangsetzungen und Abzweigungen steuert, zuzuwenden bzw. sie zu begreifen. In Anbetracht der jüngsten Recherchen einiger "Virtual-Reality"- oder "Hypermedien"-Künstler, ist eine Berücksichtigung der Schnittstelle als integraler Werkbestandteil festzustellen. Noch wichtiger ist, daß die Miteinbeziehung des Zuschauers, seines Körpers, inszeniert werden muß. Das ist seit den in den 60er und 70er Jahren angestellten Untersuchungen über die "Partizipation des Zuschauers" bekannt, – der Zuschauer, jetzt Leser, Interpret und Akteur, oder als solcher zumindest von den anderen gesehen, ist zum konstitutiven Bestandteil der künstlerischen Arbeit geworden. Dies angesichts eines – vielleicht provisorischen – Mangels an einer "Standard"-Schnittstelle, die danach trachten würde, sowohl gegenüber dem Autor wie auch gegenüber dem Publikum in den Hintergrund zu treten, wie dies z.B. der Projektor für das Kino oder der Bucheinband für die Literatur kann. Aber vielleicht sind Literatur oder Kino als Disziplinen gerade über solche Schnittstellen entstanden.

Die Idee der Interaktivität und die Interaktionsbeziehung selbst wären als simple Effizienzwerte nicht akzeptiert worden. Die Einbeziehung dieser Techniken in die künstlerische Arbeit führt zu einer kritischen Distanz, die aus der authentischen Erfahrung ihrer Grenzen, aus der notwendigen *Enttäuschung*, hervorgeht. Es ist diese Sicht der sowohl perzeptiven, wie auch psychologischen und das Verhalten berücksichtigenden Ordnungsarbeit, die es mir ermöglicht hat, den Begriff der "Dramaturgie der Interaktivität"* in den Raum zu stellen. Ich füge heute – ganz in der Hoffnung auf eine Vertiefung des konzeptuellen Charakters der Forschungen über die Kunst des Virtuellen, entsprechend ihrem inneren Grundprinzip – hinzu, daß an der Homogenität und Angemessenheit der Schnittstelle und Szenographie, die unvermeidlich an ihr appliziert werden, und um alles zu ihrer paradoxen Plastizität zu sagen, gearbeitet werden muß. Denn es ist schwierig und vielleicht überflüssig, den Anteil des Virtuellen am Aktuellen zu beschreiben, man muß, wie so oft in der Kunst, an den klar zu erkennenden Extremen arbeiten: vom tiefsten Grund des Logischen zur Oberfläche des Befehls.

# Three Linked Cubes

# Dan Graham

## Die Kunst der Schnittstelle

*„Man muß lernen, halbdurchlässig und spielend mal das Glas und mal der Spiegel zu sein."* (Thierry de Duve: Dan Graham und die Kritik der künstlerischen Autonomie, Bern1983)

Der Satz, den Thierry de Duve auf Dan Grahams 1981 geschaffenes Projekt „Cinema" bezieht, läßt sich nicht nur auf seine zwischen Architektur und Skulptur sich bewegenden Arbeiten wie etwa „Alteration to a Suburban House" (1978) oder die Pavilions der letzten Jahre anwenden, sondern auch bereits auf seine frühen Performances und Raum-Spiegel-Video Installationen.

Die politische Dimension des Werks von Dan Graham ist seit jeher ablesbar und hat sich in Umsetzungen wie der medial orientierten Arbeit „Schema" bereits früh als wesentliches Anliegen gezeigt. Dieses Werk besteht aus einer Liste von Anleitungen für die Komposition von Gedichten, die aus Zeitungsannoncen vom Herausgeber des jeweiligen Mediums zusammengestellt werden. So, wie sich bei dieser Arbeit die Erscheinungsform von Ausgabe zu Ausgabe völlig verändert, der Rezipient also jedesmal eine völlig andere Sichtweise desselben Werks einnimmt, so spielen die Pavilions von Dan Graham mit ihren Glas-, halbdurchlässigen und verspiegelten Scheiben ebenfalls mit dem Verhältnis von Beobachter und Objekt. Die jeweilige Position des Betrachters bestimmt nicht nur seinen momentanen Standpunkt, sondern verändert das Werk (Objekt) dadurch gleichzeitig in der Art seiner Präsenz. Der Part des Betrachters wird gleichsam zu dem eines Performers, der das Objekt seiner Kontemplation erst erschafft. Die Tatsache, daß es vorher schon da war, wird damit in Frage gestellt, da das, was da war, etwas anderes ist.

Hier stößt man nun auf jene Fragen, die die Endophysik mit ihrer Deklamation der „Welt von Innen" aufwirft: welches Bild von der Welt haben wir uns gemacht, damit wir es so

## The Art of the Interface

*„You have to learn to be playing one minute semi translucent the glass and the next the mirror."* (Thierry de Duve)

This quotation with which Thierry de Duve refers to Dan Grahams project „Cinema" (1981) does not only apply to his works that range between architecture and sculpture like „Alteration to a Suburban House" (1978) or the pavilions of the recent years but also to his earlier performances and his space-mirror-video installations.

The political dimension of Dan Graham's work has always been recognizable and has always been one of his essential concerns as shown in transformations like the medially orientated work „Schema": This work consists of a list of guidelines how to compose poems, made up of magazine ads by the editor of the respective media. Here the outward appearance varies greatly from edition to edition and consequently the way the spectator sees the identical work vary likewise; and the pavilions by Dan Graham with their glass panes, semi translucent and reflecting panes play with the relation observer and object in the same way. The particular position of the observer does not only determine his present viewpoint but at the same time alters the work of art by his/her presence.

The role of the observer becomes so to speak the role of a performer who has yet to create the object of his contemplation. The fact that it has existed already before is thus being questioned, as the thing that has been here before, is something else.

Here those questions crop up which are raised by endophysics with its declamation „The World from Within": What sort of image of the world have we created to see it the way we see it - or: where do we find that interface to which we have to move or which we would have to become ourselves to be able to cast so to speak an exogenous glance at a world.

In his way Dan Graham did this already in the seventies with his projects „Present Continuous Past(s)" (1974), „Two Viewing Rooms" (1975)

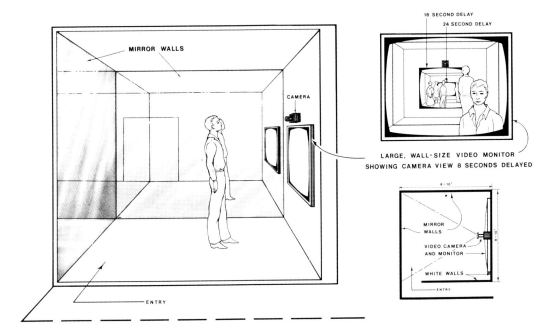

Present Continuous Past(s), 1974

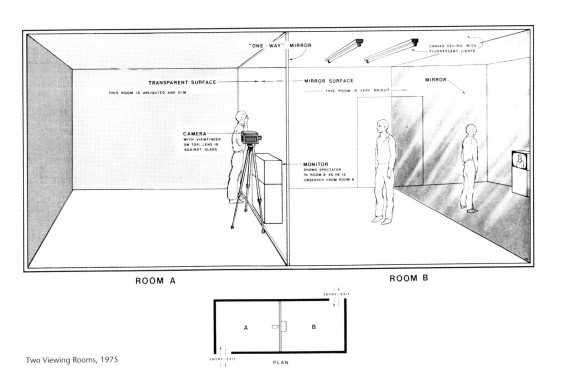

Two Viewing Rooms, 1975

sehen, wie wir es tun - oder besser: wo befindet sich jene Schnittstelle, in die wir uns begeben bzw. zu der wir selbst werden müßten, um gleichsam einen exogenen Blick auf eine Welt werfen zu können.

In seiner Art hat das Dan Graham bereits in den siebziger Jahren mit Projekten wie „Present Continuous Past(s)" (1974), „Two Viewing Rooms" (1975) oder „Public Space, Two Audiences" (1976) getan, vor allem aber mit seinen Performances „Performer/Audience Sequence" (1974) und „Audience Performer, Mirror" (1977). Dort erschafft erst die Reaktion des Publikums das, was der Performer erzählt (welche Welt er kreiert), seine Worte wiederum beeinflussen das Verhalten und die Sichtweise des Publikums. Jeder spiegelt sozusagen den anderen, was zu einer unendlichen Koppelung des Bildes/Ergebnisses führt. So wie in „Present Continuous Past(s)" der *„Bildschirm im Bildschirm im Bildschirm () nicht nur den Raum, sondern auch die Zeit an ihre abgründige Grenze (bringt)"* in deren *„Fluchtpunkt sich die unendliche Vergangenheit 'befindet'"* (de Duve), so ist auch dieser Fluchtpunkt imaginär. Die Entropie von Zeit und Raum wird dabei nur durch einen seitlichen, zusätzlichen Spiegel aufgehoben, der dem Betrachter das „Heraustreten" aus seiner „Welt" ermöglicht. Genau an dieser Stelle, in dem Moment, wo sich der Betrachter vom gespiegelten Video-Bild abwendet, entsteht eine Art „Schnittstelle", die das Innere (= das entropische gespiegelte und zeitversetzte Videobild) und das Äußere (= die Reflexion in den seitlichen Spiegel) verbindet/trennt. Fast könnte man meinen, die Frage nach einer naturwissenschaftlich-philosophischen Erklärung für die „Welt von Innen" sei schon längst von der Kunst geklärt worden. Dan Grahams verspiegelte, halbdurchlässige Pavilions jedenfalls lassen den Betrachter die Erklärung intuitiv erahnen.

Katharina Gsöllpointner

Quellen:
Dan Graham: Pavilions. Bern 1983
Dan Graham. Katalog. ARC, Paris 1987
Brian Hatton: Dan Graham. Present Continuous. In: ARTSCRIBE. London Dec.1991

Das Projekt wurde ermöglicht durch die freundliche Unterstützung der Galerie Isy Brachot, Brüssel, und von Nicole Klagsbrun, NYC.

Video View of Suburbia in an Urban Atrium, 1979

or „Public Space, Two Audiences" (1976), but above all with his performances „Performer/ Audience Sequence" (1974) and „Audience Peformer, Mirror" (1977). There is the reaction of the observer that creates what the performer wants to convey (the sort of world he creates), on the other side it is his words that influence the behaviour and the point of view of the observer. In a way each of them reciprocally reflects the other which results into an endless feedback of the picture/result. Like in „Present Continuous Past(s)" the *„monitor in the monitor in the monitor does not only take space but also time to its extreme limit and in its vanishing point there is the infinite past"* (de Duve). So, this vanishing point - the endless feedback picture/result - is imaginative, too. Here the entropy of time and space is neutralized only by an additional side mirror which enables the spectator to „step out" of his/her „world". At the very spot where and at the very moment when the spectator turns away from the reflected video image, a sort of „interface" comes into existence which combines/spearates the interior (=the entropical reflected and timeshifted video image) and the exterior (=the reflection into the side mirror). One could think that the question about a scientific-philosophical explanation for the „World from Within" has been answered for a long time. Anyway, Dan Graham´s reflecting semi translucent pavilions allow the observer to intuitively anticipate the explanation.

Katharina Gsöllpointner

Interior Space for Showing Video Tapes, 1986

Rooftop Project, DIA Center for the Arts, NYC 1991

**139**

## Der Endogene Blick
## Zeitgenössische Videokunst in Dan Graham's
## „Three-Linked-Cubes"-Pavillon

*„Wir dürfen nicht so weit kommen, nicht so weit gehen, daß wir in allem und jedem und hinter allem und jedem eine Merkwürdigkeit vermuten, etwas Rätselhaftes, Bedeutungsvolles (…). Alles ist das, das es ist, sonst nichts."*
(Thomas Bernhard „Korrektur", 1975)

Als horizontaler Lauftext, der mittelachsig zwei sich kontrastierende Bilder kreuzt, zitiert Shelly Silver in "We" einen von Wittgensteins „Tractatus" („1. Die Welt ist alles, was der Fall ist."[1]) sichtlich beeinflußten Thomas Bernhard. Der Penis eines masturbierenden Mannes in Großaufnahme und eine hektische Straßenszenerie als Parallel-Images zeigen lediglich „was der Fall ist". Alles andere, jede Bedeutung, Vermutung, Assoziation ist Interpretation und als solche austauschbar, beliebig. „Alles, was wir sehen, könnte auch anders sein. Alles, was wir überhaupt beschreiben können, könnte auch anders sein."[2] Wir betrachten Shelly Silvers Video im Spiegelglas von Grahams Pavillon und finden die beiden Bilder vertauscht – der Penis anstelle der Straßenszene und umgekehrt. Natürlich wandert die Bedeutung mit den Bildern. Das Banale ist immer noch banal und das Pornographische immer noch pornographisch. Unser „innerer Ordner", eine a priori-Matrix aus angelernten Werten und Zeichen macht uns die Bilder sehen wie wir sie sehen: als Repräsentanten eines bestimmten semantischen Systems, Spiegelungen einer „Vor-Welt". Wir (be)schreiben die Welt täglich als eine reale und erschaffen sie damit gleichzeitig. Wir sind selbst unsere Welt und damit sind alle Bilder der Welt die unseren. „Die Welt und das Leben sind Eins. 5.63 Ich bin meine Welt. (Der Mikrokosmos)."[3]

Die Wahrnehmung der Außenwelt als sehbehindertes Kind beschreibt der Architekt Buckminster Fuller in einem Text, den Irit Batsry in "A Simple Case Of Vision" in mehreren Varianten auflöst und visuell rekonstruiert. „Bis zu meinem Alter von 4 Jahren konnte ich nur große Muster und Strukturen erkennen. Häuser, Bäume, Umrisse von Menschen mit verschwommenen Farbtönen. Ich sah zwei dunkle Flecken in Gesichtern, aber ich konnte keine Augen, keine Tränen oder ein einzelnes Haar erkennen, bis ich 4 Jahre alt war. Mein Sehvermögen war danach mit Gläsern völlig korrigiert worden. Trotz meiner neuen Fähigkeit,

## The Endogenous View
## Contemporary Video Art in
## Dan Graham's "Three-Linked-Cubes" Pavillion

*"We shouldn't come so far, shouldn't go so far that we presume a certain peculiarity in everything, and everyone and behind everything and everyone; something puzzling, significant (…). Everything is what it is and nothing else".*
(Thomas Bernhard "Korrektur", 1975).

In "We", Shelly Silver quotes one Thomas Bernhard, clearly influenced by Wittgenstein's "Tractatus" ("1. The world is everything; that is what counts"[1]) as a horizontally running text which mid-axially cross-connects two contrasting pictures. A close-up of the penis of a masturbating man and a hectic street scene as parallel images only serve to show "what counts". Everything else, every meaning, presumption, association is interpretation and is arbitrarily interchangeable as such. "Everything we see, could be different. Everything that we can at all describe could also be different.[2] We contemplate Shelly Silver's video in the plate glass of Graham's pavillon and find that the two pictures have been interchanged – the penis instead of the street scene and vice-versa. Of course, the significance moves with the pictures, too. The banal is still banal and the pornographic is still pornographic. Our "inner monitor", a priori-matrix of acquired values and symbols makes us see the pictures as we see them: as representatives of a certain semantic system, reflections of "former ages". We describe the world every day as a real thing and in doing so create just that. We ourselves are our world and consequently all the pictures of the world are ours. "The world and life are one. 5.63 I am my world. (The Microcosmos)".[3]

The architect Buckminster Fuller describes a visually handicapped child's perception of the outside world in a text which Irit Batsry analyses and visually reconstructs in serveral alternatives in "A Simple Case of Vision". "Until the age of 4 years I was only able to recognize large patterns and structures. Houses, trees, outlines of people in blurred shades of colour. I saw two dark spots in faces, but I could not recognize eyes, tears or one single hair until I was 4 years old. After that my sight was fully corrected with glasses. Despite my new ability to preceive details I retained my childhood inner dependency on large patterns". If one perceives the world as a shadow world from birth (see Plato's cave image) this becomes reality and not the "actual" world producing the shadows. The inner conception of reality, our imagination creates the images of our culture. The endogenous view forms the outside world. This is how Buckminster Fuller introduces a new style into architecture: materialized defective sight. Irit Batsry first of all processes Fuller's text into an amorphous mass and then has it run in positive and negative forms – both interchanged – across the monitor display. "I was born, cross-eyed …".

While Shelly Silver contrasts images from a private and public world as different representatives of meaning, Kathleen Rogers works in "The Art of Losing Memory" with the analogy-computer memory/personal memory. In black/white images Rogers shows a woman doing handwork, a tailoress engrossed in her work and following a certain pattern until it finally becomes a textile product of the memory. The images are atmospheric, the movements of the performer are gracious: everything is somewhat poetic, undecided. In contrast to this, the computer asks simple questions, gives possibilities for decision: "Your choice. Yes/No." Rogers distrusts the simplicity of the binary 1/0 system. The coded matrix is a "veil of delusion". The computer has no memory. Its capacity is limited to the duplication of data, it lacks the complexity of memory experience, "The Computer Has No Memory. I See My Eyes Open". Walt Disney's "Thron" celebrated the entry of people into the virtual reality of a computer, at a relatively early age. Metamorphosis of the natural organisms in mathematical data. Re-organized as an individual in artificial space. "Superanimism" by Jason White and Richard Wright commences with such a zoom into the micro-world of a machine until a sudden loss of picture interrupts the journey into this inner world. The following images leave the observer uncertain as to whether this is an artifical or organic world. It appears as if both have fused together. New tissue structures unknown substances emerge and transform again into other forms. The last image in "Superanimism" is a rigid, stoney facial relief which is called to "life" by the lighting up of two shining eyes or rather, image sensors. The Medusa look as reversal, as a metaphor for the resurrection of dead material.
Gerald Harringer

SHELLY SILVER, "We", USA 1990, 4.00 min.
JASON WHITE / RICHARD WRIGHT,
"Superanimism", GB 1990, 3.00 min.
IRIT BATSRY, "A Simple Case Of Vision", YU 1991, 11.30 min.
KATHLEEN ROGERS, "The Art Of Losing Memory", GB 1991, 8.30 min.
DAN GRAHAM / DARA BIRNBAUM: "Rock My Religion", USA

Details wahrzunehmen, behielt ich aber meine von Kindheit an gewöhnte innere Abhängigkeit von großen Mustern." Nimmt man die Welt von Geburt an als Schattenwelt wahr (siehe Platons Höhlengleichnis), so gerinnt diese zur Wirklichkeit, und nicht die „eigentliche", die Schatten erzeugende Welt. Die innere Vorstellung von der Wirklichkeit, unsere Imagination, kreiert die Bilder (Images) unserer Kultur. Der endogene Blick formt die äußere Welt. So führte Buckminster Fuller einen neuen Stil in die Architektur ein; gestaltgewordene Fehlsichtigkeit. Irit Batsry verarbeitet Fullers Text zuerst zu amorpher Masse und läßt ihn später in Positiv- und Negativformen – beide ineinander verschachtelt – über die Bildschirmfläche laufen. "I was born, cross-eyed …"

Während Shelly Silver Bilder aus privater und öffentlicher Welt als differente Bedeutungsträger gegenüberstellt, arbeitet Kathleen Rogers in "The Art Of Losing Memory" mit der Analogie Computerspeicher/persönliche Erinnerung. Rogers zeigt in Schwarz/Weiß-Bildern eine Frau bei der Handarbeit, eine Schneiderin, die vertieft in ihre Tätigkeit – einem bestimmten Muster folgend – letztendlich zu einem textilen Gedächtnisprodukt gelangen wird. Die Bilder sind atmosphärisch, die Bewegungen der Darstellerin graziös, alles etwas poetisch verklärt, unentschieden. Dagegen stellt der Computer simple Fragen, gibt Entscheidungsmöglichkeiten: "Your Choice. Yes/No." Rogers mißtraut der Simplität des binären 1/0-Systems. Die codierte Matrix ist ein „Schleier der Täuschung". Der Computer hat keine Erinnerung.

„Superanimism" von Jason White und Richard Wright beginnt mit einem Zoom in die Mikrowelt einer Maschine, bis ein plötzlicher Bildausfall die Reise in jene Innenwelt unterbricht. Die folgenden Bilder lassen den Betrachter im Ungewissen, ob es sich um künstliche oder organische Welten handelt, es scheint, als ob beide ineinander verschmolzen wären. Neue Gewebestrukturen, unbekannte Substanzen entstehen und transformieren erneut in andere Gestalten. Das letzte Bild in „Superanimism" ist ein starres, steinernes Gesichts-Relief, das mit dem Aufblitzen zweier leuchtender Augen oder vielmehr Bild-Sensoren zum „Leben" erweckt wird. Der Medusenblick als Reversion, als Metapher für die Auferstehung toter Materie.
Gerald Harringer

[1] Ludwig Wittgenstein, TRACTATUS LOGICO-PHILOSOPHICUS, Suhrkamp.
[2] ebd.
[3] ebd.

# Tesla-Maschinen

# Günter Held

**Tesla Machines**

The coil developed by Nikola Tesla - also called Tesla transformer - is based on the principle of resonant circuits of high frequency electromagnetic oscillations and produces visually perceptible energy which can be sent out freely into space in the form of series disharges from the secondary coil.
Günter Held and Mathias Betz succeeded in reproducing the series of experiments made by Nikola Tesla and will be presenting the results they have achieved from several years' work.

Die von Nikola Tesla entwickelte Spule, auch Tesla-Transformator genannt, basiert auf dem Prinzip resonierender Schwingkreise hochfrequenter, elektromagnetischer Schwingungen und produziert visuell erfahrbare, frei in den Raum entsendbare Energie, in Form von seriellen Entladungen ihrer Sekundärspule.

Günter Held und Mathias Betz gelang es, die Versuchsreihen des Nikola Tesla zu reproduzieren, und stellen ihre, in mehrjähriger Arbeit erzielten Ergebnisse vor.

## Konzept NEUROSERV in der gegenwärtigen Kunstsphäre

Daß Kunst ein selbstreferentielles System geworden ist, eine nur noch sich selbst bespiegelnde Beschäftigung, ist kein neues Thema, gilt aber immer noch in unserer westlichen Zivilisation als brandaktuell und ist seit einigen Jahrzehnten Steckenpferd vieler Kunstvermittler, Kritiker und Künstler. Wir sehen uns den Fragen konfrontiert:
– ob Kunst sich etwa nur noch in einer „negativen Präsenz" feststellen läßt, in Form von Debatten, Vorträgen, Texten und Inszenierungen, die sie zum Thema haben.
– ob Kunst also heute nur noch als ihre vorweggenommene Kritik/Rezeption existiert, die dann die „Kunstwerke" in Form von Stellvertretern (Fakes) erst zur Folge hat.
– ob die aktuellen Kunstwerke nur noch Darstellung von Kunst, oder auch ihrer Abwesenheit, sind, und ob dies bedeutet, daß es eigentlich keine „Kunst" mehr gibt, oder ob dies eine neue, eine Metakunst ist.
– ob die Kunstkritik an einem Ende angekommen, oder in eine Sackgasse geraten ist, in die sie sich selbst mit ihrem linearen Denken getrieben hat?

**Concept NEUROSERV in the contemporary art sphere**

The fact that art has become a self-referential system is now only a self-admiring pursuit, it is not a new theme but nevertheless, in our Western civilisation it is still regarded as being totally up-to-the-minute, and for a number of decades now, has been the hobby of many art agents, critics and artists. We regard ourselves as being confronted with the questions:
– as to whether art can still only be identified in a „negative presence", in the form of debates, talks, texts and performances which have this for a subject.
– as to whether art today still only exists as its anticipated criticism/reception, resulting in „works of art" only in the form of substitutes (fakes).
– as to whether the current works of art are now only the presentation of art or its absence and as to whether this means that there is really no „art" any more, or, is this a new meta-art.
– as to whether art criticism has come to an end or has reached an impasse, driven into this by itself with its linear thinking?
The sphere of art has, in many areas, been degraded to a mass spectacle staged by publicity-mad art agents for piles of glossy magazines; by the blinded pleasure-mad that populate the openings.

Exhibitions, large museum shows and their performances are discussed by critics in a way as if they, too, were works of art of the highest order. Even the exhibition makers tend to arguement in this direction, or they imagine themselves to be archaologists of the present which means that they approach the present like a dead culture. Artists become agents to this. Their work illustrates stipulated conceptions. They become material for the manufacture of „super works" in the form of uncensored shows which, however, very often have hardly even the standard of a mass tourism spectacle.

Performances of this type signify an informal step back in the direction of superficial entertainment values within the anticipatory and consumer role of the audience as produced by the media in the form of an uncritical agreement shared with many (the more the better). It will be difficult for this or that artist to still see any sense - with reference to possible artistic activity - in this, particularly since all attitudes or opinions which differ, are almost exclusively reckoned by situations determined by calculation and as a rule no notice is taken of them.

What is quite certain is that anyone who is „dead-set" on becoming an artist today, must ask himself - under what prerequisites such stubborness is still justifiable now. Since „Duchamp it has now become noticeable that it is difficult to be an artist, in a certain way, and the question must be asked as to the stakes: what are we doing at all?" (Lyotard in an interview). It is clear that the discussion about art and the statements about the values themselves is moving on an meta-level.

This cannot be avoided and cannot be undone. And yet art is still something sensual, something which can be perceived first of all by the eye and the senses of touch. Only afterwards does it become a matter of the complex of acquired ideas which present themselves as theories, aesthetics, poetics, strategies etc.. However, to an ever-increasing degree they block the access to the sensuality of art and degrade it to become a subordinated partial aspect. Reception is continuously proving to be a directive moment rather than a restrictive role resulting from the necessity of a worn-out cultural circle to assert itself.

Today, the reception of art is, in the first instance, an intellectually headed activity. And yet the vocabulary, which attempts to put linguistic equivalents aside which can be described with the aid of their artistic processes, does suggest a participation of the body.

Terms such as perception, understanding, condition, stimulation, contemplation etc., prove this.

Even Baudelaire e.g. wrote about a contemporary, that he painted „flows of energy" which

Die Sphäre der Kunst ist in vielen Bereichen in einem Massenspektakel verkommen, inszeniert von publicity-süchtigen Kunstvermittlern, für Ansammlungen von Hochglanzmagazinen, verblendeten Vergnügungssüchtigen, die die Openings bevölkern.

Ausstellungen, große Museumsshows und deren Inszenierungen werden von Kritikern in einer Art besprochen, als wären es selbst Kunstwerke höherer Ordnung. Auch die Ausstellungsmacher neigen dazu, in diese Richtung zu argumentieren, oder aber sie begreifen sich als Archäologen oder Jetztzeit, was bedeutet, daß sie sich der Gegenwart wie einer toten Kultur nähern. Die Künstler werden zu Erfüllungsgehilfen. Ihre Arbeiten illustrieren vorgegebene Konzepte. Sie werden Material zur Herstellung von „Überwerken" Form unzensierter Shows, die jedoch oftmals kaum mehr als das Niveau massentouristischer Spektakel erreichen.

Inszenierungen dieser Art bezeichnen einen unverbindlichen Rückschritt in Richtung oberflächlicher Unterhaltungswerte innerhalb der von den Medien erzeugten Erwartungs- und Konsumptionshaltung des Zuschauers, in Form einer unkritischen Übereinkunft, die er mit vielen (je mehr, desto besser) teilt. Dem einen oder anderen Künstler wird es schwer fallen, hier in bezug auf eine mögliche künstlerische Betätigung noch einen Sinn zu sehen, zumal alle Haltungen oder Auffassungen, die nicht dieser, fast ausschließlich vom Kalkül bestimmten, Situation gerecht werden, in der Regel keine Beachtung finden.

Ganz sicher aber ist, daß derjenige, der heute partout

Künstler sein will, sich der Frage stellen muß, unter welcher Voraussetzung eine solche Eigensinnigkeit überhaupt noch vertretbar ist. Seit „Duchamp ist nun auffallend, daß es in gewisser Weise schwierig ist, Künstler zu sein, daß die Frage nach den Einsätzen zu stellen ist: was macht man überhaupt?" (Lyotard in einem Interview).

Es ist klar, daß sich die Diskussion um die Kunst und die Aussagen der Werte selbst auf einer Metaebene bewegen. Das kann nicht umgangen, und wohl auch nicht mehr rückgängig gemacht werden. Und doch ist Kunst immer noch ein Sinnliches, ein zuerst über das Auge und den Tastsinn zu Erfahrendes. Erst danach ist sie eine Sache des Komplexes der erlernten Vorstellungen, die sich als Theorien, Ästhetiken, Poetiken, Strategien etc. darstellen. In immer mehr sich verstärkendem Maße jedoch, verstellen diese den Zugang zum Sinnlichen der Kunst und degradieren es zu einem untergeordneten Teilaspekt. Immer mehr erweist sich die Rezeption als direktives Moment, als eine aus der Notwendigkeit der Selbstbehauptung eines ermüdeten Kulturkreises geborene, restriktive Haltung.

Kunstrezeption ist heute eine in erster Linie geistige, verkopfte Betätigung. Und doch läßt sich das Vokabular, das bemüht wird, sprachliche Entsprechungen an die Seite zu stellen, mit Hilfe derer sich künstlerische Vorgänge beschreiben lassen, auf ein Beteiligtsein des Körpers schließen. Begriffe wie Empfindung, Einfühlsamkeit, Befindlichkeit, Erregtheit, Kontemplation etc. belegen das.

Noch Baudelaire z. B. schrieb über einen Zeitgenossen, daß dieser „Energieströme" male, die „eine nervöse Erschütterung (auslösen), die man im Kleinhirn verspürt", was, wie er meinte, die Eigenschaft aller „erhabener Gedanken" ist. In der Kunstkritik und in künstlerischen Konzepten findet sich kaum etwas, das sich direkt mit körperlichen Zuständen während des Vorgangs der Rezeption von Kunst becháftigen würde. Hormonausschüttungen etwa, elektrische Ströme, nervale Vorgänge etc.

Kann man, um mit Baudelaire zu sprechen, das Gefühl der „Erhabenheit" mit Hilfe bestimmter elektrischer Ströme, ausgerichteter Frequenzen, gerichtet auf gewisse Bereiche des Hirns oder des übrigen Körpers, künstlich erzeugen? Kann man das Hirn in Schwingungen versetzen, die denen eines höchsten Kunstgenusses gleichkommen, und kann man das ohne den Umweg über die sinnliche und geistige Rezeption traditioneller Kunst, ohne den Umweg über Ästhetiken, Theorien und deren Verstrickungen in soziologische Zusammenhänge?

„triggered off a nervous shock which could be felt in the cerebellum", what - as he meant - was the characteristic of all „superior thoughts".

In art criticism and in artistic conceptions there is hardly anything that would directly concern itself with physical states during the process of art reception. Releasing hormones, electric currents, nerval processes etc..

Can one, in order to be able to correspond with Baudelaire, artificially produce the feeling of „superiority" with the aid of certain electrical currents, and directed frequencies aimed at certain areas of the brain or the rest of the body? Can one set the brain reeling to simulate the highest form of art pleasure and can one do this without the diversion through the sensual and intellectual reception of traditional art, and without the diversion through aesthetics, theories and their getting tangled up in sociological contexts?

We came to this question in the course of our considerations, and we believed that we had reached a point where we could possibly interrupt concrete work.

Erich Maas

*Federal Office for Post and Telecommincations*
*Permission to operate high frequency equipment for the purpose of development, manufacturing and testing:*
*In this case: experiment with HF transmitter*
*Dear Sir/Madam,*
*We would like to thank you for your application dated 28th June 1991.*
*Subject to the acknowledgement of the following supplement, terms and stipulations, we hereby grant you the temporary permission, in accordance with Par. 2 of the legislation concerning the operation of high frequency equipment dated 9th August 1949.*
*On the land belonging to the German Federal Post Telecom's Radio Broadcasting Centre at 1686 Kînigs Wusterhausen you are hereby permitted to operate a TESLA transformer with a 75 kW LW transmitter, as a high frequency energy source to produce high frequncy high voltage and far-reaching disruptive charges in the air, for the purpose of several demonstrations and experiments with a duration of approx. 10 minutes per experiment.*
*This permit is free of charge.*
*We would ask you to keep this permit in a safe place.*
*The following supplements, terms and stipulations are valid: ...*

Als wir in unseren Überlegungen bei dieser Fragestellung angelangt waren, glaubten wir hier einen Punkt gefunden zu haben, an dem wir möglicherweise mit konkreter Arbeit aussetzen könnten.
Die Voraussetzungen dazu waren gegeben.
Erich Maas

*Bundesamt für Post- und Telekommunikation*
*Genehmigung für den Betrieb eines Hochfrequenzgerätes zum Zwecke der Entwicklung, Herstellung und Erprobung:*
*hier: Versuch mit HF-Sender*
*Sehr geehrte Damen und Herren*
*Vielen Dank für ihren Antrag vom 20. 6. 91.*
*Vorbehaltlich der Anerkenntnis der nachstehenden Ergän-*
*zung, Bedingungen und Auflagen erteilen wir ihnen nach Paragraph 2 des Gesetzes über den Betrieb von Hochfrequenz-geräten vom 9. August 1949 die befristete Genehmigung.*
*Auf dem Grundstück der Rundfunksendestelle der Deutschen Bundespost Telekom in 1606 Königs Wusterhausen einen TESLA-TRANSFORMATOR mit einem 75 kW LW-Sender als Hochfrequenzenergiequelle zur Erzeugung hochfrequenter Hochspannung und weitreichender Überschläge in der Luft im Rahmen von mehreren Demonstrationsversuchen mit einer ca. zehnminütigen Dauer je Versuch zu betreiben.*
*Diese Genehmigung ist gebührenfrei, wir bitten, diese Geneh-migung sorgfältig aufzubewahren.*
*Es gelten folgende Ergänzungen, Bedingungen und Auflagen:*
*...*

Funcional description
The impulse capacitors are charged to a high direct current voltage with transformer and rectifier. The series resistance serves to limit the charging currents which occur.
Once the voltage at the impulse capacitors has reached the full striking voltage of the rotating sparking distance, they discharge onto the primary coil and cause the characteristic TESLA high frequency discharge, the resonance frequency of which is synchronized to that of the high voltage coil.
The blocking throttle is absolutely necessary to avoid network reactions. The rotating sparking distance periodically interrupts the discharge process and the impulse capacitors are then charged again, etc. The discharge current induces impulse-type discharge sparks in the high voltage coil, approx. 20-50 per second.

Funktionsbeschreibung
Mit der Kombination von Hochspannungstransformator und Gleichrichter werden die Stoßkondensatoren auf eine hohe Gleichspannung aufgeladen. Der Vorwiderstand dient zur Begrenzung der dabei auftretenden Ladeströme.
Erreicht die Spannung an den Stoßkondensatoren die Durchzündspannung der rotie-renden Funkenstrecke, so entladen sich diese auf die Primärspule und verursachen die TESLA- charakteristische Hochfrequenzentladung, deren Resoanzfrequenz auf die der Hochspannungsspule abgestimmt ist.
Zur Vermeidung von Netzrückwirkungen ist die Sperrdrossel unabdingbar. Die rotierende Funkenstrecke unterbricht periodisch den Entladevorgang, die Stoßkondensatoren werden dann wieder geladen usw. Der Entladungsstrom induziert in der Hoch-spannungsspule impulsartige Entladefunken, ca. 20–50 in der Sekunde.

# Brille

## Huemer/Jelinek.

### Glasses

Huemer/Jelinek. concern themselves, in a perceptible-conceptual way, with the view towards the inside. The starting point is their observation of the discrepancy between a profound, reflecting perception and a superficial, non-reflecting perception. Even Walter Benjamin knew about the qualitative difference between the contemplation of an auratic work and diffuse perception. It is the quick glance which artists register as being dominating in the everyday: the glance that follows the zapping through the TV programme, the glance that wanders along the richly decorated window displays, or the glance which passes over the over-crowded art exhibitions in museums. In this world which is inundated by stimulations, time and space are to be completely overcome through acceleration in every dimension. In doing so we reach the limits of our ability to see. We need more and more machines. Perception itself has been transformed, as expressed by Paul Virilio, into a „battlefield". In „Aesthetics of Disappearance" Virilio takes up an observation made by Aldous Huxley, that millions of people in the western world wear sun-glasses. Not only on the beach and not only when driving, but also in the twilight and in the weakly lit corridors of public buildings. Virilio draws the conclusion that light - which we actually perceive to be pleasant - appears to us to be a weapon in the form of projectors, monitors or other light distribution equipment and consequently appears threatening. So as not to be inundated by pictures, and surprised by the intensive light from projectors, people in the society of civilisation protect their retina with dark glasses.

Huemer/Jelinek. developed an object against fast seeing, against the oversupply of information input. Glasses are a simple tool of human perception. This optical device forms, as it were, a metaphor for seeing in general. At first glance, the glasses appear to be classical sun-glasses with a black frame. Roland Barthes attributes the characteristic of concealment to the object sun-

Der slowenische Philosoph Slavoj Zizek beschreibt die Besonderheit einer Wahrnehmungssituation: „So steckt der Schrecken nicht in der Totenmaske, sondern im Pochen des enthäuteten Fleisches. Jeder, der einen Blick auf diese amorphe Lebens-Substanz erhascht, betritt verbotenes Gelände und muß deshalb ausgeschlossen werden. Darin besteht das letzte Paradoxon der 'lebenden Toten': es scheint, als sei der Tod mit seinem Leichengestank nur eine Verkleidung, die ein weit 'lebhafteres' Leben als unser gewöhnliches Alltagsleben birgt."

Der Blick nach Innen eines menschlichen Subjekts bleibt vorerst eine Fiktion, eine Konstruktion für verschiedene Begehren. Spätestens durch die Theorien von Descartes wurde jene, vielleicht fatale Trennung der (Binnen-)Seele von der (Außen-)Welt, des immanenten Bewußtseins vom transzendenten Körper, der subjektiven von der objektiven Welt vollzogen. Doch nun gerät diese Grenzziehung ins Wanken. Die unterschiedlichsten Diskurse ringen neu um den imaginären Begriff „Innen". Auch die Kunst.

Huemer/Jelinek. beschäftigen sich auf eine sinnlich-konzeptuelle Weise mit dem Blick nach Innen. Ausgangspunkt ist ihre Beobachtung der Diskrepanz zwischen einer tiefgründigen, reflektierenden und einer oberflächlichen, nicht-reflektierenden Perzeption. Schon Walter Benjamin hatte vom qualitativen Unterschied zwischen der Kontemplation eines auratischen Werks und der zerstreuten Wahrnehmung gewußt. Der schnelle Blick ist es, den die Künstler im Alltag als dominierend registrieren: der Blick, der dem Zapping durch das TV-Programm folgt, der Blick, der die reich dekorierten Auslagen der Schaufenster entlangwandert oder der Blick, der durch die überfüllten Kunstausstellungen in Museen gleitet. In dieser reizüberfluteten Welt sollen durch Beschleunigung in jeder Dimension Zeit und Raum gänzlich überwunden werden. Dabei gelangen wir an die Grenzen unserer Sehfähigkeit. Wir benötigen immer mehr Maschinen. Die Wahrnehmung selbst hat sich, wie es Paul Virilio ausdrückt, in ein „Schlachtfeld" verwandelt. In „Ästhetik des Verschwindens" greift Virilio eine Beobachtung von Aldous Huxley auf, daß Millionen Menschen in der westlichen Welt Sonnenbrillen tragen, nicht nur am Strand und nicht nur beim Autofahren, sondern auch in der Dämmerung und in den schwach beleuchteten Gängen öffentlicher Gebäude. Virilio zieht daraus den Schluß, daß uns das Licht, das wir an sich als angenehm empfinden, uns in Form von Projektoren, Monitoren oder anderen Lichtverteilungsapparaten als Waffen und damit als bedrohlich erscheint. Um nicht von Bildern überflutet, vom intensiven Licht der Projektoren überrascht zu werden, schützt der Mensch der Zivilisationsgesellschaft seine Netzhaut mit einer dunklen Brille.

Huemer/Jelinek. entwickelten ein Objekt gegen das schnelle Sehen, gegen das Überangebot an Informations-Input. Ein einfaches Werkzeug menschlicher Wahrnehmung ist die Brille. Dieses optische Gerät bildet gleichsam eine Metapher für das Sehen im allgemeinen. Auf den ersten Blick erscheint die Brille wie eine klassische Sonnenbrille mit schwarzem Gestell. Dem Gegenstand Sonnenbrille spricht Roland Barthes die Eigenschaft des Verbergens zu. Sie ist eine Maske der Diskretion, die Gefühlsausdrücke und Begierden versteckt. Die Sonnenbrille und ihr begrenztes Sehfeld wird zum Filter von Privatheit und Öffentlichkeit. Man verstellt den Blick, um selbst nicht gesehen zu werden. Verschlafene oder vom Weinen entzündete Augen werden von dunklen Gläsern genauso verhüllt, wie Unsicherheit überspielt. Eine Sonnenbrille läßt seinen Träger jugendlich, cool und souverän erscheinen.

Doch die Lichtschutzbrille hat noch eine andere Eigenschaft. Auf der Innenseite dieser Brille wurde mittels einer speziellen Dampftechnik Spiegelglas aufgetragen. Wer sie aufsetzt, blickt auf sich selbst. Er sieht sich sehen. Das Tragen der Brille wird auf wörtlicher und metaphorischer Ebene zur Selbstreflexion. Nimmt man diese „Kunstbrille" in die Hände, erkennt man zunächst, daß sich die eigenen Augen darin spiegeln. Setzt man sie auf, schmelzen die beiden Augen auf Grund der kleiner werdenden Reflexionsdistanz zu einem Auge zusammen. Der Betrachter wird zum Zyklopen, zu einem Vertreter jenes Riesengeschlechts, der als Gehilfe dem Hephaistos in seiner Schmelze im Erdinnern zu Diensten ist und dort Donnerkeile und Blitze

glasses. They are a mask of discretion which conceales feelings and desires. Sun-glasses and their limited field of vision become the filter of privateness and what is public. One adjusts the view so as not to be seen. Eyes irritated by sleep or crying are just as concealed by dark glasses as uncertainty is disguised. Sun-glasses make the wearer look young, cool and sovereign.

But, these light protection glasses have yet another feature. By means of a special vapour technology, reflective glass has been applied to the inside of the glasses. Whoever puts them on looks at himself. He sees himself looking. Wearing

Brille. Fotos: Josef Pausch

these glasses becomes self-reflection at a literal and metaphorical level. Whoever gets hold of these „artificial glasses", recognizes in the first instance that their own eyes are reflected in them. If they put them on, both eyes fuse together to form one eye, on account of the reflection distance which is getting smaller. The observer becomes a Cyclops, a representative of the monsters who are there to assist Hephaestus in his workshop in the bowels of the earth, forging thunderbolts and lightening. The „eye grown together" may remind us that our spatial sight derives from the fusion of the images of

schmiedet. Das „zusammengewachsene Auge" mag uns auch daran erinnern, daß sich unser räumliches Sehen von der Fusion der Bilder unserer beiden Augen zu einem Bild herleitet.

Der unscharfe Blick aus nächster Distanz auf sein eigenes Auge bzw. Augenpaar kommt dem Bedürfnis nach Introspektion entgegen. Er evoziert augenscheinlich jene Vorstellung, man könnte durch die Pupille hinein in sich selbst dringen und eine Reise zu den „inneren Bildern" unternehmen, die wir Erinnerung nennen, um unser Innerstes, unseren Kern oder unsere Psyche kennenzulernen. Das Auge erscheint als Tor zur Seele, das einlädt, zu einer Fahrt, die man Selbstreflexion nennt. Noch Nikolaus Cusanus (1401–1464) glaubte, daß unsere Seele direkt mit den Augen in Verbindung steht.

Ein wichtiges Element in dem Beitrag stellt die Interaktion zwischen Rezipienten und ihrem Kunstobjekt dar. Um den Besuchern der Ausstellung das Benützen der Brille zu ermöglichen, werden eine Vielzahl dieser Brillen auf einem gewöhnlichen Ständer samt Spiegel präsentiert, wie man ihn in jedem Kaufhaus finden kann. Die Brille wurde in der Auflage von 150 Stück hergestellt und besitzt so den Charakter einer Ware. Die beiden Künstler schaffen eine Ladensituation, in der Tätigkeiten wie Aussuchen, Probieren, Anpassen und Kaufen feste Bestandteile sind. Der Ausstellungsbesucher avanciert zum Akteur. Die Brille gehört der Kunstkategorie des Multiples an, die sich dadurch auszeichnet, daß sie durch die serielle Herstellung und die Verweigerung einer eindeutig identifizierbaren Autorenschaft die Mechanismen des Kunstmarkts unterlaufen will. Beim Anblick des Brillenverkaufsstands kann man sich zudem an die billigen Reklamen aus den 60er Jahren erinnern, die für die sogenannte „Röntgenbrille" warben, und die angeblich einen Blick durch die Kleidung auf den nackten Körper der angeschauten Person ermöglichte. Auch die Brille von Huemer/Jelinek. verspricht Außergewöhnliches und erregt besondere Aufmerksamkeit. Ihre Attraktivität ist Kalkül, da in der Welt des schnellen Sehens nur jener Gegenstand registriert wird, der gleichsam ins Auge springt. Die Brille stellt aufgrund ihrer ansprechenden, vertrauten und doch veränderten Gestalt ein verführerisches Objekt für den Sehnerv dar. Das Auge ist nicht nur ein empfangendes, passives Organ, sondern ein Sinn, der Gegenstände gleichsam zu verschlingen scheint oder wie es Gert Mattenklott ausdrückt: „Hinzusehen ist eine Leidenschaft". Die Sehbegierde ist es dann, die den Kunst-besucher schließlich dazu verleitet, die Brille auf seine Nase zu setzen. Dann wird er entdecken, daß sie noch eine zweite Funktion besitzt.

Sie wurde so konstruiert, daß der Träger über die Spiegelung seiner Augen hinweg oder besser durch sie hindurch blicken kann. Einerseits spiegelt die Brille die eigenen Augen, andererseits läßt sie wie eine gewöhnliche Sonnenbrille den Blick, gefiltert durch getöntes Glas, nach Außen zu. Der Blick in die Außenwelt stellt sich aber schnell als Trugschluß heraus, wenn der Träger der Brille in den Spiegel des Brillenständers schaut und sich so so auf einer zweiten, entfernteren Ebene wieder reflektiert findet. Auch der „weite" Blick erweist sich hier als Blick auf sich selbst. Diese doppelte Spiegelung des Selbst wirkt verwirrend, und vermutlich beginnt der Besucher prüfend die beiden (Selbst-)reflektionsebenen hin und her zu wechseln.

Der aufgespaltene Blick erinnert an jene trickreichen Glasscheiben, die von einer Seite als Spiegel, von der anderen als transparentes Glas erscheinen. Er erinnert an die Möglichkeit des Überwachens und Täuschens. Vielleicht ist auch die Brille von Huemer/Jelinek. nur ein zynisches Täuschungsmanöver, oder gar für jene, die eine endoskopische Einsicht erwarten, eine echte Enttäuschung. Letztlich bestätigt auch dieses Exempel nur die Behauptung, daß der Blick nach Innen eine Fiktion ist, die nur mit ausgesprochen kontemplativen Fähigkeiten an Wirklichkeit gewinnt.

Justin Hofmann

both our eyes to form one picture.

The blurred view of one's own eye or pair of eyes from up close, complies with the need for introspection. Apparently it evokes the impression that one could penetrate into oneself through the pupils and embark on a journey to the „inner images" which we call memory, in order to get to know our true inside, our core or our psyche. The eye appears to be the door to the soul which invites us on a journey which is called self-reflection. Even Nikolaus Cusanus (1401-1464) believed that our soul was directly associated with our eyes.

The interaction between recipient and its art object represents a significant element to this contribution. In order to make it possible for visitors to the exhibition to use the glasses, a number of the glasses will be presented on a usual stand with a mirror, just as can be found in every department store. Some 150 of the glasses were manufactured and consequently possess the character of merchandise. Both artists create a shop-like situation where activities like selecting, trying on , fitting and buying are integral parts. The visitor to the exhibition becomes an actor. The glasses belong to the category of art of the multiples which distinguishes itself by the fact that it intends to dodge the mechanisms of the art market by series manufacturing and by the refusal of clearly identifiable authorship. When contemplating the glasses' stand one is reminded of the cheap advertisements of the 60, advertising so-called „X-ray glasses" which supposedly made it possible to look through the clothing of the persons being contemplated and to see their naked body. Even Huemer/Jelinek's glasses promise something unusual and attract special attention. Their attractivenss is calculation, as in the world of fast seeing, only those objects are registered which, so to speak, catch our eye. On account of the attractive, familiar and changed shape, the glasses are a tempting object for the visual nerve.

The eye is not only a receptive passive organ, but a sense which, as it were, appears to devour objects, or as Gert Mattenklott says, "to look is a passion". It is the desire to see that ultimately tempts the art visitor to put on the glasses. He will then discover that they have a second function. The split view reminds us of trick glass which, from one side, appears to be a mirror and which appears to be transparent glass from the other side. It reminds us of the possibility of monitoring and deceiving. Maybe Huemer/Jelinek's glasses are only a cynical deceptive manoeuvre or even a real disappointment for those expecting endoscopic insight. This example ultimately confirms the statement that the view towards the inside is fiction and only gains in reality with pronounced contemplative abilities.

Justin Hofmann

# Flight Case

## Rudolf Macher

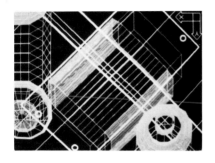

**Flight Case**

Approx. 1 m³ steel case, laser cuts.
On the base (cannot be seen into): connection structure for 10 transformers. Sandwich interior base nickel plated, 10 conical bore holes (support points for the lamps). View of the plexi-plate with 10 round bore holes (shaft for inserting the lamps).

10 Transformers.
10 sodium vapour lamps each with 90 W., monochromatic yellow, light for the wave length 589.0 and 589,6 nanometer
bundled to the chandelier.

ca. 1 m³ Stahlkiste, Laserschnitte.
Am Boden (uneinsichtig): Steckkonstruktionen für 10 Trafos. Zwischeninnenboden vernickelt, 10 konische Bohrungen (Auflagepunkte der Lampen). Aufsicht auf Plexiplatte mit 10 runden Bohrungen (Einfuhrschachte der Lampen).

10 Transformatoren
10 Natriumdampflampen 90 W, monochromatisch gelb, Licht der Wellenlänge 589,0 und 589,6 nanometer gebündelt zum Luster

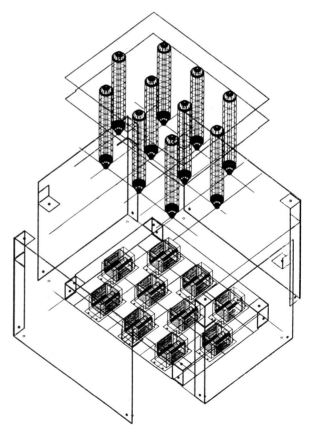

## Tatra Air Facts

Falsche Sterne:

Quasare sehen auf den ersten Blick aus wie Sterne, ihre Rotverschiebung weist aber darauf hin, daß sie sich mit enormen Geschwindigkeiten von der Erde wegbewegen - das Licht, das wir heute von ihnen empfangen, trat vor ca. 15 Mrd Lichtjahren seine Reise zur Erde an. Um auf so ungeheure Distanzen (ungeheure Vergangenheit) noch wahrnehmbar zu sein, muß eine gewaltige Energiemenge abgestrahlt werden - dazu ist nur der Gravitationskollaps einer ganzen gallaktischen Zentralregion fähig.

## Tatra Air Facts

False Stars:

At first glance, quasars look like stars, their red shift indicates that they move away from the earth with enormous speed - the light we now receive from them embarked on its journey to earth some 15 billion light years ago. In order to still be perceptible at such tremendous distances (tremendous past), an enormous amount of energy must be radiated - and only the gravitational collapse of an entire galactic central region is able to achieve this.
The turning upside down of the universe becomes visible as a cosmic light house. The reality effect results from the speed of the light emission. The phenomena change to avoid access, but if we follow them, one enters an order from which one can no longer escape. To challenge an immanence plan where the subject is necessarily established and dependent in its range, without it ever being able to appear there as proprieter, the Tatra physicist is a revelation specialist in the field of circulating causalities. It is not a question of making the invisible visible, but having seen how invisible the invisibility of the visible is. Whoever teeters has it.

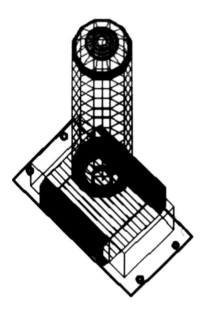

Der Universumstulp wird sichtbar als kosmischer Leuchtturm. Der Wirklichkeitseffekt ergibt sich aus der Schnelligkeit der Lichtemission. Die Phänomene ändern sich, um dem Zugriff zu entgehen, doch wenn man ihnen folgt, nicht mehr entrinnen kann. Zur Herausforderung eines Immanenzplans, in dessen Bereich das Subjekt notwendigerweise angesiedelt und abhängig ist, ohne daß es dort jemals als Inhaber auftreten kann, ist der Tatraphysiker Enthüllungsspezialist im Feld kreisender Kausalitäten. Es geht nicht darum, das Unsichtbare sichtbar zu machen, sondern sehen zu lassen, wie unsichtbar die Unsichtbarkeit des Sichtbaren ist. Wer wiegt hat es.

## Projekt Tatraphysik

bisher veröffentlicht:

1988: „Warum nicht sniefen, Rose Selavy"?
(TAPH II), Institut für Gegenwartskunst
1989: „white noise" - Anhang zur TAPH II, Voltagasse,
Wien
1990: „emissione radiofonica" Verdichtung von W.N.S.,
R.S.?, Institut für Gegenwartskunst
1990: „FIXTATRA !", Tatrareise in die Slowakei
1991: „3-D-sichern" - use fine edit (Epitaph zur Tatraphysik)
Oberbank Amstetten
1991: „reserved" aus/als postmortaler Serie/K. (TAPH GUY)
Trabant, Wien
1992: „there is nothing to be done" - Tatra in New York
1992: „flight case" Verdichtung von emissione radiofonica,
ars electronica

es folgen:

* „sky": Die Süße der Schwerkraft (Tatraphysik I)
* „Yoyo -Spieler": Hypertonikum für Tatrafysiker (TAPH III)


Team: Kori Fee, Karl Laumer, Herwig Müller, Christoph

## Biographie: Rudolf Macher

geboren 1960 in Steyr, seit 1982 in Wien lebend
Studium bei Arnulf Rainer (1983/89)

Ausstellungen:

| | |
|---|---|
| Mai 1984: | „Locus solus", Galerie Stauraum, Wien |
| Nov. 1985: | Performance im U4 |
| Juni 1986: | „Organloser Körper", Schlußausstellung der Akademie der bildenden Künste, Wien |
| Nov. 1987: | „Handling", im Rahmen von „Saukalt" – gemeinsam mit Franco Kappl und Reinhold Kirchmayr, Wien |
| Mai 1988: | „Warum nicht sniefen, Rrose Selavy?" zur TAPH II, Institut für Gegenwartskunst, Wien |
| Mai 1989: | „White noise", Museum des 21. Jhdts., Wien |
| Mai 1989: | „Sentimetallica", Teil 1, Gruppenausstellung Wien |
| Nov. 1989: | „Sentimetallica", Teil 2 |
| Mai 1990: | „Emissione Radiofonica", zur TAPH II, Institut für Gegenwartskunst, Wien |
| Okt. 1990: | Stipendium der Sussmann-Stiftung |
| Feb. 1991: | „Winterlandschaft 1987 gemalt 1986", bei Martin Fritz, Wien |
| März 1991: | Bühnenbild für Tanzperformance von Isolde Schober, New York |
| März 1991: | Covergestaltung für „The Aftertouch", Wien |
| Juni 1991: | „3-D-sichern", Epitaph zur TAPH, Oberbank Amstetten |
| Okt. 1991: | „reserved" aus/als postmortaler Serie/K. (TAPH GUY), Trabant, Wien |
| Okt. 1991: | arte Fakt zu „underwatertalk" von Isis Production, 10-Jahres-Fest WUK |
| Dez. 1991: | „Manix", Gruppenausstellung, Freihaus Wien |
| Feb. 1992: | „There is nothing to be done", New York |

Das Projekt wurde ermöglicht durch die freundliche Unterstützung der Böhler Ybbstalwerke, der VOEST Alpine Stahl AG, der Voran Maschinen Kranze GesmbH und der Fa. Osram.

# Space Balance

## Christian Möller

### Elbow Room

The world we live in presents itself unmoved, expressionless, in the new building. Architecture usually only becomes alive with „material fatigue", as it is called in technical language. What is it about such material fatigue which causes doors to creak, roof tiles to clatter, paint to peel and foundations to subside, and conveys a more sensuous feeling of well being than the serviceable „stiffness" of a new building? The weary material is probably appreciated more and more because it reacts to the individual occupants. Interactions with the occupant only become possible in real architecture when apparently lifeless material becomes tense, disintegrates or becomes audible. In the real world, the horizon of perceptible, tangible architecture is crammed by the organic decay on the one stone and dead stone, and on the other side. To expand this horizon together with its metaphors, or to break it open, is one possibility of „virtual architecture".

What could architecture in virtual space look like? Where no rain falls, a house obviously does not need to have a sloping roof. It would be insane to copy the functional shapes of our world and its objects in a virtual space. The architect of virtual space is more likely to devote his phantasy to complex control installations which structure phenomena and their explorability. By composing new control installations and new interdependencies, he creates a perfect artificial space: a place of new experience which, in each and every case, must be illusionistic but not halluzinatory. One interesting criterion for the consistent manner of computer-generated architecture is undoubtedly the direct interaction with the „occupant". This principle is demonstrated and consistently emphasized by the installation „Space-Balance".

„Space-Balance" conveys a swaying space sensation with the movement of the observer. Due to the fact that the relevant location of the observer in the moving interface determines the room inclination, his perceptual situation

### Der Spielraum

Die Welt, die wir bewohnen, präsentiert sich im Neubau unbewegt. Lebendig wird Architektur gewöhnlich erst dann, wenn das „Material ermüdet", wie es die Fachsprache nennt. Woran liegt es, daß solche Materialermüdung die Türen knarren, Dachziegel klappern, Farben blättern und Fundamente sich setzen läßt, ein sinnlicheres Wohngefühl vermittelt als die gebrauchsfähige „Steifigkeit" eines Neubaus? Geschätzt wird das müde Material wohl zunehmend deshalb, weil es auf individuelle Bewohner reagiert. Interaktion mit dem Bewohner wird in der realen Architektur erst möglich, wenn scheinbar lebloses Material sich verspannt, zersetzt und hörbar wird. In der realen Welt ist der Horizont von sinnlich spürbarer Architektur durch organischen Zerfall auf der einen und totem Stein auf der anderen Seite gesteckt. Diesen Horizont mitsamt seinen Metaphern zu erweitern oder aufzubrechen, ist eine Möglichkeit von „virtueller Architektur." [1]

Wie könnte Architektur im virtuellen Raum aussehen? Wo kein Regen fällt, braucht ein Haus offenkundig nicht von geneigten Dächern überdacht zu sein. Es wäre unsinnig, die funktionalen Formen unserer Welt und ihrer Objekte im virtuellen Raum nachzubilden. Der Architekt des virtuellen Raums wird seine Phantasie eher den komplexen Regelwerken zuwenden, die Phänomene und ihre Erfahrbarkeit strukturieren. Indem er neue Regelwerke, neue Interdependenzen komponiert, schafft er einen vollkommen künstlichen Raum: einen Ort neuer Erfahrung, der in jedem Falle illusionistisch, aber nicht halluzinatorisch sein muß.

Ein interessantes Kriterium für die konsequente Gestalt einer computergenerierten Architektur ist zweifellos die unmittelbare Interaktion mit dem „Bewohner". Dieses Prinzip führt die Installation „Space-Balance" in konsequenter Pointierung vor.

„Space-Balance" vermittelt mit der Bewegung des Betrachters wankende Raumsensationen. Indem sein jeweiliger Standort auf dem beweglichen Interface die Raumneigung bestimmt, wird seine perzeptuelle Situation exklusiv bildnerisch. Er ist Teil einer Architektur, die er mit jeder Bewegung neu gestaltet: als weitgehend leeren virtuellen Raum, dessen wankendes Bild durch das reaktive Schwanken des Betrachters potenziert wird und umgekehrt. Das nicht mehr gegenständliche Werk wird dem Betrachter so zur eigenen Gegenwart und greift damit die Illusionsspektakel des Barock ebenso auf wie die technischen Sensationen der Jahrmärkte um die Jahrhundertwende. Deren Sensation ist forciert und entscheidend modifiziert: Das interaktive System „Space-Balance" überträgt diejenigen Funktionen, die gewöhnlich das Medium ausspielt, vollständig auf den Betrachter: Er gestaltet – schwankend zwar, doch exklusiv – die Bildfolge und den Bildzusammenhang seines virtuellen Raums.

Das gleiche Prinzip führt auch die „Kinotoskop"-Installation vor: eine zweischalige Wandinstallation aus einer Folge feststehender Bilder in einem U-Bahnschacht, die der mit Geschwindigkeit Vorbeireisende als filmische Darstellung wahrnimmt, während er sie allererst hervorbringt. Als fragliches Subjekt und fragliches Objekt sind Betrachter und Werk in „Kinotoskop" und „Space-Balance" die Teile einer Interaktion, die „Space-Balance" als einander bedingend und virtuell vorführt: der Betrachter, innerer Beobachter und Teil des Korpus, prägt den virtuellen Raum und wird umgekehrt selbst zu einem schwankenden und ge-

becomes exclusively artistic. He is part of an architecture which he can redesign with his every movement: as a largely empty virtual space whose swaying picture is magnified by the reactive reeling of the observer, and vice versa. The work which is no longer representational becomes the observer's own present and consequently also takes up the illusionary spectacle of the Baroque just as it does the technical sensations of the fairs at the turn of the century. Their sensation is forced and decidely modified: the interactive system „Space-Balance" completely transmits the functions that are usually demonstrated by the medium, to the observer: it forms, reeling, but nevertheless exclusively, the picture sequence and the picture context of a virtual space.

The same principle is also presented by the „Kinotoskop" installation: a two-tier wall installation from a sequence of stationary pictures in an underground shaft that the passenger travelling by at high speed perceives as a film-like performance, while he primarily creates it. In „Kinotoskop" and „Space-Balance", the observer and the works are a doubtful subject and doubtful object, the parts of an interaction which „Space-Balance" demonstrates virtually as being necessary for each other: the observer, inner observer and part of the body, determines the virtual space and conversely becomes a reeling and characteristic subject. In „Space-Balance", at the interface between the stable object body and the instable interior space which is digitally calculated and formed according to its movement, the observer no longer faces a serviceable, silent body of architecture, but moves, more or less, within its body. Apart from himself, it is almost empty. It is not furnished according to

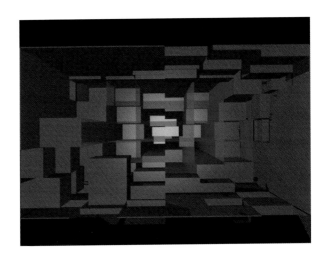

human standards with proportional stuff, but only with cube-type shapes which roll - depending on the inclination of the space - from one end to the other with a deafening noise, in order to force the sensation of wavering.

Due to the fact that this rolling space no longer exhibits architecture as a dead body, but audibly sets itself in motion with the observer, as a type of body, it turns the spatial conception inside out - from the outside to the inside. A real interior space cannot really be actually explored in a definitive sense; it changes as soon as we enter it to become a new exterior again. The inside can only be explored from the outside and is always only imagined from the perspective of the observer. „Space-Balance" plays havoc with the consequently insatiable (and very European) longing for the inside (concealed, scorned, original): to be felt directly, but hardly able to be fixed, is another „world from within" which has been consciously designed empty; which is illusionistic but in no way halluzinatory.

Susanne Craemer

prägten Subjekt. In „Space-Balance", auf der Schnittstelle von stabilem Objektkorpus und labilem Innenraum, der nach seiner Bewegung digital errechnet und geformt wird, steht der Betrachter einem gebrauchsfähigen, stummen Körper von Architektur nicht mehr gegenüber, sondern bewegt sich quasi in ihrem Leib. Bis auf ihn selbst ist der fast leer. Eingerichtet ist er nicht nach menschlichem Maß mit proportionalem Zeug, sondern lediglich, um die Sensation des Wankens zu forcieren, durch würfelartige Gebilde, die unter Getöse je nach Schräglage des Raums von einem Ende zum anderen rollen.

Indem dieser rollende Raum Architektur nicht mehr als toten Körper ausstellt, sondern sich mit dem Betrachter als eine Art Leib hörbar in Bewegung setzt, stülpt er die Raumvorstellung von Außen und Innen um. Ein realer Innenraum ist definitiv nicht eigentlich erfahrbar; er wendet sich, sobald man ihn betritt, zum neuerlichen Außen. Das Innere ist nur von außen zu erfahren und wird aus der Perspektive des Betrachters stets bloß imaginiert. Mit der folglich unstillbaren (und sehr europäischen) Sehnsucht nach dem Inneren (Verdeckten, Verschämten, Orginären) räumt „Space-Balance" auf: unmittelbar zu spüren, doch kaum zu fixieren, ist eine je andere, bewußt leer gestaltete „Welt von innen", die illusionistisch, aber keineswegs halluzinatorisch ist.

Susanne Craemer

Das Projekt wurde ermöglicht durch die freundliche Unterstützung von MBM Metallbau Möckmühl GmbH (D).

[1] Peter Weibel, Virtuelle Architektur, in: Steirischer Herbst, Programm-katalog Chaos, 14. 10.–19. 11. 1989, Seite 5–8

**157**

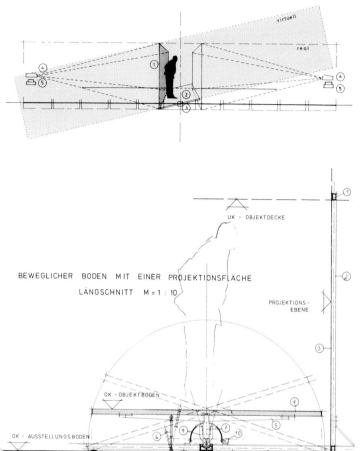

virtuell

real

UK - OBJEKTDECKE

BEWEGLICHER BODEN MIT EINER PROJEKTIONSFLÄCHE

LÄNGSCHNITT M = 1 : 10

PROJEKTIONS-
EBENE

OK - OBJEKTBODEN

OK - AUSSTELLUNGSBODEN

## Das Prinzip

Der Außenraum wird durch einen langen, schachtelartigen Objektkörper gebildet. Der Innenraum erscheint dem Betrachter in seiner realen Größe virtuell per Rückwandprojektion auf unmittelbar vor und hinter ihm angebrachten Projektionsflächen. In dem schmalen Mittelbereich zwischen den Projektionsflächen entsprechen Seitenwände, Decke und Boden in Geometrie, Helligkeit und Material genau der virtuellen Abbildung auf den beiden Bildebenen. Der Betrachter steht im virtuellen Raum.

Der Boden im begehbaren Mittelbereich der Rauminstallation ist beweglich. Wie auf einem Schaukelbrett ändert sich die Neigung des Bodens je nach Standort des Betrachters. Der virtuelle Raum folgt dieser Bewegung. Die Orthogonalität des Raumes zum Boden wird somit ständig beibehalten. Ähnlich einem Aufenthalt unter Deck während einer Bootsfahrt bei hohem Seegang, wird der menschliche Gleichgewichtssinn irritiert. Im Unterschied zur Bootsfahrt steuert der Betrachter in der Rauminstallation seinen „Seegang" jedoch selbst. Ist die Illusion vollständig, muß der Betrachter auch nach Verlassen der Installation, trotz „festem Boden unter den Füßen", noch einige Zeit um sein Gleichgewicht ringen.
Christian Möller

## The Principle

The exterior space is formed by a long box-type object body. The interior space appears to the observer virtually in its real size on projection surfaces directly in front of and behind him, by means of rear wall projections. In the narrow middle area between the projection surfaces, side walls, ceiling and floor correspond in geometry, brightness and material exactly to the virtual projection on both picture levels.
The observer is in a virtual space.

The floor in the walkable centre area of the space installation is moveable. The slope of the floor changes - like on a seesaw - depending on the location of the observer. The virtual space follows this movement. The orthogonality of the room to the floor is therefore constantly maintained. Similar to staying below deck during a boat trip on a rough sea, the human sense of balance is irritated. Unlike on the boat trip, the observer controls his „waves" himself in the space installation. When the illusion is complete, the observer has to struggle with his sense of balance for some time after leaving the installation, despite the fact that he has „solid ground beneath his feet".
C. M.

# Hauptklammer

## Claire Roudenko-Bertin

Hauptklammer: Le Sacrifice Infinitesimal du Motif
Foto: Galerie de Tugny Lamarre

### On Claire Roudenko-Bertin's work

One is touched by the mystical dimension in Claire Roudenko-Bertin's work.
Her Russion background and the strong necessity to make the invisible visible as an exterior and interior space are thus not strange.
The image is constantly evolving, driven by a matrix-like dynamic. Language also comes to bear in her work as an amalgam of different languages, in which science, informatics as well as art history can be found again.
We thus understand the importance of the notation introducing and accompanying each of the artist's works, especially in HAUPT-KLAMMER. The following text has been composed from these signs forming the vital raw material of her work.
HAUPTKLAMMER consists of two parts, „le UMI" and „le SACRIFICE INFINITESIMAL DU MOTIF" which have to be united like two atoms in a molecule.
Martine Bour

### Zum Werk von Claire Roudenko-Bertin

Man ist von der mystischen Dimension im Schaffen Claire Roudenko-Bertins ergriffen. Ihre russische Herkunft ist von daher nicht fremd, auch nicht diese zwingende Notwendigkeit, das Unsichtbare sichtbar, den äußeren und inneren Raum, sichtbar zu machen.
Nicht nur das Bild, das sich ständig herausbildet wie von einer matritzenhaften Dynamik getrieben, nimmt hier einen Stellenwert ein, auch die Sprache kommt in ihrem Werk zum Tragen. Es ist eine Mischung von Sprachen verschiedenen Ursprungs, wo man die Wissenschaft, die Informatik genauso wiederfindet wie die Kunstgeschichte.
Man versteht also die Bedeutung der „Notation", die jedes ihrer Werke einleitet und begleitet, insbesondere die HAUPTKLAMMER. Der folgende Text ist aus diesen Zeichen zusammengesetzt, die das lebendige Rohmaterial ihrer Arbeit darstellen.
HAUPTKLAMMER umfaßt zwei Gruppen, „le UMI" und „le SACRIFICE INFINITESIMAL DU MOTIF", die wie zwei Atome in einem Molekül vereint sein sollen.
Martine Bour

## Auszüge aus den Arbeitsaufzeichnungen der Künstlerin

Die [UMI]

Die [UMI]: Unité de mesure indefinissable 8undefinierbare Maßeinheit) beruht wie das Eichmaß auf einem Postulat.

Code S: "Code Skladka" ist die <u>Auflösung von Bild und Raum (s/i), das Bild versieht den Raum mit Indices und bewirkt seine Beugung.</u>

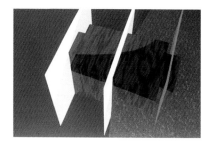

S. ist ein Maß des Verlustes, des Fallens und der Arbeit selbst, insofern als Code S. ein Zwischencode der Definition ist, wobei die "Rolle des Betrachters" als Ausgangspunkt des Werkverständnisses wieder in einen Kontext gestellt wird. Ein Verständnis außerhalb des kartesianischen Bereichs und der <u>sas</u> der Bedeutung, die durch die GLOBALE PARENTHESE, die den Code S nicht mehr mit einschließt, zum Ausdruck gebracht wird, (die Entwicklung des Codes war eine der entscheidendsten Raum/Bildauflösungen, die in der Arbeit mit Computern, Video und gebauten Räumen zwischen 1989 und 1991 verwendet wurden).

In Übereinstimmung mit dem anhaltenden Bestreben, den grundlegenden Codes ihre ursprünglichen und existentiellen Bilder wieder zuzuordnen, gibt es auch den Wunsch nach einem quantifizierbaren Wert des Bildes, um es als Material definieren zu können, als molekulares, von seinen Stützen gehaltenes Dasein: ein Maß eines Codes. Die Existenz des Werkes wird im Maß der Abwesenheit vorausgesetzt. Die beiden Klammern die die UMI umgaben, können als die zwei Außenteile einer hölzernen Ikonostase* gelesen werden. TELEVISIONS ANTERIEURES (früheres Fernsehen) besteht zum Beispiel aus Birkenrinde, die in der Form eines Samens gestaltet wurde, der dann gemäß dem Verfahren der Ikonostase 19 mal mit verschiedenen Substanzen gestrichen wird, wobei die 19. Schicht die Öffnung des Heiligenbildes bedeutet, die Absonderung der extremen <u>Repräsentation,</u> denn hinter dieser vollkommenen Manifestation des Visuellen ist nichts zu sehen. Die zweite Absonderung, der Träger der Ikonostase, ist der hölzerne Teil, die eine Konfrontation mit der Gegenwart bedeutet, (vgl. LA BARRIERE OBJECTALE).

Hauptklammer: Le Sacrifice Infinitesimal du Motif
Fotos: Galerie de Tugny Lamarre

**Extraits des notes de travail de l'auteur**

**HAUPTKLAMMER**
Le projet HAUPTKLAMMER est composé de deux parties qui doivent être réunies: le SACRIFICE INFINITESIMAL DU MOTIF + le [UMI]
Cette union peut se faire d'une maniere spatiale (1) OU bien électronique (2)
Ces choix possibles correspondent au développement du concept de la HAUPTKLAMMER qui peut mettre en abîme ses propres références.

(1) UNION SPATIALE:
la base de la HAUPTKLAMMER est constituée de l'espace S. I. M. (Sacrifice Infinitésimal du Motif);
(2 sculpture, 2 moniteurs, 2 scopes, 4 séries d'objets annexes).

A cet espace S. I. M. est associé l'espace UMI (8 sculptures dont trois petites 1 moniteur vidéo, 1 scope), par l'intermédiaire de la pièce «AAA» du S. I. M. (tôle noire) contre laquelle est posée l'uniquo moniteur du UMI avec sa bande UMI. De cette juxtaposition découle le «calage» des 8 autres pièces du UMI (5 posées au sol et 3 sur cimaises disponibles)

(2) UNION ELECTRONIQUE:

Le UMI électronique est composé de 2 bandes vidéo:
a) «le [UMI]»
b) «UMI avec excroissances de galerie en 1991»

## SACRIFICE INFINITESIMAL DU MOTIF
SOUS-TITRE: VOMITU, VOMITUS, CURANTUR
NOTE: Qui a prétendu que les larmes n'étaient pas produites par compression du cerveau sous l'effet de la douleur?
soit une FONCTION spatiale qui régit certaines des causes et conséquences obscures de l'avènement et de l'existence d'une image.

cette FONCTION comprend un ensemble de pièces nommées:
«A.A.A.»
«Hauptklammer avec morceau droit du [UMI]»
Ecran 1
Ecran 2
diverses pièces de roulement et de translation

notions utilisées*
le dégagement de l'emprunt installateur d'espace
l'indexation de l'espace par l'image,
selon un procédé d'augmentation
touchant le système constructif
à la racine (INDEX PAR AUGMENTATION et BLÉ)
EVACUATION DU PRETEXTE
et esquive fonctionnelle du point d'arrêt et de la position
une première mise en espace du [UMI]:
unité de perte de définition et
élément utile à l'autonomie du travail
la HK no PARENTHESE GLOBALE
donnant une approche de l'ensemble du travail en tant que CODE intermédiaire
la torsion avec avertisseur
correspondant à l'absorption du matériel électronique comme espace contraignant;
la réussite de cet élément met en péril
LA BARRIERE OBJECTALE ou butée de Représentation
(dans CAROTTAGE DE L'ICONOSTASE)
l'espace Anti-Analogique:
lieu physiologique de mesure de code

*voir «GLOSSAIRE» edition du Musée des Beaux-Arts du Havre juillet 1990 de C. R. B.

* *Die gesamte Arbeit nimmt Bezug auf 3 bildersprachliche Gebiete (Untersuchung von 3 Codeträgern und des begrifflichen und materiellen Austauschs zwischen ihnen):*
*1) elektronisches Bild an einer Seite und holografisches Bild am äußersten Ende*
*2) biologisches Bild (der organische Träger, der die Information in den Körper bringt)*
*3) russische Ikone (als ein unzweifelhafter Erfolg hinsichtlich der Verschlüsselung von Sinn in Materie)*
*Die sichtbaren formalen Resultate (Raum und elektronische Bilder) rühren von jenen Punkten her, an denen der Austausch zwischen diesen drei menschlichen Wahrnehmungs- und Repräsentationsversuchen am nachdrücklichsten stattfindet.*

Die Arbeit verdichtet die Faktoren, - je leichter sie zu finden sind, desto kürzer der Weg zur Produktion eines Bildes direkt aus dem Sinn und ohne jeglichen Gegenstand.

Eine andere Arbeitsmethode wurde forciert, um der "Renaissanceverschlüsselung" entgegenzutreten - (das photographische Bild soll angeblich 100 Einheiten an Informationen über die Realität wiederherstellen und wird als objektive Realität empfunden während das Gehirn 1 Million Einheiten eidetischer Informationen für jedes S erzeugt).

S-VATCIA
  500

Die Genese dieser Formel war ein Versuch, einem Code, der aus dem Aufsprengen des Benannten resultierte, einen NAMEN zu geben, wobei das Ergebnis in der Befähigung besteht, den Terminus PRONUNCIATION auf ein 500stel seiner selbst (im Russischen: svatb) umzuformen. Dieses 500stel PRONUNCIATION beinhaltet zwei deutsche Unbekannte. Die zwei Unbekannten führten nach einer etymologischen, historischen sowie genetischen Kürzung zu folgender Formel:
(B) T X (u) 1,666. Die Auflösung der deutschen Unbekannten aus der russischen Bekannten ergab daher:
EINEN TISCH OHNE VIBRATION DER GENAU MISST UND VON DEM DAS S FÄLLT

Ein Instrument zur Bestimmung des Raums durch die Träger des verschärften Abbilds des Abbilds besteht seit 1988 im PRELEVEMENT DU VIDE (in der Entdeckung der

Leere), wobei ein schwerer Tisch (wie vom Holographen verwendet), dessen Oberflächenstruktur in einen doppelten, quer hindurchlaufenden Schnitt transformiert wird, hier aufgrund seiner zwei- und dreidimensionalen Entwurfsmöglichkeiten als HYPER-SPACE verwendet wird. Aus diesen Deduktionen gelangt man zu der Erkenntnis, daß die "Messung der Leere" die Grundlage der UMI (d.h. der undefinierbaren Maßeinheit) ist.

L'ÉVACUATION DU PRETEXTE (die Evakuierung des Vorwands) war ein Versuch, das episkopale System loszuwerden, welches (aus sentimentalen und grammatikalischen Gründen) eine poetische und grundlegende russische Linguistik als effektvollen Kurzschluß verwendet und als Mittel zur Erzeugung von Formen, die in ihrer Funktion rätselhaft und in ihrer Rigidität plastisch sind. Es wurde daher beschlossen, das Werk in seiner Gesamtheit von seinem Daseinsvorwand, von seiner automatischen Funktionsspirale, zu befreien, um zu ermitteln, ob ein Raum oder Daseinsgrund übrig bleibt. Ergebnis war eine Beschreibung bzw. Anti-Definition, die sich als sehr nützlich für die Bewertung des mysteriösesten Ortes der Welt erwies: des letzten, mit der GEGENWART verbundenen Repräsentationsraums ... Beschr.: MISE EN MOUVEMENT DE VIDES BRODES DEVANT L'IMAGE OU L'ESPACE (das Inbewegungsetzen von geschmückten Leeren vor dem Bild oder dem Raum)

Ein als solches 1620 erfundenes typografisches Zeichen (offene und geschlossene Klammern) wurde zur Enklave, wurde in der Entdeckung der Leere verdichtet, zum vollen Raum, d.h. positiv leer (als Form/Zeichen eine Zwischenenklave der Bedeutung bestimmend), um die Schaffung eines Korridors für das Lesen und die Visualisierung zu ermöglichen.
Die HAUPTKLAMMER und die Konstruktionsunterbrechung wurden unabdingbar.

Seit 1990 besteht der spezielle Ansatz zum Werk als Ganzem im Konzept einer GLOBALEN PARENTHESE (Hauptklammer), die die Arbeit zwischen einem Code in der Mitte des Aussprengens und einem anderen in der Mitte der Aussprache ansiedelt. GLOBAL steht für den Körper des Werks, es ist auch der Code S, jener Code, der den Raum beugt und der in der UMI als Definition verschwindet, wobei letztere die Evakuierung des Vorwands" verursacht

le [UMI]
Tioutchev, à propos de la Russie: «pour comprendre, l'entendement be suffit. A l'aune commune elle ne se mesure. En elle on ne peut que croire)
(sans front pour rougir: l'effrontée littérale)
Unité de Moesure Indéfinissable
la PIGE:

mesure de longueur en poudre foulée en latin

Code S. code skladka: la résolution e/i, l'image indexant l'espace et le faisant PLIER

mesure de perte, de chute

de S

du propre travail en tant que code S code intermédiaire de définition de la fonction spectateur mis de le hors sens en tant qu'introduction à la compréhension de l'oeuvre hors champ cartésien, sas du hors sens

qui a la forme de la PARENTHESE GLOBALE mais qui ne comprend plus le code S (celui-ci ayant été une des résolutions espace/image les plus décisives, de 89 à 91)
dans la volonté constante de redonner aux substrats des codes leur imagerie primitive et existentielle il y a le fait de vouloir trouver une valeur quantifiable entitaire, matérialiste, moléculaire à l'image à l'aide de ses supports, une mesure de code la mise hors sujet est la base de cette recherche où l'image obtenue est celle là même du substrat qui lui permet d'exister (une matérialité) totale de l'image) et aussi celle des signaux vidéo des outils inventés pour l'avénement d'une image
mesurer le manque est utile comme signe de l'endroit où se trouve le travail les
2 crochets du UMI sour les 2 cloisons de bois extérieures de l'iconostase
la première celle des TELEVISIONS ANTERIEURES, est le bois de bouleau ereusé en forme de graine qui recoit les 19 couches d'ingrédients (la 19ème étant l'ouverture de l'icône): c'est le mur d'images, la cloison de la représentation extrême car derrière cette manifestation maximale du visuel, il n'y a plus rien à voir;
la deuxième cloison porteuse de l'iconostase est la cloison de bois sur laquelle on cogne à la présence (voir aussi LA BARRIERE OBJECTALE ou butée du sujet)
une autre formule de travail mise au point pour parer à l'encodage Renaissance en perdition et en bon fonctionnement (puisque l'image photographique restituant 100 infos de la réalité alors que le cerveau gère 1 millions d'infos

images par s, est vécu comme une réalité objective) est la suivante:

S-VATCIA
   500

le travail de cette formule a été justement de tenter de donner un NOM à un code décelé par éclatement du nommé, le résultat ayant été de pouvoir uniquement formuler le terme PRONONCIATION lui même au 500ème de lui-mêmel

(avatb en russe)

pour le UMI il y avait donc à disposition: un 500ème de Prononciation avec à l'intérieur 2 inconnues A(llemandes): après réduction étymologique, historique, génésique... et avec application des 2 inconnues;

(B)TI/IX(u).1,666

la restitution en inconnues allemandes de ce connu russe a produit UNE TABLE SANS VIBRATION QUI MESURE JUSTE, ET DE LAQUELLE EST TOMBE LES.

rappel: un outil de mise en espace de l'image par porteurs de code exacerbés, a été depuis 1988 le PRELEVEMENT DE VIDE d'une table lourde utilisée par les holographes* dont le plan supérieur est un double biais (coupe d'empanon en charpente utilisé ici comme HYPER-ESPACE par sa capacité de description 2D/3D).

là on se rend compte que le prélèvement de vide est la matière debase du UMI

*ceux-là mêmes qui fournissent des images indigestes culturellement à cause d'une restitution d'information 1000 fois plus riche que la photographie, soit 100000 infos imagels

L'EVACUAIION DU PRETFXTE:
à l'occasion de la décision un peu écervelée de se séparer d'un attirail épistoleux qui utilise (à cause de clivages sentimentaux et grammaticaux) une linguistique poétique russe primale, comme un court cicuit efficace et producteur de formes énigmatiques par fonction et plastiques par sévérité, il été prévu de débarrasser le travail dans son ensemble de son propre prétexte d'existence et de sa spirale automatique de fonctionnement afin de vérifier s'il subsiterait*

cela a donné une description (ou contre-définition) très utile pour aborder l'endroit le plus mystérieux du monde; le dernier espace de représentation lui-même acculé à la Présence...

desc: MISE EN MOUVEMENT DE VIDES BRODES DEVANT 1 IMAGE OU 1 ESPACE

c'est pourquoi ce signe typologique inventé en 1620 (pour ouvrir et former) a t-il été enclavé, compacté dans le PRELEVEMENT DE VIDE comme un espace plein c'est à dire positivement

Hauptklammer: Le UMI
Fotos: Galerie de Tugny Lamarre

und die GLOBALE PARENTHESE (Hauptklammer) zum gnadenlosen Auseinanderplatzen bringt und damit jeden Versuch, das Werk zu verorten, sprengt. Die "Evakuierung des Vorwands" schafft daher für das Werk und die Arbeiten generell eine wirkliche AUTONOMIE, merkwürdig aber ist, daß dieser brutale Gruß seinen eigenen Begriff dekonstruiert (Ausräumen des Vorwands = Kraftstoff der UMI: Instrument des Verlustes der Definition zur neuerlichen Strukturierung einer komplementären Bedeutung außerhalb des Gegenstands. Die Evakuierung des Vorwands" bringt daher eine räumliche FUNKTION hervor, die die letzte Gefahr für das Bild, die letzte Absonderung, in Bewegung versetzt.

Die deutsche KLAMMER, bei der die UMI ihre Definition zu verlieren suchte, ist im Gegensatz dazu verbunden mit der Verwendung der Annahme als einer Maßeinheit und ist nur in diesem beschränkten Kontext möglich, mangels eines Zeichens der Auflösung (das Werk als Ganzes verliert sich selbst), der Vorhof des Unbenannten, dem assistiert wird durch die beiden Unbekannten, die die Möglichkeit, das Kunstwerk als FUNKTION zu sehen, eröffnen. Zum Beispiel im Deutschen, wo das Wort TISCH sein S verliert um zur "definierten Stille" zu werden, kondensiert sich der ANTI-ANALOGISCHE RAUM* selbst bis zu dem Punkt, der seine Abmessungen und dreidimensionalen Stützen zum Auseinanderbrechen bringt. Die Begriffe einer doppelten Einflußsphäre, einer Versöhnung durch das Werk und seine Materialien, wobei der Raum eine physiologische Komponente darstellt, und die Rolle des Betrachters sind für die Bedeutung des Werkes ausschlaggebend.

*ANTI-ANALOGISCHER RAUM wurde, aufgrund der permanenten Fragestellung dieser Arbeit (Wo ist der Platz des Bildes im Raum und wie beeinflußt das Bild den Raum?), erfunden, um Videosysteme mit einer maximalen Sicherheit in Bezug auf ihr eigenes Verfahren und jenes des Betrachters einzusetzen. Es ist dies auch der Ort, an dem der Repräsentationsplan in seiner eigenen Undurchsichtigkeit analysiert werden kann.*

Das Projekt wurde ermöglicht durch die freundliche Unterstützung von F.N.A.C., Paris; Galerie de Tugny Lamarre, Paris; Akademie Schloß Solitude, Stuttgart; Martine Bour (Ministère Culture/Délégation aux Arts Plastiques, Paris).

vide (car forme/signe déterminant un enclos intermédiaire de sens), afin de créer un couloir de lecture et de visualisation.
c'est la HAUPTKLAMMER et, des interruptions dans la construction sont devenues nécessaires

depuis 1990 une approche correcte de l'ensemble du travail est la notion d'une PARENTHESE GLOBALE (situant les travaux entre un code en éclatement et un autre en prononciation)
Entre, c'est à dire un outil mis au point pour passer dans la brèche la plus fine de la question de la peinture, du coin éclateur au sévère double BIAIS des PRELEVEMENTS DE VIDE: comme il s'agit très exactement de la PARENTHESE qui «passe en biais dans» elle est appelée GLOBALE pour un ensemble de travaux. (elle est aussi ce Code S., code-raccord et plieur d'espace qui justement disparaît dans le UMI en tant que définition, ce dernier faisant sauter la PARENTHESE GLOBALE impitoyablement et tout effort pour situer le travail, c'est aussi pourquoi l'EVACUATION DU PRETEXTE a pu être possible établissant durement une AUTONOMIE vraie du travail et de l'oeuvre en général;
ce qui est bizarre c'est que ce salut brutal kamikase ses propres notions (Evac, du Pret-carburant du UMI: outil de perte de définition) pour architecturer un sens complètement hors sujet; et pour parer à tout c'est cette EVACUATION DU PRETEXTE qui couvre la FONCTION spatiale en mettant en mouvement dans le sculpture le dernier péril de l'image, la dernière cloison.
la KLAMMER allemande où a travaillé le UMI à la perte de définition, est contrairement à la PARENTHESE grecque (ui affute des instruments pour passer dans les interstices), liée à la crampe, à l'arrêt et à la pince.
l'invention d'une pige véloce n'a été possible que dans ce contexte resserré où le manque signe l'espace de résolution. (Le travail en tant qu'ensemble se perd lui-même) le vestibule de l'innommé avec tous ses clivages, provoque à l'aide des 2 inconnues une mise en application de l'oeuvre d'art comme FONCTION
dans la pince allemande où la TISCH perd son S. pour devenir un silence mesureur juste (cele n'a pas empêché l'EVACUATION de produire un son perfide), l'ESPACE ANTIANALOGIQUE se condense au point de faire sauter ses entretoises de mesure et de maintien tri dimensionnel, la pose en force des écarteurs de plans de représentation s'est épuisé en tant qu'espace (cet ESPACE AA a été mis au point en 89 en tant qu'espace où s'active l'image et sa matière, et en tant que champ de garantie et de guérison (2 radicaux germaniques werento et warjan emportés comme seules valises à Stuttgart), double champ où se trouvent developpées les notions de PHYSIOLOGIE DE L'ESPPACE et de FONCTION SPECTATEUR)

# Vorspiel

## Christoph Steffner

### Hear the Gods laughing

Eleonora Louis talking to Christoph Steffner

L: *Could you give a rough outline that would characterize your work? It's a fairly wide spectrum.*
S: The work itself normally has a structural nature, objective. In any case, it is not anecdotal. As far as the selection of media is concerned, the spectrum is wide. I have given the virtual medium back its privacy by directing it at itself. I have, so-to-speak, taken up two features of a system and processed them, as is also the case in another form, in the film machines. However, there I did invent one feature, the condenser.
L: *You have been working on these machines for about five years now. What was that specific interest that took you away from drawings and pictures, to the machines?*
S: Both in Linz and in Berlin, I worked parallely on drawings and film work. In the case of drawings, there always was the inclination to work in series and blocks. References set in automatically between the pages; not intentionally, that was a part of the game. I spent a lot of time on installations, interchanging and modifying. Normally the context is a formal one and the subject-matter can wander.
L: *It is then a matter of displacing the individual elements among each other, a matter of a game.*
S: Yes, and in the case of films it was. An approach to music was an original intention; from the rhythmic element or generally from the structural one. In the main issue I worked with different recording speeds. Most films are cut in the camera; from a situation or as a concept. The „African Impression Machine" - the first film machine, was a temporary break from conventional filming.
L: *And what would be the common context, the common idea running through your works?*
S: Multiplicity in the widest range of game types. This runs right through practically all my work from the very beginning. An affliction that caught me even as a child. I could leave nothing the way it was. I always changed things. Variants of variants, an impulse towards relativizing. As a rule, I tried to explore a system itself rather than to transport something by a system. This reflexive

### Die Götter lachen hören

Eleonora Louis und Christoph Steffner im Gespräch

L: *Könntest du grob einige Grundzüge deiner Arbeit charakterisieren? Das Spektrum ist ja ziemlich breit.*
S: Die Arbeiten selbst sind meist struktureller Natur, objekthaft. Auf jeden Fall nicht anekdotisch. Das Spektrum ist breit, was die Auswahl der Medien betrifft. Ich habe jetzt dem virtuellen Medium seine Intimsphäre zurückgegeben, indem ich es auf sich selbst gerichtet habe. Ich habe sozusagen zwei Seiten eines Systems aufgegriffen und bearbeitet, wie das ja auch in anderer Form bei den Filmmaschinen der Fall ist. Dort habe ich allerdings die eine Seite, den Verdichter, dazuerfunden.
L: *An den Maschinen arbeitest du ja seit ungefähr fünf Jahren. Was war das spezifische Interesse, das dich von den Zeichnungen und Bildern zu den Maschinen gebracht hat?*
S: Schon in Linz und dann in Berlin habe ich Zeichnung und Filmarbeit parallel betrieben. Bei den Zeichnungen gab es von Anfang an den Hang, in Serien und Blöcken zu arbeiten. Es haben sich von selbst Bezüge zwischen den Blättern eingestellt; nicht vorsätzliche, das war Teil des Spiels.
L: *Es geht also um die Verschiebung der einzelnen Elemente untereinander, um ein Spiel.*
S: Ja. Und beim Film war es so, daß eine Annäherung an Musik eine Urintention war; von diesem rhythmischen Element her, oder generell vom strukturellen. Ich habe in der Hauptsache mit verschiedenen Aufnahmegeschwindigkeiten gearbeitet. Die meisten Filme sind in der Kamera geschnitten; aus einer Situation heraus, oder als ein Konzept. Die „Afrikanische Impressionsmaschine", die erste Filmmaschine, war dann ein vorläufiger Abbruch der konventionellen Filmerei.
L: *Und was wäre der gemeinsame Kontext, die gemeinsame Idee, die sich durch deine Werke zieht?*
S: Multiplizität in verschiedensten Spielarten. Das zieht sich

praktisch durch alle Arbeiten von Anfang an. Ein Drangsal, das hat mich schon als Kind gejuckt. Ich konnte nichts lassen wie es ist; ich habe immer alles umgebaut. Varianten von Varianten, so ein Relativierungsdrang. Ich versuche in der Regel mehr ein System selbst auszuloten, als über ein System etwas zu transportieren. Diese reflexive Tendenz ist fast immer da. Das I Ging, das Buch der Wandlungen, war auch so ein Fall. Da sind zunächst Naturbeobachtungen angestellt und in ein System gebracht, das dann auf andere Systeme, soziale Angelegenheiten etwa angewendet wird. Es funktioniert immer auf der Basis eines dynamischen Kräftespiels und ist auch als Orakelbuch in Verwendung. Ich habe dabei den Prozeß eine Zeitlang umgedreht. Ich habe versucht, über einen psychischen Zustand, den ich angesteuert habe, ein bestimmtes Zeichen anzusteuern. Das ging, weil ich mit der Zeit ein Gefühl dafür bekommen habe, wie gewisse Zustände zu gewissen Zeichen führen. Was die Psychologie betrifft, so halte ich das I Ging für weitaus leistungsfähiger als die Psychoanalyse, weil es eine unmittelbare Bestandsaufnahme ist; es ist unmittelbar erfahrbar, was die Psychoanalyse nicht ist. Zum Kreativen wäre noch zu sagen, dessen Rolle wird heute vielfach überschätzt oder falsch eingeschätzt, auf Kosten von Sensibilitäten etwa.

L: *Aber es gab schon einmal Bewegungen, die genau das sogenannte Kreative ausschalten oder umleiten wollten. Ich denke dabei unter anderem an Duchamp oder die Maschinen der Phantasie von Raymond Roussel. Bei ihm gibt es ja sogar Maschinen, die selber Bilder produzieren oder Musik erzeugen. Da ist kein menschliches Individuum als schöpferische Kraft mehr vorhanden, weil diese biologisch-technoiden Objekte aus ihrem eigenen System heraus schaffen. Es gibt keinen Erfindergeist mehr.*

S: Ja. Es geht ja nicht darum, seine Psyche zum besten zu geben. Da degradiere ich den Betrachter ausweglos zum Voyeur. Ein verdecktes Klassendenken ist das. Ich schaffe bewegte Systeme, die funktionieren, aber nichts Konkretes auswerfen; auf die Spielarten kommt es an. Das ist ein latenter Zustand.

L: *Du lieferst also keine bestimmten Vorgaben für den Betrachter?*

S: Nein, weil er sonst das Latente nicht zu spüren bekommt, dazu braucht er Spielraum. Den soll er auch haben, weil ich den selbst auch in Anspruch nehme.

L: *Die Maschine schafft eine Situation?*

S: Genau. Weil sie auch als Objekt im Raum steht, einen

tendency is almost always present. The „I Ging", the book of transformations was such a case. First of all observatons of nature are employed and are put into a system that can then be used for other systems, social matters. It always functions on the basis of a dynamic power game and is in use as the oracle book. I reversed the process round for a time. I tried to steer a certain sign towards a physical state that I had headed towards. That worked, as in the course of time I got a feeling for how certain states lead to certain signs. With the sign „The Productive", „The Creative", I probably managed this up to five or six times in succession. Why it worked here and not with others is obvious, as this is an extreme, unequivocal state. The sign consists entirely of Yang strokes. In the case of „Oracle", you must be able to keep this specific state open. As far as psychology is concerned, I consider „I Ging" as being much more efficient than psycho-analysis, as it is a direct stocktaking; it can be directly experienced and that is not the case with psycho-analysis. As far as the Creative is concerned, I would still like to say that this role is largely overestimated and wrongly assessed today, at the expense of sensibilities.

L: *But there have been movements that wanted to eliminate so called Creativity or to redirect it. Here, I think of Duchamp, among others, or the Raymond Roussel machines of phantasy. In his case, he even has machines which produce pictures themselves or music. Here, there is no human individual as a creative force, as these produce biological-technoid objects from their own system. There is no longer any inventive genius.*

S: Yes, it is not a matter of giving the psyche to be best. By doing so I would hopelessly degrade the observer to become a voyeur. It is a concealed class thinking. I create lively systems which function but which don't throw out anything concrete; it depends on the types of games. This is a latent state.

L: *You do therefore not provide any certain stipulations for the observer?*

S: No, otherwise he would not be able to feel the latent element, he needs free space for this. And he should get it, as I also demand this.

L: *The machine creates a situation?*

S: Exactly. As it also places the object in the space, it forms a space. It is physically very present. This is the common basis with the observer, a prerequisite. The game, that is - the movements, the displacements - which have a certain softness.

L: *What role exactly does the water play in your machines?*

S: Water itself has no form, it adapts itself. In the case of the water machines is is channelled to a closed circuit. Three water jets centre on a swimmer and set him in rotation. This doesn't work exactly, as there are irregularities and

Raum bildet. Sie ist ganz physisch anwesend. Das ist die gemeinsame Basis mit dem Betrachter, eine Voraussetzung. Das Spiel, das sind dann die Bewegungen, die Verschiebungen, die eine gewisse Weichheit haben.

L: *Welche Rolle spielt eigentlich das Wasser bei deinen Maschinen?*

S: Das Wasser hat von sich aus keine Form, es paßt sich an. Bei den Wassermaschinen ist es zu einem geschlossenen Kreislauf kanalisiert. Drei Wasserstrahlen zentrieren einen Schwimmer und versetzen ihn in Rotation. Das läuft nicht exakt, da sind Unregelmäßigkeiten und Turbulenzen mit drin. Der sich drehende Schwimmer ist als virtuelles Bild, parallel zum Objekt, an eine Wand projiziert.

L: *Ist Weichheit für dich ein Element deines Schönheitsbegriffes? Sie wird ja auch bei den Filmmaschinen eingesetzt, in denen Bilder nur angedeutet werden, präziser werden und sofort wieder weicher, unschärfer werden.*

S: Das Texturbild bei der „Jetztmaschine" ist rein zufällig. Der Film ist chronologisch für den Projektor gezeichnet. Was sich vorne am Verdichter ergeben hat, ist eben zufällig.

L: *Aber es hat eine unglaublich absichtliche Ästhetik an sich.*

S: Ja, sicher hat es eine Ästhetik. Und zwar genau dieses quirlige Chaos, das relativ unformiert, aber in einer ganz bestimmten Weise fluktuiert. Es gibt natürlich immer einen Bereich, den man vorher abschätzen kann. Bei den Filmmaschinen springt die Priorität ständig zwischen dem Strukturbild und dem Einzelbild hin und her. Diese Wechselwirkung zweier Aspekte eines Systems ist da inszeniert.

L: *Was ist für dich eigentlich schön?*

S: Natur ist schön. Natur ist viel schöner als die Kunst. Aber so ein Urteil ist unwichtig, weil es in der Folge einer ganz bestimmten Weltanschauung entsteht.

L: *Sind hier Erkenntnisse aus wissenschaftlichen, philosophischen Systemen in ein privates System übergeführt?*

S: Die Maschinen sind schon sehr private Systeme, mit einer Ausnahme. Das sind jene Maschinen, die an Architektur, an dieses statische System, angeheftet werden. Ich habe sie „Parasiten" getauft. Die einen winden sich um Säulen, andere nehmen sich die Ecken vor. Relativ dezent machen sie das, aber beständig.

L: *Ein Schritt hinein in den öffentlichen Raum, in öffentliche Systeme?*

S: Eine neue Spielart. In dem Film „Sans soleil" – Tokyo, sich dahinwälzende Menschenmassen – heißt es so ungefähr: „Eine Möglichkeit, der Stadt eine gewisse Schönheit abzugewinnen, sei diejenige, sie als Partituren zu lesen."

turbulences. The rotating swimmer is projected onto a wall as a virtual picture parallel to the object.

L: *Is softness for you an element of your concept of beauty? It is also used in the film machines, where pictures are only insinuated, becoming more precise and then immediately becoming softer again, less clearly defined.*

S: The texture picture in the „Jetztmaschine" (Now Machine), is purely accidental. The film is drawn chronologically for the projector. What resulted at the front at the condenser is just accidental.

L: *But it has an unbelievably intentional aesthetics.*

S: Yes, of course it has aesthetics. And that buoyant chaos which relatively unforms and fluctuates in quite a certain way. There is of course always a sector which one can estimate beforehand. In the case of the film machines, the priority constantly jumps back and forward between the structural picture and the individual picture. This interaction between two aspects of a system was staged there.

L: *What is actually beautiful for you?*

S: Nature is beautiful. Nature is much more beautiful than art. But such an opinion is unimportant as what results is a certain view of the world. Heraclid said: The most beautiful, the most perfect world is like a chaotically stacked dung heap. A good metaphor for the coincidence of things. Again it is a matter of the coincidence of the Creative - the lap of chaos, which in a latent form involves all creations. Nature is as it is and it could just as easily be quite different.

L: *Have perceptions from scientific, philosophical systems been transferred to a private system here?*

S: The machines are very private systems with one exception. That is, those machines which are attached to architecture - to this static system. I have baptized them „parasites." Some wind themselves round pillars. Some prefer the corners. They do this relatively discreetly, but persistently.

L: *A step inside the public space, into the public system?*

S: A new type of game. In the film „Sans Soleil" - Tokyo, masses of people tossing and turning - that is what it is more or less called : „One way of winning back a certain beauty from the city and that is to read it as scores."

Das Projekt wurde ermöglicht durch die freundliche Unterstützung von EMCO Maschinen, Hallein

Prolog

Die Kamera wendet sich zum Monitor.
Der unendliche Tunnel der Selbstreflektion entsteht.
Die Kamera bewegt sich zum Spiegelbild.
Den Fluchtpunkt überschreitend
kommt sie an der *Anderen Seite* zur Ruhe,
wo sie nunmehr alle Blickpunkte inne hat.

# Bull's Head or Revision of the Video Buddha

## Péter Szeleczki

### Nach dem Zeitalter des Spiegels

The camera turns towards the monitor
The endless tunnel of self reflection emerges
The camera moves towards the reflection
Passing over the vanishing point
it comes to rest on the *Other Side,*
where it now holds all focal points.

**The Age of the Mirror**

In America, the age of the mirror and the screen is strictly separated by Baudrillard. And we can truly declare that the period in which pictures were created by physical and illusionistic images has been superseded by a new electronic age, by a general state which creates the consciousness of a constant but profoundless control. The mirror still maintains the illusion of the pictures, but the video as the great medium of constant transitoriness brings a wave of inevitable and indeterminable pictures: similar to the polaroid picture, the video picture is at one and the same time the start of hyper-realism and the dream world. What „was not" is now captured by a picture, but reality is only possible through art. Even the state of being is only possible through copies, images - this would, in principle, still be one way that could be pursued. But these images are not tangible, they vanish in a moment - this is the accomplishment of simulacrum. The endless wave of pictures floating across the video screen which literally scour through it,

In *America* wird das Zeitalter des Spiegels und des Bildschirms (screen) von Baudrillard strikt getrennt. Und wir können wahrlich feststellen, daß die Periode, in der Bilder durch physische und illusionistische Abbilder hergestellt wurden, von einem neuen elektronischen Zeitalter abgelöst wurde, hiermit von einem allgemeinen Zustand, der das Bewußtsein einer ständigen, jedoch tiefenlosen Kontrolle schafft.

Der Spiegel hält die Illusion der Bilder noch aufrecht, doch das Video als großes Medium der ständigen Vergänglichkeit bringt eine Woge unabwendbarer und unbestimmbarer Bilder: der Polaroidaufnahme ähnlich, ist auch das Videobild der Anfang des Hyperrealismus und der Traumwelt zugleich. Was „nicht war" wird jetzt von einem Bild festgehalten, doch die Realität wird nur durch Kunst möglich. Selbst das Dasein wird nur durch Kopien, Abbilder möglich - dies wäre an und für sich noch ein Weg, den man einschlagen könnte. Doch die Abbilder sind nicht greifbar, verflüchtigen sich im Augenblick - dies ist die Erfüllung des Simulacrums. Die unendliche Bilderwelle, die durch den Videobildschirm schwebt, die ihn förmlich durchwächst, bedeutet zugleich, daß der Begriff des Bildes angegriffen wird und dieser Moment wird von Péter Szeleczki mit äußerster Klarheit erkannt und verdeutlicht.

360° Panoramaaufnahme eines Innenraumes. Foto: Josef Pausch

Die Kamera und der Bildschirm - mit dem Rücken aneinander gekehrt und sich im Kreise drehend - könnten sich im Idealfall - d.h. im Liquid Cristall Display - so weit nähern, daß sie fast eine einzige Ebene bilden und zeigen immer wieder an, wie willkürlich, leer und ohne Bedeutung die Begriffe des Bildes und Abbildes sind.

Die fortwährende Kreisbewegung zeigt die Überwachungsfunktion des Videos (eine Demonstration der Allgegenwärtigkeit der Bildschirme auf die introvertierteste Weise), und deutet darauf hin, wie peinlich und unmöglich es ist, immer noch „ein" Bild zu sagen. Das Apparat selbst funktioniert zwar als Rahmen, doch könnten wir an dieser Stelle ebenso den Raum des Museums nennen, so wie wir ansonsten vom Bildschirmrahmen oder vom Fernsehen als Rahmen der „Wirklichkeit" sprechen. Die ästhetische Kraft der Arbeit Péter Szeleczkis liegt in einer introvertierten und gedrängten Vortragsweise des Themas, die maximale Selbstdisziplin und Haltung voraussetzt, und im tragischen Moment: der unendlichen spiralartigen Tiefe der gestellten Fragen, bzw. in der provokativen Tiefenlosigkeit. Szeleczki weiß ganz genau, daß die knappe und gedrängte Ausdrucksweise eine Formulierung, die dem Betrachter vieles überläßt, sowohl dem Künstler,

means that the concept of the picture is being tackled and this moment is recognized and illustrated by Peter Szeleczki with the utmost of clarity.

The camera and the screen, back to back, and turning in a circle could approach one another, in the ideal case, i.e. Liquid Cristall Display, to such an extent that they almost form one single level and constantly point out just how arbitrary and without significance the concepts of picture and image are. The continuous circular motion shows the monitoring function of the video (a demonstration of the omnipresence of the screens in the most introvert way), and points out just how awkward and impossible it is to still say just „one" picture. The apparatus itself does act as a frame but here, we could similarly designate the space of the museum, as we otherwise speak of screen frames or of television as the frame of „reality".

The aesthetic power behind Peter Szeleczki's work is to be found in an introvert and concise way of putting forward the subject, which presumes the maximum of self-discipline and composure and in the tragic moment: in the endless spiral-like depth of the questions asked and in the provocative depthlessness. Szeleczki knows exactly that the terse, concise way of expressing a formulation which leaves much to the observer, only does benefit to the artist, his work and the observer.

One can no more face a sculpture which rotates (?), a world image (?) a copy machine (?) as we can stand behind it, but nevertheless both movements can be executed while both meanings remain empty. What is the picture, what is the image? What is original and what is copy? How long do we need to „create" a picture and how long do we need to „understand" it? What significance does it have that the constant wave of video pictures that roll over us appears like pictures of a nightmare in which future and past are pushed aside?

How can the constant change, the continuous metamorphosis be determined, signifying the end of the metaphor? Where everything is subject to constant change and nothing retains its form, how could we understand the significance there? What Baudrillard meant by the cool ecstasy of communication and what we mean when we maintain that significance and information have split apart and separated was made most evident to me by the poetics of Peter Szeleczki.

This work is unequivocal proof of the fact that concept-art can be continued despite all the modern trends, as there is no experience more exciting than the sensuous imprinting of a train of thought, the final result of a thinking processs which can be experienced and is visible. Szeleczki obviously has the most profound doubt as regards the possibilities of video art.

Peter György

seiner Arbeit und dem Beobachter nur Gutes zukommen lassen.

Denn einer Skulptur, die sich dreht (?), einem Weltspiegel (?), einer Kopiermaschine (?) kann man ebenso wenig gegenüberstehen, wie hinter ihr, und doch sind zugleich beide Bewegungen ausführbar, während beide Bedeutungen leer bleiben. Was ist das Bild, was ist das Abgebildete? Was ist Original, und was ist Kopie? Wie lange braucht man, um ein Bild „herzustellen", und wie lange um es zu „verstehen"? Was bedeutet es, daß die ständige Woge der Videobilder, die über uns herrollt, Bilder eines Alptraumes erscheinen läßt, in der Zukunft und Vergangenheit verdrängt werden?

Wie läßt sich die ständige Veränderung, die fortwährende Metamorphose bestimmen, die notwendigerweise das Ende der Metaphern bedeutet?

Wo alles ständiger Veränderung unterliegt, nichts seine Form beibehält, wie könnten wir da die Bedeutung verstehen? Was Baudrillard mit der kühlen Extase der Kommunikation gemeint hat, und was wir meinen, wenn wir behaupten, daß Bedeutung und Information sich gespalten und getrennt haben, wurde mir selbst anhand der Poetik Péter Szeleczkis am klarsten.

Diese Arbeit ist ein eindeutiger Beweis dessen, daß sich Konzept-Art trotz aller Modetrends fortsetzen läßt, denn es gibt kein aufregenderes Erlebnis als die sinnliche Prägung eines Gedankenganges, das erfahrbare und sichtbare End-ergebnis eines Denkprozesses. Szeleczki hat den Möglich-keiten der Videokunst gegenüber offensichtlich die tiefsten Zweifel.

Ich meine, diese Zweifel, und unleugbare Beklommenheit, die Furcht vor einem Realitätsverlust bürgen dafür, daß uns die Woge der Technologie von leeren und oberflächlichen Bildern ohne Tiefe doch zum Einhalt gebieten, und dies nicht bloß mit gerade gängigen, aktuellen und leeren Tricks, sondern in erster Linie mit der Kraft der Gedanken.
Péter György

Das Projekt wurde durch die freundliche Unterstützung der KNOLL Galerie Budapest ermöglicht.

# 7 Objects meet

Programm in Realzeit

## Akke Wagenaar

**7 Objects meet**

real time program

The programm "7 objects meet" is calculating the positions and movements of 7 objects as they move through a virtual space. The objects have several physical properties like mass, speed and acceleration.

The objects must obey all currently active laws and rules of the program.

The laws are of a physical nature, for instance acceleration caused by gravity, and elastic collisions. Parameters to these laws can be from earth or from any other world.

The rules are behavioural rules. They tell an object how to behave in reaction to its environment, e. g. other objects, limits of space. Several behavioural rules are implemented in the program, for instance avoidance behaviour, attraction behaviour and several group behaviours.

The program is interactive – both within its own world and with the viewer. During run time rules and laws are being modified, depending on events that have occured within the object world. When a viewer steps close to the projection screen he or she becomes an object and his or her movements become part of the calculations. The program is the result of an on-going investigation into the possibilities of motion control programming techniques and how they could be used as a tool for automated art production.

The artist implementing and using such a tool builds a virtual world with its objects, their properties and a set of rules and laws.

This way of working should be thought of as being conceptual, but in contrast to the conceptual art of the seventies its realization is not carried out manually by the artist and/or a group of assistants, but by a machine.

Inspiration for this work came from two books: Klaus Theweleit, "Objektwahl" and Valentino Braitenberg, "Vehicles, experiments in synthetic psychology".

Das Programm "7 objects meet" berechnet die Positionen und Bewegungen von 7 Objekten, die sich durch einen virtuellen Raum bewegen. Die Objekte haben verschiedene physische Eigenschaften wie Masse, Geschwindigkeit und Beschleunigung.

Die Objekte müssen allen zum gegebenen Zeitpunkt geltenden Programmgesetzen und -regeln gehorchen.

Die Gesetze sind physischer Natur, so etwa die Beschleunigung aufgrund der Schwerkraft, und die elastischen Kollisionen. Die Parameter für diese Gesetze können von der Erde oder aus irgendeiner anderen Welt stammen.

Bei den Regeln handelt es sich um Verhaltensregeln. Sie sagen einem Objekt, wie es sich in Reaktion auf seine Umwelt, z.B. andere Objekte, Raumgrenzen, verhalten soll. Verschiedene Verhaltensregeln wurden im Programm implementiert, etwa Vermeidungsverhalten, Anziehungsverhalten und mehrere Gruppenverhaltensweisen.

Das Programm ist interaktiv - innerhalb seiner eigenen Welt und auch in Bezug auf den Betrachter. Während des Ablaufs werden Zeitregeln und Gesetze in Abhängigkeit von Ereignissen, die innerhalb der Objektwelt eingetreten sind, verändert. Tritt der/die Betrachter/in nahe an den Projektionsschirm heran, wird er/sie zum Objekt und seine/ihre Bewegungen gehen in die Berechnungen ein.

Das Programm ist das Ergebnis fortgesetzter Untersuchungen über die Möglichkeiten von Programmiertechniken zur Bewegungssteuerung und wie diese als Instrument einer automatisierten Kunstproduktion eingesetzt werden könnten.

Der Künstler, der ein solches Instrument implementiert und verwendet, errichtet eine virtuelle Welt mit ihren Objekten, Eigenschaften, Regeln und Gesetzen.

Eine solche Arbeitsweise ist als konzeptuell zu betrachten, aber im Gegensatz zur Konzeptkunst der 70er Jahre erfolgt die Realisierung nicht manuell durch den Künstler bzw. eine Gruppe von Assistenten, sondern durch eine Maschine.

Inspiriert wurde diese Arbeit durch zwei Bücher: Klaus Theweleit, "Objektwahl" und Valentino Braitenberg, "Vehicles, experiments in synthetic psychology".

Technische Beschreibung: Der Grafikoutput eines auf einer Silicon Graphics Workstation laufenden Echtzeitprogramms wird von einem Videobeamer projiziert. Das Bild wird auf eine transparente Leinwand, von der die Zuschauer es von beiden Seiten her sehen können, projiziert. Auf einer Seite der Leinwand befinden sich am Boden Kontaktmatten, die, sobald jemand auf sie steigt, dem Computer Informationen übermitteln. Diese Informationen werden sodann in den Berechnungen des Programms berücksichtigt und bewirken eine Veränderung des Outputs. Die Software wurde in C, unter Verwendung der SGI Graphic Library, geschrieben.

Software: Akke Wagenaar
Kontaktmatten: Bob O'Kane

Technical description: A video beamer is projecting the graphics output of a real time program which is running on a Silicon Graphics workstation. The image is projected on a transparent screen, where people can view it from both sides. On one side of the screen there are contact mats on the floor sending information to the computer when somebody steps on them. This information is then incorporated into the calculations of the program, causing changes in the output. The software was written in C, using SGI Graphic Library.

Software: Akke Wagenaar
Contact mats: Bob 'Kane

The project has been made possible thanks to the following institutions:
Fonds voor Beeldende Kunsten, Vormgeving en Bouwkunst in Amsterdam, the Netherlands.
Institut für Neue Medien, Frankfurt am Main, Germany.

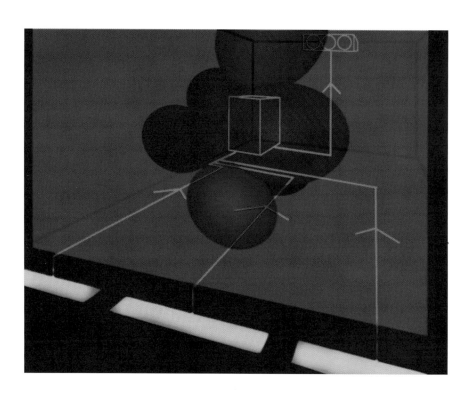

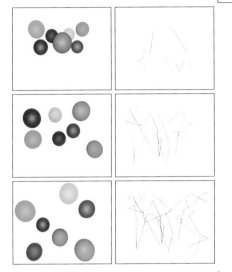

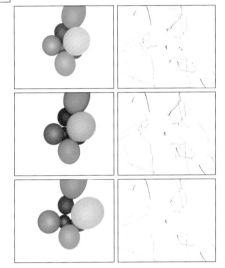

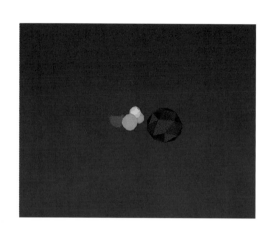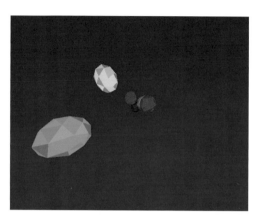
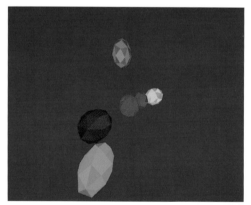

# Kreative Software

# Menschen und Meilensteine

**Software**

**Man and Milestones**

*It has rarely been the case in the entire history of mankind that a tool managed to win recognition as quickly as the personal computer did. The exhibition about the history and myths behind this wondrous machine and its heroes covers the time spanning from its infancy until its recognition as an indispensable working media. In the course of researching for the exhibition, we often encountered astonishment; history that wasn't even 20 years old was to be put on exhibition. What was even more astounding was the fact that even this history is already disappearing in the depths of self-fabricated company myths and journalistic ornamentation.*
*The exhibition is deliberately restricted to the personal computer and its software. Although developments with mainframes, mini and microcomputers have been repeated, it is the latter which is closest to us in its everyday occurence and philosophy.*
*It remains to be seen as to whether the operability of the machines, which is becoming easier and easier, will ultimately lead to their disappearance in the sense of being absorbed into the ordinary. But, here you will now see milestones and machines once again.*
*Benjamin Heidersberger*

**A Star is born**

When agents in Hollywood want to get a star, a director and a producer together, they need a micro-film plot.
Time: 1984. Scene: pastel-coloured „we know each other" restaurant. The tables are allocated after months' of waiting or thanks to being repeatedly mentioned in the important circles of society; European cuisine, Chef de Cuisine: Wolfgang I-have-forgotten-the last-name; Palm trees indicate: We are in Hollywood.
The *Agent* and the *Producer* meet for a power lunch. We will save the offensive courtesies and the vital gossip.
*Agent*: Hacker! What a concept!

*Selten zuvor hat sich in der Geschichte des Menschen ein Werkzeug so schnell durchgesetzt wie der Personal Computer. Die Ausstellung um Geschichten und Mythen dieser wundersamen Maschine und ihrer Helden überschaut die Zeitspanne von ihren Anfängen bis zur Anerkennung als unverzichtbares Arbeitsmittel. Bei den Ausstellungsrecherchen stießen wir oft auf Erstaunen. Geschichte, die noch nicht einmal 20 Jahre alt ist, sollte ausgestellt werden. Um so erstaunlicher war, das eben diese Geschichte schon im Dunkel selbstgestrickter Firmenmythen und journalistischer Ausschmückungen verschwindet.*
*Die Ausstellung beschränkt sich bewußt auf Personal Computer und ihre Software. Obwohl sich Entwicklungen bei Mainframes, Mini- und Microcomputern wiederholt haben, sind uns letztere in ihrer Alltäglichkeit und Philosophie am nächsten.*
*Es bleibt abzuwarten, ob die immer einfachere Bedienbarkeit der Maschinen letzten Endes zu ihrem Verschwinden im Sinne einer Absorption in den Alltag führen wird. Hier jedenfalls sehen Sie erst noch einmal Meilensteine und Maschinen.*
*Benjamin Heidersberger*

## A Star is born

Wenn Agenten in Hollywood einen Star, einen Regisseur und einen Produzenten verkuppeln wollen, brauchen sie einen Mikro-Filmplot.
Zeit: 1984. Schauplatz: Pastellfarbenes „Man-kennt-sich"-Restaurant. Tische werden nach monatelangem Warten oder dank mehrfacher Nennung in den wichtigen Gesellschaftsspalten zugeteilt; europäische Küche, Chef de Cuisine: Wolfgang Ich-hab-den-Nachnahmen-vergessen; Palmen signalisieren: Wir sind in Hollywood.

Der *Agent* und der *Produzent* treffen sich zum Power-Lunch. Wir sparen uns die verletzenden Höflichkeiten und den lebenswichtigen Tratsch.

*Agent*: Hacker! Was für ein Konzept!

*Produzent*: Hacker? Pac Man und Space Invaders? Keine Science-fiction-Filme! Schaut kein Schwein.

*Agent (enthusiastisch):* Nix Science-fiction: Science-Fact! Hier sind die Artikel: *New York Times, Time, Newsweek.* Wir leben im Zeitalter des Computers!

*Produzent (gelangweilt):* Wer will schon picklige junge Typen vor dem Computer sehen?

*Agent*: Aber wenn sie die Welt retten?

*Produzent (genervt):* Quatsch!

*Agent*: Ein Computerfreak treibt die Welt an den Rand des Atomkrieges. Unsere Computer und die der Russen stehen kurz davor, die Raketen zu feuern *(fuchtelt mit den Händen in der Luft herum):* Dampfende Raketensilos vor dem Abschuß!

*Produzent*: Blödsinn, Hacker spielen doch nur Space Invaders.

*Agent*: In der Zeitung steht, die Hacker gefährdeten die nationale Sicherheit.

*Produzent*: Spionage ist gut, aber wir brauchen einen Helden und eine Lovestory.

*Agent (Chance witternd):* Und einen Bösewicht. Computer sind gute Schurken - und kosten auch keine Millionengage. Wie wär's damit: College-Kid will die neusten Computerspiele via Telefonleitung stehlen, hackt sich stattdessen in das Computersystem des Pentagons hinein. Der Supercomputer wittert einen Angriff und öffnet die Raktensilos. Militärs und Politiker sind unfähig, das sprechende Elektronenhirn zurückzupfeifen - die Welt steht vor dem Armageddon. Doch fünf Sekunden vor Zwölf knackt der Hacker den Code. Dem Megabrain des Pentagon wird klar, daß alles nur ein Simulationsspiel ist, die Raketen werden deaktiviert. Abspann.

PRODUZENT: Gut, daß der jungendliche Hacker die Schwachstelle des Computers offengelegt hat und nicht der Russe oder ein Terrorist.

*Agent (ruft Kellner):* Können Sie mir die Rechnung bringen?

## Von der Lochkarte zur Bildröhre

Es gab einmal eine Zeit, da waren Computer wie Behörden: aufgeblähte Apparate, die Dienst nach Vorschrift leisteten. Jede Eingabe mußte zuerst umständlich in einem Formular

*Producer:* Hacker? Pac Man and Space Invaders? No science fiction films! Nobody wants it.

*Agent* (disappointed): No science fiction: science fact! Here are the articles: *New York Times, Time, Newsweek.* We are living in the age of the computer!

*Producer:* (bored). Who wants to see spotty youths in front of a computer?

*Agent*: And if they save the world?

*Producer* (annoyed): Rubbish!

*Agent*: A computer freak is driving the world to the brink of an atomic war. Our computers and the Russian ones, too, are about to launch their rockets (gesticulates around in the air with his hands): Smoking rocket silos on the brink of launching!

*Producer:* Nonsense, hackers only play Space Invaders.

*Agent*: The newspaper says that hackers are a danger to National Security.

*Producer:* Espionage is good, but we need a hero and a love story.

*Agent*: (seeing a chance): And a villain. Computers are good villains - and they don't ask for a million fee. How about: college kid wants to steal the very latest computer games via the telephone line and instead hacks into the computer system at the Pentagon. The super computer gets wind of an attack and opens the rocket silos. The army and the politicians are unable to hold back the talking electron brain - the world is facing Armageddon. But, just at the very last minute, the hacker breaks the code. The megabrain at the Pentagon realizes that it's all been just a simulation game, the rockets are deactivated. The end.

*Producer:* Good that it was the young hacker who revealed the weak spot of the computer and not the Russians or a terrorist.

*Agent* (calling the waiter): Bring me the cheque!

### From the Punch Card to the Picture Tube

Once upon a time there were computers like civil servants, puffed up pieces of apparatus which worked according to the book. Every input had to be first of all transcribed onto a form. System managers, absurd Kakfka-type warders, received the forms, fed the almighty machines with them and upon completion of the clerical work, conveyed the result back down to the impatiently waiting applicant.

The forms were generally small, pale-yellow coloured cards with a lot of holes which were able to precisely code all the corner data of the human life: surname, first name, address, sex, salary, bank account number - all a matter of the hole being in the right place.

And so the civil servant computers gobbled up piles of punch cards and made personnel

Der klassische Großrechner, eine IBM 360 Modell 85.
Nach unbestätigten Berichten „360", weil alle Bedürf-
nisse des Kunden rundum befriedigt werden.
Foto: Boston Computer Museum

Blick in das Kabinett „Universalrechner in Transistor-
technik" des Deutschen Museums München.
Foto: Deutsches Museum

umschrieben werden. Systemmanager, kafkaeske Wärter,
nahmen die Formulare in Empfang, fütterten die allmächtige
Maschine damit und beförderten, nach Fertigstellung der
Sachbearbeitung, das Ergebnis wieder hinunter zu dem
ungeduldig wartenden Bittsteller.

Die Formulare waren kleine, meist blaßgelbe Kärtchen mit
vielen Löchern, die alle Eckdaten des menschlichen Lebens
präzise kodieren konnten: Name, Vorname, Anschrift, Geschlecht, Gehalt, Kontonummer - alles eine Frage des Lochs
an der richtigen Stelle.

So fraßen sich die Behörden-Computer durch lange Loch-
karten-Stapel und machten Personalverwaltung, Volks-
zählung, Einwohnererfassung oder PKW-Registration
möglich.

Wenn Herr oder Frau Normalbürger mal einen Computer
zu Gesicht bekamen, in Film, Fernsehen, Illustrierten oder
Büchern, waren wuchtige, eckige Maschinenschränke mit
vielen blinkenden Lämpchen und sich fleißig drehenden
Spulen zu sehen. Im Vordergrund standen die Hohe-
priester der Maschine: ernste Männer in weißen Labor-
kitteln, meist emsig damit beschäftigt, ein Magnetband
auszuwechseln.

Im Science-fiction wurde die landläufige Vorstellung vom
elektrischen Leviathan ins Extrem gedreht: Arthur C. Clarkes

Buch „2001 - A Space Odyssey", das von Stanley Kubrik zum psychedelischen Kultfim verarbeitet wurde, machte den Computer zum Mephisto: HAL (IBM im Alphabet immer um einen Buchstaben voraus), der Bösewicht mit der freundlichen Stimme.

Dieses diabolische Image hielt sich ziemlich lange: Von 1941 - in diesem Jahr hat der Deutsche Konrad Zuse den ersten dieser Behörden-Computer gebaut - bis 1982.

Ganz im Verborgenen begann im Jahre 1969 die technische Umwälzung: Computeringenieure der texanischen Firma Datapoint beauftragten die Firmen Intel und Texas Instruments, einen Einzellen-Computer zu entwickeln: die wesentlichen Funktionen eines Computers dichtgedrängt auf einem fingernagelgroßen Chip unterzubringen.

Intel schaffte die technische Großtat, aber dem Auftraggeber Datapoint war der neue Chip zu langsam. Die Manager bei Intel wollten ihre Entwicklung nicht wegwerfen, und so brachten sie den Baustein mit der Typenbezeichnung „4004" ein Jahr später auf den Markt. Das war die Geburtsstunde des Mikroprozessors. Die grundlegenden Lebensfunktionen dieser Computer-Einzeller waren die gleichen wie die der Dinosaurier, der Großrechner.

Sofort begannen Tüftler in ganz Amerika ihr Spiel mit dem neuen Bauteil. Viele Konstruktionen auf Chipbasis landeten in der evolutionären Sackgasse: Frankenstein-Computer, weder kommerziell noch technisch erfolgreich, Rechenkisten, die nur von leidenschaftlichen Bastlern gekauft wurden. Einige der Hobbycomputer-Bastler waren jedoch erfolgreich und ließen schließlich die evolutionäre Ursuppe der Hackerszene hinter sich. Stephen Wozniak entwickelte in Kalifornien den ersten Apple - klein genug für den Schreib- oder Küchentisch, mit Tastatur und der vertrauten Glotze als Bildschirm. 1977 führten „Steve Woz" und sein Freund Steven Jobs stolz den Apple II vor. Aus dem Team Wozniak & Jobs wurde ein Mythos; die beiden jungen Amerikaner wurden zu Helden der Success-Story, die Apples PR-Firma den Journalisten und der Computerfangemeinde immer wieder vorgebetet hat: in Turnschuhen schnell mal von der Garagenklitsche zur Milliarden-Dollar-Company sprinten. Mit Cleverness, Groove und Enthusiasmus den Marktriesen IBM herausfordern.

Damit war der David-und-Goliath-Mythos der Computerbranche in Szene gesetzt, der fortan die Durchsetzung des „Personal Computers" und der neuen, aggressiv auftretenden Hersteller begleitete. Zwar konnten die Käufer der

Helden der PC-Fans: Steve Wozniak & Steven Jobs
Foto: MACup Archiv

administration, census, population counts or car registrations possible.

If Mr. or Mrs. Normal Person got to see a computer, in a film, on television, in magazines or in books, what they saw was angular machine cabinets with a lot of flashing lights and reels which were turning like mad. In the foreground stood the high priests of the machines: serious-looking men in white laboratory coats, generally busily changing some magnetic tape.

In science fiction, the generally accepted idea of the electric Leviathan was pushed to the extreme: Arthur C. Clarke's book „2001 - A Space Odyssey" which was made into the psychedelic cult film by Stanley Kubrik, turned the computer into a Mephisto: HAL (IBM, always one letter ahead in the alphabet), the villain with the friendly voice. This diabolic image stood its ground for quite a long time: from 1941 - the year the German Konrad Zuse built the first of these civil servant computers - until 1982.

The technical revolution began in obscurity, in 1969: computer engineers at the Texan company Datapoint, appointed the companies Intel and Texas Instruments to develop a single cell computer: to accommodate the most significant functions of a computer as compactly as possible on a chip the size of a finger nail.

Intel ucceeded in accomplishing this technical feat but the new chip was too slow for the contractor Datapoint. The management at Intel did not want to throw their development away and, consequently, a year later put their module with the trade name „4004" on the market. This marked the birth of the micro-processor. The basic vital functions of these single cell computers were the same as the dinosaur ones, the large-scale computers.

This immediately set the inventive-minded throughout America playing with the new component. A number of designs on the chip basis landed in the evolutionary dustbin: Frankenstein computers, neither commercially nor technically successful, computers kits which were only purchased by passionate hobbyists. Nevertheless, some of the hobbyists were successful and were able to leave the evolutionary music of the hacker scene behind them. In California, Stephan Wozniak developed the first „Apple" - small enough for the writing desk and kitchen table, with a keyboard and the familiar goggle-box as a screen. In 1977 „Steve Woz" and his friend Steven Jobs proudly presented „Apple II".

The team Wozniak & Jobs became a myth; these two young Americans became the heroes of the success story, that Apple's PR company had been reciting to journalists and computer fan circles: a quick sprint in training shoes from the garage to the billion dollar company. Challenge the masters of the market „IBM" with cleverness,

Von *Time* zum „Man of the Year 1982" gekrönt: der PC

klobigen Behördencomputer in den großen Labors und Verwaltungsbüros ihre Computer mittlerweile auch mit Tastatur und Bildschirm bedienen, allerdings nur während der zuvor eingeteilten Schalterstunden - denn Rechenzeit war teuer.

Ein paar Jahre später schwenkte schließlich auch IBM, die Firma mit dem Bürokratenimage, auf den neuen Kurs ein. 1981, fünf Jahre nachdem auch Commodore in diesen Markt eingestiegen war, brachte das damals sechstgrößte Unternehmen der Welt auch so einen kleinen, feinen PC auf den Markt.

1982 hatte der Personal Computer die Vorstellung von einem Computer schon vollständig besetzt: Das US-amerikanische Nachrichtenmagazin *Time* krönte den Computer zum „Mann des Jahres", auf dem Titelbild eine Gipsfigur vor einem PC, die Hände im Schoß, argwöhnisch. „HELLO / MAY I HELP YOU?" fragt der Rechner. Wer würde da Nein sagen?

Zehn Jahre später: Die Japaner zeigen erste Studien vom Body-Computer, der am Handgelenk getragen wird. Computer, die aussehen wie Schiefertafeln und nur noch mit Griffel bedient werden, sollen das unentbehrliche Filofax ersetzen; Telefon und Computer zeugen Kommunikationshelfer, die über Mobilfunk-Netz alle jederzeit an das globale Netz anklinken.

Exkurs: Der Hacker in seinem natürlichen Lebensraum; Zitat aus dem kleinen Handwörterbuch der Medienklischees, 29. Auflage, Hamburg, 1992:

HACKER, *der [hähköhr]:* meist unsportlicher, junger Mann mit blassem Teint, Bartstoppeln, fettigen Haaren und tiefen Rändern unter den Augen. Der H. sitzt gern in kleinen, stickigen Zimmern. Sein Lebensmittelpunkt ist der Computer, vorzugsweise über das Telefonnetz verbunden mit Großrechnern des Militärs oder internationaler Konzerne. Ziel des H. ist es, das Sicherheitssystem fremder Computer zu knacken, um militärische oder kommerzielle Geheimnisse an die H.-Öffentlichkeit weiterzugeben.

Während dieser Tätigkeit schläft der H. wenig und spricht kaum. Gerne stöpselt er sich Walkman-Hörer in die Ohren. Der H. ernährt sich von Pizza, Hamburger, Coca-Cola, Bier, Kartoffel-Chips und appetitzügelnden, leistungssteigernden Psychopharmaka. In der knappen Freizeit beschäftigt sich der H. gerne mit Fragen wie „Gibt es im Simulationszeitalter noch einen Gott? Ist es sündig, Roboter und künstliche Intelligenzen zu konstruieren? Werde ich jemals eine Frau finden?" Geselliges Leben übt der H. manchmal in speziellen H.-Clubs.

Zur Etymologie: „To hack", engl. Verb [mittel-engl.: hakken]: etwas mit unregelmäßigen, groben Hieben zerhacken, aufbrechen; „hack", engl. Substantiv [abgeleitet vom mittel-engl. „hackney"]: heruntergekommenes, leihbares Zuglast-Pferd, übertr.: käufl. Politiker, Lohnschreiber, Taxifahrer, Gefängniswärter; davon abgeleitetes engl. ugs. Verb „to hack": sich als billige Routine-Arbeitskraft verdingen, etwas hinpfuschen; „hacked", engl. Adjektiv zur Bezeichnung eines bestimmten Arbeitsstils: banal, abgegriffen, billig, routinemäßig, kommerziell. (Quelle: The American Heritage Dictionary of the English Language, College Edition)

Im alltäglichen Sprachgebrauch gilt der H. als Spontan-Programmierer, der versucht, Code-Probleme durch Herumspielen zu lösen - so lange, bis er es schafft oder die Maschine ihn.

Erster Auftritt des H.: 1961 wurde aus dem Modelleisen-

groove and enthusiasm.

And so the David and Goliath myth of the computer branch came to be, which from that very day, was to accompany the recognition of the „personal computer" and the new aggressive manufacturers. Of course, the purchasers of the bulky civil servant computers were, in the meantime, able to operate their computers in the large laboratories and administrative offices with keyboards and monitor displays, but only during specific office hours - computer time was expensive time.

A few years later, IBM, the company with the beaurocratic image also finally embarked upon a new course. In 1981, five years after Commodore had also entered the market, what was then the sixth largest company in the world, also put a small, dainty PC on the market.

By 1982, the personal computer had already completely taken up all the ideas of a computer: The US news magazine „Time" pronounced the computer „Man of the Year", and on the front page there was a plaster cast figure in front of a PC, hands distrustfully on its lap. „HELLO / MAY I HELP YOU?". Who could say no?

Ten years later: The Japanese presented the first studies of the body-computer which could be worn on the wrist. Computers that looked like slates and could only be operated by slate pencils, were to replace the indispensable Filofax; Telephone and computer produce communication aids which latch on, at any time, to the global network by means of mobile radio net.

Digression: the hacker in his natural habitat; quote from the small Pocket Dictionary of Media Clichees, 29th Edition, Hamburg 1992.

Hacker, the (hÑhkoer) generally an non-sporty young man with a pale complexion, stubble, greasy hair and big circles under his eyes. The H. likes to sit in small stuffy rooms. The focal point of his life is the computer, preferably connected by the telephone network to the army's or some international concern's large-scale computers. The goal of the H. is to crack the security systems of external computers in order to pass on military or commercial secrets to the H. public.

During such activities, the H. rarely sleeps and rarely speaks. He like to stick walkman plugs in his ears. The H. nourishes himself on pizza, hamburgers, Coca-Cola, beer, potato crisps and appetite reducing and performance boosting psycho-pharamceutical products. In his very brief leisure time he prefers to pre-occupy himself with questions such as „Is there still a God in this age of simulation? Is it a sin to design robots and artificial intelligence? Will I ever find a wife?" Social life is sometimes spent by the H. in special H. clubs.

As regards the etymology: „To hack", English verb (middle English: hacken): to destroy something with irregular course strokes, break open;

„hack", English noun (derived from middle English „hackney"; run-down carriage horse which can be hired, metaphorically speaking: politician who can be bribed, penny-a-liners, taxi drivers, prison warders; from this derives the English slang verb „to hack": to tout oneself as cheap all-round labour, to mess something up; „hacked", English adjective to designate a certain style of working; banal, worn-out, cheap, routine, commercial (source: the American Heritage Dictionary of the English Language, College Edition).

In every day language the H. is regarded as being the spontaneous programmer who tries to solve code problems by playing around - until he gets it, or the machine gets him...!

The first appearance of the H: 1961 the Model Railway Club at the East Coast University of Massachusetts' Institute of Technology (MIT) became a computer club. There, the first H.'s appeared for nocturnal programming sessions with the object of writing the perfect programme, and creating a megabrain.

In the heyday of the computer myth, between 1979 and 1989, the H. was regarded as being an alechemist, inaugurated into the secret science of the computer.

Spreading of H.ism: The West-coast H.'s enriched the myth of the sweet aroma of the flower power movement. Pot-smoking bay-lefties got together in the People's Computer Company and set the tone of the modern Robin Hood battle-cry „computer power to the people": Free the flow of information from the clutches of the beaurocratic moloch IBM! However, as the stars of the H. scene went into business and only let „Bolivian marching powder" get up their noses and no longer wanted to talk to every guest at the party, H.ism moved over to good-value, free tele-communication networks. The battle-cry: Everyone has a right to know international party gossip! A popular branch of West-coast H.ism in Europe is the „Whole Earth Review" published by Steward Brand.

In Europe, there are various national folkloristic versions of the H.; in Germany the image of the H. is typified by the image promoted by the Chaos Computer Club during the cynical 1980's. At present, the H. is a shadowy figure, that flits through the glosses of the German „Zeitgeist" magazine.

### The Aesthetics of Programming

It is not only the hobby programmer who is confronted with the conflict between brilliant drafts and bitter experimentation. Even professional programmers have to cope with this. The difference between the two is the fact that professionals are involved in a commercial, labour-divisional context. Secondly, professional

bahnclub der Ostküsten-Uni Massachusetts Institute of Technology (MIT) ein Computerclub. Dort fanden sich die ersten H. zu nächtlichen Programmierersessions ein, mit dem Ziel, das perfekte Programm zu schreiben, ein Megabrain zu schaffen.

In der Hochzeit des Computermythos, zwischen 1979 und 1989, galten die H. als Alchimisten, eingeweiht in die Geheimwissenschaft der Computer.

Verbreitung des H.ismus: Die Westküsten-H. haben den Mythos um das süßliche Aroma der Flower-Power-Bewegung angereichert. Pot-rauchende Bay-Lefties fanden sich in der People's Computer Company zusammen und prägten die moderne Robin-Hood-Losung „Computer power to the people": Befreit den Informationsfluß aus den gierigen Fängen des bürokratischen Molochs IBM! Als die Stars der H.-Szene jedoch ins Business einstiegen, nur noch bolivianisches Marschierpulver an ihre Nasen ließen und nicht mehr mit jedem Partygast reden wollten, verlegte sich der H.ismus auf preiswerte, freie Telekommunikationsnetze. Die Losung: Jeder hat ein Recht auf internationalen Partyklatsch! Ein auch in Europa beliebter Ableger des Westküsten-H.ismus ist das von Steward Brand herausgegebene „Whole Earth Review".

In Europa gibt es verschiedene nationalfolkloristische Versionen des H., in Deutschland ist das H.-Bild geprägt von der Selbstdarstellung des Chaos Computer Clubs zur Zeit der zynischen 80er Jahre.

Derzeit ist der H. eine Schattengestalt, die durch die Glossen deutscher Zeitgeist-Magazine huscht.

### Die Ästhetik des Programmierens

Nicht nur Hobbyprogrammierer bewegen sich im Konflikt zwischen brillanten Entwürfen und verbissenem Herumprobieren. Damit müssen sich Profiprogrammierer genauso herumschlagen. Der Unterschied zwischen beiden besteht vor allem in der Einbindung der Profis in einen kommerziellen, arbeitsteiligen Zusammenhang. Zweitens haben Profiprogrammierer meistens mit größeren Programmen zu tun. Und ab einem gewissen Programmumfang wird die Methode, Dinge einfach auszuprobieren, immer riskanter. Es wird immer wichtiger, bei jedem Schritt genau zu wissen, welche Wirkungen computerintern ausgelöst werden.

Die Arbeit, Programme zu entwerfen und zu schreiben, hat etwas von der Schönheit der Mathematik (alles fügt sich).

Andererseits unterliegt sie einer nachvollziehbaren Funktionsprüfung (das Ding muß laufen; wenn nicht, dann ist es schlechtes Handwerk, Pfusch), und schließlich steht sie unter dem Druck gnadenloser kommerzieller Erfolgskriterien. Die Termine, die ein Programmiererteam der Geschäftsleitung oder dem Auftraggeber im Leichtsinn vorschlägt, müssen eingehalten werden. Wenn das nicht gelingt, kommt die Abteilung aufs Abstellgleis. Schlimmstenfalls kann die ganze Firma Bankrott anmelden.

Programmierer reden lieber über die spaßige Seite ihrer Arbeit, über die Abenteuer der Abstraktion, den Triumph, riesige Programme elegant auf die Reihe zu bekommen. Informatiker weisen, in aller Bescheidenheit, öfter mal auf den genialischen Charakter ihrer Arbeit hin. Tatsächlich aber geht es bei aller Erfinder-Mythologie ganz einfach nur darum, die bessere Maschine zu entwickeln. Was schwierig genug ist, mindestens so mühsam wie das Ausmisten eines Augias-Stalls. Denn es geht darum, ein möglichst einfaches, eingeschränktes, aber adäquates Modell der Wirklichkeit zu formulieren.

C. Wayne Ratliff zum Beispiel berichtet, daß er die Idee für dBase (das meistverbreitete Datenbanksystem, das 1978 auf den Markt kam) fand, als er ein mathematisches Verfahren für seine Fußballtip-Gruppe entwickeln wollte: „Ich versuchte, die Siegesmannschaft zu bestimmen, indem ich Zeitung für Zeitung durchging - ein entsetzliches Verfahren. Irgendwann habe ich entschieden, daß das ohne Computer nicht machbar war. Nach einer Woche hatte ich den Fußball völlig vergessen. Ich hatte entschieden, daß die Welt einen Datenbankmanager mit natürlicher Sprache brauchte."

Ratliff hat sich immer ganz eng an der Frage orientiert, was seine Zielgruppen brauchen könnten. An diesem Ziel gemessen, schränkt Ratliff ein, sei dBase „nicht perfekt": „Wäre ich meinem Herzen gefolgt", erklärt er, „und nicht dem Rat anderer (mach' es größer, mach' es schneller, mach' es kleiner, gehe auf 16 Bit, mach' es Multi-User fähig, nimm mehrere Sprachen) - wäre dBase fast perfekt geworden. Ich versuchte einfach, in zu viele Richtungen zu gehen, um jeden wenigstens ein kleines bißchen zufrieden zu stellen. Letztendlich war das mein eigener Fehler."

Perfektionismus ist die Berufskrankheit aller Programmierer. Je größer die Programme sind, desto wichtiger ist es, daß sich die Programmierer an ihre Ideale halten: saubere Reduktion, präzise Ordnung, Vereinfachung, Strukturierung, Organisation. Der Reiz, sich einfach hinzusetzen und

programmers are generally involved with larger programmes. And, with a certain programming scope, the method of simply trying things out becomes more risky. It becomes more and more important to know what effects are being generated inside the computer with every step taken.

The work involved in designing programmes and writing programmes has something of the beauty of mathematics about it (everything complies). On the other hand, it is subject to a duplicable functional test (that thing must work; if not that was a bad piece of work done, a botch up), and finally, it is always subject to the pressure of merciless commercial success criteria. The deadlines wrecklessly proposed to the management or the contractor by a programming team must be adhered to. If that is not possible, the department is sided. In the worst case, the entire firm can face the bankruptcy courts.

Programmers prefer to talk about the fun side of their work, about the adventure of abstraction, triumph, of getting huge programmes. Informatics people, in all modesty, tend to point out the ingenious nature of their work. In actual fact, with all inventor mythology, it is simply a matter of developing the better machine. This is difficult enough, just as hard work as cleansing the Augean stables. It is a matter of formulating, as simple and restricted and as adequate a model of reality, as possible.

C. Wayne Ratliff, for example, reports that he found the idea for dBase, (the most wide-spread data bank system which was put on the market in 1978) as he was developing a mathematical process for his football tipping group. „I was trying to determine the winning team by going through newspaper for newspaper. A dreadful process. At some point, I decided that this wasn't possible without a computer. A week later I had completely forgotten about football. I had decided that the world needed a databank manager with a natural language".

Ratliff always orientated himself very closely to the question of what his target groups needed. With this goal in mind, Ratliff qualifies that dBase is „not perfect": „If I had let my heart rule my head" he explains „and not followed the advise of others (do it bigger and do it faster, do it smaller, go for 16 bit, make it multi-user capable, use more languages), dBase would have been almost perfect. I simply tried to move in too many directions in order to satisfy everyone, at least just a little. This was ultimately my only mistake."

Perfectionism is an occupational illness that all programmers suffer from. The larger the programme, the more important it is for the programmer to stick to his ideals: pure reduction, precise order, simplification, structuring, organization. The attraction of just sitting down

Seite um Seite Code herunter zu schreiben, ist, so erzählen viele Informatiker, groß. Aber auch das größte Programm muß überschaubar bleiben. Andernfalls könnte es ein zusammengestückelter, wirrer Datenhaufen werden: „Hack". Das Ideal eines Programmierers aber ist Brillanz, Eleganz, Ästhetik.

„Je besser der Techniker, desto ästhetischer und künstlerischer die Maschine, desto größer die Chancen, daß sie funktioniert", sagt Bob Frankston, der zusammen mit Dan Bricklin das Erfolgsprogramm VisiCalc (Tabellenkalkulation) geschrieben hat. „Gute Technik ist guter Kunst sehr ähnlich", meint Frankston. Den ersten Entwurf für VisiCalc hatte der Harvard-Student Dan Bricklin während seiner Studienzeit Ende der 70er Jahre geschrieben. 1979 gründete er mit Bob Frankston die Firma Software Arts, um das Programm fertigzuschreiben. Dan arbeitete tags, Bob nachts. „Wir hatten jedoch damals keinen blassen Schimmer, wie elektronische Tabellenkalkulationen aufgenommen werden würden", erzählt Bricklin.

Das Programm wurde ein Riesenerfolg. Trotzdem sind Dan Bricklin und Bob Frankston weder besonders reich noch besonders berühmt geworden. Die Firma Software Arts wurde zerrieben in einem Rechtsstreit mit ihrem Geburtshelfer, der das erste Arbeitsgerät geliehen und die Rolle des Verlegers übernommen hatte.

Das Rennpferd der Branche Bill Gates
Foto: Microsoft

Was Programmieren sei, formuliert Bricklin eher entspannt: „Ein Teil ist Handwerk, und ein Teil ist Wissenschaft. Wie bei vielen Dingen führt die Praxis zur Perfektion. Es ist kein fest vorgeschriebener Ablauf, sondern eher eine handwerkliche Kunst. Programmierer mit fundierter Ausbildung haben meistens einen Vorteil gegenüber jenen, die keine haben. Manche Leute haben ein glückliches Händchen, andere nicht, aber es ist immer gut, wenn man sich mit einem Gebiet grundlegend befaßt. Wenn man Produkte für kommerzielle Anwendungen macht und die Sachen raus müssen, darf man die Arbeit nicht zu eng sehen."

Bill Gates, der von allen Informatikern die steilste Karriere hinter sich hat, formuliert die Ansprüche an „Spitzenprogrammierer", die Rennpferde der Branche, schon sehr viel strenger. Mitte der 70er Jahre hatte er als Harvard-Student einen Basic-Interpreter für den ersten kommerziellen Mikrocomputer, den MITS-Altair, geschrieben, zusammen mit seinem früheren High-School-Mitschüler Paul Allen. Nachdem der Compiler fertig war, gründeten die beiden Freunde die Firma Microsoft. Gates ist, wie viele gute Programmierer, die als Jugendliche ihre Nächte vor dem Rechner verbracht haben, ins Management gegangen. Heute ist der 36jährige einer der reichsten Menschen der USA.

„Die Tage, in denen jedes Programm ein Meisterstück war, sind vorbei", sagte Gates in einem Interview, das Mitte der 80er Jahre geführt wurde. Und dennoch beharrte er auf die Arbeitsprinzipien der ersten Tage: „Die beste Software entsteht, wenn ein einzelner sich genau vorstellen kann, wie das Programm funktioniert. Dazu muß man das Programm lieben und sich darauf konzentrieren, es einfach zu halten, und zwar ganz unglaublich einfach."

Gates betonte jedoch auch, daß er nichts von einem „Primadonna-Kult" hält, „wo jemand, bloß weil er gut ist, seinen Code nicht kommentieren mag oder nicht mit anderen Leuten reden will oder allen anderen seine Vorstellungen aufdrängt". Gates weiter: „Wir brauchen Leute, die sich gegenseitig respektieren. Ich glaube, daß die meisten großen Programmierer gern mit anderen großen Programmierern zusammen sind. Wenn sie sich einen unglaublichen Algorithmus ausgedacht haben, sind sie gern mit Gleichgesinnten zusammen, die das, was sie sich ausgedacht haben, auch verstehen und anerkennen. Denn wenn man mit so einer Idee kommt und das Modell fest im Kopf hat, ist das eine einsame Sache. Wenn man angenommen hatte, ein Prozeß würde kompliziert werden, und dann doch einen Weg findet, ihn zu vereinfachen, ist das ein herrliches Gefühl. Aber dazu braucht man Feedback von anderen."

Ein guter Teil der Programmierarbeit geht jedoch für die Bekämpfung der „Bugs" drauf (abgeleitet vom amerikanischen Alltagswort „to bug": stören, belästigen, ein Verb, das von „Bug": Käfer, Bazillus, abstammt). „Debugging", die Fehlerbeseitigung, ist eine der nervenaufreibensten Arbeiten bei der Computerentwicklung. Die Hardware-Ingenieure („Hardy-Boys", nach einer bei kleinen Jungs beliebten Kriminalroman-Serie) haben beim Debugging mitunter auch mit echten Käfern, Spinnen, Staub und ähnlichen unberechenbaren Widrigkeiten aus dem Reich der Kleinorganismen zu kämpfen. Meistens streikt die Maschine aber wegen Konstruktionsfehlern. Software-Programmierer müssen sich beim Debugging mit Denkfehlern und unsauberen Lösungen herumschlagen, die nie - und wäre der Programmierer auch so „perfekt" wie ein Rechner - vollständig vermieden werden können.

and writing page for page of code is, as many informatics people say, immense. But even the largest of programmes must remain easy to survey.If not, what could result would be a pieced-together chaotic heap of data: „Hack". The ideal of every programmer is brilliance, elegance and aesthetics.

„The better the technician, the more aesthetic and artistic the machine and the greater the chances that it will work" says Bob Frankston, who wrote the successful programme „VisiCalc" (table calculations) together with Dan Bricklin. „Good technology is similar to good art" says Frankston. The first draft of VisiCalc was written by the Harvard student Dan Bricklin during his student days, at the end of the 1979's. In 1979, he founded the company „Software Arts" together with Bob Frankston, to finish writing the programme. Dan worked by day and Bob by night. „At that time we had no idea at all, as to how electronic table calculations would be received" says Bricklin.

The programme was a huge success. Despite this, neither Dan Bricklin nor Bon Frankston became particularly rich or famous. The company, Software Arts, was disintegrated in a legal dispute with its obstetrician, who had lent the first equipment and assumed the role of publisher.

What programming is, formulates Bricklin rather relaxed: „A part of it is manual work and a part is science. As with many things, practice makes perfect. It is not a rigid procedure, but more a manual art. Programmers with a sound education generally have an advantage over those with none. Some people have a hand for it, others don't. But it is always good to thoroughly involve yourself in a sector. If we are making products for commerical application and the thing must be finished, one shouldn't take it all too seriously". Bill Gates, who has the steepest career behind him of all informatics people, formulates the demands made on „top programmers" the racehorses of this branch, in a much more stringent way. In the mid 70's, as a Harvard student, he wrote a Basic-interpreter for the first commercial microcomputer, the „MITS-Altair", together with his former high-school buddy, Paul Allen. Once the compiler was finished, the friends founded the company „Microsoft". Gates, as did many good programmers who spent the nights of their youth in front of a computer, went into management. Today, he is 36 years old and one of the richest men in the USA.

„The days when each programme was a masterpiece are over" said Gates in an interview made in the middle of the 1980's. But nevertheless, he abides by the working principles of those early days: „the best software comes to be when one individual can exactly imagine how the programme works. To do this, you must love this programme and concentrate on keeping it simple, unbelieveably simple."

Gates also emphasized that he thinks nothing of the „primadonna cult" „ where someone, just because he is good, does not want to comment his code, or does not want to speak to other people, or wants to force his ideas on everyone else". Gates continues „ We need people who mutually respect each other. I believe that most big programmers like being together with other big programmers. If they have thought out an unbelieveable algorithm, they like being with their contemporaries who understand and acknowledge what they have thought out. Because, if you turn up with such an idea and have the model firmly implanted in your head, that is a lonely business. If you have assumed that a process would be complicated and then you find a way of simplifying it, it's a fantastic feeling. But one needs the feedback of others".

A considerable amount of programming work is spent in fighting „bugs" (derived from the American everyday word „to bug": disturb, annoy, a verb that originates from „bug"; beetle, bacillus). „Debugging", the correction of errors, is a nerve-racking work in the development of computers. The hardware engineers („Hardy Boys", after a popular detective novel series for boys) have also to deal with real beetles, spiders, dust and the likes from the realms of small organisms, when debugging. But, normally, the machine goes on strike due to design errors. Software programmers have to deal with errors in reasoning and unclean solutions during debugging, a feature which can never be avoided - even if the programmer were as „perfect" as a computer.

### Everyday Life on the Computer

Software is the result of an arduous, often enjoyable but generally hectic process which calls for expert phantasy and tends towards beaurocratic organization, at one and the same time. The quality of more extensive software depends very greatly on the cooperation of the programmers, on the exchange of information between all those involved, on the qualification of these people, and on the possibilities of getting into new areas. As Bjarne Stroustrup, who developed the programming tool C++, says, the quality of the product is ultimately determined by the „culture" in the software workshops. And this, particulary in smaller companies, is often bad. In Silcon Valley, the cauldron of the computer industry, highly qualified programmers are constantly hopping from one better paid job to the other, and have very little interest in getting involved with the techniques and technology of one individual company. This in turn causes managers to make

Telefonvermittlung zu Beginn des Jahrhunderts
Foto: Hamburger Postmuseum am Stephansplatz

### Alltag am Computer

Software entsteht also in einem anstrengenden, oft lustvollen, meist hektischen Prozeß, der zugleich fachliche Phantasie und tendenziell bürokratische Organisation erfordert. Die Qualität größerer Software hängt sehr stark von der Kooperation der Programmierer ab, vom Informationsaustausch zwischen allen Beteiligten, von der Qualifikation dieser Leute und den Möglichkeiten, sich in neue Gebiete einzuarbeiten. Letztlich wird die Qualität des Arbeitsprodukts, wie Bjarne Stroustrup sagt, der das Programmierwerkzeug C++ entwickelt hat, von der „Kultur" in den Software-Werkstätten bestimmt. Und um die ist es, besonders in kleineren Firmen, oft schlimm bestellt. In Silicon Valley, der Hexenküche der Computerindustrie, sind hochqualifizierte Programmierer ständig auf dem Sprung in den nächsten, besser bezahlten Job und haben daher wenig Interesse, sich lange in die Techniken einer einzelnen Firma einzuarbeiten. Was Manager wiederum dazu treibt, die Fähigkeiten der Mitarbeiter noch schneller zu nutzen.

Der Mythos, man könnte sich schnell mal zum großen Geld durchhacken, zeigt inzwischen kontraproduktive Wirkungen. Die Zeiten, als die flinke Nachtschicht noch mit steil ansteigenden Aktienanteilen bei Laune gehalten werden konnten, sind vorbei. In der Regel bekommen Programmierer mittlere Gehälter, wie alle anderen Facharbeiter auch.

Software wird also nicht immer unter idealen Bedingungen entwickelt. Um sich gut zu verkaufen, darf man ihr das aber nicht ansehen. Die Kunden wollen Software, die ganz einfach ein handliches Werkzeug ist: unkompliziert, übersichtlich, multikulturell wie Rock-Musik und so freundlich wie eine Linienflug-Stewardess, der nichts Menschliches fremd ist.

Immer noch sind die meisten Bürobedarfsprogramme reichlich kompliziert und ziehen den Benutzer ein Gestrüpp von Funktionen hinein, die nicht immer so ganz rational geordnet sind. Und da die wenigsten Büroangestellten Zeit haben, Alice in Wonderland zu spielen, gewöhnen es sich die meisten EDV-Anwender bald an, sich auf die wichtigsten Funktionen zu beschränken - auch wenn die Software mit den allerschönsten Schikanen ausgestattet ist. Noch haben Büro- und Haushaltsgeräte mit Computersteuerung ganz einfach viel zu viele Knöpfe. Sie sehen aus, als sei ihr Innenleben nach außen gestülpt.

Informatiker, die an neuen Systemen arbeiten, haben wenig Skrupel, die Mängel der gegenwärtigen Computergeneration einzugestehen. Viele Profiprogrammierer haben schon vor Jahren prophezeit, daß Computer wesentlich einfacher werden in der Bedienung, bis sie so sehr oder so wenig spektakulär sein werden wie Telefone.

Das Ziel der Programmierarbeit war von Beginn an, seit Blaise Pascals erstem Entwurf einer Rechenmaschine vor 350 Jahren: komplexe Arbeitsprozesse zu vereinfachen. Die Verwandlung von intellektuellen Tätigkeiten in Funktionen der Maschine macht natürlich nicht beim PC halt. Im Gegenteil: Nach einer schwindelerregenden Phase der schnellen Entwicklungen in den letzten zwanzig Jahren steht die Computerbranche momentan vor der nächsten großen Herausforderung. Die Nachfrage für PCs ist stark abgesunken, die Preise sind abrupt in den Keller gefallen. Die Hersteller haben integrierte Systeme, die alle Abteilungen eines Großbetriebs verbinden, als nächste technische Herausforderung entdeckt. Und da diese Technik noch nicht ausgereift ist, sollen erst einmal die vorhandenen Computer vernetzt werden. Deutscher IBM-Geschäftsführer Bernhard Dorn zur Cebit-Zeitung über diese Flickschusterei an den vorhandenen Systemen: „Eigentlich

quicker use of the capabilities of their members of staff.

The myth that one could hack through and make quick money here, meanwhile shows contra-productive effects. The days when the nimble nightshift could be pacified with rapidly climbing stock shares, are over. As a rule, programmers get medium-scale salaries, just as all other skilled workers do.

Consequently, software is no longer being produced under ideal conditions. To be able to sell well, this shouldn't be noticeable. Customers want software which is, quite simply, a handy tool: uncomplicated, easy to survey, multicultural like rock music and as friendly as an airline stewardess who finds nothing human strange.

However, most programmes required by offices are still complicated and involve the user in a host of functions which cannot always be quite as rationally ordered as they should. And, as very few office employees do in fact have the time to play Alice in Wonderland, most EDP users do, in fact, get into the habit of restricting themselves to the most important functions - even when the software is furnished with the most wonderful gadgets. Office and household appliances with computer controls still have far too many buttons. They look as though their insides have been turned inside out.

Informatics people who work on new systems have few scruples in admitting to the deficiencies of the current computer generation. Many professional programmers prophesied years ago that computers would become much simpler to operate, to the point that they would become just as spectacular as an ordinary telephone.

The object behind progamming work was, from the very onset, since Blaise Pascal's first draft of a computing machine some 350 years ago: to simplify complex working processes. The transfer of intellectual activities into the functions of a machine does not, of course, hold true for the PC. On the contrary: after a staggering spell of fast development work over the past 20 years, the computer branch is facing the next big challenge at the moment. The demand for PCs has declined greatly, prices have reached absolute „rock bottom" levels. Manufacturers have discovered that integrated systems which connect up all the departments in a large company are the next technical challenge. And, as this technology has not yet matured, existing computers should be interlinked, in the first instance. The German managing director of IBM, Bernhard Dorn spoke to „Cebit" magazine about the cobbler-work performed on existing systems: „Actually we would have to throw everything away, as it is trash. It would take five years until a new DP landscape could be created. But, nobody could afford this stand still".

## The Short History of the PC

It is the software that turns the computer into a useful tool. Software should help us take care of tasks, or, in the form of a computer game, help us kill the time we have saved. But only when there is no longer anything specialist and unfamiliar between us and our intentions, can we really use software. The „user interface" of the computer (input and output media) is only ideal when it assists man's activities on the computer, free from error.

The current form of the user interface consists of input equipment such as keyboard, mouse, joystick, plotter, light pencil, language recognition equipment and output equipment: sound output and optical equipment such as printer and screen. Elements of the optical processing of information are: Bitmap presentation of words and graphics, more or less structured menu management and windows (windows to simultaneously show the data of several different programmes on the screen). The graphic elements range from lines and boxes to video pictures. Many office programmes work with icons (pictogrammes), which symbolize the computer functions as office utensils (a kind of crib between the writing desk and the computer; terminus technica: desktop metaphor).

The outlines of these individually operable multifunctional computers were developed in the 1960's. In actual fact, the entire concept was prepared in 1945 by Vannevar Bush, a scientific advisor to President Roosevelt. But Bush was not able to build the thing he called „Memex", a keyboard- controlled microfilm unit to automatically classify information. He could only describe it. The first step towards interactive graphic user surfaces was made by Ivan Sutherland at the beginning of the 1960's, with the sketchpad, a graphic programme which could process forms drawn on the monitor with a light pen. Almost at the same time, Douglas Engelbart - a former radar technician in the US Navy - developed the „NLS" system, an interactive computer with mouse, picture tube screen and graphic representation of information in the form of search trees, at Stanford Research Institute.

Engelbart developed this first „personal computer" under the assignment of the Advanced Research Projects Agency (ARPA) which was founded in 1962 - and after the „Sputnik Shock", was the „think tank" which was lavishly financed by the Pentagon in the USA. Under the leadership of J.C.R. Licklider, the development of directly controllable computers was urged at ARPA, involving the use of immense resources - for informatics people, this was an experimental paradise. The „ARPA-dream" lasted until the beginning of the 1970's, until the beginning of

müßte man alles wegschmeißen, weil es Schund ist. Fünf Jahre würde es dauern, bis überall eine neue DV-Landschaft da ist. Diesen Stillstand kann sich aber keiner leisten."

## Kleine Geschichte des PC

Erst die Software macht den Computer zu einem nützlichen Werkzeug. Software soll uns helfen, Aufgaben zu erledigen oder, als Computerspiel, die eingesparte Zeit totzuschlagen. Aber erst, wenn nichts Fachfremdes mehr zwischen uns und unseren Absichten steht, ist die Software wirklich zu gebrauchen. Die „Benutzerschnittstelle" des Computers (Ein- und Ausgabemedien) ist erst dann ideal gestaltet, wenn sie die Tätigkeiten der Menschen am Computer störungsfrei unterstützt.

Die gegenwärtige Gestalt der Benutzerschnittstelle besteht aus Eingabegeräten wie Tastatur, Maus, Joystick, Plotter, Lichtgriffel, Spracherkennungsgeräten - und Ausgabegeräten: Tonausgabe sowie optische Geräte wie Drucker und Bildschirm. Elemente der optischen Aufbereitung von Informationen sind: Bitmap-Darstellung von Worten und Grafiken, mehr oder weniger strukturierte Menue-Führung und Windows („Fenster", um die Daten mehrerer verschiedener Programme gleichzeitig auf dem Bildschirm darzustellen). Die grafischen Elemente reichen von Linien und Kästen bis hin zu Videobildern. Viele Büroprogramme arbeiten mit Icons (Piktogrammen), die Computerfunktionen als Büroutensilien symbolisieren (eine Art Eselsbrücke zwischen Schreibtisch und Computer; Terminus technicus: desktop metaphor).

Dieser individuell bedienbare, multifunktionale Computer wurde in Grundzügen schon in den 60er Jahren entwickelt. Eigentlich wurde das ganze Konzept schon 1945 ausgearbeitet von Vannevar Bush, einem wissenschaftlichen Berater von Präsident Roosevelt. Aber Bush hat das Ding, das er „Memex" nannte, ein tastaturgesteuertes Mikrofilmgerät zur automatischen Informationssortierung, nur beschreiben, nicht bauen können. Den ersten Schritt zur interaktiven, grafischen Benutzeroberfläche machte Ivan Sutherland Anfang der Sechziger mit dem Sketchpad, einem Grafikprogramm, das mit Leuchtstift auf den Monitor gezeichnete Formen verarbeiten konnte. Etwa zur gleichen Zeit entwickelte Douglas Engelbart, ein früherer Radartechniker der US-Navy, am Stanford Research Institut das „NLS"-System, einen interaktiven Computer mit Maus, Röhrenbildschirm und grafischer Darstellung von Informationen in Form von Suchbäumen.

Engelbart hatte diesen ersten „Personal Computer" im Auftrag des 1962 gegründeten Advanced Research Projects Agency (ARPA) entwickelt - dem nach dem „Sputnik-Schock" vom Pentagon üppig finanzierten „think tank" der USA. Im ARPA wurde unter der Leitung von J.C.R. Licklider und unter Einsatz von immensen Ressourcen die Entwicklung von direkt steuerbaren Rechnern forciert - für Informatiker ein Forschungsparadies. Der „ARPA-dream" währte bis Anfang der 70er Jahre, bis zu Beginn der Nixon-Ära die Pentagon-Forschungsgelder radikal zusammen-gestrichen wurden und die Ressourcenverteilung wieder direkt an die Entwicklung von Militärtechnik geknüpft wurde.

An die Stelle von ARPA trat nun die Kopiererfirma Xerox. Angeregt vom rapiden Wachstum der Firma Digital Equipment, beschloß Xerox, ins Minicomputer-Geschäft einzusteigen und gründete 1970 das Forschungseldorado Xerox Palo Alto Research Center (PARC). Hier wurde 1972 der Prototyp aller nachfolgenden PC-Generationen vorge-stellt: der Alto, ein Minicomputer mit einem mobilen Speicherteil (ein Vorläufer der Floppy-Diskette), Bitmap-Bildschirmanzeige und Maus. Neun Jahre später, 1981, stellte Xerox Star vor, ein (außerhalb von PARC entwickel-tes) vielseitiges Bürosoftware-System, das schon mit allen uns heute bekannten Elementen ausgestattet war. Star war das erste Softwarepaket, dessen Design voll auf Büro-automation ausgerichtet war. Das Zielpublikum waren Leute, die Informationen verwalten, den Computer nur gelegentlich benutzen und, wie es in einer Xerox-Retrospektive heißt, „daran interessiert sind, ihre Arbeit zu erledigen, aber überhaupt kein Interesse an Computern haben".

Das Star-System war kommerziell eine Pleite, vor allem weil es Anfang der Achtziger noch keinen Markt gab für die teure Allzweckmaschine ($ 15.000). Xerox hatte aufs fal-sche Pferd gesetzt. Anfang 1975 war schon der erste Kleincomputer im Handel, der auf dem Intel-Chip beruhte: der Altair 8800 (Firma: MITS), ein Bausatz, mit dem man eigentlich noch nichts anfangen konnte. Aber der Altair, der, so geht die Legende, seinen Namen aus der Star-Trek-Saga erhielt, wurde zum leuchtenden Stern am PC-Him-mel. Zwei Jahre später hatten auch Apple, Commodore und Radio Shack kleine Personal Computer auf den Markt gebracht, die zwar auch noch nicht sehr viel leisten konn-ten, aber reißenden Absatz fanden. Viele der Design-

the Nixon era, which radically withdrew the Pentagon's experimental funds and the dis-tribution of resources again went directly to the development of military technology.

In place of ARPA, there was now the copier company „Xerox". Stimulated by the rapid growth of the company „Digital Equipment", Xerox decided to enter into the mini-computer business and, in 1970, founded the research eldorado „Xerox Palo Alto Research Center" (PARC). In 1972, the prototype of all subsequent PC generations was presented: the „Alto", a mini computer with a mobile memory part (a forerunner of the floppy disk), bitmap-monitor indication and mouse. Nine years later in 1981, Xerox Star presented, (developed outwith PARC), an allround office software system which was equipped with all the elements known to us today. „Star" was the first software package whose design was directed entirely towards office automation. The target public were persons who administrated information and only used the computer from time to time, and as it was termed in Xerox retrospective „are interested in getting their work done, but are not at all interested in the computer".

The „Star" system was a financial flop, above all because at the beginning of the 1980's there was no market for expensive all-purpose machines ($15,000). Xerox bet on the wrong horse. At the beginning of 1975, the first small computer was on the market which was based on the Intel-chip, the „Altair 8800" (company MITS), a module that one still really couldn't use. But the Altair, which, as the legend goes, got its name from the Star-Trek saga, became the bright star in the PC sky. Two years later, Apple, Com-modore and Radio Shack had small personal computers on the market which still couldn't do very much, but which sold fantastically well. A lot of the design principles from „Star" went into Apple's „Lisa" (1983, a flop) and Macintosh (1984, Apple's success model which was aggres-sively forced on the market) and were also taken up by Microsoft.

There had now been a long paternity suit raging between Xerox, Apple and Microsoft for the copyrights of the design principles developed then. In actual fact, the know-how transfer arose from the fact that many developers changed company. Alan Kay, for example, who designed the sacred PARC „DynaBook" concept and „Smalltalk", passed through all the alleys in the scene like a jack-of-all-trades: ARPA, Xerox, Atari, Apple, MIT Media Lab. Apples' LisaWrite and Microsoft word originate from the former Xerox Bravo members of staff (Tom Malloy and Charles Simonyi).

From PARC came the successors of Sutherland's Sketchpad, graphics programmes like „Draw" (by Patrick Beaudelaire and Bob Sproull) and

"Doodle" (by Dan Silva), and finally also the laser printing technique - the key to desktop publishing: some programmers from the PARC group "Interpress" founded the company "Adobe Systems" and developed "Postscript", that has in the meantime become a standard. At the same time, in the company "Atex", text processing systems were being developed for newspapers and magazines. And finally, in 1985, when the first extensive Desktop Publishing system, "Pagemaker", was presented by Paul Brainerd, ex "Atex" member of staff and "Aldus" founder, the office PC tool box was complete.

## Games, Fun and Madness

Amongst all programmers, games writers are the ones most orientated towards the customers' wishes. Computer games must be very attractive and very simple to succeed against all the other play things which collect in a child's room. American children grow up with an close relationship to the screen (it's magic!). In Germany, studies have revealed (DJI Munich) that most children lose their initial burning desire to play with the desk computer, after a short time. And, but a mere few children actually fulfill their parents' hopes and use the box to write basic programmes. Video games are more interesting, especially the ones where you can't see that they are computer- controlled.

Software designers who busy themselves with the creation of the "interface" (the user surface on the computer), are increasingly taking up the ideas of games writers. Their question is: How do we have to create the dialog level of business computers to make working with them "fun"? Working with the computer should be fun, at least that is what Xerox always maintained "I look forward to the office".

Video games are aimed at a public which has nothing remotely to do with computers. Most games designers, however, do come from the computer scene and make the theme of their games desire and grief at work, again and again and again: the old game of law and chance, of getting different elements in order and working away at them under the pressure of time; recognizing features of objects, ordering them, creating stable balances (in the simulation game "SimCity", for example); fighting against the all-knowing machine. Gaining territory; avoiding viruses, storing in good time so that nothing gets lost in event of a crash (a ritual in almost all Sierra Adventures); the foolishness of overtaxed combination artists (e.g. in Lucas Adventures); orientation in the unknown closed space (e.g. Collosal Cave, the legendary very first adventure game for the computer which is constantly being re-written: "... it is rumored that some who enter were never seen again ...").

prinzipien des Star gingen in Apples Lisa (1983, ein Flop) und Macintosh (1984, Apples aggressiv auf den Markt gedrängtes Erfolgsmodell) ein und wurden ebenso von Microsoft aufgegriffen.

Zwischen Xerox, Apple und Microsoft hat sich längst ein Vaterschaftsstreit über die Urheberrechte an den damals entwickelten Designprinzipien entfaltet. Tatsächlich aber kam es allein schon durch den Firmenwechsel vieler Entwickler zum Know-How-Transfer. Alan Kay zum Beispiel, der die PARC-Heiligtümer DynaBook-Konzept und Smalltalk entwarf, ging als Hans Dampf durch alle Gassen der Szene: ARPA, Xerox, Atari, Apple, MIT Media Lab. Apples LisaWrite und Microsoft Word stammen von früheren Xerox-Bravo-Mitarbeitern (Tom Malloy und Charles Simonyi).

Aus dem PARC kamen auch die Nachfolger von Sutherlands Sketchpad, Grafikprogramme wie Draw (von Patrick Beaudelaire und Bob Sproull) und Doodle (von Dan Silva), und schließlich auch die Laserdrucktechnik, der Schlüssel zum Desktop-Publishing: Einige Programmierer aus der PARC-Gruppe Interpress gründeten die Firma Adobe Systems und entwickelten das inzwischen zum Standard gewordene Postscript.

Gleichzeitig wurden in der Firma Atex Textverarbeitungssysteme für Zeitungen und Zeitschriften entwickelt. Als schließlich 1985 das erste große Desktop-Publishing-System, Pagemaker, von Paul Brainerd, Ex-Atex-Mitarbeiter und Aldus-Gründer, vorgestellt wurde, war der Büro-PC-Werkzeugkasten komplett.

## Spiele, Spaß und Spinnereien

Spieleschreiber sind von allen Programmierern am stärksten auf Kundenwünsche ausgerichtet. Computerspiele müssen schon sehr ansprechend und einfach gestaltet sein, um gegen all die anderen Spielsachen anzukommen, die sich in einem Kinderzimmer so ansammeln. Amerikanische Kinder wachsen von vornherein mit einem innigeren Verhältnis zum Bildschirm auf (it's magic!). In Deutschland, haben Studien ergeben (DJI München), verlieren die meisten Kinder schon nach kurzer Zeit das anfangs noch brennende Interesse an Spielen mit dem Schreibtisch-Rechner. Und die allerwenigsten Kinder erfüllen die elterlichen Hoffnungen und benutzen die Kiste dann dazu, kleine Basic-Programme zu schreiben. Interessanter sind da die Videospiele, denen nicht mehr anzusehen ist, daß sie rechnergesteuert sind.

(Marvel Schnipp / Cosmix)

Many games programmers are particularly fascinated by the idea of motivating the computer to make statements which are completely alien to the machine. Even in many music programmes, the confrontation with the machine still plays a more important role than the music (it's so hard!). The devoted goal of the virtuous software designer is to replace the mechanical, the complete integration of the tool into the creative process. However, there are a number of programmers who are decidely interested in the autopoiesis of a machine cracking up and making itself independent.

A particularly well loved joke among programmers pre-occupied with artificial intelligence, are the psychopath programmes. At MIT, several programmers amused themselves with this to simulate scenes from psychiatrists' surgeries. Marvin Minsky and his friends gloated when one of their AI programmers even managed to dupe a few psychologists with a programme which imitated a paranoid person. „Once you type something in", Minsky explains „then it replies in a fairly alien, irrelevant way and says things like: I don't trust you. After a while it says: I'm not talking to you any more. Then it simply says nothing".

The programme was, to put it expertly, very primitive, but the psychiatrists - Minsky reports - were impressed by the performance of the Artificial Intelligence research team. And, all that without complicated neuronal networks.

The most well known „doctor-programme" originated in 1966: Joseph Weizenbaum's language analysis programme „Eliza", which was named after the pupil in Shaw's Pygmalion because it also held „educated" conversations with no meaning, by taking up and varying catchphrases from a human dialogue partner. When Weizenbaum discovered that the Eliza programme was taken seriously, he wrote his well-known deduction entitled „The Power of the Computer and the Lack of Power of Common Sense". The - in the meantime - retired MIT professor now says „Eliza is Public Domain. Normally I don't want any more to do with it when I am approached about it, but it is a part of history".

A relatively new game with the aesthetics of a computer making itself independent, is „Screensaver". The screen, as well-informed software sales people say, breaks down if the picture tube light spots are not re-distributed from time to time: The picture burns in. Actually, it would be sufficient to turn down the brightness of the screen during longer breaks. But why should we have it that easy, when we have eight megabyte memories at our disposal, of which a minor percentage would be sufficient for the mere work? Screensavers are senseless and beautiful.

Softwaredesigner, die sich mit der Gestaltung des „Interface" (der Benutzeroberfläche des Computers) beschäftigen, greifen zunehmend Ideen von Spieleschreibern auf. Ihre Fragestellung ist: Wie müssen wir die Dialogebene von Business-Computern gestalten, damit die Arbeit mit ihnen „fun" wird? Die Arbeit mit dem Computer, hat zumindest „Ich freu mich aufs Büro"-Xerox immer behauptet, soll Spaß machen.

Videospiele wenden sich an ein Publikum, das mit Computern nichts am Hut hat. Die meisten Game-Designer kommen jedoch aus der Computerszene und thematisieren in ihren Spielen Lust und Leid der Arbeit, immer und immer wieder aufs Neue: das alte Spiel von Gesetz und Zufall; unter Zeitdruck verschiedenartige Teile auf die Reihe bekommen und wegarbeiten; Eigenschaften von Objekten erkennen, ordnen, stabile Gleichgewichte herstellen (beim Simulationsspiel SimCity zum Beispiel); gegen die allwissende Maschine ankämpfen, Territorium gewinnen; Viren vermeiden, rechtzeitig speichern, damit beim Absturz nicht alles verloren geht (ein Ritual in fast allen Sierra-Adventures); die Albernheit überanstrengter Kombinationskünstler (z.B. in Lucas-Adventures); Orientierung im unbekannten, geschlossenen Raum (z.B: Collosal Cave, das legendäre, immer wieder umgeschriebene, allererste Adventure-Spiel für den Computer: „...it is rumored that some who enter were never seen again...").

Viele Spieleprogrammierer sind vor allem von der Idee fasziniert, den Rechner zu völlig maschinenfremden Äußerungen zu bewegen. Auch bei vielen Musik-Programmen spielt die Auseinandersetzung mit der Maschine noch eine wichtigere Rolle als die Musik (it's so hard!). Das erklärte Ziel virtuoser Software-Designer ist die Ablösung vom Maschinellen, die völlige Integration des Werkzeugs in den kreativen Prozeß. Es gibt jedoch auch eine Menge Programmierer, die sich ausgesprochen für die Autopoiesis einer sich verselbständigenden, durchdrehenden Maschine interessieren.

Ein besonders beliebter Scherz unter Programmierern, die sich mit künstlicher Intelligenz beschäftigen, sind Psychopaten-Programme. Am MIT amüsierten sich einige Programmierer damit, Szenen aus Psychiatersprechstunden zu simulieren. Marvin Minsky und seine Freunde freuten sich diebisch, als einer der KI-Programmierer gleich ein paar Psychologen mit einem Programm hereinlegen konnte, das einen paranoiden Menschen imitierte: „Wenn man etwas eintippte", erklärt Minsky, „dann antwortete es auf eine ziemlich befremdende, irrelevante Art und sagte Sachen wie: Ich traue dir nicht. Nach einer Weile sagte es: Ich rede einfach nicht mehr mit dir. Dann sagte es gar nichts mehr."

Das Programm war, sachlich betrachtet, sehr primitiv, aber die Psychiater, berichtet Minsky, waren beeindruckt von den Leistungen der Forschungsgruppe Künstliche Intelligenz. Und das alles ganz ohne komplizierte neuronale Netze.

Das bekannteste Doktor-Programm stammt aus dem Jahre 1966: Joseph Weizenbaums Sprachanalyse-Programm *Eliza*, das nach der Schülerin in Shaws Pygmalion-Geschichte benannt wurde, weil es genauso begriffslos „gebildete" Gespräche führt, indem es die Stichworte eines menschlichen Dialogpartners übernimmt und variiert.

Als Weizenbaum feststellte, daß das Eliza-Programm ernst genommen wurde, schrieb er seine bekannte Abrechnung mit dem Titel „Die Macht der Computer und die Ohnmacht der Vernunft". Der mittlerweile emeritierte MIT-Professor sagt heute: „Eliza ist Public Domain. Normalerweise will ich nichts mehr damit zu tun haben, wenn ich darauf angesprochen werde, aber es gehört durchaus zur Geschichte."

Ein relativ neues Spiel mit der Ästhetik eines verselbständigten Computers sind Screensaver. Der Bildschirm, erzählen gut informierte Softwareverkäufer, geht kaputt, wenn die Leuchtpunkte der Bildröhre nicht ab und zu neu verteilt werden: Das Bild brennt ein. Eigentlich würde es ja ausreichen, bei längeren Pausen die Bildschirmhelligkeit herunterzudrehen. Aber wieso sollte man es sich so einfach machen, wenn einem acht Megabyte Speicher zur Verfügung stehen, von denen schon ein Bruchteil für die bloße Arbeit ausreichen würde? Screensaver sind sinnlos und schön.

Die „After Dark"-Screensaver (Berkely-Systems, 1989/90) für den Macintosh bewegen den Computer zu überraschenden Bildern, sobald der Computeranwender, wie das so korrekt wie bürokratisch heißt, die Computeranwendung vernachlässigt und nur nachdenklich vor der Kiste sitzt. Bei „Fish", verwandelt sich der Bildschirm freundlicherweise in ein Aquarium: Fische, Quallen, Seepferdchen schwimmen schwerelos über den Monitor. „Puzzle" zerlegt das Monitor-Bild zuerst in Würfel und schiebt die so lange hin und her, bis die grafische Oberfläche völlig sinnlos wird.

Solche die Bildschirmordnung auflösenden Automatismen beziehen ihren Reiz aus der oberflächlichen Ähnlichkeit mit

The „After Dark" Screensaver (Berkely Systems, 1989/1990) for the Macintosh, motivates the computer to some surprising pictures as soon as the computer user, as is correctly and beaurocratically termed, neglects the use of the computer and only sits, thinking, in front of the box. In the case of „Fish", the screen nicely transforms into an aquarium, fish, jelly fish, sea horses float weightlessly across the monitor. „Puzzle" first of all knocks the monitor screen down into cubes and then pushes them back and forwards until the graphic surface becomes completely senseless.

Such automatic gadgets that dissolve the screen order, get their attraction from the superficial similarity to virus programmes which, however, most unfortunately, sometimes upset data beneath the graphic surface. Viruses are programmes which can be copied into existing host programmes and become active when this programme is called up, and sometimes only harmlessly lull some funny song („Yankee-Doodle Virus" e.g.), at the very worst, they can destroy the entire contents of the fixed disk. Viruses are a horror for the small owner who has already paid more than enough himself, for the software, and who does not want his data to be ruined by some hacker held back in his career. But, the software manufacturers do have the guaranteed active anti-virus recipe on hand. Avoid bootlegs! Be careful with games and copies from uni computers! Only load licensed original software onto the personal computer! In order to emphasize their recommendation, most manufacturers include some games (paedagogically worthwhile) in the multi-functional office software package, with large-scale purchases.

The entire devotion of the virus hackers to their mission „of upsetting the system" can be seen by the graphics which go into action as soon as the fixed disk is infected: A poetic aesthetics of disappearance is staged - the on-the-quiet pleasure obtained by the troublemaker in destroying order. Romantics also speak of the „Biotop" principle, because as soon as the computer viruses have been put in circulation by their creator, they multiply like their relatives in biology, sexless into eternity - or at least until they are discovered by one of the many sophisticated anti-virus programmes.

In the case of almost every virus programme, the data visible on the screen remains intact, for the meantime; it will only be modified a little before it finally disappears: „Zeroeat" eats up all the zeros. „Drop" makes characters slowly and not very spectacularly, yet quite nonchalently, drop out of their context into the lines below. „Joker" makes everything gay and with a data change, imparts some villainous message „Have you ever danced with the devil under the weak light of the moon"? Pray for your disk!" „Whirl" makes the

characters visible on the monitor whirl across it
- the monitor now having grown dark - like a
whirlwind, and then it breaks down into
blackness, into the hole of bits and Bytes.

## Software that makes Software Disappear

Software, as it is presented today, has developed
in the electric field between work, machine and
game, Computer games are becoming more
and more sophisticated, more like cinema films,
while the interactive surface of office software is
being more and more reduced and simplified.
In both sectors there is the tendecy to integrate
complex control processes into the inside of the
machine. To have technology disappear from
sight. Complicated „Fuzzy-logic Modules", for
example, only serve to have the Tokyo
underground railway user forget the technical
details of a train ride, as far as that is possible.
Even in science, the former methods of
reconstructing a section of reality in the form of
a model, are being replaced by new methods
which, among other things, are seeking the
assistance of new computer systems. The working
media is new. The change in method is not new.
It only relies on new auxiliary media.
In the exhibition „Creative Software - Man and
Milestones", the following are among the
programmes which can be tried out, played
with and experimented with: VisiCalc, Bravo,
Lisa Office System, dPaint Amiga, Basic, Logo,
PacMan, Star, Collosal Cave, Eliza, After Dark,
(de-activated) virus programmes, SimCity, Life
and the multi-media game „Piazza Virtuale"
which will be staged from the Kassel „documenta"
Eva Weber, Klaus Madzia

Virenprogrammen, die jedoch leider, leider manchmal
auch unter der grafischen Oberfläche Daten durcheinan-
derbringen. Viren sind Programme, die sich in vorhandene
Wirtsprogramme hineinkopieren und bei Aufruf dieser
Programme tätig werden, manchmal nur harmlos ein
lustiges Liedchen dudeln („Yankee-Doodle-Virus" z.B.),
schlimmstenfalls den ganzen Inhalt der Festplatte zerstören. Viren sind der Horror jedes Kleineigentümers, der
eigenhändig mehr als genug Scheine für seine Software
hingeblättert hat und sich seine Daten nicht von irgendwelchen karriereverhinderten Hackern kaputtmachen lassen will. Aber die Softwarehersteller haben schon das
garantiert wirksame Antiviren-Rezept parat: Raubkopien
meiden! Vorsicht vor allem bei Spielen und Kopien aus
Unirechnern! Nur lizensierte Originalsoftware auf den persönlichen Rechner laden! Um ihre Empfehlung zu bekräf-
tigen, legen die meisten Hersteller bei Großeinkäufen auch
einige (pädagogisch wertvolle) Spiele in das multifunktionale Bürosoftware-Paket.
Die ganze Hingabe der Viren-Hacker an ihre Mission, „das
System" durcheinanderzubringen, zeigt sich in den
Grafiken, die in Aktion treten, sobald die Festplatte infiziert
ist: Es wird eine poetische Ästhetik des Verschwindens
inszeniert - die klammheimliche Freude des Querulanten
an der Zerstörung der Ordnung. Romantiker sprechen
auch vom Biotop-Prinzip, denn sobald die Computerviren
von ihrem Schöpfer in Umlauf gebracht wurden, pflanzen
sie sich, wie ihre Verwandten aus der Biologie, geschlechts-
los fort bis in die Ewigkeit - oder zumindest bis sie von
einem der vielen ausgefeilten Antivirenprogramme entdeckt werden.
Bei fast allen Virenprogrammen bleiben die Daten, die auf
dem Bildschirm sichtbar festgehalten wurden, zunächst
erhalten; sie werden vor ihrem endgültigen Verschwinden
erst einmal nur etwas verändert: „Zeroeat" frißt alle Nullen
weg, „Drop" läßt Zeichen langsam, unspektakulär, ganz
nonchalant aus ihrem Zusammenhang in irgendwelche
darunterliegende Zeilen fallen. „Joker" macht alles bunt
und teilt bei Dateiwechsel eine diabolische Message mit:
„Have you ever danced with the devil under the weak light
of the moon? Pray for your disk!" „Whirl" läßt die auf dem
Monitor sichtbaren Zeichen wie ein Wirbelwind über die
dunkel gewordene Bildfläche strudeln, bevor sie ins
Schwarze Loch der Bits und Bytes stürzen.

## Software, die Software verschwinden läßt

Software, so wie sie sich heute präsentiert, hat sich im Spannungsfeld zwischen Arbeit, Maschine und Spiel entwickelt. Computerspiele werden immer aufwendiger gestaltet, Kinofilmen immer ähnlicher, während die interaktive Oberfläche von Bürosoftware immer mehr reduziert und vereinfacht wird.

In beiden Bereichen zeigt sich die Tendenz, komplexe Steuerungsprozesse ins Innere der Maschine zu integrieren, Technik aus dem Blickfeld verschwinden zu lassen. Komplizierte Fuzzy-Logik-Bauteile zum Beispiel dienen nur dazu, die Tokioter U-Bahnbenutzer gerade die technischen Details einer Zugfahrt möglichst vergessen zu lassen.

Auch in der Wissenschaft werden die bisherigen Methoden, einen Ausschnitt der Wirklichkeit modellhaft zu rekonstruieren, ersetzt von neuen Methoden, die eben, unter anderem, neue Computersysteme zur Hilfe nehmen. Das Arbeitsmittel ist neu. Der Methodenwechsel ist nichts Neues. Er stützt sich nur auf neue Hilfsmittel.

In der Ausstellung „Kreative Software - Menschen und Meilensteine" sind unter anderem folgende Programme zum Ausprobieren, Spielen und Experimentieren bereitgestellt: VisiCalc, Bravo, Lisa Office System, dPaint Amiga, Basic, Logo, PacMan, Star, Collosal Cave, Eliza, After Dark, (entschärfte) Viren-Programme, SimCity, Life und das Multimedia-Spiel Piazza Virtuale, das von der Kasseler documenta aus inszeniert wird.

Eva Weber, Klaus Madzia

Konzept: Benjamin Heidersberger
Ausstellung: Bernd von den Brincken

Leihgaben der Ausstellung:
Boston Computer Museum (Brian Wallace und David Greschler), Benjamin Heidersberger, Legend Entertainment Company (Bob Bates), Thomas Nitsche, Joseph Weizenbaum, Christian Wolff, Rank Xerox Deutschland (M. N. Foster), Klaus Schiwinsky, Atari Österreich, Hard & Soft Wien (Next), SD Computer Hamburg, Apple München, ProMo Hamburg

Quellen: West of Eden. The End of Innocence at Apple Computer, Frank Rose, Penguin 1989; Hackers. Heroes of the Computer Revolution, Steven Levy, Dell 1984; The Value of Micropower, Adam Osborne, 1974; Readings in Human-Computer Interaction, Hrsg. Ronald M. Baecker, William A.S. Buxton, Morgan Kaufmann Publishers 1987; Logo. Programming with Turtle Graphics, IBM 1983; European Software Festival, Eva Weber, Vogel Verlag 1991; Die Zitate von Dan Bricklin, Bob Frankston, Bill Gates sind dem Buch Programmers at Work, Interviews by Susan Lammers entnommen, Microsoft Press, 1986, 1987 in deutscher Sprache beim Markt&Technik Verlag unter dem Titel Faszination Programmieren.

# STADT
# WERK
# STATT
# TV

# Stadtwerkstatt-TV Werkschronologie

Stadtwerkstatt-TV wurde gegründet, um Fernsehen als Werkzeug der Kunst zu nutzen.

1986 - gestartet mit der Aktion "Nebenraum" während der Österreichischen Filmtage Wels.

1987 - erste Verhandlungen mit Medienpolitikern und ORF um Sendezeit als erweiterte Bühne der Ars Electronica. Im Endeffekt muß das Netz selbst installiert werden: Das Projekt "Hauptplatz-TV-Konzert", eine elektronisch unverstärkte Klangerzählung mit derTiefgaragenbaustelle am Linzer Hauptplatz, wird von drei Kameras gefilmt, live gemischt und auf den großen Fernsehapparat an der Dreifaltigkeitssäule zeitgleich übertragen.

- "Hotelevision": Während der Österreichischen Filmtage täglich ein 24stündiges Live-TV-Programm über die Hotel-TV-Anlage im Welser Hotel Greif. Hotel-TV ist die derzeit einzige legale Privat-TV-Variante in Österreich.

1989 - "Automaten-TV": erste Realisation eines Kunst-TV in Österreich, via 3sat in Kooperation mit Ars Electronica, LIVA und ORF. Spielhalle als Fernsehstudio.

1990 - Trainingscamp während des Videofestivals "Querspur" in Linz.

- "Live in Buffalo/NY", an sechs aufeinanderfolgenden Tagen insgesamt zwölf Stunden interaktives Live-TV, 320.000 Haushalte wurden via Kabel kunstvoll beglückt.

1991 - "Niemand ist sich seiner sicher": live auf 3sat und FS 2 im Rahmen der Ars Electronica zum Motto „Out of Control". Psychische und materielle Durchleuchtung des Phänomens kontrollierten Lebens.

1992 - "Im Teilchendschungel der Wahrscheinlichkeit - Der Teufel steckt im Detail": live auf 3sat und FS 2 im Rahmen der Ars Electronica zum Motto „Endo und Nano". Das Denken in Möglichkeiten .

## Stadtwerkstatt-TV Chronology of Works

Stadtwerkstatt TV was founded to use television as a tool for art.

1986 - Started with the project "Nebenraum" (Adjoining Room) at the Austrian Film Festival in Wels.
1987 - First negotiations with media politicians and ORF (Austrian Radio and Television) for transmission time as an extended stage of Ars Electronica. Ultimately, the network has to be installed for the purpose itself: The project "Hauptplatz-TV-Konzert" (Main Square Television Concert), an electronic non-amplified sound narrative with the underground car park construction site in the Main Square in Linz. Filmed by three cameras, mixed live and broadcast simultaneously on a large television set at the Trinity Column Monument.
- "Hotelevision": During the Austrian Film Festival, a daily 24-hour live TV programme via the hotel-TV installation in the Hotel Greif, in Wels. Hotel TV is at present the only legal private TV alternative in Austria.
1989 - "Automaten-TV": first realization of art TV in Austria via 3sat, in cooperation with Ars Electronica, LIVA and ORF.
Gambling hall as television studio.
1990 - Training camp during the video festival "Querspur" in Linz.
"Live in Buffalo/NY", a total of 12 hours' interactive TV on six successive days, 320.000 households were treated to art via cable TV.
1991 - "Niemand ist sich seiner sicher" (Nobody is Safe): live on 3sat and Channel 2 in the course of Ars Electronica, in line with the motto "Out of Control". Physical and material analysis of the phenomenon of controlled life.
1992 - "Im Teilchendschungel der Wahrscheinlichkeit - Der Teufel steckt im Detail" (In the Particle Jungle of Probability - The Devil is in the Nuts and Bolts): live on 3sat and Channel 2 in the course of Ars Electronica, in line with the motto "Endo and Nano". Thinking in possibilities.

*„Im Teilchendschungel der Wahrscheinlichkeit"*
*Konzipiert und realisiert von STWST-TV in Zusammenarbeit mit Künstlern, Technikern und Akteuren aus Österreich, Deutschland und Amerika.*

Lehner • Lehner • Jud • Donke • Hennrich • Ritter • Hauenschild • Schager • Auinger • Fischer

# Im Teilchendschungel der Wahrscheinlichkeit

**In the Particle Jungle of Probability**

On the one hand:
Thinking in possibilities is under discussion. A life between reality and probability. Science applied in the subjunctive, thinking in possibilities - as does the normal mortal. Be it innovative space curvatures or a „6" in the lotto draw. Science and fiction. Right now Stadtwerkstatt TV is working on preparing the subjunctive in life and research for television and on presenting it just there.

Knowledge remains on the small-scale. Pressing their noses against the glass, the audience is eagerly waiting.

*A series of miniatures forms the structure of the broadcast, assembled visual grammalogues which scoop in detail as created images and sounds from the surprises to be revealed: what is an orange doing in a glass of water? How does the mouse escape the hammer? What makes a minute long? Is the camera a part of what it observes? etc. etc.*

On the other hand:
The kettle is now on special offer. But it is not a real one. The thick base plate is missing and the alloy isn't what it used to be either.
The connoisseur appreciates the detail. And the melancholy which set in at the thought of a lost industrial age.
Materiality as an expression of harmony in thinking. The individual is striving for this just as the masses are. What the intellectual finds in the kettle is for the general public the cuddly toy in the bedroom, the sky-blue or pink plush jacket.
It is necessary to characterize: sex on television or in the cinema without gold chains, with no rolex, without satin underwear, is inconceivable. An elevated conversation, a good book, an exciting record without quotation is pure meanness. Life and culture are at present in a state of the most sublime refinement.
Even representing the phenomenon on television would be as tedious as a sideshow at the Salzburg Alpine Zoo. What is interesting are the interfaces between the systems where one micro-world knocks into the other. Relations become visible: the special and the general in interaction, or the special and nothing. The collective solipsism.

Einerseits:
Das Denken in Möglichkeiten steht zur Debatte. Ein Leben zwischen Wirklichkeit und Wahrscheinlichkeit. Die Wissenschaft setzt im Konjunktiv an, denkt in Möglichkeiten - so auch der normalsterbliche Mensch. Seien es innovative Raumkrümmungen oder ein Sechser im Lotto. Science und Fiction. Stadtwerkstatt TV arbeitet im Moment daran, den Konjunktiv in Leben und Forschung fürs Fernsehen aufzubereiten und dort darzustellen.

Das Wissen bleibt in kleinen Bereichen.

Das Publikum hat die Nase an der Scheibe.

*Struktur der Sendung bildet eine Reihe von Miniaturen, montierten visuellen Kürzeln, die als gemachte Bilder und Töne aus den zu entdeckenden Überraschungen im Detail schöpfen: was macht eine Orange in einem Glas Wasser? Wie entkommt die Maus dem Hammer? Was macht eine Minute lang? Ist die Kamera Bestandteil dessen, was sie betrachtet? etc. etc.*

Andererseits:
Den Wasserkessel gibt es jetzt im Sonderangebot. Aber dieser ist nicht echt. Es fehlt die dicke Bodenplatte und die Legierung ist auch nicht mehr so wie früher.
Der Kenner schätzt das Detail. Und die Wehmut, die sich einstellt beim Gedanken an ein verlorenes industrielles Zeitalter.
Stofflichkeit als Ausdruck einer Harmonie im Denken. Dazu strebt der Einzelne ebenso wie die Masse. Was dem Intellektuellen am Wasserkessel liegt, das bedeutet für die Allgemeinheit das Kuscheltier im Schlafzimmer, die Jacke aus Plüsch in himmelblau oder rosa.
Es besteht die Notwendigkeit zur Kennzeichnung: Sex im Fernsehen oder im Kino ohne Goldkettchen, ohne Rolex, ohne Satinunterwäsche ist undenkbar. Ein gehobenes Gespräch, ein gutes Buch, eine anregende Platte ohne Zitat eine schlichte Gemeinheit. Leben und Kultur befinden sich zur Zeit in einem Zustand sublimster Veredelung.
Alleine das Phänomen im Fernsehen darzustellen wäre so langweilig wie ein Pausenfüller im Salzburger Alpenzoo. Interessant sind die Schnittstellen zwischen den Systemen, wo eine Mikrowelt an die andere stößt, Relationen sichtbar werden: das Einzelne und das Allgemeine in Wechselwirkung, oder das Einzelne und das Nichts. Der kollektive Solipsismus.

# STWST

bringt

EIN LIVE-FERNSEHKUNSTSTÜCK FÜR 60 MINUTEN
AUS DEM KEPLERSAAL, BRUCKNERHAUS LINZ

## IM TEILCHENDSCHUNGEL
## DER WAHRSCHEINLICHKEIT

ORF      via FS 2 in den Kunststücken
& via Satellit in ganz Europa      3 SAT

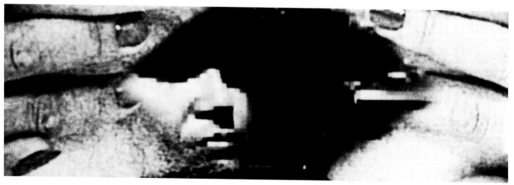

FREITAG, 26. JUNI 1992, 23 UHR

# TV

Unterstützt durch BMUK, Abt. IV/8 & Abt. IV/4, Kulturamt der Stadt Salzburg, ORF, LIVA.
**Kontakt: STWST-TV, Kirchengasse 4, A-4040 Linz, Tel. 0732/231209, Fax DW.: 16
Konto: RAIBA Linz BLZ 34281 Konto-Nr. 5032008**

# Resonanzen

Hörbilder zu Ars Electronica 92

# Radiolabor

**Resonances**

Das Radiolabor arbeitet an Möglichkeiten, trotz Rundfunkmonopol Radio selbstständig und unabhängig zu gestalten.

Begonnen wurde damit, Sendungen auf Tape zu produzieren und diese zu verteilen, eine Möglichkeit, die sehr weit an den eigentlichen Absichten des Umgangs mit dem Medium vorbeigeht. Schon viel eher wurden diese Gedanken im Projekt „Radiolabor" im November 91 im Offenen Kulturhaus in Linz verwirklicht. Eine Woche lang wurde aus einem im Saal des O.K. eingerichteten Studio live gesendet. Die einzelnen Beiträge wurden ohne redaktionelle Vorgabe von den verschiedenen Programmmachern in Eigenregie gestaltet.

Dieses Projekt orientierte sich stark an der Idee des „Freien Radios", einer in Österreich noch nicht legalisierten Möglichkeit, Rundfunk zu veranstalten. Daß es diese „Freien Radios" gibt und wie sie funktionieren, wurde im „Radiolabor" in Form einer Ausstellung dokumentiert.

In Österreich gibt es (neben verzweifelten Versuchen der Regierung, ein Privatradiogesetz zu basteln) eine sehr starke, von der Basis der Radiointeressierten kommende Bewegung, die aktiv an der Liberalisierung des Rundfunkgesetzes mitwirken will. Im Rahmen dieser Bestrebungen hat die „Pressure Group Freies Radio" bereits einen Gesetzesentwurf vorgestellt, in dem die gleichberechtigte Zulassung Freier Radiobetreiber vorgesehen ist.

Wie viele andere Gruppierungen auch, ist das Radiolabor bestrebt, mittels eigener Sendeanlage den österreichischen Äther mit nichtkommerziellem und unabhängigem Programm zu füllen und erklärt sich daher voll und ganz solidarisch mit den Forderungen der „Pressure Group

„Radiolabor" (Radio Laboratory) works on possibilities of producing radio autonomously and independently, despite the radio network monopoly.

It began by producing broadcasts on tape and by distributing these. A possibility which goes far beyond the actual intentions of dealing with the medium. The idea was realized much earlier, in November 91, in the project „Radiolabor" in the „Offenes Kulturhaus" in Linz. For a whole week broadcasting was live from a studio set up in a hall in the O.K.. The individual contributions were produced entirely by the different programme makers themselves, with no editorial handicaps.

This project is strongly orientated on the idea of „Free Radio", a possibility of organizing radio, not yet legalized in Austria. The existence of these „Free Radios" and how they operate, was documented in „Radiolabor" in the form of an exhibition.

In Austria there is (in addition to the desperate attempts by the government to throw together a private radio legislation) a very strong movement coming from interested radio parties who want to actively cooperate in liberalizing the radio legislation. Within the scope of these efforts, the „Pressure Group Free Radio" has already presented a legislative draft which foresees that free radio operators have equal entitlement to licensing.

As many other groups, „Radiolabor" is aiming at filling the Austrian air with non-commercial and independent programmes with their own broadcasting installation and declares its full and utter solidarity with the demands of the „Pressure Group Free Radio", in terms of opening up the frequencies for everyone. „Radiolabor" is a changing group of young Linz cultural activists and artists who re-form depending on the project. Participating in the project „Resonances" are:

Bert Estl, activist from the cultural association KAPU, organisational manager of „Radiolabor" in the „Offenes Kulturhaus".

Rudolf Danielczyk, artificial light artist, coordinator of media-political activities.

Christoph Fürst, student at the Academy of Art (metal), graphic artist.

Walter Nadler, student at the University of Art (visual production), musician, media artist.

Thomas Pichler, student (informatics), musician, moderation and production at „Radiolabor".

Mark Voika, sound technologist at „Radiolabor", musician.

Besides the afore-mentioned realistic policy demands, „Radiolabor" is a laboratory in the true sense of the word; a research workshop and experimental field. „Free Radio" will not take over the broadcasting structures employed in Austria, but will consider the possibilities of the medium and will prepare new concepts. Bert Brecht and Kurt Weill already provided theories in this direction at the beginning of the radio era, questioning the absolute distribution nature of the medium.

This conceptual model also influenced John Cage, among others, who used the radio as a sound producer in his media compositions. „Radiolabor" deals with new possibilities of reporting in the „Resonances" project - along the lines of these original thinkers, - and in taking part in a social event modelled on Ars Electronica.

The aim behind this project is to create a new language, a new form of documentation which corresponds to the experimental nature of Ars Electronica. „Resonances" is just as much documentation as it is an independent work of art, just as much a confrontation with the theme of the festival as an exploration of the possiblities of the medium radio.

Ars Electronica provides a number of sound events which, in a condensed form, gives rise to a shortened form of a radio feature focussing on the goings-on in situ. Carefully selected fragments of acoustic „objets trouvés" are processed together with consciously provoked and even pre-produced sound material to form a new independent work of art; assembled to form a daily review. It is not the aim of „Radiolabor" to just simply report about the goings-on at the festival; it is more a matter of conveying impressions to listeners. These sound collages do not provide an excess of information, they leave a lot of freedom and scope to the own imagination and consequently unfold new listening habits. „Resonances" should and must not be a commentry of the festival, but rather a mosaic-type amalgam, a subjective listening experience and report, a fragmentary listening feature of the days and nights happenings at Ars Electronica.

Freies Radio" nach Öffnung der Frequenzen für jedermann. Das Radiolabor ist eine lose Gruppierung junger Linzer Kulturaktivisten und Künstler, die sich je nach Projekt neu formiert. Am Projekt „Resonanzen" beteiligen sich:

Bert Estl, Aktivist des Kulturvereins KAPU, Organisatorische Leitung des „Radiolabors" im Offenen Kulturhaus.

Rudolf Danielczyk, Kunstlichtbildner, Koordinator der medienpolitischen Aktivitäten.

Christoph Fürst, Student der Kunsthochschule (Metall), Graphiker

Walter Nadler, Student der Kunsthochschule (Visuelle Gestaltung), Musiker, Medienkünstler.

Thomas Pichler, Student (Informatik), Musiker, Moderation und Gestaltung beim Radiolabor.

Mark Voika, Tontechniker beim Radiolabor, Musiker.

Neben der oben angeführten realpolitischen Forderung versteht sich das Radiolabor als Labor im eigentlichen Sinne, als Forschungsstätte und Experimentierfeld. Das „Freie Radio" wird nicht die in Österreich angewandten Sendestrukturen übernehmen, sondern die Möglichkeiten des Mediums überdenken und neue Konzepte erarbeiten. Ansätze dazu lieferten schon Bert Brecht (vgl.: „Der Rundfunk als Kommunikationsapparat") und Kurt Weill (vgl.: „Möglichkeiten absoluter Radiokunst"), die bereits zu Beginn der Rundfunkära den reinen Distributionscharakter des Mediums in Frage stellten. Diese Gedankenmodelle beeinflußten unter anderem John Cage, der in seinen Medienkompositionen das Radio als Klangerzeuger verwendete. Im Sinne dieser Vordenker befaßt sich das Radiolabor beim Projekt Resonanzen mit neuen Möglichkeiten der Berichterstattung, des Teilhabens an einem gesellschaftlichen Ereignis, am Beispiel Ars Electronica.

Ziel dieses Projektes ist es eine neue Sprache, eine neue Form der Dokumentation zu schaffen, die dem experimentellen Charakter von Ars Electronica entspricht. „Resonanzen" soll ebensosehr Dokumentation wie eigenständiges Kunstwerk, ebensosehr Auseinandersetzung mit der Thematik des Festivals wie ein Ausloten der Möglichkeiten des Mediums Radio sein.

Ars Electronica liefert eine Vielzahl von klanglichen Ereignissen, die in komprimierter Form ein Hörbild des Geschehens vor Ort vermitteln. Sorgfältig ausgewählte Fragmente von akustischen „objets trouvés" werden gemeinsam mit bewußt provoziertem und auch vorproduziertem Tonmaterial zu einem neuen, eigenständigen Kunstwerk verarbeitet, zu einer Tagesreview assembliert.

Es soll nicht Ziel des „Radiolabors" sein, nur schlicht und einfach vom Geschehen des Festivals zu *berichten*; es geht vielmehr darum, dem Hörer Eindrücke zu *vermitteln*. Diese Ton-Collagen bieten kein Übermaß an Information, sie lassen der eigenen Imagination viel Frei- & Spielraum und erschließen somit neue Hörgewohnheiten.

„Resonanzen" soll und darf nicht Erklärung von Ars Electronica sein, sondern vielmehr ein mosaik-artiges Amalgam, ein subjektiver Hör-Erlebnisbericht, ein fragmentarisches Hör-Bild des täg-nächtlichen Geschehens bei Ars Electronica.

Das Radiolabor installiert sein Studio im Foyer des Brucknerhauses, in welchem das Programm produziert und live gesendet wird. Um dem Besucher Einblick in die Aktivitäten des Labors zu gewähren, werden an geeigneter Stelle Hörinstallationen errichtet, wo das Programm des Vortages zu hören ist.

Zu folgenden Terminen geht das Radiolabor live auf Sendung:
22. – 26.6.:  21.05 bis 21.55 auf Ö3 lokal OÖ
              (UKW 88.8 Mhz)
Do. 25.6.:    22.15 bis 23.00 auf Ö1 Kunstradio

„Radiolabor" will have its studio installed in the foyer of „Brucknerhaus", where the programme is produced and broadcast live. In order to give the visitors an insight into the activities of the laboratory, listening installations will be set up at suitable points where the previous day's programme can be heard.

„Radiolabor" will be broadcasting live at the following times:
22. – 26.6:   21.05 to 21.55 on Ö3 local
              Upper Austrian radio,
              (USW 88.8 Mhz)
Thurs. 25.6:  22.15 to 23.00 on Ö1 Kunstradio

# Electronic Purgatory

(Elektronisches Fegefeuer)

Eine digitale Musik-Theater-Komposition für Schauspieler,
interaktives Theater und elektroakustische Musik

## Kristi Allik / Robert Mulder

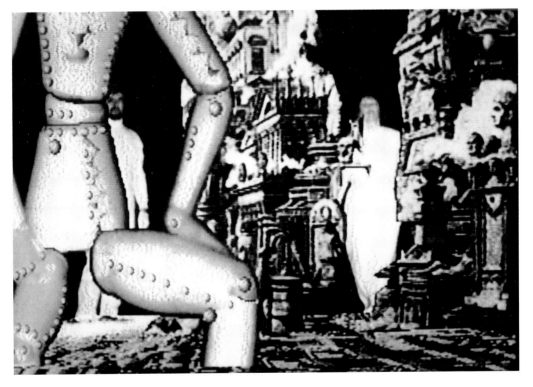

Electronic Purgatory. Video Image. Foto: Robert Mulder

Electronic Purgatory ist eine digitale Musik-Theater-Komposition. Digitales Musik-Theater ist eine Form des multidisziplinären Theaters, in dem traditionelle Bühnenelemente durch elektro-akustische Instrumente und computererzeugte und -gesteuerte Bilder ergänzt oder ersetzt werden. Alle Bestandteile der Produktion werden von Inter-Akteuren auf der Bühne mit Hilfe eines interaktiven Computer-Netzwerks „live" erzeugt und/oder gesteuert. Daraus folgend werden alle Elemente, sowohl die visuellen als auch die akustischen, in Echtzeit erzeugt, umgesetzt und verändert. Das Stück wurde im Herbst 1989 begonnen und im Dezember 1991 abgeschlossen.

## Überblick

Im wesentlichen ist Electronic Purgatory eine audio-visuelle Erzählung, die von der modernen Quantenphysik und der Tatsache, daß viele der aktuellen mathematischen Theorien in diesem Wissenschaftsbereich eine fast metaphysische Qualität zu haben scheinen, beeinflußt ist. Die Künstler besetzen die physikalische Entwicklung ihrer Aufführung entlang einer formalen Struktur, die als erster Dante Alighieri für seine Göttliche Komödie entworfen hat. Das Prinzip der „vielen Welten", das die Existenz mehrerer Wirklichkeiten in verschiedenen Dimensionen zur gleichen Zeit vorsieht, wurde von Stephen Hawking übernommen. Der Titel des Stückes ist eine Beschreibung der Gefühle, die die Akteure auf der Bühne überkommen, wo ihre Rollen und ihr Zustand der Kontrolle vom Erhabenen bis zu dem der totalen Bestimmtheit durch die elektronischen Kräfte reicht.
Electronic Purgatory ist locker in vier Teile gegliedert, deren erster eine genesis-ähnliche Atmosphäre vermittelt und der entropischen Entwicklung sich widersetzende Kräfte des Lebens untersucht. In diesem Teil formen die fast Gottgleichen Bewegungen der Akteure aus einem vorhandenen „Topf mit allen Möglichkeiten" zunehmend komplexere aurale und visuelle Formen. Mit der Zeit bringen diese erstarrten Formationen die Evolution von erkennbaren physikalischen Phänomenen zum Vorschein. Dieser Teil endet mit der schrittweisen Auflösung der feinen, interdependenten Schichten, und führt zu einer mechanistischen, von B.F. Skinner inspirierten Wirklichkeit. Hier kämpft Electronic Purgatory mit den grundlegenden Widersprüchlichkeiten, die mit dem Zustand menschlichen Bewußtseins einhergehen: die Inter-Akteure sind auf eine Existenz beschränkt, in der der menschliche Geist vom Körper

## Electronic Purgatory

A digital music-theatre composition for performers, interactive theatre, and electroacoustic music.

Electronic Purgatory is a Digital Music-Theatre composition. Digital Music-Theatre is a form of multidisciplinary theatre in which traditional staging agents have been augmented or replaced with electroacoustic instruments and computer generated/controlled visuals.
All the consituents of the production are generated and/or controlled "live" by the performers/creators (interactors) on the stage by means of an interactive multi-computer networks. Consequently all elements, both visual and aural, are generated, realized and manipulated in real-time.
The piece was started in the fall of 1989 and was completed in December 1991. A short version of Electronic Purgatory was first performed at the ISCM "World Music Days" in Oslo, Norway, on September 24, 1990.

### Synopsis

Essentially Electronic Purgatory is an audio-visual essay which is inspired by modern quantum physics, and the fact that many of the current mathematical answers in that brand of science appear to have an almost metaphysical quality. The artists cast the physical development of their performance along a structural form first designed by Dante Alighieri for his Divine Comedy. The "many worlds" principle, which suggest that multiple realities can exist on different dimensions, all at the same time, was taken from Stephen Hawking. The name for the piece is a description of the emotions which overcome the performers on the stage, where their role and level of control ranges from the sublime to that of total domination under the electronic forces. Electronic Purgatory is loosely constructed in four movements, the first of which has an Genesis-like flavour and probes the development of the entropydefying forces of life. In this section the almost god-like gestures of the performers shape a primordial "soup-of-all-possibilities" into increasingly more intricate and perdurable aural and visual forms. In time, these congealing formations reveal the evolution of recognizable physical phenomena. The section concludes with the gradual dissolution of the delicate interdependent layers, leading to a mechanistic, B. F. Skinner-inspired reality. Here Electronic Purgatory struggles with the basic contradictions associated with the state of human awareness: the interactors are confined to an existence where the human spirit is separated from the body, and simultaneously tortured in a "mindscape" sired by its own intellectual limitations, while the corporeal remains are chained to a landscape wrought by the body's own hands.

The work concludes with an exploration into the dynamics of interactive music-theatre, loosely inspired by the idea of parallel relationships encountered in multiple layers of reality as found in the work of Dante Alighieri and Stephan Hawking.

### The Staging

Much of the "otherworldly" quality in the work may be attributed to its unique staging design. The "magic" for example, is achieved by superimposing the two interactors electronically on life-sized video screens (VideoWorlds), placed on either side of the stage. For the duration of the piece the interactors are confined to a relatively small stage area, which is completely devoid of any set-like contraptions. A light-absorbing black floor and a black velvet backdrop makes the stage appear even more empty and dark. During the performance, the interactors move in a very slow and deliberate manner, shaping and initiating a multitude of aural and visual phenomena.

In certain sections, the Video Worlds utilize the interactors as "movement generators", which results in dynamic textural displays abstracted from the physical movements of the interactors on the stage. Other sections utilize the physical outline of the body of the interactor as a collage tool, superimposing the body shape on the computer graphics as a shadow-like outline. The "cybernetic choreography" encompasses all levels and elements in the piece; often objects or events that are created or destroyed in one Video World will immediately affect visual elements in the other world.

### Technical Information

To achieve a truly interactive and integrated performance, the artists designed a multi-computer network. Each computer in the network is assigned a specific task; for example, each VideoWorld is controlled by an independent computer. A MIDI interface connects each Video World to the network, and via this network receives and sends information to the other computers.

The original concept for Electronic Purgatory called for ten independent Video Worlds, eight-channel sound generation capabilities, and complex multiimage projections, all controlled by a network of Amiga computers.

The physical staging of the piece is extremely flexible, many performance variations are possible, all of which are taken from the original multi-video world staging configuration.

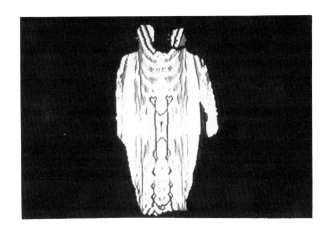

Electronic Purgatory. Video Image. Foto: Robert Mulder

getrennt ist, und gleichzeitig in einer von seinen eigenen intellektuellen Grenzen kreierten „Landschaft des Geistes" gequält wird, während die körperlichen Überreste an eine Landschaft gekettet sind, die von des Körpers eigener Hand geschrieben ist.

Das Werk wird fortgesetzt mit einem Ausflug in die Dynamik interaktiven Musik-Theaters, leicht beeinflußt durch die Vorstellung von parallelen Beziehungen, die in verschiedenen Schichten von Realität - wie bei Dante Alighierei und Stephen Hawking - zusammentreffen.

### Die Bühne

Viel von der „andersweltlichen" Qualität dieser Arbeit kann ihrer einzigartigen Bühneninszenierung zugeschrieben werden. Das „Magische" zum Beispiel, wird durch die elektronische Überlagerung der beiden Inter-Akteure auf die lebensgroßen Video-Leinwände (Video-Welten) erreicht, die an beiden Seiten der Bühne angebracht sind. Während der gesamten Dauer des Stücks sind die Inter-Akteure auf einen relativ kleinen Bühnenbereich festgelegt, der ohne jede bühnenähnliche Einrichtung ist. Ein lichtabsorbierender schwarzer Boden und ein schwarzer Samtvorhang an der Rückwand lassen die Bühne noch dunkler und leerer erscheinen. Während der Aufführung bewegen sich die Inter-Akteure ganz langsam und besonnen, und formen und kreieren eine Vielzahl von auralen und visuellen Phänomenen.

In bestimmten Abschnitten verwenden die Video-Welten die Inter-Akteure als „Bewegungsgeneratoren", was sich in dynamischen textuellen Beispielen äußert, die von den physischen Bewegungen der Inter-Akteure auf der Bühne losgelöst sind. Andere Abschnitte nutzen die physikalischen Umrisse der Körper der Inter-Akteure als ein Werkzeug für Collagen, indem sie die Körperkontur über die Computergrafiken wie einen schattenhaften Umriß legen. Die „Kybernetische Choreographie" umfaßt alle Stufen und Elemente im Stück; oft beeinflussen Objekte oder Ereignisse, die in der einen Video-Welt geschaffen oder zerstört werden, unmittelbar visuelle Elemente in der anderen Welt.

### Technische Informationen

Um eine wirklich interaktive und einheitliche Aufführung zu erreichen, haben die Künstler ein Multi-Computer-Netzwerk konzipiert. Jeder Computer dieses Netzwerks hat eine spezifische Aufgabe; z.B. wird jede Video-Welt von einem unabhängigen Computer gesteuert. Ein MIDI Interface verbindet jede Video-Welt mit dem Netzwerk, und erhält und sendet über dieses Netzwerk Informationen zu den anderen Computern.

Das ursprüngliche Konzept von Electronic Purgatory hat zehn Video-Welten vorgesehen, achtkanalige Tonerzeuger Ausstattungen, und komplexe Vielbild-Projektionen, die alle von einem Netzwerk aus Amiga Computern gesteuert werden.

Die physikalische Bühnenausstattung des Stücks ist sehr flexibel, viele Aufführungsvarianten sind möglich, die alle aus der ursprünglichen Multi-Video-Welt Zusammenstellung für die Bühne gewählt werden können.

Electronic Purgatory was created with the generous assistance of:
• The Canada Council, Explorations Programme.
• The Canada Council, Computer Integrated Media.
• The Ontario Arts Council, Multidisciplinary Arts.
• Commodore Canada, Toronto, Ontario.
• Very Vivid, Toronto, Canada.
• Intelligent Music, Albany, N. Y., USA.
• 3M. Canada, London, Ontario, Canada.

Electronic Purgatory. Video Image. Foto: Robert Mulder

# NT: The Man Who Invented the Twentieth Century

*A Media Performance by Henry Jesionka*

Nikola Tesla did not, in fact, invent the Twentieth Century. Yet his inventions served as a catalyst in the electrification of the world, which began in earnest less than a decade before the close of the last century. Outside of the discovery of the rotating magnetic field and his subsequent design of an a.c. power transmission system that remains in use, virtually unchanged, until the present day, Nikola Tesla commercialized few of his many other inventions during his long life and appears to have had a contemptuous regard for the modern corporation (which sprang from the "labor power" of a newly "dynamized" work force like an omnipotent Greek god.)

Tesla did invent the Twentieth Century in his head. He conceived of the principles of radio, wireless transmission of electricity, robotics, and numerous other "modern" technologies long before they were actually realized – usually by others.

He appears to have been a loner, an ascetic iconoclast who did not adapt well to a changing society – the very society presaged by his own inventions. As Margaret Cheney's celebrated biography attests, Nikola Tesla was, indeed, a man "out of time," if not entirely "out of place" in Twentieth Century society. It is not easy to forget, after all, that Tesla was a contemporary of Einstein, Freud, Nietsche and Joyce. He was an old world European, a Victorian gentleman, increasingly alienated from a society of fragmented psyches, fallen gods and an ever-expanding space.

He retreated to the cloistered confines of his hotel room from which he would "publicly" emerge only once a year – on his birthday – to meet the press and to entice them with secret new inventions – inventions that appeared to have existed only in his head.

*Nikola Tesla: The Man Who Invented the Twentieth Century* does not set out to reinvent Tesla, nor to explain his inventions. The opera, like a grand philosophical toy, presents an "imaginary" Tesla – a conscious automata – built on the ash-heap of a fragmented historical record of actual events, personal anecdotes, scientific abstractions and hearsay. Like a single cork afloat in a vast and turbulent sea, Nikola Tesla is "defined" by the forces around him. Yet he remains an enigma.

1. Although intolerably inefficient by modern standards, d.c. motors were considered state-of-the-art in machine development at the time - a fact directly traceable to the influence of Ampere, who, some fifty years prior, had convinced Hippolyte Pixii that the alternating output registered from a rotating horseshoe magnet, was of little practical use. "What is needed", Ampere is to have said, "is a battery-like current" that flows in one direction. Pixii, in order to rectify the "problem", adapted his primitive alternator to force the flow of the current generated in a single direction as "direct current".

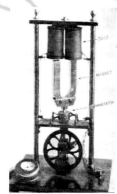

Laithwaite, E.R., *The Tesla Journal* nos. 6&7, Lackawanna, N.Y., 1989-90, pp.89-90

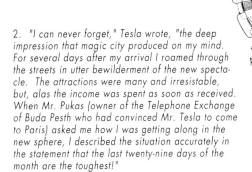

2. "I can never forget," Tesla wrote, "the deep impression that magic city produced on my mind. For several days after my arrival I roamed through the streets in utter bewilderment of the new spectacle. The attractions were many and irresistable, but, alas the income was spent as soon as received. When Mr. Pukas (owner of the Telephone Exchange of Buda Pesth who had convinced Mr. Tesla to come to Paris) asked me how I was getting along in the new sphere, I described the situation accurately in the statement that the last twenty-nine days of the month are the toughest!"

Johnston, Ben, ed. *My Inventions: The Autobiography of Nikola Tesla* (Williston Vermont: Hart Bros.), 1982, p.66 *My Inventions* originally appeared in the *Electrical Experimentor* magazine in 1919.

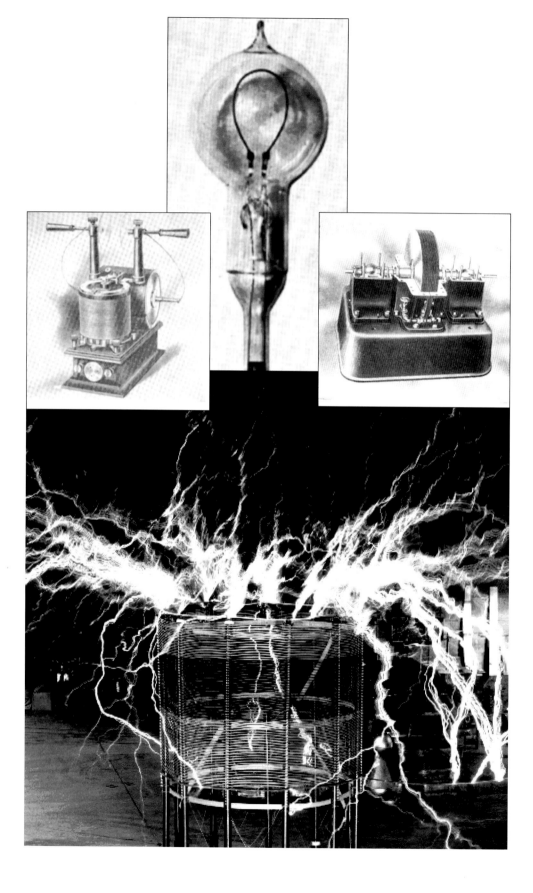

3. Clerk, Ronald W., *Edison: The Man who Invented the Future*, (NY: GP Putnam's Sons), 1977, pp.157-158

Tesla proposed therapeutic applications of electricity

4. "There could be little doubt about the economic advantages of alternating current and Edison eventually realized that the battle fought on economic grounds would be lost. In the last decades of the nineteenth century electricity was looked upon by the general public much as nuclear power is considered today, while it could be of immense benefit to mankind, it was also a killer and one about which layman still knew very little. It was thus easy to fuddle the public mind and to claim that the dangers of high voltages - which though real could be guarded against - were those of alternating current itself. In the words of Harold passer's study of The Electric Manufacturers, the Edison company now "decided to compete outside the area traditionally identified with commercial rivalry... As the foundation stone of his extra-market competition with alternating current the Edison company chose public safety."

Every accident that could rightly be attributed to alternating current was publicized by the direct current party. Claims and counterclaims which owed little to science and much to dramatic copyrighting were published almost daily. Among the highlights of the Edison campaign was "A Warning," bound in red and recounting in great detail the alleged dangers of alternating current.

In "Dangers of Electrical Lighting," an article in the North American Review, Edison lambasted the idea of using alternating current for any purpose:

> The electrical lighting company with which I am connected purchased some time ago the patents for a complete system and my protest against this action can be found upon its minute book. Up to the present I have succeeded in inducing them not to offer this system to the public, nor will they do so with my consent.

Westinghouse replied in support of alternating current. However, the battle was also being waged outside the magazines. There was a good deal of political lobbying, the Edison interests supporting a proposed law to limit electrical circuits to 800 volts, thereby preventing the effective use of alternating current but leaving their own circuits untouched. In the summer of 1888 Westinghouse thought of legal action. On 11 July he wrote:

> It is a matter of very serious consideration as to whether or not we could not proceed against the directors of the Edison Company, Johnson and others, for conspiracy under the laws of New York: for their recklessness, and you might say, criminal course in some way be brought to an end.

Strong emotions were aroused and Edison, a naturally affable man, asked to visit Westinghouse by Villard, a mutual friend, replied uncharacteristically:

> I'm very well aware of his resources and plant, and his methods of doing business lately are such that the man has gone crazy over sudden accession of wealth or something unknown to me, and is flying a kite that will land him in mud sooner or later.

*Edison, op. cit. pp.159-160*

13.  Although Tesla appealed to his old friend George Westinghouse for help, it was not forthcoming:

..  "Like Edison, George Westinghouse possessed many advantages in the contest for industrial supremacy; vast personal wealth, an expert engineering staff, and patents on hundreds of processes and devices, of which the most valuable was the alternating -current system for transmitting electricity.  But Westinghouse's company expanded too quickly, its sales rising nearly thirty-fold in its first four years of existence.  In the depression of the 1890s George Westinghouse was forced to seek a loan of a half-million dollars.  The Mellons of P{ittsburgh offered to lend him the money, demanding in exchange the right to name the company's manager.  Westinghouse stalked out of the Mellon bank and headed for the office of New York financier August Belmont, where he received the funds he needed.  But in the 1908 recession "Westinghouse was caught again," as journalist Harvey O'Conner wrote in his Depression-era expose' of the house of Mellon.  "The bankers took over his enterprises and gave the old man a nominal position from which he resigned in disgust, and the immense Westinghouse business marched on without George Westinghouse.

*The Electrical Workers, op. cit.,* pp.4-5

(Prague)

Tesla Memorial Society Inc.
(Lackawana, NY)

(Glen Falls, NY)

TESLA
NIKOLA

International Tesla Society
Colorado Springs, Co.

(rock group)

(California)

OCT. 13 - 1933

215

# Nikola Tesla and Joseph Schillinger
## The Music of **NT: The Man Who Invented the Twentieth Century**

*Bruno Degazio*
*Toronto, Canada*

The music of *NT: The Man who Invented the Twentieth Century* was composed using modernised versions of algorithmic techniques developed by a little-remembered early twentieth century Russian-American music theorist, Joseph Schillinger, and is related in a particular and peculiar way to Tesla's most important ideas. Fundamental to these techniques are a geometrical world view dating back to Pythagoras and the use of phase relationships as creators of energy (physical in the case of Tesla's generators, aesthetic in the case of Schillinger's interference patterns). His techniques have been brought up to date by their amalgamation with recursive and chaotic processes ("fractals") in the music of NT, notably in the overture and the "phase music" used to herald the approaching storm.

In some cases, as in the Fantasy on The Electric Motor, the overall rhythmic structure is controlled by the phase relationships employed in Tesla's original polyphase motor, and developed according to Schillinger's ideas of phase and pattern. In other pieces the connection is more elusive, as in the sequence entitled The Power of Resonance - Number is the Basis of the Universe. Tesla's position in the long line of geometrical idealists beginning with Pythagoras is demonstrated through the use of the same harmonic relationships described by Pythagoras (and consistently employed as one of the underpinnings of Western theories of music for the last 2600 years). This heritage of geometrical idealism is brought up to date through the use of compositional techniques derived from chaos theory and fractal geometry.

Tesla's obsession with automata and robots is finding its modern fulfillment in these intelligent, computer-based processes. Unknown to most people, however, is the fact that many of these processes were anticipated by Joseph Schillinger, one of the strangest and most interesting musical figures the twentieth century has produced.

Schillinger and Tesla were remarkably similar in many ways: both were obsessively concerned with a cataloguing and rationalisation of human experience, culminating in an almost pathological reduction to mechanisms of behavior; both were immensely influential and acquired (or attempted to promote) a Promethean view of themselves while alive (Tesla's promise of free power and information through the magnifying transmitter as his gift to mankind, Schillinger's "scientification" of music as the salvation of art); both saw technology as a positive creative force working for the good of mankind and eagerly anticipated its future development; both were enthusiastic immigrants to America (Tesla from Yugoslavia, Schillinger from Russia) and embraced the life of the New World wholeheartedly; both were individual to the point of eccentricity in their personal habits; both suffered a bizarre (in view of their previous influence) and almost total eclipse after death. They died within a few years of one another, both in New York City where they had spent the greatest part pf their creative lives.

PHASE AND THE PRINCIPLE OF INTERFERENCE
Like Tesla's most inportant and influential ideas, the basis of Schillinger's System is geometrical, especially resting on the concept of phase relationships ("resultants of interference" in his terminology) of simple periodic motions, He found ways to project these resultants into the obvious areas of rhythm and structural proportion and also into the much less obvious ones of pitch structures (scales and chords), counterpoint, harmonic progression, orchestration and even into the emotional and semantic aspects of music composition. In the final years of his life he extended the system into non-musical domains to produce images and designs based on the same principles.

Schillinger's System of Musical Composition was a unique, perhaps misguided, attempt to discover the atomic structure of music, the smallest indivisible element, the simple ground from which all complexity emerges. In this respect it has interesting parallels to other currents of thought in the mathematical and physical sciences of the time, such as the quantum theory of atomic structure, Einstein's attempt to unite all physical laws into a 'Unified Field Theory', Betrand Russells's and Alfred Whitehead's bid to relate the whole of mathematical thought to a handful of elementary postulates in the Principia Mathematica. It also bears a strikingly similarity to Tesla's reduction of human activity to mechanistic laws that were obeyed unwittingly by human beings "as surely as molecules obey the gas laws." Although he may have failed to convincingly relate all aspects of musical thought and perception to a handful of fundamental principles, Joseph Schillinger nevertheless provided, and continues to provide a fresh outlook and an invigorating force to a potentially moribund musical culture. Like Tesla, his influence on the course of events in this century has been deep and universal but strangely unacknowledged.

# Charles Proteus Steinmetz und der Zauber der Elektrizität

## Franz Pichler

Die Entwicklung der Elektrotechnik, wie sie sich vor knapp mehr als hundert Jahren in Europa und in Nordamerika abgespielt hat, kann als eines der spannendsten Kapitel der Technikgeschichte gesehen werden. Die Erfinderpersönlichkeiten dieser Zeit - zu nennen sind hier vor allem Edison, Tesla, Siemens, Marconi, Morse, Bell, Heaviside, Gramme - sind für uns auch heute noch wert, sich mit ihnen biographisch zu befassen. Das Idealbild eines Erfinders wäre sicherlich die Vereinigung eines strengen Wissenschaftlers, der in rationaler Weise seine Entwicklungen durchführt mit dem eines Künstlers, der zugleich seine Erfindungen auf die menschliche Dimension bringt und damit relativiert, in einer Person. Leonardo da Vinci und Albrecht Dürer mögen hier als "Musterbeispiele" für ein solches Idealbild genannt werden.

In diesem Aufsatz soll an einen Wissenschaftler, der in Europa nur in engeren elektrotechnischen Fachkreisen stärker bekannt ist und in gewisser Hinsicht auch diesem Idealbild nahekommt, erinnert werden, nämlich an Karl (Rudolf August) Steinmetz oder mit der späteren amerikanischen Version seines Namens, Charles Proteus Steinmetz.

Steinmetz kann neben Tesla als einer der interessantesten Persönlichkeiten mit künstlerischer Prägung unter den amerikanischen Ingenieuren gesehen werden. Wie Tesla, hat Steinmetz seine wissenschaftliche Ausbildung im alten Europa erhalten. Der amerikanische Kontinent verhalf auch ihm, sein Talent in voller Breite zur praktischen Anwendung zu bringen, ohne daß er seine von Europa geprägten persönlichen Eigenschaften stark anzupassen hatte. Im Gegenteil, Amerika erlaubte ihm, seine Individualität voll auszuspielen.

### Charles Proteus Steinmetz and the Magic of Electricity

The development of electrical engineering, a century ago, can be considered as one of the most interesting chapters of the history of technology in Europe and North America. The inventors of this time, such as Edison, Tesla, Siemens, Marconi, Morse, Bell, Heaviside, Gramme, and others, are still of strong biographical interest for us .

The ideal profile of an inventor would be the union of a rational thinking scientist with an artist, who brings the subject to the right human dimensions and relations. Leonardo da Vinci and Albrecht Duerer might be mentioned here to represent the ideal combination of a scientist with an artist.

This essay should bring the scientific work and the artistic life of a man to our rememberings, a man which is known in Europe only in special scientific circles: Charles Proteus Steinmetz, as he called himself with his americanized first name. Just as the famous Austrian-American inventor Nikola Tesla, Steinmetz also received his fundamental scientific education in old Europe. However, the American continent gave him the chance to apply his talents in full breadth, not forcing him to a certain personal life style. In contrary, he could fully keep his most interesting individuality.

### Alternating current against direct current

Similar to the second half of this century being dominated by the computer as the "realization engine for Information Technology", electrical machines (in a very general sense) caused great excitement in the second half of the last century. An important step for the practical application of electricity was the invention of the "dynamoelectric principle" by Werner Siemens (1866) - and independently by the british scientist Wheatstone - which made possible the generation of electrical power by dynamos without the use of permanent magnets. Dynamos of this kind replaced voltaic batteries to power galvanisation processes and carbon lights. They were built as D.C. machines.

As soon as the invention of the multiphase generator by Tesla (1888) and the invention of the high power transformer (Zipernowsky 1885, Stanley 1886) was made, the generation of electrical power and its transportation across long distances became simpler and more efficient. The installation of a high voltage power line in Germany from Lauffen to Frankfurt (1891) by Oscar von Miller and the construction of the Niagara power plant (1895) by the Westinghouse Company - with Tesla as the designer for the A.C. generators - established milestones in the practical use of alternating current. In North America, however, the replacement of D.C. technology by A.C. technology was not a simple task. The competing firms, the Edison General Electric Company (in support of D.C. technology) and the Westinghouse Company (which favoured A.C. technology), got into a long fight. It has been reported, that the Edison Company even supported the installation of the electrical chair (New York 1889) to demonstrate the danger of the alternating current.

The electrical exhibition in Frankfurt (1891) and the electrical exhibition at the world fair in Chicago (1893) brought a decision in favour of A.C. technology. In North America, this result was mainly achieved by the pioneering works of Nikola Tesla and Charles Proteus Steinmetz. In his important lecture on the "Application of complex numbers in Electrical Engineering" (which was published in German in the "Elektrotechnische Zeitschrift" at the same time [Stein 93]) Steinmetz was able to show that for alternating current phenomena the laws of Ohm and Kirchoff were valid just in the form as for direct current phenomena. By the "symbolic method" of Steinmetz it was possible to represent alternating currents by simple algebraic expressions. The computation of alternating current phenomena became just as easy as for direct current phenomena.

### Steinmetz the scientist

Of what kind were the important scientific contributions of Charles P. Steinmetz? How did it happen?

Charles Proteus Steinmetz was born on April 9, 1865 in Breslau as Karl Rudolf Steinmetz. From childhood on handicapped by a hook and seemingly having a too big head for his short body and legs, he attended with great success the grammar school and the University of Breslau. There he studied mathematics and astronomy, showing also great interest in physics, philosophy, and the newly up-coming subject of electrical engineering.

## Wechselstrom gegen Gleichstrom

Wie die zweite Hälfte des 20. Jahrhunderts von der Informationstechnik mit dem Computer als "Realisierungsmaschine" geprägt wird, so war die zweite Hälfte des 19. Jahrhunderts von der Elektrotechnik und den elektrischen Maschinen (diese im weitesten Sinne aufgefaßt) geprägt. Ein wichtiger Fortschritt war hier die Entdeckung des "elektrodynamischen Prinzips" durch Werner Siemens (1866) - zugleich mit dem Engländer Wheatstone - und seine praktische Umsetzung zum Bau von Dynamos, elektrischen Maschinen, die ohne starke Dauermagnete elektrischen Strom erzeugen konnten. Solche Dynamos dienten als Batterieersatz zuerst hauptsächlich zur Galvanisierung und als Stromquelle für Kohle-Lichtbogenlampen. Sie waren Gleichstrommaschinen.

Mit der Erfindung des Wechselstromgenerators durch Tesla (1888) und des Transformators (Zipernowsky 1885, Stanley 1886) war die Möglichkeit einer einfachen Erzeugung und effektiven Übertragung über weite Strecken für den elektrischen Strom geschaffen. Die Inbetriebnahme einer Hochspannungsleitung in Deutschland von Lauffen nach Frankfurt (1891) durch Oscar von Miller und der Bau des Niagara-Kraftwerkes (1895) durch die Firma Westinghouse mit Tesla als Projektingenieur für die Wechselstrommaschinen, stellen Meilensteine in der praktischen Anwendung von Wechselstrom dar. Die Durchsetzung der Wechselstromtechnik gegenüber der Gleichstromtechnik ging aber nicht problemlos vor sich. In Nordamerika war ein langer Kampf zwischen den konkurrierenden Firmen, der Firma Westinghouse und der Edison General Electric Company, vorhergegangen. Es wird berichtet, daß die Edison Company sogar die Hinrichtung durch den elektrischen Stuhl (New York 1889) vor allem deshalb unterstützte, damit sie die Gefährlichkeit des Wechselstroms demonstrieren konnte.

Die elektrische Ausstellung in Frankfurt (1891) und die elektrische Ausstellung im Rahmen der Weltausstellung in Chicago (1893) brachten jedoch eine klare Entscheidung zugunsten des Wechselstroms. Dieser Erfolg der Anhänger der Wechselstromtechnik war in Nordamerika vor allem der praktischen Pionierarbeit von Nikola Tesla und der mathematischen Meisterleistung von Charles Proteus Steinmetz zuzuschreiben. Der in Chicago von Steinmetz gehaltene Hauptvortrag "Application of complex numbers in Electrical Engineering" und seine gleichzeitig in deutsch erschienene umfangreiche Arbeit in der "Elektrotechnischen Zeitschrift" [Stein 93] zeigte, daß für die Wechselstromtechnik auch das ohmsche Gesetz und die Kirchhoff-Regeln - beide allerdings in verallgemeinerter Form - ihre Gültigkeit haben. Mit der von Steinmetz entwickelten "symbolischen Methode" (in Deutschland auch unter dem Namen "komplexe Wechselstromrechnung" bekannt) konnten die für Wechselstrom in den Modellen gültigen differentialanalytischen Beziehungen auf einfache algebraische Formeln gebracht werden. Damit war die Berechnung von Wechselstromerscheinungen genau so einfach wie für Gleichstrom möglich geworden.

## Steinmetz als Wissenschaftler

Was waren die epochemachenden Beiträge von Charles P. Steinmetz? Wie kam es dazu?

Charles Proteus Steinmetz wurde am 9. April 1865 in Breslau als Karl Rudolf Steinmetz geboren. Von Kindheit an körperlich ein Krüppel, besuchte er mit großem Erfolg das Gymnasium in Breslau und anschließend die Universität in Breslau, um Mathematik und Astronomie zu studieren. Sein Interesse galt aber auch dem Studium der Physik und Philosophie sowie der gerade entstehenden Elektrotechnik. Seine rein mathematische Doktorarbeit aus dem Jahre 1887 *"Über unwillkürliche selbstreziproke Korrespondenzen im Raum, die bestimmt werden durch ein dreidimensionales Linearsystem von Flächen der n'ten Ordnung"* hatte bereits die Zustimmung seiner Professoren erhalten und der Doktorhut war zum Greifen nahe. Da griff das Schicksal ein: Steinmetz war Mitglied einer zu dieser Zeit verbotenen sozialistischen Studentenverbindung und Redakteur der "Volksstimme". Er erfuhr durch einen wohlgesinnten Freund, daß seine Verhaftung vorbereitet wurde. Um dieser zu entgehen, flüchtete er über Wien nach Zürich. Sein Ziel war, dort als Emigrant sein Studium an der Eidgenössischen Technischen Hochschule zu beenden. Es kam aber anders: Ein Freund, der Däne Oskar Asmussen, überredete ihn, mit ihm nach den Vereinigten Staaten von Amerika auszuwandern. Ohne besondere Kenntnis der englischen Sprache, ohne wesentliche Geldmittel, aber mit einem Empfehlungsschreiben von F. Uppenborn, des Herausgebers der international angesehenen "Elektrotechnischen Zeitschrift" schiffte er sich auf dem Dampfer "La Champagne" in Le Havre mit dem Ziel New York ein. Das Empfehlungsschreiben verhalf ihm sofort zu einer

His doctoral thesis in pure mathematics titled *"Über unwillkürliche selbstreziproke Korrespondenzen im Raum, die bestimmt werden durch ein dreidimensionales Linearsystem von Flächen der n'ten Ordnung"* had already been approved by the professors when things changed dramatically! Steinmetz was a member of a group of students which were in favour of socialism, which was not approved by the Prussian government and he also was a co-editor of the newspaper of the socialistic party, the "Volksstimme". From an anonymous friend he learned that his imprisonment was planned by the police. To escape, he fled via Vienna to Zurich in Switzerland. There his goal was to live there as a political emigrant and to finish his studies at the "Eidgenössische Technische Hochschule". However things changed again. His danish friend Oscar Asmussen persuaded him to join him in emigrating to the United States of America. Regardless of his poor knowledge of the English language, with no essential financial means but with a letter of recommendation by Mr F. Uppenborn, the publisher of the internationally recognized scientific journal, the "Elektrotechnische Zeitschrift", he got on board of the steamship "La Champagne" in Le Havre to leave for New York. With the help of the recommendation letter, he immediately found employment at the company Eickemeyer and Osterheld in Yonkers, which manufactured electrical machinery.

As he worked in the drawing office, however, his boss very soon discovered his mathematical talent, and more and more he was consulted when difficult problems came up. One of the problems in electrical machinery of that time was the heating up of the electromagnets. Steinmetz took a strict scientific approach to that problem and he developed the theory of magnetic hysteresis, a theory which has kept its validity until today. In his lecture on January 19, 1892 at the meeting of the American Institute of Electrical Engineers (AIEE) in New York City he reported on his important findings. A rather voluminous paper on the subject of hysteresis in the "Elektrotechnische Zeitschrift" has preserved this result until today [Stein 92].

The General Electric Company, which was established in 1892 by the union of several companies of the Edison group, also bought the company of Eickemeyer and Osterheld, and Steinmetz was now an employee of General Electric. He moved to Schenectady, the headquarter of GE, a lovely town on the river Hudson in upstate New York. The General Electric Company supported Steinmetz in his research in the best way, giving him a great deal of independence at the same time. In his own laboratory near his living home at Wendell Avenue he could perform any kind of electrical research he wanted. Of special interest to him was artificial lightning

Anstellung bei der Firma Eichemeyer und Osterheld in Yonkers, nahe der Stadt New York, die elektrische Maschinen erzeugte. Er begann dort als technischer Zeichner, die Firmenleitung fand jedoch bald heraus, welches Talent in ihm steckte und er wurde mehr und mehr bei der Lösung von schwierigen Fragen herangezogen. Ein Problem bei elektrischen Maschinen war in dieser Zeit die Erwärmung der Eisenkerne der Elektromagnete. Steinmetz nahm sich aus streng wissenschaftlicher Sicht dieses Problems an und entwickelte die bis heute fundamentale Theorie der magnetischen Hysteresis. Am 19. Jänner 1892 konnte er in einem Vortrag beim Treffen der Vereinigung amerikanischer Elektroingenieure (AIEE) in New York und einige Monate später dort in größerem Detail vor einer großen Anzahl von Zuhörern über seine wichtigen Ergebnisse berichten. Eine umfangreiche Arbeit in der Elektrotechnischen Zeitschrift dokumentiert diese Leistung bis in die heutige Zeit [Stein 92].

Die im Jahre 1892 gegründete General Electric Company, die sich hauptsächlich aus den verschiedenen Firmen der Edison Gruppe rekrutierte, kaufte auch die Firma Eichemeyer und Osterheld auf - und damit auch gewissermaßen Charles Proteus Steinmetz. Steinmetz fand bei General Electric in Schenectady, eine am Hudson River im Norden des Staates New York gelegene Kleinstadt, seinen idealen Platz. General Electric gab Steinmetz die größte Unabhängigkeit in der Forschung und stattete ihn großzügig mit Mitteln aus. In dem an der Wendell Avenue unmittelbar neben seinem Wohnhaus gelegenen Laboratorium konnte er die verschiedensten Forschungsarbeiten betreiben. Ein besonderer wissenschaftlicher Erfolg war die künstliche Erzeugung von elektrischen Blitzschlägen, mit denen Blitzableiter und die Wirkung von Blitzschlägen auf verschiedene Materialien experimentell untersucht wurden. Im Jahre 1902 wurde er vom Union College als Professor für Electrical Engineering verpflichtet. 1903 wurde ihm das Doktorat (PhD) nachträglich verliehen. Bis 1913 nahm er die Position des Vorstandes des Department for Electrical Engineering mit großem Engagement dort wahr. Seine in dieser Zeit verfassten Lehrbücher bildeten für Generationen von Elektrotechnikern einen wichtigen Bestandteil ihrer Ausbildung [Stein 97], [Stein 09], [Stein 14], [Stein 16], [Stein 17a], [Stein 17b].

Daneben entstanden zahlreiche wissenschaftliche Aufsätze, alle wichtig für die Entwicklung von wissenschaftlich gestützten Methoden für die Elektrotechnik.

Steinmetz als angehender Amerikaner mit 12 Dollar in der Woche

## Steinmetz privat

Eine Aufzählung der wissenschaftlichen Leistungen von Charles Proteus Steinmetz allein gibt nicht das volle Bild seiner einmaligen Persönlichkeit. Lassen wir Anton Zischka [Zisch 58] kurz zu Wort kommen. Er schreibt über Steinmetz:

"Er war ein intimer Freund von Marconi und Edison geworden. Ihm klopfte er Morsezeichen aufs Knie, um sich besser verständigen zu können. Die amerikanische Presse nannte Steinmetz nur den "modernen Jupiter". Denn wenn er ein ganz großer Gelehrter war, so blieb er auch zeitlebens ein

"Camp Mohawk"

großes Kind: Er ließ sich ein Palmenhaus bauen, und weil er selber ein Krüppel war, sammelte er da die häßlichsten Kriechtiere, Fische und Vögel, die er finden konnte. Er ließ über den Spiegeln seines Hauses Quecksilberdampflampen anbringen, damit die Besucher sich als grüne Wasserleichen mit violetten Lippen sehen sollten. Er lud seine Türklinken elektrisch auf und veranstaltete "Blitztage", zerstörte in seinem Hochspannungslabor Häuser aus Pappe. An manchen Tagen ruderte er in seinem Kajak umher, lief zu den Kriminalfilmen und las unzählige Detektivgeschichten. Die Nächte über brütete er über neuen Formeln und stellte er Berechnungen an, die der General Electric Millionen einbrachten."

Wenn auch Zischka vielleicht mit etwas dichterischer Freiheit berichtet, so trifft er die Wahrheit doch ziemlich.

to explore the properties of materials when stroke by lightning and to analyze lightning arresters. In 1902 he got an appointment as a professor for Electrical Engineering at the Union College and he served there as the chairman of the department until the year 1913. In 1903 Union College awarded him the degree of doctor of philosophy (PhD). The numerous textbooks which he published as result of his lecturing helped a generation of students in electrical engineering in their studies of the fundamental scientific models of electrical systems [Stein 97], [Stein 09], [Stein 14], [Stein 17a ], [Stein 17b]. Besides of writing books, Steinmetz was ambitious in lecturing on different meetings and in publishing special papers on his research.

### Steinmetz in his private life

To have a full picture of Charles Proteus Steinmetz we have to look also into his life from a less scientific point of view. To start with that, let us quote Anton Zischka [Zisch 58]. Zischka writes: "He was a close friend to Marconi and Edison. To communicate with Edison in his later years he would use the morse-code knocking it to Edison legs. The american press called Steinmetz because of his artificial lightning experiments the "modern Jupiter". Although he was one of the great scientists he lived all the time the life of a boy: he ordered an exotic green house for his home and since he himself was a cripple he had the strangest animals such as lizards, exotic fishes, and birds in his house. The mirrors in his house were lighted by mercury-arc lamps so that the visitors could see themself with swollen lila lips and looking like having been drowned in water.

The doors of his house were usually electrified and occasionally he organized "lightning days" destroying in his high-voltage laboratory little houses made by cardboards. He loved to go by his canu, he went regularly to crime-movies (especially he loved to see the actor Douglas Fairbanks) and he read numerious adventure stories. During night he would develope new mathematical formulas and perform computations which brought General Electric millions of dollars".

Although we must admit that Zischka reports with some phantasy here, he sketches the situation correctly. Steinmetz lived, as we have pointed out earlier, a boy's life. He loved his "camp Mohawk" on Viele's creek and he loved to work on difficult mathematical problems drifting in his canu. He hated formalities in dressing and he would welcome also eminent visitors at "camp Mohawk" in his red bathing suit and wearing a T-shirt. Since he stayed a batchelor for all his life, to have a family, he adopted Mr and Mrs Hayden and finally he had also three grandchildren. He never gave up to be fond of socialism and he engaged himself in different social projects of the city of Schenectady. His passing away on October 16, 1923 after a heart attack was unexpected for everyone. The major American newspapers would bring reports on him . Herbert Hoover, later president of the United States of America on this occasion gave the following tribute:

"His mathematical reasoning broke the path for many of the advances in electrical engineering in recent years and solved problems that were vital to the progress of the industry. In his writings he has left engineers a heritage of mathematics that will endure, and as a man he has set us all an example of physical courage and of devotion to our life work."

Charles Proteus Steinmetz was certainly one of the important scientists and engineers who, by their research and inventive contributions, helped to design electrical systems and to analyze electrical phenomena by sound scientific methods. Similar to Nikola Tesla, Steinmetz received his scientific education at a European university. Contrary to Tesla, who had to fight all his life long to get support for his research and inventions, Steinmetz was lucky to get permanent and generous support for his research by the General Electric Company. By his teaching engagement at Union College and by his many text-books he shared his knowledge with the younger generation of electrical engineers. Besides of his professional scientific interests - which we might associate with his first name "Charles" ("Charles the Great") he had many private and rather artistic interests. They fit more to his middle name "Proteus", the name of the multi-faced gnome of Homer's Odyssee, which was his nick-name from students time on. Here we find Steinmetz, although physically handicapped, as the ever-lasting young boy, always ready for jokes, reading adventure stories, going to crime movies, but seriously engaged in public social affairs - in one word - living a full life.

Steinmetz lebte tatsächlich das Leben eines ewig jung Gebliebenen. Er liebte sein Stelzenhaus am Viele's Creek, einem kleinen Nebenfluß des großen Mohawk River, und er liebte es, in seinem Kanu an der Lösung von mathematisch-technischen Problemen zu arbeiten. Auf äußere formelle Formen legte er wenig Wert, seine Kleidung war stets einfach und zweckmäßig. Es machte ihm nichts aus, selbst die höchsten Besucher in seinem "Camp Mohawk" in seiner roten Badehose und Ruderleibchen zu begrüßen. Um eine Familie zu haben, adoptierte er eine solche: das Ehepaar Hayden, welches ihm schließlich drei Enkelkinder schenkte. Er blieb zeitlebens der Idee des Sozialismus treu

Steinmetz bei der Arbeit in seinem Kanu

und engagierte sich in ideeller Weise an der Stadtpolitik von Schenectady.

Sein Tod am 16. Oktober 1923 an einem Herzversagen kam ganz unerwartet. Die ganze amerikanische Presse berichtete darüber. Von Herbert Hoover, später Präsident der Vereinigten Staaten von Amerika, ist aus diesem Anlaß folgender Wortlaut überliefert:

"His mathematical reasoning broke the path for many of the advances in electrical engineering in recent years and solved problems that were vital to the progress of the industry. In his writings he has left engineers a heritage of mathematics that will endure, and as a man he has set us all an example of physical courage and of devotion to our life work."

Charles Proteus Steinmetz war einer der großen Ingenieure

Besuch von Albert Einstein im Jahre 1921

Laboratorium in der Wendell Avenue

die mithalfen, elektrische Maschinen und elektrische Phänomene mit wissenschaftlichen Methoden zu entwerfen
und analysieren zu können. Wie Nicolas Tesla hatte er eine
solide wissenschaftliche Ausbildung an europäischen
Hochschulen erhalten. Im Gegensatz zu Tesla mußte er
sich aber nicht ständig als Erfinder verdingen und um
Sponsoren bemüht sein. Die General Electric Company
ermöglichte ihm in großzügiger Weise die Durchführung
seiner wissenschaftlichen Pläne. Mit seiner Lehrtätigkeit
am Union College und den daraus resultierenden Büchern
gab er sein Wissen großzügig an die Jugend weiter. Neben
dieser professionellen Charakterisierung - die wir mit seinem ersten Vornamen "Charles" ("Karl der Große") asso-
ziieren wollen - gibt es aber noch die private persönliche
Seite von Charles Proteus Steinmetz. Sie paßt mehr zu
seinem zweiten, aus der Gymnasialzeit erhaltenen Spitz-
namen "Proteus", dem vielgestaltigen, die Zukunft weis-
sagenden Meergreis aus der griechischen Mythologie. Hier
lernen wir Steinmetz als ewig jung Gebliebenen kennen,
immer aufgelegt zu Streichen, Abenteuer- und Schund-
romane lesend, stark sozial denkend und trotz seiner
Krüppelhaftigkeit ein volles Leben sich gestaltend.

## Literature

[Stein 92]
Charles Proteus Steinmetz: Das Gesetz der magnetischen Hysteresis und verwandte Phänomene des magnetischen Kreislaufes, *Elektrotechnische Zeitschrift*, XIII. Jahrgang, pp. 519, 531, 545, 563, 575, 587, 599, Berlin 1892
[Stein 93]
Charles Proteus Steinmetz: Die Anwendung complexer Größen in der Elektrotechnik, *Elektrotechnische Zeitschrift*, XIV. Jahrgang, pp. 597–599, 631–635, 641–643, 653–654, Berlin 1893
[Stein 97]
Charles Proteus Steinmetz: *Alternating Current Phenomena*, McGraw-Hill Book Company, New York 1897
[Stein 09]
Charles Proteus Steinmetz: *Radiation Light and Illumination*, McGraw-Hill Book Company, New York 1909
[Stein 14]
Charles Proteus Steinmetz: *Electric Discharges, Waves and Impulses*, McGraw-Hill Book Company, New York 1914
[Stein 16]
Charles Proteus Steinmetz: *Theory and Calculations of Alternating Current Phenomena*, McGraw-Hill Book Company, New York 1916
[Stein 17a]
Charles Proteus Steinmetz: *Theory and Calculations of Electric Circuits*, McGraw-Hill Book Company, New York 1917
[Stein 17b]
Charles Proteus Steinmetz: *Engineering Mathematics*, McGraw-Hill Book Company, New York 1917
[Zisch 58]
Anton Zischka: *Pioniere der Elektrizität*, C. Bertelsmann Verlag, Gütersloh 1958

Steinmetz und der Schauspieler Douglas Fairbanks

## Bibliographycal Books

J.A. Miller: *Modern Jupiter – The Story of Charles Proteus Steinmetz*, The American Society of Mechanical Engineers, New York 1958.
J.N. Leonhard: *Das Leben des Karl Proteus Steinmetz*, Deutsche Verlags-Anstalt Stuttgart, Berlin 1930 (translated from English).
J.W. Hammond: *A Magician of Science, The Boy's Life of Steinmetz*, The Century Co., New York 1926.
A Century of Progress: *The General Electric Story*, Hall of History Foundation, Schenectady, New York 1982.

# IMmediaCY

## PoMo CoMo

"IMmediaCY, ein technologisches Theater", ist eine integrierte Medienperformance, in der die Bühne ein riesiger Computer und das Publikum sein *Benutzer* ist. Es handelt sich um eine Mischung aus speziell angefertigter Technologie, Drama, Tanz und Musik, die eine kollektive virtuelle Realität ergeben. Die ganze Erzählung hindurch werden die Computer gleichzeitig idealisiert und unterminiert, sie nehmen Persönlichkeit an, sie brechen zusammen.

### Narrative Aspekte

IMmediaCY besteht aus drei augenscheinlich von einander unabhängigen Geschichten:
1. Die *Benutzeroberfläche/Operator Surface (OS)* ist der Gastgeber der Show, der mit dem Publikum "einen Rundgang" durch den imaginären Computer unternimmt. Seine Aufgabe als "Willkommensprogramm" besteht in der Befriedigung der Publikumserwartungen. Er ist eine zweideutige Person, die vorgibt ein Piano, ein Beichtstuhl, eine scharfe Bombe zu sein. Er weiß einiges über das Publikum und provoziert es. Als Anwalt der IMmediaCY-Welt möchte er dem Publikum behilflich sein, damit es alles in Armreichweite, an den Fingerspitzen, auf der Zungenspitze hat. Seine Zelebrierung der Technologie wird am Ende durch das Paradoxon des Vermittlers beeinträchtigt: er, der die Dinge zusammenbringt, verhindert auch ihre Vereinigung.
2. Die kritische Beziehung zwischen zwei realen historischen Charakteren:
*Giulio Camillo Delminio* war ein berühmter Venezianer des 16. Jhdts., der das "Speichertheater" erfand. Seine vitruvianische Struktur wurde für die Speicherung und den sofortigen Abruf von Ikonen und Texten in hermetischer und kabbalistischer Tradition adaptiert. Das Speichertheater als Computer- und Cyberspace-Vorläufer macht Camillo zu einem frühen Verfechter des "externalisierten Bewußt-

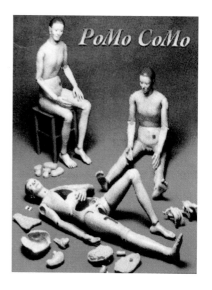

**IMmediaCY**

"IMmediaCY, a technological theatre" is an integrated media performance where the stage is a huge computer and the audience its user. It is a mixture of custom made technology with drama, dance and music, creating collective virtual reality. Throughout the narrative computers are simultaneously idealised and undermined, they assume personalities, they crash.

**Narrative Aspects**

Three apparently independent stories make up IMmediaCY:
1. Operator Surface (OS) is the host of the show, "touring" the audience through the imaginary computer. As a "welcoming program" his task is to cater to the audience's expectations. He is an ambiguous persona, pretending to be a piano, a confessional, a smart bomb. He knows things about the public, and provokes them. As an advocate of the world of IMmediaCY, his desire

Example of images used in the scenography

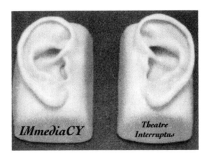

seins". In IM*media*CY enthüllt Camillo das Geheimnis seines Speichertheaters und demonstriert das Verfahren am Beispiel lokaler Ikonen und Grenzzeichen.

*Mnemonist S_* war eine Russin aus dem frühen 20. Jhdt., deren perfektes Gedächtnis einige Jahrzehnte später von A.R.Luria untersucht wurde. Die berühmte Fallstudie führte zur Revidierung einiger Annahmen über das menschliche Erinnerungsvermögen. In IM*media*CY ist Mnemonist S eine Zirkustänzerin, die sich, indem sie verschiedene Körperstellungen einnimmt, "erinnert". Ihr außergewöhnliches Gedächtnis ist zugleich ihr Fluch. Ein Zusammentreffen mit Camillo würde ihrem Schicksal eine weitere Wendung hinzufügen.

3. Der Zulu-Mythos vom Chamäleon und der Eidechse, der die Sterblichkeit erklärt. Der Tode als die endgültige Form des Vergessens, das zwangsweise Verschwinden von allem, das sich rasch verändert, das kalte Blut der Unsterblichkeit, das sind einige der Themen, die dieser Mythos beschwört.

**Formale Aspekte**

IM*media*CY ist ein Musiktheaterstück. Der Soundtrack offenbart einen eklektischen Ansatz zur Echtzeitverarbeitung, extensives Sampling und eine breite Palette an Digital- und Analoginstrumenten. Das Repertoire schwankt zwischen experimenteller Improvisationsmusik und populären Stil-richtungen, wodurch die meisten musikalischen Geschmäcker befriedigt und frustriert zugleich werden. Zum Formalen bemerkt Steve Gibson: "IM*media*CY ist eine zweideutige Struktur, die widersprüchliche Dekonstruktions- und Rekonstruktionsprozesse zur gleichen Zeit aufweist, und sei es nur mittels einer vollkommenen Umkehrung dessen, was im Vordergrund ist." Was geschieht, wenn Hip Hop neben Monteverdi angesiedelt ist?

Das Bühnenbild besteht aus rückwärtig projizierter 2 & 3D Computeranimation, Video und Kameras auf Akteure und Publikum. Live Visualisierung, Transformation und Verzerrung tragen zur visuellen (Un)Ordnung bei.

Ein innovativer Aspekt an IM*media*CY ist eine von uns als "Ansteckmodul" bezeichnete Bühnenvorrichtung. Es handelt sich dabei um leere Segmente innerhalb von Erzählstrang und Showdesign, die mittels variabler Ressourcen "ausgefüllt" werden. Beispiele für solche Steckanschlüsse sind:

– Ferngesteuerte Videoverbindungen zu Schauspielern während ihres Rundgangs durch die Gastgeberstadt.

– "Werbefilme", die Portraitansichten maßgeblicher Künstler und Wissenschaftler zeigen.

– Verarbeitete Bilder des Publikums, die als Bestandteil der Erzählung verwendet werden.

– "Unsaubere" Statistiken aus der Gastgeberstadt.

Die Steckanschlüsse sind in der Regel polemisch und ortsspezifisch, da in jeder Stadt anders. Thematisch beinhalten sie: "Deine Stadt ist ein Computer, du bist ein Computer" und "Du bist eine Stadt (ein städtisches Netzwerk)".

## Technische Aspekte

Um eine kybernetische Erscheinung und Mechanik zu gewährleisten, verwendet IM*media*CY vier Computer. Musik, Bewegung und visuelle Elemente sind computerassoziiert, wobei über eine bloße Simulation hinausgegangen werden soll. Diese Systeme befinden sich in einem anhaltenden Kommunikationsprozeß, der dem einzelnen Element eine übergreifende Wirkung ermöglicht, ähnlich wie Organe oder Teile sich zu einem Körper oder einer Maschine verbinden.

Die Gesten der Ausführenden werden in IM*media*CY durch ein Ultraschall-Interface registriert, welches die 3D Position und die Geschwindigkeit in Computersignale übersetzt, von denen sodann die Sampler und Computeranimation

is to assist the audience in having everything within their arm's length, at their fingertips, and the tip of their tongue. His celebration of technology is eventually marred by the mediator's paradox: he who brings things together also obstructs their union.

2. The climacteric relationship between two real historical characters:

Giulio Camillo Delminio was a famous 16 century Venetian who invented the "Memory Theatre". His Vitruvian structure was adapted for the storage and immediate recollection of icons and texts in the Hermetic and Cabalistic traditions. As a precursor to the computer and cyberspace, the Memory Theatre makes Camillo an early proponent of the "externalized mind". In IM*media*CY Camillo divulges the secret of his memory theatre, demonstrating the procedure by using examples from local icons and landmarks.

Mnemonist S_ was a Russian from the early 20th century whose perfect memory was studied by A. R. Luria a few decades ago. The famous case-study broke several precepts about the human capacity to remember. In IM*media*CY Mnemonist S_ is a circus dancer who "remembers" by assuming different positions of her body. Her extraordinary memory is also her curse. Meeting Camillo would add an extra twist to her fate.

3. The Zulu myth of the chameleon and the lizard, which explains mortality. Death as the ultimate form of forgetting, the mandatory disappearance of everything that changes rapidly, the cold blood immortality, these are some of the themes invoked by this myth.

### Formal Aspects

IM*media*CY is a musical theatre. The soundtrack features an eclectic approach to real-time processing, extensive sampling, and a wide array of digital and analogue instruments. The repertoire fluctuates between experimental improvisational music and popular styles, simultaneously satisfying and frustrating most musical tastes. Formally, Steve Gibson notes: "IM*media*CY is an ambiguous structure, featuring contradicting processes of deconstruction and reconstruction at the same time, if only with an overall reversal of which one is foregrounded". What happens when hip hop is next to Monteverdi?

The scenography consists of rear-projected 2 & 3D computer animation, video footage, and cameras on the performers and the audience. Live visualisation, transformation and distortion help the visual (dis)array.

An innovative aspect of IM*media*CY is the theatrical device we call "plug-in modules". These are empty segments within the narrative and design of the show that are "filled-in" using variable resources. Examples of plug-ins are:

gesteuert werden. Das Gesten- und Mediensystem (Gesture and Media System - GAMS) ist eine preiswürdige Erfindung des PoMo CoMo-Technikers Will Bauer. Das Gerät besteht aus einem speziell angefertigten Schwingungsgenerator zur Unterwasserortung und einem Vorprozessor, einem adaptierten Motorola Mikroprozessor, Verstärkern und Lautsprechern, Radiosendern und -empfängern und der Software für IBM oder Macintosh-Festplatten. Alle Charakteristika in der Bewegung eines Akteurs (3D Position, Geschwindigkeit und Beschleunigung) können zu Parametern in der Aktivierung und Steuerung externer Medien werden. GAMS sendet im Falle von Musik und Diapositiven MIDI-Signale und AppleEvents bei einer Echtzeit-Animationssteuerung.

In IM*media*CY besorgt GAMS die technologische Auferstehung des Speichertheaters. Als "subjektive" Abrufmaschinen liegen beide Systeme zwischen Magie und Gedächtnisschulung, zwischen Manifestation und Sinnbild. Aufgrund der Achtsamkeit gegenüber dem Unscheinbaren aber Wertvollen wird Giulio Camillo von Will Bauer verkörpert. Zusätzlich zu GAMS, verwendet das Stück einen Macintosh-Computer für Animation und Bildschnitt, einen Atari mit Sequenz-Software und einen Macintosh mit MAX-Software zur Musikverarbeitung.

**Anliegen**

IM*media*CY ist ein Blick auf das Leben nach den Computern. Im Stück gelangt zwar ein Übermaß an Technologie zum Einsatz, die Ästhetik dagegen ist nicht besonders futuristisch, da wir uns mit den gegenwärtigen Fragen des Computerzeitalters beschäftigen. Uns interessiert nicht die Technologie um der Technologie willen (vor allem weil wir sie uns nicht leisten können!): Die Mechanik rechtfertigt das Risiko nicht. Vielmehr möchten wir partizipieren und die vorherrschenden kritischen Theorien zur Virtual Reality, zum Poststrukturalismus und zur Informationstheorie problematisieren (ein hoher Anspruch!)

Eine der Kernthesen von IM*media*CY ist, daß wir die sozialen Folgen des Informationszeitalters nicht diskutieren sollten, ohne über den Tod zu diskutieren. Der Tod ist in seiner individuellen oder kollektiven Form ein unvermeidbarer Prozeß des *Vergessens*, wofür es im Bereich der Computer und der KI nichts Vergleichbares gibt. Das digitale Verfahren der perfekten Reproduktion macht die Computer in der Tat unsterblich. So müssen wir Mythos

Example of image processing as performed on audience members

und Fiktion erforschen, um "angemessenere" Interpretationsmodelle zu finden. Zum Beispiel formuliert J. L. Borges in seiner Kurzgeschichte *Der Unsterbliche* die These, derzufolge Unsterblichkeit zur Inaktivität führen würde, zu einem ausdruckslosen Zustand der Stasis. Durch dieses Prisma erscheint die populäre Science Fiction mit ihrer Idee, die Computer würden in ihrer Informationssammelpflicht alles "übernehmen" (wie im ersten Star Trek Film), unsinnig. Wir wissen einfach nicht, was Computer oder Unsterbliche tun würden, da ihnen die menschliche Teleologie des Abstumpfens fehlt. Jedenfalls können wir, einer möglichen Fiktion folgend sagen, daß sie gerne die Arbeit einstellen und ruhig sein würden.

Ein zweites Anliegen in IM*media*CY verdankt sich Keats Begriff des "negativen Vermögens", welches wir als die Fähigkeit, nicht heroisch zu sein, als die Möglichkeit, Schwäche und Verwundbarkeit zu respektieren, ansehen. In der Performance endet die Zelebrierung der Technologie an dem Punkt der (kanadischen?) Erkenntnis, daß *wir* die Technologie sind, und daß IM*media*CY nur ein weiterer narzißtischer Karneval ist. Die Zelebrierung endet mit der Aufklärung über Ursprung und Erhaltung von 80 % der Informationstechnologie für militärische Zwecke sowie über negative soziale Folgen, etwa Überwachung, Distanzierung durch Vermittlung und Standardisierung der Sprache. IM*media*CY entzieht sich jeder eindeutigen "Moral", es wirft lediglich Fragen auf und anerkennt die eigene Komplizenschaft mit diesen Fragen.

Eine letzte in IM*media*CY enthaltene Herausforderung liegt in der Erforschung der postindustriellen, posturbanen Ästhetik. Alternativen zu den gescheiterten sozialen Strukturen der Urbanität, mit ihrer Betonung auf Konkurrenz, Marginalisierung und Isolation, zu suchen, ist erstrebenswert. Es ist natürlich nicht möglich, die Urbanität auszurotten, da sie unser vorherrschender Bewußtseinszustand ist, aber man kann versuchen, sie zu *ignorieren*. Die Ästhetik von IM*media*CY ist eine Reaffirmation des "Oberflächlichen". Unsere Performance ist eine Oberfläche ohne Tiefe, keine Möglichkeit der Nostalgie, kein Zentrum. Die von uns ermutigten Charakterzüge sind Schwäche, Inkonsistenz und Eingeständnis von Fehlern. Unserer Ansicht nach sollte das Gedächtnis ein Nomade, nicht ein Museum sein.

Erfahrungsgemäß genießen die Leute das Spektakel einer Technologie, die zerstört wird ebenso, wie von ihrer Macht überwältigt zu werden. In IM*media*CY stirbt jeder und die Technologie versagt, weniger um das Publikum zu erfreuen,

– Remote video connections to actors touring the host city.
– "Commercials" featuring Cameo appearances by authoritative artists and scientists.
– Processed images of the audience used as part of the narrative.
– "Dirty" statistics from the host city.

The plug-ins tend to be polemic and different in each city, achieving site specificity. The themes of the plug-ins include "your city is a computer, you are a computer", and "you are a city (network)".

## Technical Aspects

IM*media*CY uses four computers to afford a cybernetic appearance and mechanics. Music, movement and visuals are all computer associated, with the intention to go further than pure simulation. These systems are in constant communication, allowing the individual elements to have a total compounded effect, much in the same way that organs or parts combine to form a body or a machine.

In IM*media*CY performer gestures are picked up by an ultrasound interface that translates 3D position and velocity into computer signals that control samplers and computer animation. The Gesture and Media System (GAMS) is an award winning invention by PoMo CoMo engineer Will Bauer. The device consists of a custom-made sonar pulse generator and preprocessor, a customized Motorola microprocessor, amplifiers and speakers, radio transmitters and receivers, and software for the IBM or Macintosh platforms. Each of the characteristics of the movement of a performer (3D position, velocity, and acceleration) can be made parameters in the activation and control of external media. For music and slide transparencies GAMS outputs MIDI signals, for real-time animation control it outputs AppleEvents (please see diagram).

In IM*media*CY GAMS affords the technological recreation of the memory theatre. As "subjective" machines of recollection, both systems lie between magic and mnemonics, between manifestation and metonymy. For the sake of serendipity Giulio Camillo is impersonated by Will Bauer.

In addition to GAMS, the piece uses a Macintosh computer for animation and image editing, an Atari with sequencing software, and a Macintosh with MAX music processing software.

## Concerns

IM*media*CY is a look at life after computers. While the piece uses an excessive amount of technology, the aesthetic is not overly futuristic in so far as we want to deal with current issues of the computer era. We are not interested in technology for technology's sake (mostly because we cannot afford it!): the mechanics do not justify the venture. Rather, we would like to participate and problematize prevailing critical theories of virtual reality, post-structuralism, and information theory (a pretentious statement!). One of the key theses of IM*media*CY is that we should not discuss the social implications of the information era without discussing Death. Death, in its individual or collective form, is an un-avoidable process of forgetting which has no counterpart in the realm of computers and AI. The digital process of perfect reproduction effectively renders computers immortal. As such, we must research myth and fiction to find more "appropriate" models of interpretation. For example, J. L. Borges, in this short story The Immortal, advances the postulate that immor-tality leads to inactivity, an expressionless state of stasis. Seen through this prism, popular science fiction suggesting that computers will "take over" in their plight to gather information (as in the first Star Trek Film) seems insensate. We simply cannot know what computers or immor-tals would like to do, since they lack the human teleology of truncation. In any case, we can propose, following one possible fiction, that they would like to shutdown and be quiet.

One second concern in IM*media*CY derives from Keat's notion of "negative capability", which we appropriate as the capacity not to be heroic, the possibility of respecting and acknowledging weakness and vulnerability. In the performance, the celebration of technology declines at the point of the (Canadian?) realization that we are technology, and that IM*media*CY is yet another narcissistic carneval. The celebration stops allto-gether with the elucidation of the military origins and maintenance of 80 % of information technology, as well as negative social implications such as surveillance, distancing through me-diation, and standardization of language. IM*media*CY eludes any clear "moral", all it does is pose questions and acknowledge its own complicity with those questions.

One final challenge that we address in IM*media*CY is the exploration of a post-industrial, post-urban aesthetic. It is desirable to seek alternatives to the failed social structure of urbanity, with its emphases on competition, marginalisation, and isolation. Of course it is not possible to eradicate urbanity, since it is our prevalent state of mind, but may just try to ignore it. The aesthetic of IM*media*CY is a reaffirmation of the "superficial". Our performance is a surface that has no depth, no chances for nostalgia, no centre. The traits we encourage are weakness, inconsistency, and acknowledgment of errors. For us memory should be a nomad, not a museum.

In our experience people enjoy the spectacle of technology becoming damaged as much as

sondern um den Relativismus in Frage zu stellen, ohne im Materialismus oder Humanismus das Heil zu suchen.

## Die Gruppe

PoMO CoMo ist ein kreatives Kollektiv von Künstlern und Wissenschaftlern, deren Fächer von der Technik bis Tanz, von der Musik zur Chemie reichen. Ursprünglich als FM Radioprogramm (welches immer noch sendet) gegründet, ist PoMo CoMo eine ständige Herausforderung der durch die berufliche Spezialisierung auferlegten Grenzen.

1988 dehnte die Gruppe ihre Aktivitäten auf den Bereich der Live Performance und der Produktion von Audio-kassetten aus. Seit September 1991 wurden in fünf nord-amerikanischen Städten Versionen des technologischen Theaters IM*media*CY vorgestellt. Frühere Produktionen wurden mit verschiedenen Teilnehmern in vier Städten präsentiert.

Einige Slogans der Gruppe lauten: "Werde simultan!" (Gibson), "Werde niemand!" (Kitzmann), "Geld ist nicht kooperativ" (Sawchuk), "Ändere dein Bewußtsein, sei dir deiner Veränderung bewußt" (Lozano-Hemmer) und "Es ist ein wunderbares Gefühl! - es wird nicht lange dauern" (Boyce).

they like to be submerged in its powers. In IM*media*CY everyone dies and technology fails, less to please the public than to question relativism without resorting to materialism or humanism.

### The Group

PoMo CoMo is a creative collective of artists and scientists in disciplines ranging from engineering to dance, from music to chemistry. Originally established as an experimental FM radio program (which is still on the air), PoMo CoMo is an ongoing challenge to the boundaries imposed by professional specialization.

In 1988 the group branched out into the arenas of live performance and production of audio cassettes. Versions of the technological theatre IMmediaCy have been presented in five North American cities so far, since September of 1991. Previous productions were presented in four cities, with various participants.

Some of the slogans of the group are: "Become Simultaneous!" (Gibson), "Become Nobody" (Kitzmann), "Money is not cooperating" (Saw-chuk), "Change your mind, mind your change" (Lozano-Hemmer) and "It's a wonderful feeling" – it won't last long" (Boyce).

Collaborators: Marcel Achard, Robert Lepage, Elisabeth Littlejohn, Agustin Luviano-Cordero, Chris Migone, Kim Sawchuk, Nell Tenhaaf.

IM*media*CY:

Drehbuch: Andreas Kitzmann und Rafael Lozano-Hemmer

Musik: Steve Gibson und Marc Bell

Choreographie: Kelly Hargraves

Computertechnik: Will Bauer und Bruce Foss

Sprachadaptionen: Marc Boucher

Bühnenbild: Rafael Lozano-Hemmer und Geoffrey Bendz

Darsteller: Marc Boucher, Kelly Hargraves, Will Bauer, Rafael Lozano-Hemmer und Geoffrey Bendz

Steckanschlüsse: Robert Lepage, Marcel Achard, Nel Tenhaaf, Kim Sawchuk, Agustin Luviano-Cordero, Elizabeth Littlejohn und Chris Migone

Regie und Produktion: Rafael Lozano-Hemmer

Das Projekt wurde ermöglicht durch die freundliche Unterstützung von Canada Council, Ministère des Affaires Culturelles du Québec, Wayward Systems, Banff Centre for the Arts.

# Gesteigerte Gebärden / Obsoletes Begehren

Post-evolutionäre Strategien

## Stelarc

**Enhanced Gesture / Obsolete Desire**

Post-evolutionary Strategies

### Redesigning the Body / Redefining what is human

It is no longer meaningful to see the body as a site for the psyche or the social, but rather as a structure to be monitored and modified. The body not as a subject but as an object – NOT AS AN OBJECT OF DESIRE BUT AS AN OBJECT FOR DESIGNING. ALTERING THE ARCHITECTURE OF THE BODY RESULTS IN ADJUSTING AND EXTENDING ITS AWARENESS OF THE WORLD. As an object, the body can be amplified and accelerated, attaining planetary escape velocity. It becomes a post-evolutionary projectile departing and diversifying in form and function.

### Obsolete Body

The body is neither a very efficient not a very durable structure. It malfunctions often and fatigues quickly; its performance is determined by its age. It is susceptible to disease and is doomed to a certain and early death. Its survival parameters are very slim – it can survive only weeks without food, days without water and minutes without oxygen. The body's LACK OF MODULAR DESIGN and its over-active immunological system make it difficult to replace malfunctioning organs. It is no longer a matter of perpetuating the human species by REPRODUCTION but of enhancing the individual by REDESIGNING. What is significant is no longer male-female intercourse but human-machine interface. THE BODY IS OBSOLETE. We are at the end of philosophy and human physiology. Human thought recedes into the human past.

### The Invasion of Technology

Miniaturized and biocompatible, technology lands on the body. Although-unheralded, it is one of the most important events in human

## Den Körper neu entwerfen / Was human ist neu definieren

Es ist nicht mehr sinnvoll, den Körper als *Ort* der Psyche oder des Sozialen zu betrachten, vielmehr ist er eine zu überwachende und zu modifizierende *Struktur*. Der Körper nicht als Subjekt sondern als Objekt - NICHT ALS OBJEKT DES BEGEHRENS SONDERN ALS OBJEKT DES ENTWURFS. DIE ÄNDERUNG DER ARCHITEKTUR DES KÖRPERS BEWIRKT DIE ANPASSUNG UND ERWEITERUNG SEINER ERKENNTNIS DER WELT. Als Objekt kann der Körper erweitert und beschleunigt werden und planetarische Fluchtgeschwindigkeit erzielen. Er wird zum post-evolutionären, *vergehenden*, in Form und Funktion *variierenden* Projektil.

### Obsoleter Körper

Der Körper ist weder eine sehr effiziente, noch eine sehr dauerhafte Struktur. Er weist häufige *Fehlfunktionen* auf und *ermüdet* schnell; seine Leistung ist altersabhängig. Er ist für Krankheiten *anfällig* und zu einem sicheren und frühen Tod verurteilt. Seine Überlebensparameter sind armselig - ohne Nahrung kann er nur Wochen überleben, ohne Wasser Tage, ohne Sauerstoff Minuten. Der Körper weist ein MANKO AN MODULAREM DESIGN auf und sein überaktives Immunsystem erschwert den Austausch schlechtfunktionierender Organe. Es geht nicht mehr darum, die menschliche Spezies mittels REPRODUKTION zu erhalten sondern darum, das Individuum durch einen NEUEN ENTWURF zu *steigern*. Signifikant ist nicht mehr der Mann-Frau-*Geschlechtsverkehr* sondern die Mensch-Maschine-*Schnittstelle*. DER KÖRPER IST VERALTET. Wir befinden uns am Ende der Philosophie und der menschlichen Physiologie. Das menschliche Denken entschwindet in der menschlichen Vergangenheit.

## Die Invasion der Technologie

*Miniaturisiert* und *biokompatibel*, besetzt die Technologie den Körper. Es ist dies, obwohl nicht kund getan, eines der wichtigsten Ereignisse der Menschheitsgeschichte - es rückt für jedes Individuum die physische Veränderung in den Brennpunkt. Technologie wird nicht allein zugeführt, sondern auch *eingepflanzt*. WAR DIE TECHNOLOGIE FRÜHER EIN BEHÄLTER, SO WIRD SIE JETZT EIN BESTANDTEIL DES KÖRPERS. "Menschlich" zu bleiben oder sich als Spezies zu entfalten ist nicht mehr von Vorteil. DIE EVOLUTION ENDET, WENN DIE TECHNOLOGIE IN DEN KÖRPER EINDRINGT. Sobald die Technologie jede Person mit dem Potential für ihr individuelles Fortschreiten in ihrer eigenen Entwicklung ausstattet, ist der Zusammenhalt der Spezies nicht mehr wichtig. Spannend ist nun nicht die Geist-Körper-Unterscheidung, sondern die *Körper-Spezies-Spaltung*. Der Körper muß seine biologischen, kulturellen und planetarischen Fesseln sprengen. Die Signifikanz der Technologie mag darin liegen, daß sie in einer *fremden* - POST-HISTORISCHEN, TRANS-HUMANEN und sogar AUSSERIRDISCHEN - *Bewußtheit* kulminiert. Die ersten Zeichen einer fremden Intelligenz können durchaus von diesem Planeten kommen.

## Hohler Körper

Außerhalb der Erde wäre die *Komplexität, Weichheit und Feuchtigkeit* des Körper schwer aufrechtzuerhalten. Die Strategie sollte im HOHLMACHEN, HÄRTEN und DEHYDRIEREN des Körpers bestehen, um ihn dauerhafter und weniger verletzlich zu machen. Die derzeitige *Organisation* des Körpers ist nicht notwendig. Die Lösung zur Modifizierung des Körpers findet sich nicht in seiner inneren Struktur, sie liegt einfach auf seiner Oberfläche. DIE LÖSUNG GEHT NICHT WEITER ALS DIE HAUT TIEF IST. Das signifikante Ereignis in unserer Evolutionsgeschichte war die Veränderung unserer Fortbewegungsweise. Die zukünftige Entwicklung wird sich mit einer *Veränderung der Haut* ereignen, - wir wären in der Lage den Körper radikal neu zu gestalten, viele seiner redundanten Systeme und schlechtfunktionierenden Organe zu eliminieren - die Giftstoffan-

history – focussing physical change on each individual. Technology is not only attached, but is also implanted. ONCE A CONTAINER, TECHNOLOGY NOW BECOMES A COMPONENT OF THE BODY. It is no longer of any advantage to remain "human" or to evolve as a species. EVOLUTION ENDS WHEN TECHNOLOGY INVADES THE BODY. Once technology provides each person with the potential to progress individually in its development, the cohesiveness of the species is no longer important. What is now intriguing is not the mind-body distinction but the body-species split. The body must burst from its biological, cultural and planetary containment. The significance of technology may be that it culminates in an alien awareness – one that is POST-HISTORIC, TRANS-HUMAN and even EXTRATERRESTRIAL. The first signs of an alien intelligence may well come from this planet.

### Hollow Body

Off the Earth, the body's complexity, softness and wetness would be difficult to sustain. The strategy should be to HOLLOW, HARDEN and DEHYDRATE the body to make it more durable and less vulnerable. The present organization of the body is unnecessary. The solution to modifying the body is not to be found in its internal structure, but lies simply on its surface. THE SOLUTION IS NO MORE THAN SKIN DEEP. The significant event in our evolutionary history was a change in the mode of locomotion. Future development will occur with a change of skin – if we could engineer a SYNTHETIC SKIN which could absorb oxygen directly through its pores and could efficiently convert light into chemical nutrients, we could radically redesign the body, eliminating many of its redundant systems and malfunctioning organs -minimizing toxin build-up in its chemistry. THE HOLLOW BODY WOULD BE A BETTER HOST FOR TECHNOLOGICAL COMPONENTS.

### Pan-planetary Physiology

Extraterrestrial environments amplify the body's obsolescence, intensifying pressures for its re-engineering. There is a necessity to design a more selfcontained, energy-efficient body, with extended sensory antennae and augmented cerebral capacity. Unplugged from this planet – from its complex, interacting energy chain and protective biosphere – the body is biologically ill-equipped not only in terms of its sheer survival, but also in its inability to adequately perceive and perform in the immensity of outer-space. Rather than developing specialist bodies for specific sites, we should consider a pan-planetary physiology that is durable, flexible and capable

Third Hand. Foto: T. Figallo

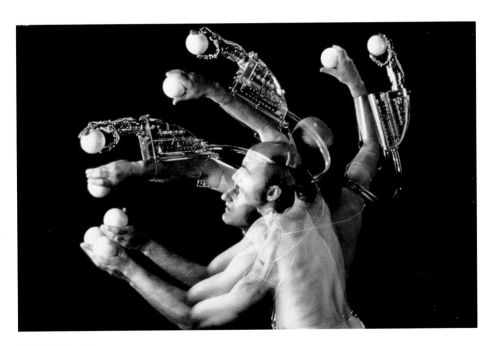

Third Hand. Foto: K. Ike

sammlung in seiner Chemie zu minimieren, wenn wir technisch eine SYNTHETISCHE HAUT herstellen könnten, die den Sauerstoff mittels ihrer Poren direkt aufnehmen und das Licht effizient in chemische Nährstoffe umwandeln könnte. DER HOHLE KÖRPER WÄRE EIN BESSERER WIRT FÜR TECHNOLOGISCHE KOMPONENTEN.

## Pan-planetarische Physiologie

Außerirdische Umgebungen *verstärken* die Veraltetheit des Körpers, vergrößern den Druck in Richtung seiner technischen Neugestaltung. Es besteht eine Notwendigkeit, einen selbstgenügsameren, energie-effizienten Körper mit erweiterten Sinnesantennen und vermehrter Gehirnkapazität zu entwerfen. *Abgekoppelt* von diesem Planeten - von seiner komplexen, interagierenden Energiekette und beschützenden Biosphäre - ist der Körper, nicht nur in Hinblick auf das bloße Überleben, sondern in seinem Unvermögen zu adäquater Wahrnehmung und Leistung in der ungeheuren Ausdehnung des Weltraums, biologisch schlecht ausgestattet. Anstatt spezialisierte Körper für spezifische Orte zu entwickeln, sollten wir vielmehr eine pan-planetarische Physiologie in Erwägung ziehen, - dauerhaft, flexibel und in der Lage unter variierenden atmosphärischen Bedingungen, Gravitationsverhältnissen und elektromagnetischen Feldern zu funktionieren.

## Keine Geburt / Kein Tod –
## Das Brummen des Hybriden

Die Technologie transformiert das Wesen der menschlichen Existenz, *macht* das physische Potential der Körper *gleich* und *standardisiert* die menschliche Sexualität. Mit der nun außerhalb der Gebärmutter erfolgenden Befruchtung und der Möglichkeit, den Fötus in einem künstlichen Trägersystem zu ernähren, WIRD ES TECHNISCH KEINE GEBURT GEBEN. Und wenn der Körper nach einem modularen Zuschnitt neu entworfen werden kann um den Austausch schlechtfunktionierender Teile zu erleichtern, BESTÜNDE TECHNISCH AUCH KEIN GRUND FÜR DEN TOD - bei gegebener Erreichbarkeit von Austauschoperationen. Der Tod beglaubigt die Existenz nicht, er hat sich als evolutionäre Strategie überlebt. Der Körper muß nicht mehr repariert werden, es müssen nur Teile *ausgetauscht* werden. In der erweiterten Raum-Zeit außerirdischer Umgebungen MUSS DER KÖRPER, UM SICH ANZUPASSEN, UNSTERBLICH

of functioning in varying atmospheric conditions, gravitational pressures and electro magnetic fields.

### No Birth / No Death –
### The Hum of the Hybrid

Technology transforms the nature of human existence, equalizing the physical potential of bodies and standardizing human sexuality. With fertilization now occurring outside the womb and the possibility of nurturing the fetus in an artificial support system THERE WILL TECHNICALLY BE NO BIRTH. And if the body can be redesigned in a modular fashion to facilitate the replacement of malfunctioning parts, then TECHNICALLY THERE WOULD BE NO REASON FOR DEATH – given the accessibility of replacements. Death does not authenticate existence, it is an out-moded evolutionary strategy. The body need no longer be repaired but simply have parts replaced. In the extended space-time of extraterrestrial environments, THE BODY MUST BECOME IMMORTAL TO ADAPT. Utopian dreams become post-evolutionary imperatives. THIS IS NO MERE FAUSTIAN OPTION NOR SHOULD THERE BE ANY FRANKENSTEINIAN FEAR IN TAMPERING WITH THE BODY.

### Anesthetised Body /
### The Athrophy of Ecstasy

The importance of technology is not simply in the pure power it generates but in the realm of abstraction it produces through its operational speed and its development of extended sense systems. Technology passifies the body. Because technology so successfully mediates between the body and the world, it disconnects the body from many of its functions. DISTRAUGHT AND DISCONNECTED, THE BODY CAN ONLY RESORT TO INTERFACE AND SYMBIOSIS. The body may not yet surrender its autonomy but certainly its mobility. The body plugged into a machine network needs to be passified. In fact, to function in the future and to truly achieve a hybrid symbiosis the body will need to be increasingly anesthetized ...

### Hybrid Human-Machine Systems

The problem with space travel is no longer with the precision and reliability of technology but with the vulnerability and durability of the human body. In fact, it is now time to REDESIGN HUMANS, TO MAKE THEM MORE COMPATIBLE TO THEIR MACHINES. It is not merely a matter of "mechanizing" the body. It becomes apparent in the zero G, frictionless and oxygen-free environment of outer-space that technology is

Third Hand. Foto: Polixeni Papapetrou

WERDEN. Utopische Träume werden zu post-evolutionären Imperativen. DAS IST NICHT EINFACH EINE FAUSTISCHE OPTION NOCH SOLLTE HIER IRGENDEINE FRANKENSTEINSCHE BEFÜRCHTUNG IN BEZUG AUF DAS HERUMBASTELN AM KÖRPER AUFTRETEN.

## Anästhesierter Körper / Die Athrophie der Extase

Die Bedeutung der Technologie liegt nicht einfach in der von ihr erzeugten reinen Macht, sondern im *Reich der Abstraktion, welches* sie durch ihre Operationsgeschwindigkeit und die Entwicklung erweiterter Sinnessysteme produziert. Die Technologie *macht* den Körper *passiv.* Da die Technologie so erfolgreich zwischen dem Körper und der Welt vermittelt, trennt sie den Körper von vielen seiner Funktionen. VERWIRRT UND GETRENNT, KANN DER KÖRPER NUR ZUR SCHNITTSTELLE UND SYMBIOSE ZUFLUCHT NEHMEN. Der Körper gibt vielleicht seine *Autonomie* noch nicht auf, sicher jedoch seine *Mobilität.* Der in ein Maschinennetzwerk gesteckte Körper muß passiv gemacht werden. In der Tat muß der Körper, um in Hinkunft zu funktionieren und eine hybride Symbiose wahrhaftig zu erreichen, immer mehr betäubt werden ...

## Hybride Mensch-Maschine Systeme

Das Problem der Weltraumreise liegt nicht mehr in der Präzision und Verläßlichkeit der Technologie sondern in der Verletzlichkeit und Beständigkeit des menschlichen Körpers. Es ist tatsächlich an der Zeit, DIE MENSCHEN NEU ZU ENTWERFEN; SIE IN BEZUG AUF IHRE MASCHINEN KOMPATIBLER ZU MACHEN. Es geht dabei nicht allein um ein "Mechanisieren" des Körpers. Im Nullpunkt G, in der friktions- und sauerstofflosen Umgebung des Weltraums zeigt sich, daß die Technologie hier sogar beständiger und effizienter als auf der Erde funktioniert. Dagegen muß die menschliche Komponente unterstützt und vor geringfügigen Druck-, Temperatur- und Strahlungsänderungen geschützt werden. Die Kernfrage ist WIE KANN DIE MENSCHLICHE LEISTUNG ÜBER AUSGEDEHNTE ZEITPERIODEN ERHALTEN WERDEN. Symbiotische Systeme scheinen die beste Strategie darzustellen. *Eingepflanzte* Komponenten können Entwicklungen energetisieren und verstärken; *Exoskelette* können den Körper stärken; *Automatikstrukturen* können Körpereinfügungen beherbergen.

even more durable and functions more efficiently than on Earth. It is the human component that has to be sustained and also protected from small changes of pressure, temperature and radiation. The issue is HOW TO MAINTAIN HUMAN PERFORMANCE OVER EXTENDED PERIODS OF TIME. Symbiotic systems seem the best strategy. Implanted components can energize and amplify developments; exoskeletons can power the body; robotic-structures can become hosts for a body insert.

### Host Body

And with micro-miniaturized robots we will now be able to COLONIZE THE BODY'S SURFACE AND INTERNAL TRACTS to augment its bacterial population – to probe, monitor and protect the body.

### Towards High-Fidelity Illusion

With teleoperation systems, it is possible to project human presence and perform physical actions in remote and extraterrestrial locations. A single operator could direct a colony of robots in different locations simultaneously or scattered human experts might collectively control a particular surrogate robot. Teleoperation systems would have to be more than hand-eye mechanisms. They would have to create kinesthetic feel, providing the sensation of orientation, motion and body tension. Robots would have to be semi-autonomous, capable of "intelligent disobedience." The experience of telepresence becomes the high fidelity illusion of tele-existence. ELECTRONIC SPACE BECOMES A MEDIUM OF ACTION RATHER THAN INFORMATION. It meshes the body with its machines in ever-increasing complexity and interactiveness. The body's form is enhanced and its functions are extended. ITS PERFORMANCE PARAMETERS ARE NEITHER LIMITED BY ITS PHYSIOLOGY NOR ITS IMMEDIATE SPACE. Electronic space restructures the body's architecture and multiplies its operational possibilities.

### Wirtskörper

Und mit den *mikro-miniaturisierten Robotern* können wir nun
DIE OBERFLÄCHE UND DIE INNENTRAKTE DES KÖRPERS
KOLONISIEREN, um seine Bakterienpopulation - zwecks
Körpersondierung, -überwachung und -schutz, zu ver-
mehren.

### Hin zur High-Fidelity Illusion

Mit *Teleoperations*systemen ist es möglich, die menschliche
Präsenz zu schützen und physische Aktionen an entfernten
und außerirdischen Orten durchzuführen. Ein einziger
Operator könnte eine Roboterkolonie an verschiedenen
Orten gleichzeitig steuern oder vereinzelte menschliche
Experten könnten kollektiv einen bestimmten Ersatzroboter
steuern. Teleoperationssysteme müßten mehr als nur Hand-
Auge-Mechanismen sein. Sie müssen kinesthetisches Tast-
empfinden kreieren und *Orientierungs-, Bewegungs-* und
Körper*spannung*sempfindungen hervorrufen. Die Roboter
müssen halb-autonom sein, fähig zum "intelligenten Un-
gehorsam". Die Erfahrung der Telepräsenz wird zur High-
Fidelity-Illusion der Tele-Existenz. DER ELEKTRONISCHE
RAUM WIRD VIELMEHR EIN MEDIUM DER AKTION ALS
DER INFORMATION. Er bewirkt ein Ineinandergreifen des
Körpers und seiner Maschinen von beständig zunehmen-
der Komplexität und Interaktivität. Die Form des Körpers ist
gesteigert und seine Funktionen sind erweitert. SEINE
LEISTUNGSPARAMETER WERDEN WEDER DURCH SEINE
PHYSIOLOGIE NOCH DURCH SEINEN AUGENBLICKLI-
CHEN RAUM BEGRENZT. Der elektronische Raum re-
strukturiert die Architektur des Körpers und vervielfacht
seine Operationsmöglichkeiten.

Das Projekt wurde durch die freundliche Unterstützung der Firma COMESA
– medizinisch-technische Geräte, ermöglicht.

Gehirnströme und Herzschlag Aufzeichnungen

# Konzertabend elektronischer Musik

Kurator: Dietmar Wiesner

## Die Ordnung und die andere Hälfte des Lebens

**Order and the other Half of Life**

Was in der Musik verhandelt wird, reflektiert auch immer zugleich soziale Bedingungen. Relativ selbstsicher bildete die Komposition im barocken Ständestaat das gesellschaftliche Gefüge ab, mit allen Spannungen (J. S. Bach), die ihm innewohnten. Das Ende des Feudalsystems ermöglichte den freischaffenden Komponisten (Beethoven) und die klanggestaltete Vision. Und doch reagiert der Künstler weiterhin auf vorgefundene Lebensumstände, die sich in unserem Jahrhundert radikal verändert haben: Anspruch und Praxis gesellschaftlicher Ordnung haben sich gegeneinander verschoben, mehrere Ordnungssysteme existieren gleichzeitig nebeneinander.

Die technische Entwicklung hat nicht nur die industrielle Fertigung gründlich verändert und damit soziale Strukturen in Frage gestellt, sie hat das Privatleben jedes einzelnen Menschen erfaßt. Und selbstverständlich hat sie die künstlerischen Produktionsbedingungen verändert, und verändert sie täglich in einem Tempo, das die kreative Selbstbesinnung nahezu ausschließt. Die technisch ermöglichte Verfügbarkeit und Reproduzierbarkeit aller denkbaren und nicht auszudenkenden Klangmaterialien haben nicht nur alle Grenzen der Klangerzeugung überschritten, durch sie wurde mittelbar auch der Organisation der Klänge in Zeit und Raum der reflexive Boden entzogen. Umso mehr macht sich offenbar das Bedürfnis nach Ordnungssystemen geltend, und das Interesse für ungesicherte Korrespondenzen, die zwischen differenzierenden Ordnungssystemen entstehen. Das Konzert begeht den Weg dorthin. James Tenneys Oszillatoren-Glissandi als Gegenmodell zum abendländischen Harmoniebegriff, die natürliche Gesetzmäßigkeit des obertönigen Mikrokosmos bei Johannes Fritsch, die pluralistische Differenz unterschiedlicher, sich überlagernder Rhythmusstrukturen der frequenzmodulierten Klangsynthese, der dagegen solche

**Order and the other Half of Life**

What is treated in music, reflects at the same time always social conditions. The composition in the Baroque state depicted relatively self-assuredly the social structure, with all the tension which were inherent to it (J.S.Bach).The end of the feudal system made possible free-lance composers (Beethoven) and the sound-created vision.And still the artist cotinued to react to found circumstances of life which have changed radically in our century: Claim and practise of social order have pushed towards each other and several order systems exist simultaneously side by side.

The technical develoment not only fundamentally changed industrial manufacturing and questioned social structures, it involved the private life of every individual. And of course, it changed the artistic production terms and changes them daily at a speed which almost excludes creative stocktaking of oneself. The technical availability made possible and the reproducability of all conceivable and not to be thought out sound material have not only exceed every limit of sound productionm by means of this the organisation od sounds in time and space of reflexive footing have also be indirectly removed. As a result, the need for order system makes itself obviously even more valid and the interest gor unsecured correspondences which exist between the differing order system. The concern is on the road towards this. James Tenneys' oscillation-glissandi as a counter model to the occidental concept of harmony, the natural legitimacy of the overtone microchaos of Johannes Fritsch, the pluralistic difference of different superimposed rhythm structures of frequence modulated sound synthesis which against this dissolves such structures into flowing spacial sounds, the interactive order concept of Duncan Youngerman and the mythological and at the same time concerted sound world of Simon Stockhausen which derives from the chaos research and the signpost marking the way.

Bernd Leukert

Strukturen in fließende Raumklänge auflöst, der interaktive Ordnungsgedanke von Duncan Youngerman und die mythologisch und zugleich elementar umgesetzte Klangwelt Simon Stockhausens, die sich aus der Chaosforschung herleitet – das sind die Wegmarken.
Bernd Leukert

## John Chowning

### STRIA

The composition takes advantage of certain features of the FM algorithm which made it possible to integrate a non-tonal division of the frequency space and the ratio of non-harmonic spectral components. Several levels of the piece are governed by the ratio of the Golden Mean: the microscopic elements of timbre (the ratio of the partials), the ratio of the pseudo-octaves (which are not real octaves but here the pitches and their partials an "octave" apart behave the same way pitches and spectral components of harmonic sounds in the spacing of real octaves do) and the overall form and development. Thus the sounds were not composed simply as spectra determining "timbre", but rather for functional purposes as well.

Thus, the harmonic relationship of simultaneously sounding pitches yield a certain transparency and order in what are normally considered "clangorous" sounds. – STRIA was commissioned by the Institut de Recherche et de Coordination Acoustique/Musique (IRCAM), Paris, which Pierre Boulez started in 1975 with the initial help from CCRMA, for presentation in Luciano Berio's exhibition of electronic music at IRCAM in the October of 1977.

## John Chowning

### STRIA

Die Komposition nutzt gewisse charakteristische Merkmale des FM-Algorithmus, der die Integration einer non-tonalen Einteilung des Frequenzraums und das Verhältnis non-harmonischer Spektralkomponenten ermöglicht. Einzelne Ebenen des Stücks werden durch des Verhältnis des Goldenen Schnitts bestimmt: Die mikroskopischen Elemente der Klangfarbe (das Verhältnis der Partialen), das Verhältnis der Pseudooktaven (die keine wirklichen Oktaven sind, aber die Tonhöhen und ihre Partialen eine "Oktave" weiter verhalten sich so wie die Tonhöhen und Spektralkomponenten des harmonischen Klangs im Bereich einer echten Oktave), die gesamte Form und Entwicklung. Die Klänge wurden also nicht einfach "klangfarben" bestimmende Spektren, sondern vielmehr aus funktionellen Gründen komponiert. Die unharmonische Beziehung gleichzeitig erklingender Tonhöhen offenbart eine gewisse Transparenz und Ordnung in Klängen, die normalerweise als "schrill bzw. scharf" wahrgenommen werden. - STRIA war ein Auftragswerk für das Institut de Recherche et de Coordination Acoustique/Musique (IRCAM), Paris - 1975 von Pierre Boulez mit anfänglicher Hilfe des CCRMA gegründet - zur Präsentation in Luciano Berios Ausstellung elektronischer Musik, die im Oktober 1977 im Rahmen des IRCAM stattfand.

## Johannes Fritsch

### VIOLECTRA

There are two basic experiences and conceptions of time which are of particular significance in the cultural history of mankind and consequently also in history of music. The first is our occidental, directional, Jewish-Christian (I am only using catch-phrases), and consequently marxistic

## Johannes Fritsch

### VIOLECTRA

Es gibt zwei grundlegende Erfahrungen bzw. Vorstellungen von Zeit, die für die Kulturgeschichte der Menschen, damit auch für die Musikgeschichte, von besonderer Bedeutung sind. Die eine ist unsere abendländische, gerichtete, eschatologische, jüdisch-christliche (ich setze nur Schlagworte), somit auch marxistische Zeitvorstellung. Der Glaube, daß alles sich weiterentwickelt, historisches Bewußtsein, Utopien, Aufklärung, Materialismus, Angst vor dem Tod, Fortschritt. Die andere ist eine eher morgenländische, zyklische Zeitvorstellung, sie ist mehr mythisch und archetypisch, die Erfahrung der „ewigen Wiederkehr", Wiederholungsrituale, das „große Jahr" im Leben Brahmas.

Die zeitgenössische Physik spiegelt beide Möglichkeiten: Es gibt eine Weltentstehungstheorie, die von einem Urknall ausgehend die Materie des Universums immer weiter auseinander fließen läßt und eine andere, nach der sich das Weltall in sehr langsamen Rhythmen ausdehnt und zusammenzieht. Musik, in der nicht etwas anfängt, sich entwickelt und dann endet, ist für den abendländischen Hörer, besonders, wenn er der Musik und der Ästhetik des 19. Jahrhunderts folgt, schwer zu begreifen. Schon die Geschichte der Cage-Rezeption ist da ein gutes Beispiel.

In den 60er Jahren wird für europäische und besonders für amerikanische Musiker die Auseinandersetzung mit ungerichteter Zeit wichtig.

Ein Jahr vor „Violectra", 1970, spielte der Kölner Feedback Kollege Michael von Biel „Deutsche Landschaften", seine erste Cellomusik. Von Biel ist auf dem Cello Autodidakt, sein Spiel entstand aus den regelmäßigen Bewegungen der streichenden und greifenden Hände, im Tempo des Herzschlags. Beim Hörer kann das Gefühl entstehen, er sei da bei der Geburt der Musik dabei.

„Violectra" nun hat – um nicht mißverstanden zu werden – nicht ausschließlich diese erwähnte zyklische Zeitvorstellung, sondern hat sie zum Thema gemacht in dem Versuch, unsere gerichteten dramatischen Formen, mit denen wir sozusagen aufgewachsen sind, damit zu vermitteln.

In der Geschichte der Musikinstrumente hat sich mit zunehmender Differenzierung und Spezialisierung auch der Abstand zwischen Mensch und Instrument, der Grad der Entfremdung, vergrößert: beim Sänger der Vorzeit sozusagen noch Einheit von Subjekt und Objekt. Dann die „natürlichen" Instrumente, die man bläst, klopft, zupft und streicht. Einfache Hilfsmittel (Mundstück, Schlegel, Plektron, Bogen) wirken fast wie verlängerte Körperteile. Die Distanz des musizierenden Bewußtseins zum erzeugten Klang ist noch so gering, daß auf verschiedensten Entwicklungsstufen – in Volksmusik aus Anatolien wie im Cellospiel Casals' – durch die Musik Bereiche des mensch-

conception of time. The belief that everything continues to develop, historical consciousness, utopias, enlightenment, materialism, fear of death, progress. The other is more an oriental, cyclic conception of time which is more mythical and archetypical, the experience of the „eternal recurrence", repetitive rituals, the „big year" in the life of Brahma.

Contemporary physics reflects both possibilities: there is one theory on the origin of the world, where the material of the universe flies further apart emanating from a „Big Bang", and another, according to which the universe expands and contracts in very slow rhythms.

Music where nothing begins, develops and then ends, is difficult for the oriental listener to understand, especially if he follows the music and the aesthetics of the 19th Century. Even the tale of Cage-Reception is a good example of this.

In the 60's the confrontation with non-directional time starts to become important for European and especially for American musicians.

A year before „Violectra", 1970, a „feedback" colleague Michael von Biel from Cologne played his first cello music in „German Landscapes". Biel is self-taught on the cello. His performance originated from the regular movements of the hands playing and touching to the tempo of heart beats. The listener may have the feeling as though he is present at the birth of music.

„Violectra" does not - not to be misunderstood - exclusively have this cyclic conception of time mentioned, but has taken this up as a theme in the attempt to use it to convey our directional dramatic forms that we, so-to-speak, have grown up with.

In the history of the musical instrument even the gap between man and instrument and the degree of alienation has widened with increasing differentiation and specialization: In the case of the singers in days gone by, so-to-speak, still a unit of subject and object. Then the „natural" instruments which are blown, beaten, plucked and drawn. Simple aids (mouthpieces, drumsticks, plectrums, bows) act almost like extended parts of the body. The distance between musicmaking consciousness and the sound produced is still so minute, that areas of human entity are opened up by music in the widest variety of stages in development - in the folk music from Anatolia just as in Casal's cello performance - which would otherwise remain closed, because the sound is characterized by the thoughts and perceptions of the human being producing it, irrespective of the music language system. We find ourselves in.

Even in the case of keyed instruments whose complicated mechanics and tempered atmosphere is placed rigidly between music and player or listener, like an objectivizing filter. This instrumental alienation can been overcome, even in the case of the organ, and has often been overcome.

Then there are the electrically amplified instruments and finally the electronic sound producer, the hitherto climax of a de-musicalized technology.

According to a widely held commonplace, the wheel of history cannot be turned back. The banal idea, that progress is from the piano to the Hammond organ, or from the organ with built-in rhythm machine to the organ with built-in synthesizer, fails to recognize that such simple rules of transition from quantity to quality in the music instrument sector have, thankfully, not yet gained recognition. There is hardly scope for improvement with the Steinway grand piano or the Sitar or the Shakuhachi flute. Stradivari violins are the best!

The rapid changes and expansion of electronic instruments cannot obscure the fact that the instruments themselves, especially the synthsizer, and the music produced, is forcing its way into the foreground in an unpleasant an unsuitable way.

Correspondingly, in live-electronic music there are still combinations of traditional instruments with synthesizers which seek to overcome this „the medium is the message" aspect. As is the case with „Violectra".

lichen Wesens geöffnet werden, die sonst verschlossen blieben, weil der Klang, ungeachtet des musiksprachlichen Systems, in dem wir uns befinden, weil der Klang geprägt wird von Gedanken und Empfindungen des Menschen, der ihn produziert.

Auch beim Tasteninstrument noch, dessen komplizierte Mechanik und temperierte Stimmung starr wie objektivierende Filter zwischen Musik und Spieler oder Hörer gestellt sind, sogar bei der Orgel ist diese instrumentale Entfremdung überwindbar und oft überwunden worden.

Dann folgen die elektrisch verstärkten Instrumente und schließlich als bisherige Krönung einer entmusikalisierten Technik die elektronischen Klangerzeuger. Nach einem verbreiteten Gemeinplatz läßt sich das Rad der Geschichte nicht zurückdrehen. Die banale Vorstellung, es sei ein Fortschritt vom Klavier zur Hammondorgel oder von der Orgel mit eingebauter Rhythmusmaschine zur Orgel mit eingebautem Synthesizer, verkennt, daß auf dem Gebiet der Musikinstrumente derart einfache Regeln des Übergangs von Quantität in Qualität zum Glück noch nicht Geltung erlangt haben. Steinway Flügel oder Sitar oder Shakuhachi-Flöte sind wohl kaum verbesserungsfähig. Stradivari-Geigen sind die besten!

Die schnellen Veränderungen und Erweiterungen der elektronischen Instrumente können nicht darüber hinwegtäuschen, daß die Instrumente selbst, besonders der Synthesizer, sich in der mit ihnen produzierten Musik in unangenehmer und unangemessener Weise in den Vordergrund drängen. Entsprechend gibt es in der Live-elektronischen Musik immer wieder Kombinationen traditioneller Instrumente mit dem Synthesitzer, die diesen "the medium is the message"-Aspekt zu überwinden suchen. So auch „Violectra".

Benedict Mason

## QUANTIZED QUANTZ

Quantized Quantz for solo flute and electronics refers not only to the famous treatises on flute-playing by Quantz, Tromlitz and Hotteterre but also to built-in rhythmic shortcuts incorporated into some commercial sequencing software that when used deliberately peversely cause unintended rhythmic results. Apart from Quantz there are references to other famous flute players through the ages.

The piece makes use of an 'instrument' called

Benedict Mason

## QUANTIZED QUANTZ

Quantized Quantz für Soloflöte und Elektronik bezieht sich nicht nur auf die berühmten Abhandlungen über das Flötenspielen von Quantz, Tromlitz und Hotteterre, sondern auch auf eingebaute rhythmische Abkürzungen, die in kommerzieller Sequenz-Software eingebaut ist, und die, wenn sie verwendet wird, absichtlich verzerrte rhythmische Resultate erzeugt. Neben Quantz gibt es auch Bezüge zu anderen berühmten Flötenspielern aller Zeiten. Das Stück benützt ein „Instrument" mit dem Namen Metro Pan Chaopoly Max, das ich 1991 am CNMAT in Berkeley, Kalifornien, und am IRCAM entwickelt habe.

Metro Pan Chaopoly Max that I developed in 1991 at CNMAT (Berkeley, California) and IRCAM.

## Simon Stockhausen

### IN SICH / AUSSER SICH (1991)

In meiner Komposition „In sich/außer sich" greife ich Anregungen aus der Chaosforschung auf und versuche die Erkenntnisse der Chaosforscher, speziell auf dem Gebiet der Fraktalanalyse, in musikalische Form zu transformieren. Die überall in der Natur zu beobachtende Selbstähnlichkeit der Dinge, d. h. die formale wie auch strukturelle Übereinstimmung der kleinsten Bestandteile eines Objekts bzw. eines Vorgangs mit der Struktur und Form des Objekts bzw. des Vorgangs selber, dient als Ausgangsmaterial meiner Komposition, die ich speziell für das Duo „Metal Brass" mit den Solisten Mike Svoboda (Posaune) und Andreas Böttger (Schlagzeug) komponiert habe. Jede meiner Abermilliarden Körperzellen trägt die gleiche genetische Information in sich, die auch mich als Menschen ausmacht, und somit wird in meinem Stück die Großform des Ganzen, bestehend aus Tonhöhe, Tondauer, Dynamik, Klangfarbe etc. auch in ihren kleinsten Bestandteilen, den einzelnen Tönen nämlich, immer wieder vorkommen.
Die einzelne Note als Fraktal des Ganzen!
Um auch den Parameter Klangortung im Raum mit einzubeziehen, habe ich ein 4-kanaliges Tonband erstellt, das den Solisten als Ausgangsbasis für ihre kontrapunktierenden Stimmen dient. Die Einbeziehung von Live-Elektronik ist ein wichtiger Bestandteil des Werkes, da durch den Einsatz von Samplern, Pitch-to-Midi-Geräten etc. die Verwirklichung der musikalischen Fraktalanalyse erheblich vereinfacht wurde.

## Simon Stockhausen

### THE SELF / OUTWITH THE SELF (1991)

In my composition „In The Self/Outwith The Self", I take up ideas from chaos research and try to transform the findings of chaos researchers, especially in the field of fractal analysis, into a musical form. The self-analogy of things which can be observed everywhere in nature, i.e. the formal and the structural harmony of the smallest of components of an object or a procedure with the structure and form of the object or procedure itself, served as the original material for my composition which I composed especially for the duo „Metal Brass", with the soloists Mike Svoboda (trombone) and Andreas Böttger (drums). Every single one of my billion upon billion of body cells has the same genetic information which constitutes me as a human being and consequently, the large scale of the whole thing consisting of tone pitch, tone duration, dynamics, tone timbre etc. will always be found in my piece of music, even in the very smallest of components, namely in the individual tones. The individual note as a fraction of the whole thing!
In order to incorporate tone location in the scene, I have prepared a 4-channel tape which serves as a basis for the soloists for their contrapunctual parts. The incorporation of live electronics is an integral part of the work, as by using samplers, pitch-to-midi equipment etc., the realization of the musical fractal analysis was simplified considerably.

## James Tenney

### FOR ANN(rising) 1969, Tonbandkomposition

Im März 1969 machte ich ein Stück, das sich als mein letztes elektronisches (oder computer-erzeugtes) Musikstück herausstellen sollte - FOR ANN(rising). Ich glaube,

## James Tenney

### FOR ANN(rising) 1969, Tape Composition

In March 1969, I made what turned out to be my last piece of electronic (or computer-generated) music - FOR ANN(rising). I suppose this piece represents some sort of reaction away from the complexities of most of my earlier work – as it was perhaps a reaction to the complexities of life in New York in the 1960's. I like to think that it was not a negation, however, but a kind of turning inward, through which I first began to feel the possibility of old dichotomies dissolving-continuity vs. discontinuity, determinacy vs. indeterminacy, etc. – becoming indistinguishable at a point reached when is carried to an extreme. In life, it seems to me now, nothing is truly determinate but the past, and indeterminacy is simply another word for "future". In music, however, it is possible to create a situation in which the indeterminate character of the future is suspended for awhile, thereby suspending also anticipation, surprise, and thus, drama – leaving nothing to be concerned with but the present. In FOR ANN(rising), as in the later KOANS and a few other pieces, this PRESENT involves microvariations in the sounds themselves, made more perceptible by the pieces determinate forms, but it also involves the listerners' internal subjective processes in a way that is less obscured by drama-here the music is IN YOU.

dieses Stück ist eine Art Reaktion, die wegführt von der Kompliziertheit der meisten meiner früheren Arbeit, die ihrerseits vielleicht eine Reaktion auf die Kompliziertheit des Lebens im New York der 60er Jahre war. Ich möchte das nicht als Negation sehen, sondern als eine Art Verinnerlichung, durch die ich erstmals die Möglichkeit einer Auflösung der alten Dichotomien spürte - Kontinuität vs. Diskontinuität, Determiniertheit vs. Nicht-Determiniertheit, etc. - die an einem gewissen Punkt, wenn man bis ans äußerste Ende gegangen ist, ununterscheidbar werden. Im Leben, so scheint es mir jetzt, ist außer der Vergangenheit nichts wirklich determiniert und Nicht-Determiniertheit ist nur ein anderes Wort für "Zukunft". In der Musik ist es jedoch möglich, eine Situation zu schaffen, in der der unbestimmte Charakter der Zukunft für eine Zeit ausgesetzt wird, womit auch die Antizipation, die Überraschung und daher das Drama, angehalten werden - und es bleibt außer der Gegenwart nichts womit man sich beschäftigen müßte. In FOR ANN(rising), wie in den späteren KOANS und in einigen anderen Stücken, bedeutet diese GEGENWART Mikrovariationen in den Klängen selbst, die durch die determinierte Form des Stückes besser wahrnehmbar gemacht wurden, sie bewirkt aber auch im Zuhörer innere, subjektive Vorgänge, in einer weniger durch das Drama getrübten Art und Weise - hier ist die Musik IN DIR.

Duncan Youngerman

IKREK
(for 2 five-stringed electric basses and electronics)

The instrumentation for this piece was sparked off by my friend and collegue Kasper Toeplitz's uncommon collection of electric stringend instruments.
My specific choice of 2 five-stringed basses is related of course to the added range given by the 5th string, but also to some symbolic ideas: Each of the 2 instruments is like a (five-fingered) hand and/or lika a (five-lined) music stave. The composition involves interaction between these (abstractly) poetic methaphores and the (very physical) wealth of sound possibilities offered by the instruments and their electronic extensions. IKREK is the word "twins" (or "gemini") in Hungarian.

Duncan Youngerman

IKREK
(für zwei 5-saitige Elektrobässe und Elektronik)

Dieses Stück verdankt seine Instrumentierung einer ungewöhnlichen Sammlung an elektrischen Saiteninstrumenten, über die mein Freund und Kollege Kasper Toeplitz verfügt. Meine Entscheidung für zwei 5-saitige Bässe hängt natürlich mit der durch die fünfte Saite gegebenen größeren Bandbreite an Möglichkeiten zusammen, beruht darüber hinaus aber auch auf einigen symbolischen Ideen: Jedes der beiden Instrumente ist wie eine Hand (mit fünf Fingern) bzw. wie ein Notensystem (mit fünf Linien). Die Komposition beinhaltet eine Interaktion zwischen diesen (abstrakten) poetischen Metaphern und dem (sehr physischen) Reichtum an Klangmöglichkeiten, die diese Instrumente und ihre elektronischen Erweiterungen bieten. IKREK ist das ungarische Wort für "Zwillinge" (oder "Gemini").

# Konzertabend visueller Musik

## IMMATERIAUX II

### Klaus Obermair / Robert Spour

Die beiden Musiker Klaus Obermaier und Robert Spour arbeiten seit eineinhalb Jahren gemeinsam mit dem deutschen Laserkünstler Friedrich Förster an der interaktiven Verknüpfung von Musik und Laser. Der deutsche Computerspezialist Kurt Walz entwickelte für dieses Projekt eine spezielle Software, die einerseits die direkte Steuerung der Laser durch die Musiker ermöglicht, zum anderen auch die völlig neuartige Steuerung von Klängen durch Ablenkung des Laserstrahls durch Bewegungen der Musiker.

„Die neue Welt würde aus Immaterialien bestehen, also etwa aus digitalisierten Informationen oder synthetischen Farben und Tönen, die jederzeit beliebig verändert werden können. Dadurch müßte sich das bisherige Verständnis von Realität, das auf materielle Objekte bezogen sei, verändern, und man müßte eine neue Sensibilität entwickeln, die der informalistischen Welt angemessen sei."
Herbert W. Franke (Kunstforum Bd. 92, Jan. 1988)

### IMMATERIAUX II

#### Klaus Obermair / Robert Spour

An Expedition to a New Sound and Light Wave Aesthetics
The musicians Klaus Obermaier and Robert Spour have been working together with the German laser artist, Friedrich Förster, for one and a half years on the interactive interlinking of music and laser. The German computer specialist Kurt Walz developed a special software for this project which, on the one hand, enabled the musicians to directly control the laser, and on the other hand, made possible a completely new kind of sound control by deflecting the laser jet as a result of the musicians' movements.

"The new world would exist of immaterials, that is, of digitalized information or synthetic colours and sounds which could be modified indefinitely, at any time. As a result, the former understanding of reality, related to the material object, would have to change and one would have to develop a new sensibility which is appropriate for the informalistic world."
Herbert W. Franke
(Kunstforum Bd. 92, Jan. 1988)

Michael Saup

**(Burst Mode Version)**
MIDI-controlled and sound-controlled picture production

Involving:
Steina Vasulka, violin
Michael Saup, guitar

By converting acoustic signals from analog to digital and then interpreting their measured values, the musicians and their instruments can head towards picture-generating electronic equipment such as 3D-Graphics Workstations, Laserdisk-Player or Harddisk-Recorder and consequently can convert acoustic events into variable visual experiences.

Here, the acoustic output signals are analysed during the A/D conversion and are interpreted by a control computer which then makes algorithmic decisions and controls further equipment:
– by MIDI-Impulses, various sound-producing machines are controlled, such as samplers, effect processors and mixing desks .
– by the parallel interface, a laserdiskplayer is supplied with control impulses and a workstation by RS232, so that this equipment reacts to the interactions of the musicians.

The musicians then have the possibility to use the widest variety of acoustic parameters such as tone pitch or volume as an output impulse for a visual choreography.

The pictures produced in this way are then shown on video monitors via a video picture blender.

**Manipulating Editlists**

My first step in controlling video pictures through music or audio signals was with the computer programme XTRA.TRAX, dated 1989/90 which could transform STANDARD MIDI FILES (A hexadecimal size which can be imported and exported by most Software-Sequencers), into editlists for a SONY 910 Videoeditor. Frequency forms of music could be simulated by Dynamic Motion Control of a Betacam SP-Videorecorder and the volumes by the saturation of the video picture via picture blender. The programme made it possible to rapidly and automatically convert a piece of music into video pictures. This programme was able to convert the widest variety of parameters such as picture selection, transitions, wipes etc.

By the separate translation of individual tracks e.g. bass drum, violin, piano etc., the track-cut sequences produced could afterwards be synchronously assembled again with a „Harry".

# HYENA DAYS

## Michael Saup

## (Burst Mode Version)
MIDI – gesteuerte und – kontrollierte Bilderzeugung

Mitwirkende:
Steina Vasulka, Violine
Michael Saup, Gitarre

Durch die Umwandlung akustischer Signale von analog zu digital und einer anschließenden Interpretation dieser Meßwerte, wird es den Musikern ermöglicht, mit ihren Instrumenten bildgenerierende elektronische Geräte, wie z. B. 3D-Grafik Workstations, Laserdisk-Player oder Harddisk-Rekorder anzusteuern und somit akustische Ereignisse in variable visuelle Erlebnisse umzusetzen.

Hierbei werden die akustischen Ausgangssignale während der A/D-Wandlung analysiert und durch einen Steuercomputer interpretiert, der daraufhin algorithmische Entscheidungen trifft und weitere Geräte steuert:
– über MIDI-Impulse werden verschiedene klangerzeugende Maschinen, wie Sampler, Effektprozessoren und Mischpulte kontrolliert.
– über die parallele Schnittstelle wird ein Laserdiskplayer und über RS232 eine Workstation mit Steuerimpulsen versorgt, sodaß diese Geräte auf die Interaktionen der Musiker reagieren.

Die ausführenden Musiker haben so die Möglichkeit, die verschiedensten akustischen Parameter, wie Tonhöhe oder Lautstärke, als Ausgangsimpulse für eine visuelle Choreografie einzusetzen.

Die so erzeugten Bilder werden dann über einen Videobildmischer auf Videomonitoren dargestellt.

## Manipulating Editlists

Mein erster Schritt, Videobilder durch Musik oder Audiosignale zu kontrollieren, war das Computerprogramm XTRA.TRAX aus dem Jahre 1989/90, das Standard Midi Files (ein hexadezimales Format, das die meisten Software-Sequencer im- und exportieren können) in Editlists für einen SONY 910-Videoeditor umwandeln konnte. Frequenzverläufe der Musik konnten durch Dynamic Motion Control eines Betacam SP-Videorekorders simuliert werden, und Lautstärken durch die Saturation des Videobildes via Bildmischer. Dieses Programm ermöglichte die schnelle, automatisierte Umsetzung eines Musikstücks in Videobilder. Das Programm konnte die verschiedensten Parameter, wie Bildauswahl, Transitions, Wipes etc. umsetzen. Durch die getrennte Übersetzung einzelner Tracks wie z. B. bassdrum, violin, piano etc. konnten die erzeugten Track-Schnittsequenzen nachher mit einem „Harry" wieder synchron zusammenmontiert werden. Gleichzeitig generierte das Programm eine Umsetzung des analysierten Standard Midi Files in ein 3D-Wavefront-Modell, das synchron zur Musik animiert werden konnte.

Nachteile dieses Systems waren die nicht interaktive Abarbeitung der Midi Standard Files, die Vorteile das überaus schnelle und menschlich kaum nachvollziehbare Erzeugen von komplexen Musik-Bildstrukturen.

Die Hintergrundaufnahmen für „TILT IT" wurden durch das Verfahren a) hergestellt und mit einer 3D-Computeranimation überlagert. Diese Animation basiert auf der Videoaufnahme eines Gitarrensolos. Der A/D-gewandelte Ton der Gitarre wurde durch ein C-Computerprogramm in ein 3D-Objekt umgerechnet und auf einer Silicon Graphics Personal Iris mit Wavefront-Software animiert. Hierbei wurden alle Original-Video-Frames Bild für Bild als Reflection Map auf das 3D-Objekt projiziert. Somit ist die erzeugte Computeranimation die gleichzeitige Repräsentation des Ausgangsbildes und des Ausgangstons. In der Video-Nachbearbeitung wurde die geänderte Animation wieder mit dem Originalton synchronisiert. Eine zukünftige Version von TILT IT wird in Kooperation mit Frank Zappa und Mark Dippe von Industrial Light & Magic, San Rafael realisiert werden.

**Interaktive Instrumente**

Der nächste Gedanke war, ein Instrument zu bauen, das gleichzeitig Klänge und Bilder generieren konnte. So entstand die Installation Paula Chimes, die 1991 auf dem 4. Europäischen Medienkunst Festival in Osnabrück präsentiert wurde. Die durch Berührung oder Wind ausgelöste Bewegung von 16 Stahlröhren wurde durch sogenannte Dehnungsmeßstreifen (DMS) aus dem Bereich der industriellen Meßwerterfassung analysiert und durch ein spezielles Verstärkungsverfahren mit anschließender A/D Wandlung durch einen Computer interpretiert. Die so

At the same time, the programme generated a conversion of the analysed Standard Midi Files into a 3D-Wavefront-model which could be animated in synchrony with the music.

The disadvantages of this system were the noninteractive work-out of the Midi Standard Files, and the advantages were that the extremely fast production of complex music-picture structures could hardly be duplicated by man.

The background recordings for „TILT IT" were produced by the process a) and were superposed with a 3D-computer animation. This animation is based on the video recording of a guitar solo. The A/D converted tone of the guitar was reconverted into a 3D-object by a C-computer programme and was simulated on a Silicon Graphics Personal Iris with Wavefront software. In doing so, all the original-video-frames were projected, picture for picture, onto the 3D-object as a Reflection Map. Consequently, the computer animation produced is the simultaneous representation of the original picture and the original sound. In the video re-work the renderd animation was synchronized again with the original sound. A future version of TILT IT will be realized in cooperation with Frank Zappa and Mark Dippe from Industrial Light & Magic, San Rafael.

**Interactive Instruments**

The next idea was to construct an instrument which could simultaneously generate sounds and pictures. This is how the installation „Paula Chimes" came to be, which was presented in 1991 at the 4th European Media Art Festival in Osnabrück. The movement of 16 steel tubes was initiated by contact or by wind and was analysed by so-called extensometers from the industrial measured value determination sector and was interpreted by a computer using a special amplifier process with subsequent A/D conversion. The data acquired in this way were transformed by scaling in MIDI impulse for an AKAI S1000 sampler and consequently into sound events.

Parallel to this, a Silicon Graphics VGX computer produced a spatial alienation of a video still frame. The position of each steel tube had a corresponding XY coordinate on a monitor projection of a cell division (meiosis). By moving a tube, a physical wave movement was initiated on the monitor screen by realtime texture mapping, on the correspondingly allocated XY coordinate. The acoustic and visual signals produced in this way always represented the state of the tubes in time. A second monitor showed this serial information coding principle which was also present in its original form, as a meiosis projection in the form of a mathematical

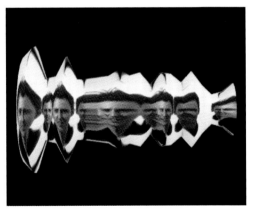

gewonnenen Daten wurden durch Skalierung in MIDI-Impulse für einen AKAI S1000 Sampler umgewandelt und somit auch in Klangereignisse.

Parallel dazu erzeugte ein Silicon Graphics VGX-Computer eine räumliche Verfremdung eines Video-Stillframes. Die Position jeder Stahlröhre hatte eine entsprechende XY-Koordinate auf einer Monitorabbildung einer Zellteilung (Meiose). Durch Bewegung einer Röhre wurde nun an dieser jeweils zugeordneten XY-Koordinate eine physikalische Wellenbewegung des Monitorbildes durch Realtime-Texturemapping ausgelöst. Die so erzeugten akustischen und visuellen Signale stellten also immer den Zustand der Röhren in der Zeit dar. Ein zweiter Monitor zeigte dieses serielle Informationskodierungsprinzip, das ja auch in seiner Urform als Meioseabbildung vorlag, in Form einer mathematischen Partitur.

Das 3D-Wellen-Programm wurde von Bob O'Kane realisiert, einem Kollegen aus dem Institut für Neue Medien, Frankfurt. Das Verstärkerinterface wurde von Dieter Sellin (IfNM) und das Stahlobjekt von Stefan Karp und Kai Guse gebaut.

## Ausblick

Sämtliche genannten Techniken kommen bei der Aufführung des interaktiven Konzertes HYENA DAYS zum Einsatz. Hierfür werden spezielle Gitarren entwickelt, die eine größere Bandbreite an Signalen zur Verfügung stellen. Weiterhin werde ich in Zukunft medizinische Sensoren, wie Blutdruckmeßgeräte, EEG oder Eye-Tracking-Systeme in den bestehenden Aufbau implementieren, um den Musikern einen möglichst großen Spielraum mit musikalischen Parametern einzuräumen.

score. The 3D-wave programme was realized by Bob O'Kane, a colleague from the Insitute for New Media in Frankfurt. The amplified interface was constructed by Dieter Sellin (IfNW) and the steel object by Stefan Karp and Kai Guse.

## Outlook

All the techniques mentioned will be used at the performance of the interactive concert „HYENA DAYS". Special guitars are being developed for this which make a larger spectrum of signals available. Furthermore, in future I will implement medical sensors like blood pressure measuring equipment, EEG or eye-tracking systems into the existing structure, in order to create as much free space as possible with musical parameters for the musicians.

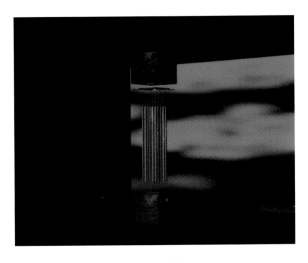

Installation Paula Chimes, 1991, preliminary draft

**Ralph H. Abraham**

ist Professor für Mathematik an der University of California in Santa Cruz. 1960 erhielt er seinen Doktorat in Mathematik an der University of Michigan, und unterrichtete an den Universitäten von Berkeley, Columbia und Princeton, bevor er 1968 nach Santa Cruz übersiedelte. Er war Gastprofessor in Amsterdam, Paris, Warwick, Barcelona, Basel, Florenz und Siena und ist der Autor von *Foundations of Mechanics* (mit *J.E. Marsden*), *Transversal Mappings and Flows*, (mit J. Robbin) *Manifolds, Tensor Analysis, and Applications* (mit J.E.Marsden und T. Ratiu) und *Dynamics, the Geometry of Behavior* (mit C.D. Shaw), er ist schon lange auf dem Forschungsgrenzgebiet der Dynamik aktiv - in der Mathematik seit 1960 und in Anwendungen und Experimenten seit 1973. 1975 gründete er das *Visual Mathematics Project* an der University of California in Santa Cruz.

*is Professor of Mathematics at the University of California at Santa Cruz. He received the Ph. D. in mathematics at the University of Michigan in 1960, and taught at Berkeley, Columbia, and Princeton before moving to Santa Cruz in 1968. He has held visiting positions in Amsterdam, Paris, Warwick, Barcelona, Basel, Florence, and Siena, and is the author of Foundations of Mechanics (with J. E. Marsden), Transversal Mappings and Flows, (with J. Robbin) Manifolds, Tensor Analysis, and Applications (with J. E. Marsden and T. Ratiu), and Dynamics, the Geometry of Behavior (with C. D. Shaw). He has been active on the research frontier of dynamics – in mathematics since 1960, and in applications and experiments since 1973. In 1975, he founded the Visual Mathematics Project at the University of California at Santa Cruz.*

**Kristi A. Allik**

geboren in Toronto,. Kristi Allik hat an der University of Southern California, an der Princeton University und an der University of Toronto studiert. Sie erhielt zahlreiche Auszeichnungen und Preise, u.a. Stipendien des Canada Council, des Ontario Art Council, den Preis der Federation of University Women und den Irving G. Mills Preis. Kristi Allik schrieb eine Oper, hat an Theaterproduktionen gearbeitet und zahlreiche intermediale Arbeiten geschaffen. Ihre Werke wurden in Europa, den USA und Kanada aufgeführt. Kristi Allik begann sich vor einigen Jahren mit elektroakustischer Musik zu befassen. Derzeit unterrichtet sie Komposition, Computer-Musik und Musiktheorie an der Queen's University School of Music.

*born in Toronto, CAN. She has received degrees from the University of Southern California, Princeton University and the University of Toronto. Kristi Allik has received numerous commissions and awards including Canada Council grants, Ontario Art Council grants, the Federation of University Women Award and the Irving G. Mills Award. She has written an opera, been involved with theatrical productions, and has written a number of integrated media works. She has had performances of her works in Europe, USA and Canada. Allik became interested in electroacoustic music several years ago. Currently she is on Faculty at Queen's University School of Music where she teaches composition, computer music and music theory.*

**Harald Atmanspacher**

1955 in Witzenhausen, D, geboren. Er studierte Physik in Göttingen, Zürich und München von 1976 bis1982 und erhielt seinen Doktorat 1985 in München. Er schrieb seine Dissertation über „Laser intracavity absorption spectroscopy and nonlinear dynamics of cw multimode lasers". 1986 bis 1988 Reimar Lüst Stipendium. Seit 1988 ist er Forschungswissenschafter an der Theorieabteilung des Max Planck Instituts für Extraterrestrische Physik in Garching / München. Atmanspachers Hauptinteressensgebiete sind: Nonlineare Dynamik (astrophysikalische Anwendungen und grundlegende Themen); Bedeutung und Komplexität; Endo/Exo-Probleme; ausgewählte Themen der Epistemologie und der Geschichte der Wissenschaft. Er hat Konferenzen und Workshops über Informationsdynamik, das Paradigma der Selbst-Organisation und Endo/Exo-Probleme in dynamischen Systemen organisiert. Er ist Mitglied bei internationalen wissenschaftlichen Organisationen, Ausschüssen und Kommitees, Herausgeber des Bandes „Information Dynamics" (zusammen mit H. Schein-graber) und Autor zahlreicher Publikationen in wissenschaftlichen Journalen und Büchern.

*born 1955 in Witzenhausen (Germany). He studied physics in Göttingen, Zürich and München from 1976 to 1982 and received a Ph. D. degree 1985 in München. He wrote his PhD thesis on "Laser intracavity absorption spectroscopy and nonlinear dynamics of cw multimode lasers". From 1986 to 1988 he was Reimar Lüst fellow. Since 1988 he was been research scientist in the theory division of the Max Planck-Institut für Extraterrestrische Physik in Garching/ München. Atmanspachers current man fields of interest are nonlinear dynamics (astrophysical applications and foundational issues); meaning and complexity; endo/exo – problems; selected topics of epistemology and history of science. He has done Organization of conferences and workshops on Information Dynamics, The Paradigm of Self-Organization, and Endo/Exo – Problems in Dynamical Systems. He has a Membership in international scientific organizations, boards, and committees and Editor of the volume "Information Dynamics" (together with H. Scheingraber) and author of numerous publications in scientific journals and books.*

**Michael Bielicky**

geboren 1954 in Prag. Michael Bielicky emigrierte 1969 in die BRD, wo er an der Düsseldorfer Universität Medizin studierte. 1980 und 1981 arbeitete er als freischaffender Photograph in New York und begann 1984 an der Akademie der bildenden Künste in Düsseldorf zu studieren, wo er 1987 bei Nam June Paik abschloß. Er war Mitbegründer der Multi-Medien-Gruppe „Continuum" 1985 und erhielt 1985 ein Stipendium an die Cité International des Arts in Paris. Michael Bielicki hat 1989 den ersten Preis des Nixdorf Kunstwettbewerbs gewonnen und hat 1991 eine Abteilung für Video an der Akademie Prag gegründet, wo er als Gastprofeesor tätig ist. Seine Arbeiten wurden weltweit ausgestellt, u.a. im MOMA New York und auf der documenta 8 in Kassel.

*born in Prague, 1954. In 1969 Michael Bielicky emigrated to West Germany, where he studied medicine at Düsseldorf University. In 1980 and 1981 he worked* as a freelance photographer in NYC and in 1984 entered the Academy of Fine Arts in Düsseldorf, where he received his MA from Nam June Paik in 1987. He co-founded „Continuum", a multi-media art group in 1985 and had a fellowship to Cité Internationale des Arts in Paris, F. Michael Bielicky won the First Prize of the Nixdorf AG Art Award Competition in 1989 and founded in 1991 the Video Department at Academy of Fine Arts in Prague, where he is teaching as Associate Professor. His work has been shown in various and numerous shows all over the world, amongst them at MOMA, NYC, and documenta 8, Kassel.

## Timothy Binkley

Timothy Binkley ist Leiter des Graduate Lehrgangs für Computerkunst an der School of Visual Arts in New York, wo er auch das Institute for Computers in the Arts leitet. Er ist Autor von zwei Büchern, „Wittgensteins's Language" und „Symmetry Studio", sowie zahlreicher Artikel über Ästhetik. Er hat Software-Programme für Künstler entwickelt, unter ihnen „Paint Brush" und „Symmetry Studio" und hat interaktive Installationen konzipiert, darunter Autoform, Face to Face, Drawn to the Light und Watch Yourself.

Timothy Binkley is Chair of the graduate program in Computer Art at the School of Visual Arts in NYC, where he also directs the Institute for Computers in the Arts. He is the author of two books „Wittgenstein's Language" and „Symmetry Studio" as well as numerous articles on aesthetics. He has created software for artists, including „Paint Brush" and „Symmetry Studio", and has designed interactive installations, including Autoform, Face to Face, Drawn to the Light and Watch Yourself.

## Andreas Boettger

geboren 1955 in Stuttgart. 1981 schloß Andreas Boettger sein Schlagzeugstudium in Freiburg ab und war anschließend dort als Lehrbeauftragter tätig. Als Mitbegründer trat er jahrelang mit dem Ensemble Modern auf und wurde 1984 Mitglied im Ensemble von Karl-Heinz Stockhausen. Er arbeitete mit verschiedenen Komponisten (Henze, Boulez, Mello, Zappa) für deren Uraufführungen zusammen.

Andreas Boettger übt eine internationale solistische und kammermusikalische Konzerttätigkeit aus und macht zahlreiche Rundfunk- und Schallplattenaufnahmen.

born in Stuttgart, 1955. In 1981 Andreas Boettger received his degree for percussion in Freiburg and was there as an Associate Professor. He was co-founder of the Ensemble Modern and has had performed with them for years, before he became a member of Karlheinz Stockhausen's ensemble. He collaborated with various composers (Henze, Boulez, Mello, Zappa) at their premiers. Andreas Boettger is internationally performing as solist and in chamber music concerts and has had a number of radio and disc recordings.

## Jean-Louis Boissier

geboren 1945 in Loriol-sur-Drôme, F. Jean-Louis Boissier ist als Maître de Conférence für Kunst an der Universität Paris tätig und beschäftigt sich dort mit ästhetischen Veränderungen des Bildes, die in Zusammenhang mit den Technologien des Interaktiven und des Virtuellen geschehen. Er hat interaktive Videodisketten kreiert, darunter „le Bus" (1985), „Image calculée" (1988-90) und „Anthologie du virtuel" (1992). Boissier ist Theoretiker und Ausstellungsmacher und war u.a. an „Les Immatériaux" 1985 im Pariser Centre Pompidou, an „Image calculée" 1988 und „Machines à communiquer" 1991 in der Cité des Sciences et de l'Industrie beteiligt.

born in Loriol-sur Drome, F, 1945. Jean Louis Boissier is teaching as a Maitre de Conference for arts at university of Paris and is involved with aesthetic changes of the image which are happening in connection with technologies of the interactive and the virtual. He has created interactive video discs, amongst them „le Bus" (1985), „Image calculée" (1988-90) and „Anthologie du virtuel" (1992). Boissier is a theorist and does exhibitions, and has been involved with „Les Immatériaux" at Centre Pompidou Paris in 1988 and „Machines à communiquer" at Cité des Sciences et de l'Industrie in 1991.

## Bernd von den Brincken

geboren 1962. Bernd von den Brincken hat Elektrotechnik und Fotoingenieurwesen studiert und 1987 eine Computer-Vertriebsfirma gegründet. 1990 gründete er eine Werbeagentur und ist seit 1986 im Rahmen des Instituts für Kommunikation journalistisch und künstlerisch tätig, mit den Themenbereichen Medien / Wissenschaft / Kommunikation. Bernd von den Brincken hat zahlreiche Performances, Vorträge und Workshops abgehalten.

born in 1962. Bernd von den Brincken studied electric and photo engineering and founded a computer marketing company in 1987. In 1990 he founded an advertising company. He has been working as an journalist and artist within the frame of the Institut für Kommunikation since 1986. His main fields there are media, science and communication. Bernd von der Brincken has done numerous performances, lectures and workshops.

## John L. Casti

geboren 1943 in Portland, Oregon. Nach Abschluß seines Doktorats aus Mathematik an der University of Southern California 1970, verließ er 1974 die USA, um die Stelle eines der ersten Mitglieder des Forscherpersonals im Internationalen Institut für angewandte Systemanalyse (IIASA) in Wien, Österreich anzunehmen. Mit Ausnahme einer kleinen Unterbrechung in den späten siebziger und frühen achtziger Jahren, die er als Professor an der New York University und in Princeton verbrachte, arbeitete er am IIASA an Problemen der Systemmodellierung und angewandten Systemanalyse bis zum Herbst 1986. Zu der Zeit verließ er die IIASA und schloß sich der Fakultät an der Wiener TU als Professor am Institut für Ekonometrie, Betriebsforschung und Systemtheorie an. Als angewandter Systemmodellierer hat er sich mit einer Reihe von Aktivitäten von atmospherischem radiativem Transfer bis hin zum Wandel der Rassenmischungen in der städtischen Unterkunftsverteilung beschäftigt und mit der Rolle von biologischen Metaphern für ökonomische und andere soziale Phänomene. J. Casti hat einen erheblichen Teil seiner Zeit der Vorbereitung dreier wissenschaftlicher Bücher für den

Studenten bzw. allgemeinen Leser gewidmet: *Alternate Realities: Mathematical Models of Nature and Man (Alternative Realitäten: Mathematische Modelle von Natur und Mensch)* (Wiley 1989), *Paradigms Lost: Images of Man in the Mirror of Science (Verlorene Paradigma: Bilder des Menschen im Spiegel der Wissenschaft)* (Morrow, 1989), und *Searching for Certainty (Suchen nach Sicherheit)*, das sich mit der Frage auseinandersetzt, wie die heutige Wissenschaft in der Lage ist, alltägliche Phänomene vorauszusagen bzw. zu erklären.

*born in Portland, Oregon, 1943. Following completion of a doctorate in Mathematics from the University of Southern California in 1970. He left the USA in 1974 to take up a post as one of the first research staff members of the International Institute for Applied Systems Analysis (IIASA) in Vienna, Austria. With the exception of a small break in the late 1970s and early 1980s to serve on the faculties of New York University and Princeton, he worked at IIASA on problems of system modeling and applied systems analysis until the autumn of 1986. At that time Casti left to join the faculty of the Technical University of Vienna as a Professor in the Institute for Econometrics, Operations Research, and System Theory. As an applied system modeler he has professionally engaged in a collection of activities running the gamut from atmospheric radiative transfer to the shift of racial mixes in urban housing distribution and upon the role of biological metaphors for economic and other social phenomena. Casti has devoted a substantial part of his time to the preparation of three books on science for the student and/or general reader: Alternate Realities: Mathematical Models of Nature and Man (Wiley, 1989), Paradigms Lost: Images of Man in the Mirror of Science (Morrow, 1989) and Searching for Certainty, dealing with the degree to which the science of today is in a position to predict and/or explain everyday phenomena.*

## John M. Chowning

geboren 1934 in Salem, New Jersey. John M. Chowning studierte drei Jahre Komposition bei Nadia Boulanger in Paris. 1966 erhielt er an der Stanford University, wo er bei Leland Smith

studierte, ein Doktorat in Komposition. Mit Unterstützung der Bell Telephone Laboratories und David Poole von Stanford University hat er 1964 ein Computermusikprogramm aufgebaut, wofür er das Computersystem der Stanford Artificial Intelligence Laboratories verwendet hat. 1967 entdeckte er den Frequenzmodulation (FM)-Algorithmus. John Chowning hat Stipendien des National Endowment of the Arts erhalten und war Gastkünstler beim Künsterlprogramm des Deutschen Akademischen Austauschdienstes in Berlin 1974 und Gastkünstler am IRCAM 1978 und 79, 81 und 85. Derzeit unterrichtet er Computerklang-Synthese und Komposition an der Musikabteilung von Stanford und ist Leiter des Center für Computerforschung in Musik und Akkustik (CCRMA).

*born in Salem, New Jersey, in 1934. He studied composition in Paris for three years with Nadia Boulanger. In 1966 he received the doctorate in composition from Stanford University, where he studied with Leland Smith. With the help of Bell Telephone Laboratories and David Poole of Stanford in 1964 he set up a computer music program using the computer system of Stanford's Artificial Intelligence Laboratory. In 1967, John Chowning discovered the frequency modulation (FM) algorithm in which both carrier-frequency and modulating-frequency are within the audio band. John Chowning has received fellowship grants from the National Endowment for the Arts and was artist-in-residence with the Kunstlerprogramm des Deutschen Akademischen Austauschdiensts for the City of Berlin in 1974, and guest artist in IRCAM in 1978–79, in 1981 and in 1985. John Chowning currently teaches computer-sound synthesis and composition at Stanford's Department of Music and is director of the Center for Computer Research in Music and Acoustics (CCRMA).*

## Michael Conrad

Michael Conrad ist Professor der Informatik und Mitglied des Neurowissenschaft-Programms an der Wayne State University. 1963 erhielt er den AB aus Biologie vom Harvard College und 1969 das Doktorat aus Biophysik von der Stanford University. Er war

postdoktoraler Stipendiat am Center for Theoretical Studies an der University of Miami, und postdoktoraler Gelehrter am Institut für Mathematik an der University of California in Berkeley, und von 1972 bis 1975 Mitglied des Instituts für Informationsverarbeitung am Institut für Physik an der Universität Tübingen. 1979 nahm er, nach seinen außerordentlichen Professorstellen am Institut für Biologie an der City College of New York und am Institut für Informatik und Kommunikationswissenschaften an der University of Michigan, seine gegenwärtige Position an. Zu den mehr als 180 wissenschaftlichen Publikationen Michael Conrads zählen Arbeiten über molekulares Computerdesign, quantenmechanische Modelle der Enzym- bzw. Membrandynamik, und molekulare Mechanismen der Datenverarbeitung in Neuronen und Gehirnmodellen. M. Conrad war Gastwissenschafter im Cavendish Laboratory an der Cambridge University von 1979-1982, Austauschwissenschafter an der US National Academy of Science in der ehemaligen UdSSR, Austauschwissenschafter der US National Academy of Science bei der Molecular Biophysics Gruppe des Indischen Instituts für Wissenschaft, Gastprofessor des japanischen Unterrichtsministeriums an der Nagaoka University of Technology in 1987 und permanenter Gastprofessor an der Southeast University in Nanjing.

*Michael Conrad is Professor of Computer Science and a member of the Neuroscience Program at Wayne State University. He received an AB in Biology from Harvard College in 1963 and a PhD in Biophysics from Stanford University in 1969. He was a postdoctoral fellow at the Center for Theoretical Studies at the University of Miami, a postdoctoral scholar in the Department of Mathematics at the University of California at Berkeley, and from 1972 to 1975 a member of the Institut für Informationsverarbeitung in the Physics Department at the University of Tübingen. He moved to his present position in 1979, after holding associate professorships in the Biology Department at the City College of New York and in the Department of Computer and Communication Sciences at the University of Michigan. Michael Conrad's more than 180 scientific publications include papers on molecular* computer design, quantum mechanical models of enzyme and membrane dynamics, molecular mechanisms of information processing in neurons and brain models. His book "Adaptability: the Significance of Variability from Molecule to Ecosystem" provides an information and systems theory formalism for classifying and analyzing the vast variety of mechanisms that enable biological systems to continue reliable function in the face of an uncertain environment. Michael Conrad has been a Visiting Scholar at Cavendish Laboratory, Cambridge University (1979 and 1982), a U.S. National Academy of Science Exchange Scientist to the Soviet Union, a U.S. National Science Foundation Exchange Scientist at the Molecular Biophysics Unit of the Indian Institute of Science, a Japanese Ministry of Education Special Visiting Professor at the Nagaoka University of Technology (in 1987), and is a permanent Visiting Professor at Southeast University in Nanjing.

## David Dunn

Der experimentelle Komponist und Künstler David Dunn arbeitet mit Sound und Bildmedien, darunter mit traditionellen Instrumenten, Bandmusik und live elektroakustischen Performances, und der Entwicklung von interaktiven Environment-Strukturen. Etwa fünfzehn Jahre lang hat er die gegenseitige Beziehung von einer Reihe von geophysikalischen Phänomenen, vorhandenen Tönen und Musik untersucht. Die Verbindung dieser Arbeit mit nicht-musikalischen Disziplinen wie etwa experimentelle Lingusitik, kognitive Ethnologie, Kybernetik und Systemphilosophie hat seine kreativen Aktivitäten erweitert und philosophische Schriften und Medienprojekte eingeschlossen. David Dunn hat seine Aktivitäten immer mehr darauf ausgerichtet, die musikalische Komposition per se in Richtung einer Vorstellung vom Künstler als Berater von Ganzheitsystemen und als Intergrator zu erweitern.

Experimental composer and interdisciplinary artist David Dunn has worked in a variety of sound and image media, including traditional instruments, tape music and live electroacoustic performance, as well as developing a variety of interactive environmental structures.

For approximately fifteen years his work has explored the interrelationship between a variety of geophysical phenomena, environmental sound, and music. The connection of this work to nonmusical disciplines such as experimental linguistics, cognitive ethology, cybernetics and systems phiosophy has expanded his creative activities to include philosophical writings and media projects within a broad domain. He has moved progressively toward activities which transcend musical composition per se towards the embracing of the idea of artists as whole-system consultants and integrators.

## Zoltan Farkas

geboren 1962 in Budapest. Zoltan Farkas hat am Bela Bartok Konservatorium in Budapest studiert und ist als Elektrogitarrist, Bassist und Keyboard Spieler mit den wichtigsten ungarischen Underground Rockbands der achziger Jahre aufgetreten. Seit 1987 tritt er in ganz Westeuropa mit seiner eigenen Gruppe „Eastern Light" auf und ist seit 1988 Mitglied des Rhys Chatham Ensembles. Zoltan Farkas lebt und arbeitet in Paris.

born in Budapest, H, 1962. Zoltan Farkas studied at Bela Bartok Conservatory in Budapest and was performing as an electric guitarist, bassist and keyboard player with the main Hungarian underground rock groups during the eighties. Since 1987 he has performed with his own group „Eastern Light" throughout Western Europe and has been a member of the Rhys Chatham ensemble in Paris since 1988. Zoltan Farkas lives and works in Paris.

## David Finkelstein

geboren 1929 in New York. David Finkelstein studierte Physik am City College in New York und am Massachusetts Institute of Technology (MIT), das er 1953 mit einem Ph.D. verließ. Er hatte zahlreiche Positionen an den wichtigsten Physik-Institutionen inne, z.B. als Mitglied der Ford Foundation am Europäischen Zentrum für Atomforschung, Gastprofessor am Stevens Institute of Technology an der Universität Yeshiva, New York, oder als Leiter der School of Physics am Georgia Institute for Technology, wo er derzeit

als Professor tätig ist. David Finkelstein ist Herausgeber des interationalen Journal of Theoretical Physics und Generalsekretär und Organisator der International Quantum Structures Association. Er ist auch Mitglied der American Physical Society und der Internationalen Gesellschaft für Allgemeine Relativität und Gravitiation. Er hat zahlreiche Artikel und Bücher über theoretische und mathematische Physik veröffentlicht und sieht seine Schwerpunkte in Lehre und Forschung an vordester Front der Physik mit Betonung der Integration von Dynamiken von Quanten und Raumzeit.

born in NYC, 1929. David Finkelstein studied Physics at City College of New York and Massachusetts Institute of Technology, where he left with a Ph.D. in 1953. He has held a large number of positions at the worlds most important institutions of physics, e.g. as Ford Foundation Fellow at the European Centre for Nuclear Research, Associate Professor at Stevens Institute of Technology and Yeshiva University, NYC, or as Director of School of Physics at Georgia Institute of Technology, where he currently is Professor. David Finkelstein is editor of the International Journal of Theoretical Physics and secretary and organizer of the International Quantum Structures Association. He is a member of the American Physical Society, the International Quantum Structures Association and the International Society for General Relativity and Gravitation. He has published numerous articles and books on theoretical and mathematical physics and sees his goals in teaching and research at the frontier of physics with the emphasis on the integration of dynamics of quanta and spacetime.

## Friedrich Förster

beschäftigt sich seit Anfang der 70er Jahre mit den künstlerischen Möglichkeiten des Laserlichts in Verbindung mit Musik.

involved since the beginning of the 1970's with the artistic possibilities of laser light in connection with music.

## Johannes Fritsch

geboren 1941 in Bens-Auerbach. Johannes Fritsch studierte an der Universität und Musikhochschule in Köln

Musikwissenschaft, Soziologie, Philosophie, Viola und Komposition bei B.A. Zimmermann und war bei verschiedenen Orchestern tätig. Er legte 1965 seine künstlerische Reifeprüfung im Fach Viola ab. Von 1964 bis 1970 war Johannes Fritsch Mitglied des Stockhausen-Ensembles und unternahm zahlreiche Konzertreisen. Er erhielt eine Anzahl von Preisen und Stipendien und gründete 1970 das Feedback-Studio Köln zusammen mit Rolf Gehlhaar und David Johnson. Ein Jahr später gründete er den ersten deutschen Komponisten-Verlag und gab die Feedback-Papers heraus. Er war viermal Veranstalter der Weltmusik-Kongresse in Vlotho und von 1971 bis 1984 Leiter einer Kompositionsklasse und des Seminars für Neue Musik an der Akademie für Tonkunst in Darmstadt. Seit 1984 ist Johannes Fritsch Professor für Komposition an der Staatlichen Hochschule für Musik in Köln.

*born in Jens-Auerbach, G, 1941. Johannes Fritsch studied music, sociology, philosophy, viola and composition with B.A. Zimmermann at University and Academy of Music in Cologne and has performed with various orchestras. In 1965 he received his degree in „viola". From 1964 thru 1970 Johannes Fritsch was member of the Stockhausen Ensemble und had numerous concerts. He received a number of awards and grants and founded, together with Rolf Gehlhaar and David Johnson, the Feedback-Studio in Cologne in 1970. A year later he founded the first German composers' edition and published the Feedback-Papers. Four times he was organizer/promoter of the Weltmusik congresses at Vlotho and from 1971 thru 1984 he was conductor of a composing class and of Seminar für Neue Musik at Academy for Sound Art in Darmstadt, G. Since 1984 Johannes Fritsch has been Professor for composition at Staatliche Hochschule für Musik, Cologne.*

## Jane E. Frommer

Jane E. Frommer ist wissenschaftliche Forscherin am IBM Almaden Research Center und derzeit auf Forschungsurlaub am Institut für Physik der Universität Basel. Ursprünglich als organometallische Chemikerin ausgebildet, ist ihr derzeitiger Forschungsbereich

an der Schnittstelle zwischen Chemie und Physik angesiedelt, im speziellen dort, wo Moleküle mit Oberflächen interagieren.

*Jane E. Frommer is a research scientist with IBM Almaden Research Center, who is currently on sabbatical in the Physics Institute of the University of Basel, CH. She is formally trained as an organometallic chemist and her current area of research is at the interface between chemistry and physics, particularly in the regime where molecules interact with surfaces.*

## Dan Graham

geboren 1942 in Urbana. Dan Graham hat seine Arbeiten in Einzelausstellungen und Beteiligungen in den wichtigsten Museen und Galerien der Welt gezeigt, u.a. im Whitney Museum of American Art, NYC, in der Marian Goodman Gallery, NYC, dem Carnegie Museum of Art, Pittsburgh, in den Kunsthallen Basel und Bern, in der Art Gallery of Western Australia, im ARC Musée d'Art Moderne de la Ville, Paris, im Kunstverein München, im DIA Center for the Arts, NYC, der Margo Leavin Gallery in Los Angeles oder der Lisson Gallery in London. Dan Graham lebt und arbeitet in New York.

*born in Urbana, Ill., 1942. Dan Graham has had solo and group exhibitions in the most important galleries and museums in the USA, Europe, Japan and Australia since 1972, e.g. at The Whitney Museum of American Art, NYC, Marian Goodman Gallery, NYC, The Carnegie Museum of Art, Pittsburgh, Kunsthalle Basel and Kunsthalle Bern, CH, Art Gallery of Western Australia, ARC Musée d'Art Moderne de la Ville, Paris, Kunstverein München, Dia Center for the Arts, NYC, Margo Leavin Gallery, L.A. or at Lisson Gallery, London. Dan Graham lives and works in New York.*

## Gerald Harringer

geboren 1962 in Linz. Gerald Harringer machte 1982 seine Lehrabschlußprüfung für Elektroinstallateur und studierte von 1984 bis 1990 an der Meisterklasse für Visuelle Gestaltung der Hochschule für Gestaltung Linz. Er ist Gründungsmitglied der Künstlergruppe MOBILAR LINZ und war an

verschiedenen Wettbewerben und Ausstellungen beteiligt. 1990 hat er zusammen mit Wolfgang Preisinger und Brigitte Vasicek das internationale Videofestival QUERSPUR in Linz konzipiert, organisiert und gestaltet. Von 1991 bis 1992 war er als Post Graduate Student für Film und Video am Saint Martins College of Art and Design in London. Seit 1989 arbeitet Gerald Harringer zusammen mit Wolfgang Preisinger als DIE FABRIKANTEN an Medienprojekten und visuellen Gestaltungs- und Kommunikationskonzepten.

*born in Linz, A, 1962. Gerald Harringer finished his apprenticeship as an electrician in 1982 and studied at the Linz Academy of Industrial and Artistic Design from 1984 thru 1990. He is co-founder of the artists' group MOBILAR LINZ and has done various exhibitions and competitions. In 1990 he conceived and organized the international video festival QUERSPUR in Linz, together with Wolfgang Preisinger and Brigitte Vasicek. From 1991 thru 1992 he was a post graduate student for film and video at Saint Martins School of Art and Design in London. Since 1989 Gerald Harringer has been working on media, visual design and communication design concepts together with Wolfgang Preisinger as DIE FABRIKANTEN.*

## Agnes Hegedüs

geboren 1964 in Budapest. Agnes Hegedüs studierte an der Ungarischen Akademie für angewandte Kunst, der Minerva Akademie in Holland, der AKI Akademie in Deutschland und am Institut für Neue Medien in Frankfurt. Seit 1987 beschäftigt sie sich mit Video und seit 1989 macht sie interaktive Arbeiten, die Video und Computerbilder auf der Basis von Sound-Interaktion miteinander verbinden. In den letzten zwei Jahren hat sie eine Anzahl von Computer-Installationen unter Verwendung spezieller Projektionstechniken („RGB VW", „PLain Plane Playing", „Unstable"), sowie 3D interaktive Computergrafik-Installationen („4 Space", „The Fruit Machine") produziert.

*born in Budapest, H, 1964. Agnes Hegedüs studied at the Hungarian Applied Art Academy, Minerva Academy, NL, AKI Art Academy, NL and Institut für Neue Me-*

dien, Germany. Since 1987 she worked with video, and from 1989 on she has made interactive works combining video and computer images based on sound interaction. In the last two years she produced several computer installations using special projection techniques („RGB VW", „Plain Plane Playing", „Unstable") and 3D interactive computer graphic installations („4 Space", „The Fruit Machine").

## Benjamin Heidersberger

geboren 1957. Benjamin Heidersberger studierte Physik, Biologie und Informatik und ist Journalist, Redakteur der Macintosh-Zeitschrift MACup und Medienkünstler. Er hat Ponton European Media Lab in Hamburg mitgegründet und ist Direktor dieses Instituts, das sich mit der Vernetzung verschiedener Medien, interaktivem Fernsehen und neuen Benutzeroberflächen befaßt.

born in 1957. Benjamin Heidersberger studied physics, biology and informatics and is a journalist and editor of the Macintosh magazine MACup, as well as an artist. He is co-founder and director of Ponton Media Lab in Hamburg, an institute which is involved with the network interdependence of various media, interaktive TV and new user surfaces.

## Günter Held

geboren 1962 in Frankfurt/M., D. Günter Held war im Bereich Marktforschung und Directmarketing in Frankfurt tätig, bevor er ein Studium der Ästhetik an der Hochschule für Film und Design in Offenbach begann. In der Zeit von 1984 bis 1986 schuf er seine ersten Objekte und Metallskulpturen und gründete die Galerie „00 C" in Frankfurt. Von 1986 bis 1988 führte er die gleiche Galerie in Berlin und beschäftigt sich seither mit der Entwicklung von Reizstromgeräten und Stimulationsautomaten zum Zwecke sexuellen Lustgewinns. Günter Held gründete 1989 das Institut „Neuroserv" und ist freier Mitarbeiter am Institut für Hochspannungstechnik und Starkstromanlagen an der TU Berlin. 1990 hat er den ersten Tesla-Transformator gebaut und führt seit 1991 umfangreiche Versuche auf dem Gelände der

Telekom an einem Langwellensender durch.

born in Frankfurt/M., G, 1962. Günter Held was working in the fields of marketing research and direct marketing in Frankfurt, before he started his studies of aesthetics at the Hochschule für Film und Design in Offenbach. Between 1984 and 1986 he created his first objects and metal sculptures and founded the „00 C" gallery in Frankfurt. From 1986 thru 1988 he led the same gallery in Berlin and since then has been involved with the developing of stimulate current devices and stimulation apparatusses for the purpose of sexual pleasure. Günter Held founded the institute „Neuroserv" in 1989 and is a freelance cooperator at the Institut für Hochspannunqstechnik und Starkstromanlagen (for high tension techniques and heavy current installations) of Technical University Berlin. In 1990 he built his first Tesla coil and has undertaken extensive experiments with a long wave transmitter in the area of Telekom.

## Donald D. Hoffman

Don Hoffman ist Professor am Institut für kognitive Wissenschaften und am Institut für Informatik an der University of California, Irvine. Er erhielt seinen BA aus quantitativer Psychologie von der University of California, Los Angeles, und sein Doktorat aus rechnerischer Psychologie vom Massachusetts Institute of Technology. Die Forschung Hoffmans verwendet Werkzeuge aus den Bereichen der künstlichen Intelligenz, der Mathematik und der Psychophysik, um biologisches und robotisches Sehvermögen - speziell, um die Wiedergewinnung einer dreidimensionalen Struktur von zweidimensionalen Bildern, um die Erkennung von dreidimensionalen Objekten und die allgemeinen mathematischen Rahmen zur Untersuchung der Wahrnehmung und ihrem Verhältnis zu Welt zu entwickeln. Die mathematische Rahmenarbeit ist in einem Buch erläutert: Observer Mechanics (Academic Press, 1989; B. Bennett, D. Hoffman, C. Prakash). Hoffman erhielt für seine Forschung über Wahrnehmung den Distinguished Scientific Award von der American Psychological Association.

Don Hoffman is a Professor at the University of California, Irvine, in the

Department of Cognitive Science and in the Department of Information and Computer Science. He received his B. A. in Quantitative Psychology from the University of California, Los Angeles, and his Ph. D. in Computational Psychology from the Massachusetts Institute of Technology. Hoffman's research uses tools from the fields of artificial intelligence, mathematics, and psychophysics to study biological and robotic vision – in particular, to study the recovery of three-dimensional structure from two-dimensional images and the recognition of three-dimensional objects, and to develop a general mathematical framework for the study of perception and its relation to the world. The mathematical framework is presented in the book Observer Mechanics (Academic Press, 1989; B. Bennett, D. Hoffman, C. Prakash). Hoffman has received a Distinguished Scientific Award from the American Psychological Association for his research into perception.

## Huemer/Jelinek.

Markus Huemer, geboren 1968 in Linz; Robert Jelinek, geboren 1970 in Pilsen, CFSR. Huemer/Jelinek arbeiten seit 1989 gemeinsam und erhielten in diesem Jahr ein gefördertes Atelier des Landes Oberösterreich. 1990 waren sie an einer Ausstellung der Welser Wahrnehmungstage beteiligt, sowie an der Schau "Industrie und Fantasie" im O.Ö. Landesmuseum. Sie hatten Einzelausstellungen in Linz und erhielten 1992 ein Auslandsstipenidum für Rom.

Markus Huemer, born in Linz, 1968; Robert Jelinek, Born in Pilsen, CFSR, 1970. Huemer/Jelinek have been collaborating since 1989 when they received a granted studio by the Upper Austrian government. In 1990 they took part in exhibitions at Wels and Linz and had solo shows in Linz. In 1992 they received a foreign fellowship for a stay in Rome, Italy.

## Henry Jesionka

geboren in Toronto. Henry Jesionka machte seinen Abschluß in Medienwissenschaften am Center for Media Study der State University of New York in Buffalo, erhielt einen BA im Bereich Medien am Reyerson Polytechnical Institute in Toronto und besuchte zwei

Jahre den Lehrgang für Physik an der University of Waterloo. Er war bei Oceana Matrix als Angestellter für Computeranimationen zuständig und hielt Vorlesungen über digitale Kunst am Department of Media Study in Buffalo. Von 1987 bis 1989 war er Gastprofessor für Film und Video am Center for the Arts an der Simon Fraser Universität in Vancouver und ist derzeit Gastprofessor für digitale Kunst und Video an der Universität in Buffalo. Henry Jesionka hatte zahlreiche Ausstellungen, Vorführungen und Performances in den USA und Europa und hat Preise und Stipendien wie den 1.Preis des Three River Arts Festival oder der Rockefeller Foundation des NEA erhalten, sowie Förderungen und Unterstützungen.

*born in Toronto, CAN. Henry Jesionka received a degree in Media Studies from School of Graduate Studies/ Centre for Media Study at State University of New York at Buffalo, a Bachelor Degree in Media Studies from the Ryerson Polytechnical Institute, Toronto and attended two years of Physics Program at University of Waterloo. He was employed by Oceana Matrix for 3-D compuer animations and lectured Advanced Digital Arts at the Department of Media Study/Suny at Buffalo. From 1987 thru 89 he was Assistent Professor of Film and Video at the Center for the Arts at Simon Fraser University in Vancouver and is currently Adjunct Assistant Professor of Digital Arts and Video at State University, Buffalo. Henry Jesionka has had exhibitions, screenings and performances in USA and Europe and has received awards and grants as the 1st Prize of the Three Rivers Arts Festival, Pittsburgh or the NEA/ Rockefeller Foundation „New Forms" grant as well as fellowships and commissions.*

## Rainer Jessl

Seit 1980 Lichtgestaltung bei Theaterproduktionen mit Spielstatt und Theater Phönix. Licht-Raum-Gestaltung bei Konzerten. Projektionen (Dias, Live-TV) bei Kunstaktionen. Performer in „Der kranke Raum", ARS '91.

*Light production for theatre productions at "Spielstatt" and the Phönix theatre since 1980. Light-spatial design for concerts.*

## Georg Kampis

geboren 1958 in Budapest. Georg Kampis verließ die Budapester Technische Universität mit einem MA in Elektroingenieurwesen mit Spezialisierung auf technische Physik und Festkörpertechnologie. Nachdem er zwei Jahre an der Ungarischen Akademie der Wissenschaften am physikalischen Forschungsinstitut gearbeitet hat, wechselte er seinen Beruf und wandte sich in seiner Freizeit der Bilogie und Kybernetik zu. Von 1984 bis 1987 war er Student an der ELTE, der Budapester wissenschaftlichen Universität, die er 1988 mit einem Ph.D. verließ. Derzeit ist er Forschungsleiter an der ethnologischen Abteilung der ELTE und in Tübingen, D. Seine Forschungsgebiete sind die theoretische Bilogie, Kognitivwissenschaften, Systemwissenschaften und Philosophie. Er hat über 40 Artikel veröffentlicht, sein Hauptwerk ist „Selbstmodifizierende Systeme in Biologie und Kognitivwissenschaften: Eine grundlegende Struktur für Dynamik, Information und Komplexität", Pergamon 1991.

*born in Budapest, H, 1958. Georg Kampis took his Master's Degree from the Budapest Technical University in Electrical Engineering with a specialization in technical physics and solide state technology. After having worked for two years with the Hungarian Academy of Sciences' Central Research Institute for Physics, he has changed his profession and turned his pastime interest in biology and cybernetics. Between 1984 and 1987 he was a doctoral student at ELTE, Budapest's science university, where he defended his Ph.D. in 1988. Currently he is a Senior Research Fellow at the Department of Ethnology at ELTE and Research Fellow in Tübingen, Germany. His research interests are theoretical biology, cognitive science, systems science and philosophy. He has published over 40 papers, his main work is „ Self-Modifying Systems in Biology and Cognitive Science: A Framework for Dynamics, Information and Complexity", Pergamon 1991.*

## Lars Löfgren

Lars Löfgren wurde 1925 in Stockholm geboren. 1949 erhielt er seinen MA aus Physik, 1954 erhielt er den Lizentiatstitel aus Mathematik, 1962 erhielt er sein Doktorat aus Mathematik, alle

an der Kungliga Tekniska Högskolan, Stockholm. Von 1947 bis 1962 arbeitete er am Swedish Research Institute of National Defense, unter anderem als Forschungsassistent und Laborant. Von 1959 bis 1961 hielt er Gastprofessuren im Biological Computer Laboratory and der University of Illinois, Urbana, USA. Von 1963 bis 1991 war er Professor und Vorstand des Instituts für Automatentheorie und allgemeine Systeme an der Universität von Lund. Von 1966 bis 1968 besuchte er wieder die Biological Computer Group an der University of Illinois als außerordentlicher Gastprofessor. Zur Zeit ist er emeritierter Professor am Institut für Informationstheorie an der Universität von Lund, wo er sich hauptsächlich mit grundlegenden Fragen innerhalb der Systemtheorie mit Wurzeln in der Metamathematik beschäftigt.

*born in Stockholm, 1925. Lars Löfgren received his master's degree in physics in 1949, "licentiat" in mathematics in 1954, and doctor's degree in mathematics in 1962, all from Kungliga Tekniska Högskolan, Stockholm. In 1947–62 he worked with the Swedish Research Institute of National Defense, with positions from research assistant to "laborator". In 1959–61 he held visiting positions with the Biological Computer Laboratory at the University of Illinois, Urbana, U.S.A. In 1963–91 he was professor and head of the department of automata theory and general systems at the University of Lund. In 1966–68 he revisited the Biological Computer Group at the University of Illinois as a visiting associate professor. At present he works as professor emeritus at the department of information theory, University of Lund, where he is mainly concerned with foundational questions within systems theory with roots in metamathematics.*

## Rudolf Macher

geboren 1960 in Steyr, A. Rudolf Macher studierte bei Arnulf Rainer an der Akademie der Bildenden Künste Wien von 1983 bis 1989 und lebt in Wien. Seine Arbeiten wurden in zahlreichen Ausstellungen in Österreich und New York gezeigt.

*born in Steyr, A, 1960. Rudolf Macher studied with Arnulf Rainer at Academy of Fine Arts in Vienna from 1983 thru 1989* and lives in Vienna. His work has been shown in numerous exhibitions in Austria and NYC.


## Klaus Madzia

geboren 1966. Klaus Madzia ist in England und Deutschland aufgewachsen und lebt als Journalist in Hamburg.

*born in 1966. Klaus Madzia has been raised in England and Germany and lives as a journalist in Hamburg.*


## Christian Möller

geboren 1959 in Frankfurt/Main, D. Christian Möller studierte von 1981 bis 1986 Architektur in Frankfurt und war von 1986 bis 1988 als Stipendiat an der Akademie der Bildenden Künste Wien bei Gustav Peichl. Von 1988 bis1990 arbeitete er im Architektur-büro Behnisch und Partner in Stuttgart und leitet seit 1991 ein eigenes Büro in Frankfurt. Seither ist er als Mitarbeiter am Institut für Neue Medien an der Städelschule in Frankfurt tätig, wo er an der Architekturklasse einen Lehr-auftrag für virtuelle Architektur hat.

*born in 1959 in Frankfurt/Main. 1981-1986 studied architecture in Frankfurt. 1986-1988 scholarship at the Academy of Fine Arts in Vienna, „Meisterschule Gustav Peichl. 1988-1990 member of the architects' office „Behnisch and Partner" in Stuttgart. Since 1991, he has had his own office in Franfurt and is a member of staff at the Institute for New Media in Frankfurt. Since 1992, lecture-ship for virtual architecture in the archi-tecture class at the „Städelschule" in Frankfurt.*


## David Muller

David Muller ist derzeit als Elektro-ingenieur für das Department of Physics and Astronomy an der University of Iowa, Iowa City, tätig, wo er Schalt-kreise und Software für ein Satelliten-instrument konstruiert, das Bilder des Nordlichts aufnehmen soll. Von 1984 bis 1990 war er Toningenieur in den Experimental Studios an der School of Music der Universität Iowa. In dieser Zeit entwickelte er ein Gerät zur Kom-position von Computermusik, leitete Forschungen und unterrichtete Tech-niken der Computermusik-Kompositi-on, Video und Medien, und kompo-nierte Musik- und visuelle Werke mit dem Computer. David Muller studier-te von 1976 bis 1977 Maschinenbau an der Iowa State University in Ames, Iowa.

*David Muller is currently an electrical engineer working for the Department of Physics and Astronomy, the University of Iowa, Iowa City, where he designs circuits and software for a satellite instrument that will take images of the Aurora Borealis. From 1984 htru 1990 he was an audio engineer for The Experimental Music Studios, School of Music at Uni-versity of Iowa. During this period he developed a computer music workstation for use by composers, conducted research and taught classes in techniques of computer composition for music, video and other media, and composed works of music and graphic arts with the computer. David Muller was an engi-neering student at Iowa State University, Ames, Iowa, from 1976 to 1977.*


## Robert C. F. Mulder

geboren 1943 in Den Haag, NL. Seit seinem vierzehnten Lebensjahr be-schäftigt sich Robert F. Mulder als Au-todidakt mit elektronischer Kunst. Zur Zeit liegen seine Schwerpunkte im Bereich zeitabhängiger visueller Phä-nomene sowie der Anwendung von visueller Kunst als Prozeß eher denn als Objekt. Er hat zahlreiche internationa-le und nationale Stipendien und Preise erhalten. Mulder hält weltweit Vorträ-ge und führt Konzerte auf, und seine Installationen und Performances wur-den in Kanada, Europa und den USA gezeigt.

*born in Den Haag, NL, 1943. Since the age of 14 Robert Mulder has followed a path of self-guided education as an electronic artist. Currently his interests are in the field of time-dependent visual phenomena, and applications which utilize visual art as a process, rather than as object. He has won numerous grants and awards in national and internatio-nal competitions. Mulder engages in concerts/lectures world-wide and his performances and installations have been experienced by audiences throughout Canada, the USA and Europe.*


## Klaus Obermaier

Studium am Linzer Brucknerkonser-vatorium und an der Hochschule für Musik und darstellende Kunst in Wien, Konzertdiplom mit Auszeichnung. Malereistudium an der Kunsthoch-schule in Linz. 1990 Förderungsprämie für Komposition des Landes Ober-österreich. Arbeitete mit Ornette Cole-man, Heiner Goebbels, Ensemble Mo-dern/Frankfurt, der Deutschen Kam-merphilharmonie. Tourneen in Euro-pa, USA und Asien. Spielte bei inter-nationalen Jazz- und Gitarre-Festivals. Kompositionsaufträge von verschie-denen Ensembles (Arnold-Quartett/ Frankfurt, Konzertensemble Salzburg). Musik für Theater und Performances.

*studied at the Bruckner Academy of Music in Linz and at the University for Graphic and Interpretative Art in Vienna. Gra-duated with honours and a concert diploma. Studied painting at the College of Art in Linz. 1990 Promotion Award for composition from the Upper Austrian Local Government. Worked with Ornette Coleman, Heiner Goebbels, Ensemble Modern/Frankfurt, the German Kam-merphilharmonie. Toured Europe, USA and Asia. Played at international Jazz and Guitar Festivals. Awarded com-position commissions by various En-sembles (Arnold Quartett/Frankfurt, Konzertensemble Salzburg). Music for theatre and performances.*


## Jürgen Parisi

Jürgen Parisi wurde in Rottweil, BRD, 1951 geboren. Er erwarb seinen B.S. aus Physik an der Universität Stuttgart 1974, seinen M.S., sein Doktorat und seine Habilitation aus Physik an der Universität Tübingen. Seit 1982 arbei-tet er als Assistent und Gastprofessor am Institut für Physik an der Universi-tät Tübingen, Universität Bayreuth bzw. Universität Zürich. Seine derzeitigen Forschungsaktivitäten beinhalten nonlineare Dynamik und selbstorga-nisierende Strukturformationsphäno-men in verschiedenen nicht in Gleich-gewicht befindlichen dissipativen Sy-stemen, mit einem Schwerpunkt auf Halbleitern, Supraleitern und Laser-physik. Große Teile seiner Arbeit pro-fitierten von der laufend inspirierenden Kooperation mit Otto E. Rössler am Institut für physikalische und theoretische Chemie an der Universität Tübingen, die1984 begann.

*born in Rottweil, Germany, 1951. Jürgen Parisi received the B. S. degree in physics from the University of Stuttgart in 1974, the M. S., the Ph.D., and the habilitation degrees (Dr. rer. nat. habil.) in physics from the University of Tübingen. Since 1982, he has been working as Assistant and Visiting Professor at the Departments of Physics, University of Tübingen, University of Bayreuth, and University of Zurich. His current research activities include nonlinear dynamics and self-organizing structure formation phenomena in various nonequilibrium dissipative systems, particularly focussing on semiconductor, superconductor, and laser physics. Major parts of his work strongly benefitted from the perpetually inspiring cooperation with Otto E. Rössler at the Institute for Physical and Theoretical Chemistry, University of Tübingen, started in 1984.*

## Gordon Pask

ist derzeit Professor der allgemeinen Andragologie am OOC/CICT an der Universität von Amsterdam (Soziale Cybernetik, inter- und intrapersonelle Interaktionen Agierender, oft durch Maschinen), der Architektur des Wissens an der Architectural Association in London und auch weiterhin Gastprofessor an der Brunel University, UK. Er erwarb seinen Bachelorstitel und seine Mastertitle aus Philosophie am Downing College in Cambridge, sein Doktorat aus Psychologie an der London University, (University College), seine Habilitation an der Open University, UK. 1953 war Pask Mitgründer von System Research, einer Non-profit Organisation, diente bis 1980 als Forschungsdirektor, und wurde dann wissenschaftlicher Assistent am NIAS. Er war einer der gründenden Professoren des Cybernetikinstituts an der Brunel University und auch in der Forschung tätig. Von 1970 bis zur Einreichung seiner Habilitationforschungsarbeit und seiner Dissertation war er Gastprofessor an der University of Illinois, Urbana, an der University of Oregon, Portland, an der UNAM, Mexico, an der Georgia Tech, Atlanta, an der University of Illinois, Chicago Circle, an der Open University, UK. Von 1981 bis 1988 war er Professor der Ed Tech

und Mitgründer des Center of Cybernetics and applied Epistemology (Zentrum für Cybernetik und angewandte Epistemologie) und mehrmals Gastprofessor am Center for Cybernetik Studies of Complex Systems (Zentrum für cybernetische Studien an komplexen Systemen) an der Old Dominion University, Norfolk, Virginia.

*is currently professor of general andragology (Social Cybernetics, inter-personal and intra-personal interactions of actors, often through machines), in the OOC/CICT/Amsterdam University, of the Architecture of Knowledge at the Architectural Association, London, and remains adjoint professor at Brunel University, U. K. He received a Batchelor's, his Master's on studying philosophy in residence at Cambridge (Downing College). He studies for and obtained a Ph. D. in Psychology, at London University, University College and the higher doctorate, D.Sc, at the Open University, U. K. Pask co-founded System Research, a non profit organisation in 1953 and served as director of research until 1980, when he became fellow in residence at NIAS. He was one founding professor, research, in the Dept Cybernetics, Brunel University, elected in 1968. He has been visiting professor at University of Ilinois, Urbana, at University of Oregon, Portland, at UNAM, Mexico, at Georgia Tech, Atlanta, at U. of I, Chicago Circle, at the u. K. Open University from 1970 until submission of D. Sc. research and dissertation; from 1981 to 1988, professor of Ed Tech and cofounder of Centre for Cybernetics and Applied Epistemology and, on several occassions visiting professor at centre for Cybernetic Studies of complex systems; Old Dominion. U. Norfolk, Virginia.*

## Franz Pichler

geboren 1936 in Thalgau, A. Franz Pichler ist gelernter Fernmeldemonteur, hat in Innsbruck Mathematik studiert und war in Linz als praktizierender Ingenieur tätig. Er ist als Professor für Systemtheorie am Institut für Systemwissenschaften an der Naturwissenschaftlichen Fakultät der Universität Linz tätig, und hat mehrere Auslandsaufenthalte absolviert, u.a. an der University of Maryland, WA (1970), dem National Physical Laboratory in London (1971) und der State University

of New York in Binghampton (1975/76 und 1982/83). Franz Pichlers Arbeitsschwerpunkte gelten vor allem der Mathematischen Systemtheorie, der Computerunterstützten Systemtheorie (CAST), der Kryptographie und Geschichte der Technik.

*born in Thalgau, A, 1936. Franz Pichler has studied Mathematics at University of Innsbruck and was working as an engineer in Linz. He is professor for Systems Theory at Institut für Systemwissenschaften at University of Linz and has had various foreign stays, amongst others at University of Maryland, WA, in 1970, National Physical Laboratory, London in 1971 and State University of New York, Binghampton, NY, in 1975/76 and in 1982/83. His working emphasis is put on Mathematical Systems Theory, CAST, Kryptographics and History of Technics.*

## PoMo CoMo:

**Will Bauer** (B.Sc., P.Eng.)
ist Computeringenieur und Musiker, derzeit ansässig in Edmonton, wo er die industrielle Super-Computing Firma VisionSmart, Inc. mitgegründet hat. Er ist in Tanz und Musik ausgebildet worden, und ist bei solchen Festivals wie Edmonton Fringe und beim Victoria Festival aufgetreten. Seine Forschung hat ihm mehrere Patente, Publikationen, und Auszeichnungen zum größten Teil für die Entwicklung des Gesture and Media System Interface (GAMS) eingebracht. Sein Artikel über GAMS erscheint demnächst im *Computer Music Journal*.

*is a computer engineer and musician currently based in Edmonton, where he co-founded the industrial super-computing company VisionSmart Inc. He has been trained in dance and music, and has performed at festivals such as the Edmonton Fringe and the Victoria Festival. Will's research has earned him several patents, publications, and prizes mostly for his development of the Gesture and Media System Interface (GAMS). His article on GAMS is forthcoming from the Computer Music Journal.*

**Mark Bell** (B.F.A.)
ist technologischer Musiker, der am Royal Conservatory of Music in Toronto und an der University of Victoria mit John Celona, Rudolph Komorus und

Eva Lendermann studierte. Er hat sich auf Computeranwendungen für die Musik spezialisiert, in den verschiedenen Genres von der experimentellen zur kommerziellen Musik gearbeitet. Als Mitgründer des Club DD, hat Mark Multimedia Shows in Vancouver, Toronto und Georgia organisiert und aufgeführt und dabei mehrere unabhängige Tonbandaufnahmen herausgegeben.

*is a technological musician who studied at the Royal Conservatory of Music in Toronto and the University of Victoria, where he studied with John Celona, Rudolph Komorus and Eva Lenderman. He has specialized in computer applications for music, and has worked in various genres from experimental to commercial. As co-founder of Club DD, Mark has organized and performed multimedia shows in Vancouver, Toronto and Georgia; releasing several independent tapes.*

**Geoffrey Bendz** (B.A., M.A., B.F.A.) ist Fotograph und Computerkünstler aus Vancouver. Er studierte Politikwissenschaft und Fotographie an der Simon Fraser, der Carleton und der Concordia University. Er hat schon seine ikonische Fotographie in der Gallerie Stornaway und im Canal Complex, als auch bei mehreren Gruppenveranstaltungen ausgestellt. Seine Fotographie ist in mehreren Publikationen einschließlich dem Canadian Journal for Social and Political Theory erschienen.

*is a photographer and computer artist from Vancouver. He studied political science and photography at Simon Fraser, Carleton, and Concordia Universities. He has shown his iconic photography at Galerie Stornaway, the Canal Complex, and at several group shows. His photography has appeared in several publications including the Canadian Journal for Social and Political Theory.*

**Marc Boucher** (B.F.A.) ist ein in Montréal ansässiger Performance-Künstler. Nach dem Training an der École nationale de Cirque und der Tournee mit der Cirque du Soleil, studierte er Mimik, Tanz, und Choreographie an der Concordia University, und grauduierte mit einem B.F.A. aus modernem Tanz. Als selbständiger Choreograph mit Interessen für Theater und Video erhielt er ein For-

schungsstipendium, und eine definitve Stelle bei der SAW Video Produktion.

*is a Montréal-based performance artist. After training at the École nationale de Cirque and touring with the Cirque du Soleil, Marc studied mime, dance and choreography and graduated from Concordia University with a B.F.A in contemporary dance. As an indepedent choreographer with interests in theatre and video, he has received an Explorations Grant and a SAW video production residency.*

**Steve Gibson** (B.F.A., M.F.A., Ph.D.) erwarb sein Doktorat aus Musikkomposition an der State University of New York in Buffalo, wo er zusammen mit Louis Andriessen, David Felder, Frederick Rzewski und anderen Komponisten studierte. Seine Musik mit traditionellen Instrumenten und Elektronik ist schon ausführlich an solchen Schauplätzen wie im Whitney Museum in New York, am North American New Music Festival (1989 und 1991), und an der University of Wisconsin aufgeführt worden. Seine Filmmusik und seine Arbeit mit Mixed-Media (gemischten Medien) ist in vielen Ländern vorgestellt worden.

*obtained his doctorate in music composition at the State University of New York at Buffalo, where he studied with Louis Andriessen, David Felder, Frederick Rzewski, and other composers. His music in traditional instruments and electronics has been performed extensively in venues such as the Whitney Museum in NY, the North American New Music Festival (1989 and 1991), and the University of Wisconsin. His film scores and work in mixed-media has also been presented in several countries.*

**Kelly Hargraves** (B.A., B.F.A.) studierte zeitgenössischen Tanz an der Concordia University und Kommunikation an der University of Windsor. Zu ihren Tanzlehrern zählen Sylvain Émard, Pablo Vela, Jo Lechay und Elizabeth Langley. Ihre Arbeit ist an Orten quer durch Kanada erschienen, sowohl als Teil von Tanzgruppen wie z.B. dem Theatre Anima und Gina Lori Riley Dance, als auch als Ergebnis ihrer Tätigkeit als selbständige Choreographin. Ihre Videos wurden bei Festivals einschließlich dem Festival International de Nouvelle Danse vorgestellt.

*studied contemporary dance at Con-*

cordia University, and communications at the University of Windsor. Her dance teachers have included Sylvain Émard, Pablo Vela, Jo Lechay, and Elizabeth Langley. Her work has appeared in spaces across Canada, both as part of companies such as Theatre Anima and Gina Lori Riley Dance, and as an independent choreographer. Her videos have been presented at festivals including the Festival International de Nouvelle Danse.*

**Andreas Kitzmann** (B.Admin., B.F.A., Ph.D.) ist deutsch - kanadischer kreativer Schriftsteller und Schauspieler, der gerade dabei ist, sein Doktorat aus vergleichender Literatur abzuschließen. Er hat Lesungen und Vorträge an der University of Kentucky, der University of Victoria, und der McGill University gehalten. Er ist Assistentredakteur für die Zeitschrift Copyright - eine Publikation der zeitgenössischen kulurellen Kritik der Harvard University. Er ist Gründungsmitglied von PoMo CoMo, und Co-Autor des Skripts von IMmedia CY.

*is a German / Canadian creative writer and actor, who is completing a doctorate in comparative literature. He has given readings and lectures at the University of Kentucky, the University of Victoria, and at McGill University. He is assistant editor for the journal Copyright, a publication of contemporary cultural critique, from Harvard University. He is a founding member of PoMo CoMo and co-wrote the script of IMmediaCY.*

**Rafael Lozano-Hemmer** (B.Sc.) ist konzeptueller Künstler, Autor und Chemiker, der zum größten Teil auf dem Gebiet der Computeranimation und -installation tätig ist. Er war als Gastkünstler am „Banff Centre for the Arts" for the Networking and Border Culture residencies (für die Sender und Randkultur für die Ansässigen) eingeladen. Seine Arbeit ist am Ontario College of Art, am Danish State Radio, in der Gallerie Stornaway, und an der Alberta College of Art erschienen. 1992 wird er elektronische Skulpturen in Madrid ausstellen. Er ist Gründungsmitglied von PoMo CoMo.

*is a conceptual artist, author, and chemist working mostly in computer animation and installation. He has been guest artist at the Banff Centre for the Arts for the Networking and Border Culture resi-*

dencies, and his work has appeared in environments as diverse as The Ontario College of Art, Danish State Radio, Galerie Stornaway, and the Alberta College of Art. This year he will exhibit electronic sculptures in Madrid. He is founding member of PoMo CoMo.

## Radiolabor:

### Rudolf Danielczyk
geboren 1964 in Linz, A. Höhere graphische Bundeslehr- und Versuchsanstalt, Wien (Abteilung für Photographie); Ecole Nationale de la Photographie, Arles (Frankreich); div. Einzel- und Gruppenausstellungen im In- und Ausland; Teilnahme an Videofestivals in Frankreich; Konzeption und Realisation von Dia-AV-Shows für diverse Festivals (Rencontre Internationales de la Photographie und Festival Off); Konzeption und Realisation von diversen Ausstellungen im In- und Ausland; lebt und arbeitet als freischaffender Kunstlichtbildner in Linz.

*born in 1964 in Linz, Austria. Attended Higher Graphics College and Research Institute, Vienna (photography); Ecole Nationale de la Photographie, Arles (France); Various individual and group exhibitions in Austria and abroad. Participated in video festivals in France; Concept and realization of Slide-Audio-Video Shows for various festivals (Rencontre Internationales de la Photographie and Festival Off); Concept and realization of various exhibitions in Austria and abroad; Lives and works in Linz as a freelance artificial light artist*

### Bert Estl
geboren 1968 in Linz, A. Lehrausbildung als Drucker, Mitarbeit bei Kapu, Stadtwerkstatt (Siebdruck, Video, Ars-Projekt „Automaten TV") Kulturarbeiterausbildung KUPF OÖ., Kulturarbeit im Kv KAPU (PR, Organisation von Konzerten, Subventionsabwicklung), Projektleitung Radiolabor im Offenen Kulturhaus, Mitinitiator der Kapu Radio Show, div. Computer-, Video- und Musikprojekte. Teilnahme an div. Videofestivals, Vorstandsmitglied bei der KUPF.

*born in 1968 in Linz, Austria. Served an apprenticeship as a printer, worked on Kapu, Stadtwerkstatt (screen print, video, Ars Project "Automaten TV") Cultural work training - KUPF UA, cultural work in*

KAPU (PR, organization of concerts), subvention transactions, project management "Radiolabor" in the "Offenes Kulturhaus". Co-initiator of the Kapu Radio Show, various computer, video and music projects, participated in various video festivals, Board Member of KUPF.

### Christoph Fürst
geboren 1965 in Freistadt. 2 Jahre Studium der Kunstgeschichte in Wien; Besuch der Kunsthochschule in Linz seit '87, freier Grafiker seit 6 Jahren; diverse Ausstellungen und Trickfilme.

*born in 1965, in Freistadt. Studied the history of art in Vienna for 2 years, has been attending the Art College in Linz since 1987. Freelance graphics artist for the past 6 years; various exhibitions and trick films.*

### Walter Nadler
geboren 1963 in Bad Ischl. Bundesfachschule für Holzbearbeitung in Hallstatt. Tischlerei und Raumgestaltung); Student an der Kunsthochschule, Linz; diverse Einzel- und Gruppenausstellungen; bis Mai '91 Noise-Bassist bei "FUCKHEAD"; diverse Ausstellungskonzeptionen und -gestaltungen; Bühnenbilder im Theater Phönix und Kuddelmuddel.

*born in 1963, in Bad Ischl. Attended the Wood Working College in Hallstatt, carpentry and interior decoration: Student at the Art College in Linz: various exhibition concepts and designs; Stage designer at the Phönix and Kuddelmuddel theatres.*

### Thomas Pichler
geboren 1964 in Innsbruck. Matura, Studium der Informatik. Moderation und Gestaltung bei Radiolabor im OK Linz. Bassist bei den Passengers und FUCKHEAD. Mitarbeit bei der Kapu Radio Show.

*born in 1964, in Innsbruck. After finishing school, he studied informatics. Moderation and design with "Radiolabor" at the OK, Linz. Bass player with the passengers and FUCKHEAD. Worked on the Kapu Radio Show.*

### Mark Voika
Tontechnik beim Radiolabor, Musiker.

*sound technology at „Radiolabor", musician.*

### Wolfgang Reisinger
1979 bis 1989 Schlagzeuger und Perkussionist des VIENNA ART ORCHESTERS. Mitbegründer der Ensembles PART OF ART, AIR MAIL und PAT BROTHERS. Spielt mit Harry Pepl, Dave Liebman, Louis Sclavis, EBU- und WDR-Bigband. Konzerte in Europa, Japan und USA. Kompositionen für Film und Theater.

*1979 to 1989, drummer and percussionist with the Vienna Art Orchestra. Co-founder of the ensembles "Part of Art", "Air Mail" and "Pat Brothers". Concerts in Europe, Japan, and USA. Compositions for films and theatre.*

### Otto E. Rössler
geboren 1940. Elektronische Geräte haben ihn seit seiner Schulzeit als Radioamateur fasziniert. Zu der Zeit wurde er von der Bertalanffyanalogie zwischen Flamme und Organismus inspiriert, eine Verbindung zwischen Feuer und Evolution („extrinsiches" versus „intrinsisches" Wachstum) zu entwickeln. Es folgte eine Theorie der Anthropogenese, die auf der deduktiven Theorie der Gehirnfunktion basiert, und in einem Austausch mit K.Z. Lorenz entwickelt wurde. 1976 wurde ein sechsminütiger Computerfilm mit Soundtrack produziert, der „verschiedene Arten von Chaos in einfachen Differentialgleichungen darstellte". Unerwarteterweise beinhaltete er bekannte Klänge, und fügte drei Jahre später eine drei-minütige Erweiterung Hyperchaos und das Geräusch von Regentropfen, die auf ein Autodach fallen, hinzu. In den Achtzigern ereignete sich eine konzeptuelle Fusion zwischen dem Limit zur Beobachtung von innen, implizit in der Chaostheorie, einerseits, und dem intuitiven „Glasschneider-Prinzip" (die Unmöglichkeit Glas mit Glas zu schneiden), die in den sechziger Jahren als qualitative Erklärung der Quantenmechanik formuliert worden war, andererseits. Das Resultat war die „Endophysik".

*born 1940. Electronic gadgets captured the imagination since his highschool days as a radio amateur. The student was inspired by Bertalanffy's analogy between flame and organism to develop a connection between fire and evolution ("extrinsic" vs. "intrinsic" growth). Then* came a theory of anthropogenesis based on a deductive theory of brain function developed in an exchange with K. Z. Lorenz. In 1976, a 6-minute computer movie with soundtrack was produced which featured "different types of chaos in simple differential equations". It unexpectedly contained well-known sounds, and a 3-minute extension 3 years later added hyperchaos and the sound of raindrops falling on a car roof. In the 1980's, a conceptual fusion occurred between the limit to exact observation from the inside implicit in chaos theory, on the one hand, and an intuitive "glass cutter's principle" (impossibility to cut glass with glass) which had been formulated in the 60's as a qualitative explanation of quantum mechanics, on the other. The result was "endophysics".

## Gerhard Roth

geboren 1942. Gerhard Roth ist Direktor des 1989 gegründeten Institus für Hirnforschung an der Universität Bremen. Er studierte Philosophie, die er 1969 mit Promotion abschloß, und anschließend Biologie, in der er 1974 mit einer zoologischen Arbeit abschloß. Schwerpunkte seiner wissenschaftlichen Tätigkeit sind Neuroethologie und vergleichende Neurobiologie, Untersuchungen zur Evolution und Ontogenese komplexer funktionaler Systeme, kognitionstheoretische Untersuchungen und Netzwerkmodellierungen zur Wahrnehmung bei Wirbeltieren, sowie Untersuchungen zur Theorie und Philosophie der Biologie.

*born in 1942. Gerhard Roth is director of the 1989 founded Institute for Brain Research at University Bremen. He studied philosophy and left with a P.h. degree in 1969, before he studied biology which he finished with a zoological thesis in 1974. His scientific work's emphasis is put on neuroethology and comparing neurobiology, investigations on evolution and ontogenesis of complex funtional systems, cognition theoretical investigations and network modelling on perception of vertebrates, as well as investigations on theory and practice of biology.*

## Florian Rötzer

geboren 1953. Florian Rötzer lebt als freier Autor in München

*born in Munich, 1953. Florian Rötzer lives as a freelance writer in Munich.*

## Claire Roudenko-Bertin

Claire Roudenko-Bertin nahm an zahlreichen Einzel- und Gruppenausstellungen teil, u.a. im Pariser Grand Palais, in der Galerie Tugny-Lamarreund im Centre Georges Pompidou in Paris, sowie in zahlreichen europäischen und amerikanischen Museen, Galerien und Festivals. Sie beschäftigt sich vor allem mit Video und elektronischen Medien, über ihre Arbeiten erschienen zahlreiche Artikel.

*Claire Roudenko-Bertin has had a number of solo and group exhibitions, e.g. at Grand Palais, Centre George Pompidou and Galerie Tugny-Lamarre in Paris, as well as in various European and American museums, galleries and festivals. Before all she is involved with video and electronic media, there have been published a large number of articles on her work.*

## Michael Saup

geboren 1961 in Jungingen, D. Michael Saup studierte Musik am Dominican College in San Rafael, Kalifornien, Informatik an der FH Furtwangen und Visuelle Kommunikation an der Hochschule für Gestaltung Offenbach. Seit 1989 hat er einen Lehrauftrag für Video und Computer an der Akademie der Bildenden Künste München, seit 1990 auch an der Hochschule für Gestaltung Offenbach und ist seither künstlerisch-wissenschaftlicher Mitarbeiter am Institut für Neue Medien der Städelschule in Frankfurt/Main. Michael Saup erhielt den Preis für Blitzlichtfotografie "Flash Art" und den Sonderpreis der Jury des 4. Marler Video-Kunst-Preises 1990 für seine Arbeit "Paradays". Er hatte zahlreiche Ausstellungen und Auftritte in Europa und den USA

*born in Jungingen, G, 1961. Michael Saup studied music at Dominician College in San Rafael, CA, informatics in Furtwangen and visual communications at the Hochschule für Gestaltung in Offenbach. Since 1989 he has been teaching video and computer at Academy of Fine*

Arts in Munich, since 1990 at Hochschule für Gestaltung Offenbach and has been since then artistic scientist cooperator at Institut für Neue Medien Frankfurt. Michael Saup received the Flash Art award for flash light photography and the jury's special award of the 4. Marler video art price for his work Paradays in 1990. He has had numerous performances and exhibitions in Europe and the USA.

## Jeffrey Shaw

geboren 1944 in Melbourne, AUS. Jeffrey Shaw studierte Architektur und Kunstgeschichte an der Universität von Melbourne und Bildhauerei an der Brera Kunstakademie und der St. Martins School of Art in London. Er war Gründungsmitglied der Eventstructure Forschungsgruppe (1967-80) und ist derzeit Direktor des Instituts für Bildmedien am ZKM Karlsruhe. Seit Mitte der 60er Jahre macht er interaktive Medienprojekte, Installationen und Skulpturen. 1990 erhielt Shaw den Prix Ars Electronica und den L'Immagine Elettronica Preis in Ferrara. Seine Arbeiten wurden in den wichtigsten Museen und Festivals der Welt ausgestellt, darunter „The Narrative Landscape" (mit Dirk Groeneveld), Amsterdam 1985; „Inventer la Terre", Musée des Sciènces et de l'Industrie Paris 1986; „Heavens Gate" (mit Harry de Wit), Amsterdam 1987; „The Legible City" (mit Dirk Groeneveld), Maastricht 1988; „The Imaginary Museum of Revolutions" (mit Tjebbe van Tijen), Linz 1989; „Alices's Room", Kawasakij 1989; „Revolution", Amsterdam 1990; „The Virtual Museum - Das Belebte Bild", Art Frankfurt 1991.

*born 1944, in Melbourne, Australia. Studied architecture and art history at the University of Melbourne, and sculpture at the Brera Academy Milan and St. Martins School of Art London. Shaw was a founding member of the Eventstructure Research Group (1967-80) and at present is Head of the Institute for Image Media at the Center for Art and Media Technology (ZKM) in Karlsruhe. Shaw has been making interactive media events, installations and sculptures since the mid 60's. He was awarded the Ars Electronica prize (Linz) and the L'Immagine Elettronica prize (Ferrara) in 1990. His works have been shown at major museums and festivals wordwide and* include: THE NARRATIVE LANDCSAPE (with Dirk Groeneveld), Aorta, Amsterdam 1985, INVENTER LA TERRE Musée des Sciences et de l'Industrie, La Villette, Paris 1986, HEAVENS GATE (with Harry de Wit), Shaffy Theater, Amsterdam 1987, THE LEGIBLE CITY (with Dirk Groeneveld), Bonnefanten Museum, Maastricht 1988, THE IMAGINARY MUSEUM OF REVOLUTIONS (with Tjebbe van Tijen), Brucknerhaus, Linz 1989, ALICE'S ROOMS International Art & Science Exhibition, Kanagawa Science Center, Kawasakii 1989, REVOLUTION Imago, KunstRai, Amsterdam 1990, THE VIRTUAL MUSEUM Das Belebte Bild, Art Frankfurt, Frankfurt 1991.

## Robert Spour

Klavierstudium am Brucknerkonservatorium in Linz. Preisträger beim internationalen Jazzfestival in Bruxelles. Arbeitet seit 1980 mit elektronischen Klangerzeugern. Spielte mit vielen Jazz- und Improvisationsensembles im In- und Ausland. Seit 1984 elektronische Projekte mit dem Improvisationsensemble CAMORRA u.a. bei internationalen Festivals in Berlin, Valencia und Zagreb. Konzerte und Aufnahmen mit der Deutschen Kammerphilharmonie. Tourneen in Europa und USA. Kompositionsaufträge von verschiedenen Ensembles (Bläserensemble Pro Brass, Oberösterreichisches Kammerorchester). Musik für Theater und Performances.

*studied piano at the Bruckner Academy of Music in Linz. Prize winner at the International Jazz Festival in Brussels. Has been working with electronic sound producers since 1980. Played with a number of jazz and improvisation ensembles in Austria and abroad. Since 1984, electronic projects with the improvisation ensemble "Camorra", amongst others, at the International Festival in Berlin, Valencia and Zagreb. Concerts and recordings with the German Kammerphilharmonie. Toured Europe and USA. Awarded composition commissions by various ensembles (wind instrument ensemble Pro Brass, Upper Austrian Kammerorchester). Music for theatre and performances.*

## Stadtwerkstatt TV

Werkschronologie: Stadtwerkstatt-TV wurde gegründet, um Fernsehen als Werkzeug der Kunst zu nutzen.
1986: gestartet mit der Aktion "Nebenraum" während der Österreichischen Filmtage Wels.
1987: erste Verhandlungen mit Medienpolitikern und ORF um Sendezeit als er weitere Bühne der Ars Electronica. Im Endeffekt muß das Netz selbst installiert werden: Das Projekt "Hauptplatz-TV-Konzert", eine elektronisch unverstärkte Klangerzählung mit der Tiefgaragenbaustelle am Linzer Hauptplatz, wird von drei Kameras gefilmt, live gemischt und auf den großen Fernsehapparat an der Dreifaltigkeitssäule zeitgleich übertragen.
"Hotelevision": Während der Österreichischen Filmtage täglich ein 24-stündiges Live-TV-Programm über die Hotel-TV-Anlage im Welser Hotel Greif. Hotel-TV ist die derzeit einzige legale Privat-TV-Variante in Österreich.
1989: "Automaten-TV": erste Realisation eines Kunst-TV in Österreich, via 3sat in Kooperation mit Ars Electronica, LIVA und ORF. Spielhalle als Fernsehstudio.
1990: Trainingscamp während des Videofestivals "Querspur" in Linz.
"Live in Buffalo/NY", an sechs aufeinanderfolgenden Tagen insgesamt 12 Stunden interaktives Live-TV, 320.000 Haushalte wurden via Kabel kunstvoll beglückt.
1991: "Niemand ist sich seiner sicher": live auf 3sat und FS 2 im Rahmen der Ars Electronica zum Motto "Out of Control". Psychische und materielle Durchleuchtung des Phänomens kontrollierten Lebens.
1992: "Im Teilchendschungel der Wahrscheinlichkeit - Der Teufel steckt im Detail": live auf 3sat und FS 2 im Rahmen der Ars Electronica zum Motto "Endo & Nano". Das Denken in Möglichkeiten.

*Chronology of Works:*
*Stadtwerkstatt TV was founded to use television as a tool for art.*
*1986: Started with the project "Nebenraum" (Adjoining Room) during the Austrian Film Festival in Wels.*
*1987: First negotiations with media politicians and ORF (Austrian Radio and Television) for transmission time as an extended stage of Ars Electronica. Ultimately, the network has to be installed*

*itself: The project "Hauptplatz-TV-Konzert" (Main Square Television Concert), an electronic non-amplified sound narrative with the underground car park construction site in the Main Square in Linz. Filmed by three cameras, mixed live and broadcast simultaneously on a large television set at the Trinity Column Monument.*
*"Hotelevision": During the Austrian Film Festival, a 24-hour live daily TV programme via the hotel-TV installation in the Hotel Greif, in Wels. Hotel TV is at present the only legal private TV alternative in Austria.*
*1989: "Automaten-TV": first realization of art TV in Austria via 3sat, in cooperation with Ars Electronica, LIVA and ORF. Gambling hall as television studios.*
*1990: Training camp during the video festival "Querspur" in Linz.*
*"Live in Buffalo/NY", a total of 12 hours' interactive TV on six successive days, 320.000 households were treated to art via cable TV.*
*1991: "Niemand ist sich seiner sicher" (Nobody is Safe): live on 3sat and Channel 2 in the course of Ars Electronica, in line with the motto "Out of Control". Physical and material analysis of the phenomenon of controlled life.*
*1992: "Im Teilchendschungel der Wahrscheinlichkeit - Der Teufel steckt im Detail" (In the Particle Jungle of Probability - The Devil is in the Nuts and Bolts): live on 3sat and Channel 2 in the course of Ars Electronica, in line with the motto "Endo & Nano". Thinking in possibilities.*

## Christoph Steffner

geboren 1961 in Altenmarkt, A. Christoph Steffner studierte Maschinenbau in Salzburg und Wirtschaft in Linz, sowie Kunst in Linz und Berlin. Seit 1987 beschäftigt er sich mit Maschinen, die „hervorragende geeignet sind, die Poesie des Daseins auf sehr allgemeine Weise zu erfassen. Die Musik kann das schon lange." Christoph Steffner lebt in Madrid und Altenmarkt.

*born in Altenmarkt, A, 1961. He studied engineering in Salzburg, economics and art in Linz and Berlin. Since 1987 he has been involved with machines, which „excessively are suitable to register existence's poetry in a very general way. Music has been able for a long time already." Christoph Steffner lives in Madrid and Altenmarkt.*

## Stelarc

geboren 1946 in Limassol, Zypern. Stelarc (gesetzlich geänderter Name von Stelios Arcadiou) studierte am T.S.T.C. (Kunst und Handwerk), am CAUTECH, R.M.I.T. und an der Universiät von Melbourne. Er lehrte Kunst und Soziologie an der Yokohama International School von 1970 bis 1989, und Bildhauerei und Zeichnen am Ballarat University College. Stelarc erhielt Stipendien von der Myer Foundation Australien und dem Visual Arts/ Crafts Board des Australia Council. Neben anderen sind seine wichtigsten Arbeiten „Amplified Body Events", „Filming the Inside of my Body" und „Third Hand". Seine Arbeiten sind in den Sammlungen zahlreicher Museen und Gallerien vertreten.

*born in Limassol, Cyprus, 1946. Stelarc (legally changed name from Stelios Arcadiou) studied at T.S.T.C. (Arts and Craft), at CAUTECH, R.M.I.T. and Melbourne University. He taught Art and Sociology at Yokohama International School from 1970 thru 1989 and Sculpture and Drawing at Ballarat University College. Stelarc has received grants from The Myer Foundation, Australia, and the Visual Arts/Crafts Board of Australia Council. Amongst others his major works are „amplified body events", „Filming the Inside of My Body" and the „Third Hand" events. His work is in collections of numerous galleries and museums.*

## Simon Stockhausen

geboren 1967 in Köln, D. Simon Stockhausen erhielt von 1972 an Klavierunterricht bei Pischen-Chen und schrieb 1974 seine erste Komposition. Von 1975 an nahm er Saxophonunterricht und tritt seit 1979 als Keyboarder und Saxophonist in Kammermusikwerken von K.H. Stockhausen auf. 1981 erhielt er den Kompositionspreis in Bergamo für das Klavierstück Non-Stop. Seit 1983 gibt er Konzerte mit experimentellem Jazz und schreibt seit 1986 Filmmusiken. 1988 gründete er zusammen mit Markus Stockhausen die Jazz-Gruppe APARIS. Er machte 1989 eine Schallplattenaufnahme bei ECM. Simon Stockhausen tritt weltweit in Konzerten mit dem Stockhausen-Ensmble auf.

*born in Cologne, G, 1967. Simon Stock-hausen had piano lessons with Pischen-Chen from 1972 on and wrote his first composition in 1974. From 1975 on he took saxophone lessons and has performed as keyboard and saxophone player in chamber music works by K.H. Stockhausen. In 1981 he received the composition award at Bergamo for his piano piece Non-Stop. Since 1983 he has performed in concerts with experimental Jazz and has been writing sound tracks. In 1988 he founded together with Markus Stockhausen die Jazz group APARIS. He had a recording at ECM's in 1989. Simon Stockhausen has performed internationally with the Stockhausen Ensemble.*

## Michael Svoboda

geboren 1960 auf der Insel Guam. Michael Svoboda ist in Chicago aufgewachsen und kam 1981 nach Abschluß seines Kompositions- und Dirigierstudiums nach Europa, wo er 1986 in Stuttgart ein Post Graduate Studium für Posaune absolvierte. Neben extensiver Konzerttätigkeit als Solist und in Kammermusikbesetzungen arbeitet er mit mehreren Komponisten zusammen (Zappa, Lachenmann, Eötvös). Seit 1984 arbeitet Michael Svoboda mit K. Stockhausen zusammen und tritt in zahlreichen Konzerten und Uraufführungen als Posaunist auf.

*born on the isle of Guam, 1960. Michael Svoboda was raised in Chicago and came to Europe after having received his degree in composition and conducting. In 1986 he graduated from a post graduate class for trombone at Stuttgart. Beside extensively performing in concerts as a solist and in chamber music orchestras he is collaborating with numerous composers (Zappa, Lachenmann, Eötvös). Since 1984 Michael Svoboda has co-operated with K. Stockhausen and has been performing in a number of concerts and premiers as a trombonist.*

## Karl Svozil

geboren 1965 in Wien, A. Karl Svozil studierte an den Universitäten Heidelberg und Wien, wo er mit einem Dr. phil. der Physik 1981 graduierte. 1982/ 83 war er Gaststudent an der University of California in Berekley und am Lawrence Berekley Laboratory in Kalifornien, 1986 an der Moskauer Staatlichen Universität in Leningrad. 1988 erhielt Karl Svozil den Dozententitel für Theoretische Physik an der TU Wien und ist dort seit 1990 beschäftigt.

*born in Vienna, A, 1956. Karl Svozil studied at University of Heidelberg, Germany, and at University of Vienna, where he graduated as Dr.phil. in Physics in 1981. In 1982/83 he was a visiting scholar at University of California at Berekley and Lawrence Berkeley Laboratory, CA, in 1986 at Moscow State University, Leningrad. In 1988 Karl Svozil received a degree as Dozent in Theoretical Physics at Technical University Vienna and has a permanent position there since 1990.*

## Péter Szeleczki

geboren 1965 in Budapest, H. Péter Szeleczki studierte von 1985 bis 1990 an der Hochschule für Angewandte Kunst in Budapest und nahm 1991 an „Sub Voce", einer Videoausstellung der Budapester Kunsthalle, teil.

*born in Budapest, H, 1965. Peter Szeleczki studied at the Academy of Applied Arts in Budapest from 1985 thru 1990 and took part in "Sub Voce", a video exhibition at the Budapest Art Museum.*

## James Tenney

James Tenney hat ein weites Feld musikalischer Tätigkeit - von seinen frühen Pionierarbeiten in der Computerkunst an den Bell Laboratories in den 60er Jahren (wo er auch psychoakustische Forschung durchführte) und seiner Performance Arbeit in dieser Zeit (Tone Roads Ensemble, Fluxus, New York Annual Avant Garde Festival) bis zu seiner derzeitigen Beschäftigung mit alternativen Stimmsystemen, erweiterter Harmonielehre und der Lehre. Tenney kann sowohl als Komponist, Performer, Theoretiker und Lehrer betrachtet werden. Seit 1975 lebt er in Toronto, wo er an der New York University Komposition unterrichtet.

*The work of James Tenney spans a wide range of musical investigation – from his early pioneering in computer music composition at Bell Laboratories in the 1960's (where he also carried our psychoacoustic research) and his performance work of the same period (Tone Roads Ensemble, Fluxus, New York*

Annual Avant Garde Festival) to his present-day concerns with alternative tuning systems, expanded harmonic theory and teaching. Tenney can equally be considered a composer, performer, theorist and educator. Since 1975, he has resided in Toronto, where he teaches composition at York University.

## Kasper Toeplitz

geboren 1960 in Warschau, PL. Kasper Toeplitz ist autodidakter Elektrobassist und Komponist, der von Penderecki, Scelsi und Rockgruppen wie den „Swans" oder „Godflesh" beeinflußt wurde. Er hat zwei Opern und einige Werke für Kammer- und Orchester-formationen geschrieben. Er hat ein eigenes Ensemble für zeitgenössische Musik gegründet („Transfuge"), so-wie seine eigene Rockband „Sleaze Art". Kasper Toeplitz lebt und arbeitet in Paris.

*born in Warsaw, PL, 1960. Kasper Toeplitz is an autodidact electric bassist and composer, who is influenced by Penderecki, Scelsi and rock groups like „Swans" or „Godflesh". He has written two operas and several works for chamber and orchestral formations. He has founded his own contemporary music ensemble „Transfuge" as well as his own rock band „Sleaze Art". Kasper Toeplitz lives and works in Paris, F.*

## Ichiro Tsuda

geboren 1953 in Okayama, Japan. Tsuda erhielt sein Doktorat der Wissenschaften in Physik und den MS der Physik an der Kyoto Universität, sowie einen BS in Physik an der Ohsaka Universität. Er forschte an der Japan Society for Promotion of Science und war als Forschungsleiter an der Research Development Corporation von Japan tätig. Derzeit arbeitet er an Dynamik- und Informationsverarbeitung von Nonequilibrum neuralen Netzwerken sowie an einem Chaos-Gedächtnis-modell, an Meßkomplexität und allgemeiner Gehrintheorie. Ichiro Tsuda ist Gastprofessor am Department of Artificial Intelligence an der Fakultät für Computerwissenschaften des Kyushu Instituts für Technologie.

*born in Okayama, Japan, 1953. Ichiro Tsuda has received a degree as Doctor of Science in Physics and a Master of Science in Physics from Kyoto University, as well as a Bachelor of Science in Physics from Ohsaka University. He has researched at Japan Society for Promotion of Science, at Reserach Development Corporation of Japan as a research leader und is currently working on Dynamics and Information Processing of Nonequilibrium Neural Networks, as well as on a Chaotic Memory Model, Measuring Complexity and General Brain Theory. Ichiro Tsuda is Associate Professor at the Department of Artificial Intelligence at the Faculty of Computer Sciences at Kyushu Institute of Technology.*

## Steina Vasulka

geboren 1940 in Island. Steina be-suchte das Musik-Konservatorium in Prag von 1959 bis 1963 und trat 1964 dem Isländischen Symphonieorchester bei. Im darauffolgenden Jahr zog sie in die Vereinigten Staaten und war an der Entwicklung der elektronischen Künste seit 1970 beteiligt, sowohl als Mit-gründerin von The Kitchen, einem wichtigen Ausstellungszentrum in New York, als auch als ständige Erforscherin von Möglichkeiten zur Schaffung und Steuerung elektronischer Bilder mithilfe eines weiten Spektrums an technologischem Werkzeug und ästhetischen Belangen. Ihre Bänder wurden in den USA und Europa oftmals ausgestellt und gesendet, und 1978 hatte sie eine Ausstellung, Machine Vision, in der Albright-Knox Galerie in Buffalo, NY. 1976 war sie Guggenheim Stipendiatin und hat verschiedene andere Stipendien erhalten. Seit 1980 lebt Steina in Santa Fe, NM, wo sie eine Reihe von Videobändern produziert, die sich auf das Land beziehen, als auch eine Installation mit dem Titel „The West". Zur Zeit arbeitet sie an einer Installation mit dem Titel „Scapes of Paradox". Vor kurzem hat sie sechs Monate in Japan verbracht und arbeitet derzeit an einer Video Installation, die auf den aus dem Orient mitgebrachten Bildern basiert.

*born in Iceland, 1940. Steina attended the Music Conservatory in Prague from 1959 to 1963 and joined the Icelandic Symphony Orchestra in 1964. She came to the USA the following year and has participated in the development of the electronic arts since 1970, both as a co-founder of The Kitchen, a major exhibition center in NYC, and as a continuing explorer of the possibilities for the generation and manipulation of the electronic image through a broad range of technological tools and aesthetic concerns. Her tapes have been exhibited and broadcast extensively in the USA and Europe, and in 1978 she had an exhibit, Machine Vision, at the Albright-Knox Art Gallery in Buffalo, NY. She was a Guggenheim Fellow in 1976 and has received various other grants. Since moving to Santa Fe, NM, in 1980 Steina has produced a series of video tapes relating to the land, and an installation entitled The West. She is currently working on another installation work: Scapes of Paradox. Recently she spent six months in Japan and currently is working on a video installation based on images brought back from the orient.*

## Woody Vasulka

geboren in Brünn, CFSR. Woody Vasulka studierte dort Metall-Technologie und Hydraulische Mechanik an der Schule für Industrie-Maschinenbau. Danach trat er in die Fakultät für Film und Fernsehen an der Akademie der Darstellenden Künste in Prag ein, wo er als Regisseur und Produzent für Kurzfilme zu arbeiten begann. 1965 emigrierte er in die USA und arbeitete als freiberuflicher Film-Cutter während der nächsten Jahre. 1967 begann er mit elektronischem Sound, stroboskopischem Licht und (zwei Jahre später) mit Video zu experimentieren. 1974 wurde er Fakultätsmitglied des Center for Media Study an der State University of New York in Buffalo und begann seine Erforschungen computergesteuerter Videos mit der Konstruktion des „Image Articulator", einem digitalen Echtzeit-Video-Werkzeug. Zusammen mit Steina hatte Woody Vasulka The Kitchen gegründet, ein New Yorker Medienzentrum, und hat an vielen wichtigen Video-Aussteungen in den Staaten und Europa teilgenommen, hat Vorlesungen und Vortäge gehalten und Artikel veröffentlicht, Musik komponiert und zahlreiche Videobänder hergestellt. 1979 erhielt er das Guggenheim Stipendium und lebt derzeit in Santa Fe, NM. Seit er dort lebt hat er drei Videobänder produziert: Artifacts, The Commission und The Arts of Memory. Derzeit arbeitet er an einem neuen, computerunterstützten Werk mit dem Titel Brotherhood.

*born in Brno, CSFR. Woody Vasulka studied metal technologies and hydraulic mechanics at the School of Industrial Engineering there. He then entered the Academy of Performing Arts, Faculty of Film and Television in Prague, where he began to direct and produce short films. He emigrated to the USA in 1965 and freelanced in NYC as a film editor for the next few years. In 1967 he began experiments with electronic sounds, stroboscopic lights and (two years later) with video. In 1974 he became a faculty member of the Center for Media Study at State University of New York, Buffalo, and began investigations into computer controlled video, constructing „The Image Articulator", a real-time digital video tool. With Steina he founded The Kitchen, a NYC media Theater, and has participated in many major shows in the States and abroad, given lectures, published articles, composed music and made numerous video tapes. He is a 1979 Guggenheim Fellow currently residing in Santa Fe, NM. Since his move, he has produced three video tapes, Artifacts, The Commission and The Art of Memory. He is now working on a new, largely computer assisted work, entitled Brotherhood.*

## Akke Wagenaar

geboren 1958 in den Niederlanden. Akke Wagenaar studierte Ingenieurwesen und Logik an der Universität Amsterdam, audiovisuelle Kunst an der Gerit Rietveld Akademie in Amsterdam und Photographie und Schreiben an der Cooper Union Art School in New York. Seit 1990 arbeitet und unterrichtet sie am Institut für Neue Medien in Frankfurt/Main. Ihre Arbeiten wurden in verschiedenen Ausstellungen in den Niederlanden und Deutschland gezeigt. Sie erhielt zwei Stipendien vom Dutch Fonds voor Beldende Kunsten. Seit 1989 beschäftigt sie sich mit dem Schwerpunkt Computerkunst. Akke Wagenaar schreibt ihre eigene Software und arbeitet derzeit an der Entwicklung von auf Regeln basierenden Systemen, deren Möglichkeiten zur automatisierten Kunstproduktion sie untersucht.

*born in the Netherlands, 1958. Akke Wagenaar studied engineering and logic at University of Amsterdam, audiovisual art at the Gerrit Rietveld Akademie in Amsterdam, photography and writing at Cooper Union Art School in NYC. Since 1990 she works and teaches at the Institut für Neue Medien in Frankfurt/ Main. Her work was shown at various exhibitions in the Netherlands and Germany. She received two grants from the Dutch Fonds voor Beeldende Kunsten. Since 1989 her work focuses on computer art. Writing her own software, Akke Wagenaar is momentarily working on the development of rule based systems and researching their possibilities for automated production of art.*

## Kurt Walz

Diplomphysiker, Software-Spezialist. Seit zehn Jahren Entwicklung von Laser-Grafik-Software für Friedrich Förster.

*Diploma in physics, software specialist. For ten years, development of laser graphics software for Friedrich Förster.*

## Eva Maria Weber

geboren 1956. Eva Weber ist Diplom-Soziologin (Volkswirtschaftslehre, Statistik, Psychologie) und war 1990 Redakteurin der „tageszeitung" in Berlin tatig. Seither lebt sie als freie Journalistin mit den Schwerpunkten Kunst und Wissenschaft.

*born in 1956. Eva Weber has a BA for sociology (national economics, statistics, psychology) and was editor of the Berlin daily „tageszeitung". Since then she lives as a freelance journalist with the emphasis on art and science.*

## Peter Weibel

geboren 1945 in Odessa. Peter Weibel studierte Literatur, Medizin, Logik und Philosophie in Paris und Wien und schrieb seine Dissertation über mathematische Logik. Von 1976 bis 1981 war er Lektor für „Theorie der Form" und ab 1981 Gastprofessor für Gestaltungslehre und Bildnerische Erziehung an der Hochschule für Angewandte Kunst Wien, sowie Gastprofessor am College of Art and Design Halifax in Canada. 1979/80 war er

Gastprofessor für Medienkunst, 1981 Lektor für Wahrnehmungstheorie und 1983 Professor für Fotografie an der Gesamthochschule Kassel. Seit 1984 ist Peter Weibel Professor für Visuelle Mediengestaltung an der Hochschule für Angewandte Kunst Wien und seit 1985 Associate Professor for Video and Digital Arts am Center for Media Study der University of New York in Buffalo. Seit 1989 leitet er als Direktor das Institut für Neue Medien an der Städelschule in Frankfurt/M. Peter Weibel hat zahlreiche Publikationen herausgegeben und veröffentlicht, u. a. „Wiener Aktionismus und Film" (mit Valie Export), Wien 1970, „Die Beschleunigung der Bilder", Bern 1987, „Vom Verschwinden der Ferne" (mit Edith Decker), Köln 1990 oder „Das Bild nach dem letzten Bild" (mit Christian Meier), Köln 1991.

*born in Odessa, 1945. Peter Weibel studied literature, medicine, logics and philosophy in Paris and Vienna and wrote his thesis on mathematical logics. From 1976 thru 1981 he was lecturer for „theory of form" and from 1981 on Assiciate Professor for design and art education at the Academy of Applied Arts Vienna, as well as Guest Professor at College of Art and Design Halifax in Canada. In 1979/80 he was Guest Professor for media art, in 1981 lecturer for perception theory and in 1983 Professor for photography at Gesamthochschule Kassel. Since 1984 Peter Weibel has been Professor for visual media design at the Academy of Applied Arts Vienna and since 1985 he is Associate Professor for Video and Digital Arts at the Center for Advanced Studies at University of New York Buffalo. Since 1989 he is director of the Institut für Neue Medien at Städelschule Frankfurt/ Main. Peter Weibel has edited and published nuermous publications, e.g. „Wiener Aktionismus und Film" (with Valie Export) Vienna 1970, „Die Beschleunigung der Bilder" Bern 1987, „Vom Verschwinden der Ferne" (with Edith Decker) Cologne 1990, or „Das Bild nach dem letzten Bild" (with Christian Meier) Cologne 1991.*

## Dietmar Wiesner

geboren 1955. Dietmar Wiesner studierte Flöte an der Meisterklasse Paul Meisen der Musikhochschule Detmold und belegte Meisterkurse bei Aurele Nicolet und Jean-Pierre Rampal. Seit 1980 ist er Musiker und Geschäftsführer mit Schwerpunkt Programmkonzeption des Ensemble Modern in FrankfurtM. Dietmar Wiesner hatte zahlreiche Auftritte bei internationalen Festivals und war als Solist mit dem Ensemble 13 Karlsruhe bei Tourneen in Europa, Asien und Südamerika unterwegs. Er nahm zahlreiche Schallplatteneinspielungen mit dem Arditti-Quartett in London auf und arbeitet mit Komponisten und Dirigenten wie Pierre Boulez, Peter Eötvös, Heiner Goebbels, Hans-Werner Henze oder Görgi Ligeti.

*born in 1955. Ditmar Wiesner studied flute with Paul Meisen at Musikhochschule Detmold and attended seminars with Aurele Nicolet and Jean-Pierre Rampal. Since 1980 he is a musician and director of the Ensemble Moderne in Frankfurt/Main, with the emphasis on program conception. Dietmar Wiesner has had numerous performances at international festivals and has been as a solist with the Ensemble 13 Karlsruhe on tours in Europe, Asia, and South America. He had numerous recordings with the Arditti Quartet in London and has cooperated with composers like Pierre Boulez, Peter Eötvös, Heiner Goebbels, Hans Werner Henze or György Ligeti.*

## MaLin Wilson

MaLin Wilson ist unabhängige Kuratorin, Schreiberin und Herausgeberin, die seit 1972 als Kuratorin arbeitet. Nach ihrem Abgang von der University of Arizona mit einem BA in Kunstgeschichte und Kulturanthropologie, machte sie ihren Abschluß an der University of Wisconsin (MA). 1973 erhielt sie ein Stipendium des Toledo Museum of Art und zog nach New Mexico, wo sie unter anderem als Kuratorin des Museum for Fine Arts in Santa Fe und als Leiterin der Jonson Gallery für zeitgenössische Kunst an der Universität von New Mexico tätig war. MaLin Wilson hat über zwanzig Ausstellungen kuratiert und hunderte von Artikeln veröffentlicht.

*MaLin Wilson is an independent curator, writer and editor, who has been working as a curator since 1972. After receiving her BA from the University of Arizona in Art History and Cultural Anthropology,* *she received a MA degree from the University of Wisconsin. Following a Fellowship at the Toldeo Museum of Art, she moved to New Mexico in 1973, where her appointments have included Curator at the Museum of Fine Arts, Santa Fe, and Director of the Jonson Gallery, the contemporary branch of the University Art Museum, University of New Mexico. MaLin Wilson has curated over twenty exhibitions with catalogues and hundreds of articles.*

## Duncan Youngerman

geboren 1956 in Paris. Duncan Youngerman studierte am Berklee College of Music in Boston, USA, und hat von 1979 bis 1981 Filmmusik komponiert. 1982 war er Assistent bei Robert Wilson für „Civil Wars" und hat in den achtziger Jahren zahlreiche Werke für Kammermusik und Orchesterformationen komponiert. Von 1988 bis 1991 war er beim Rhys Chatham Ensemble in Paris als Elektrogitarrist tätig und hat 1989 den „Bourse Leonardo da Vinci" der französichen Regierung erhalten, ein Stipendium für einen Kompositionsaufenthalt in Budapest. Zu seinen wichtigsten Werken gehören „Le Nain Rouge", „Stratocaster", „L'An I" und „Le Triomphe de l'Amour".

*born in Paris, F, 1956. Duncan Youngerman studied at Berklee College of Music in Boston, USA, and composed film scores from 1979 thru 1981. In 1982 he was as an assistant working with Bob Wilson on „Civil Wars". During the eighties he has composed numerous works for various chamber and orchestral formations. From 1988 thru 1991 he played electric guitar with the Rhys Chatham ensemble in Paris and received the „Bourse Leonardo da Vinci" from the French government, a grant for a stay in Budapest to compose, in 1989. Amongst his most important works there are „Le Nain Rouge", „Stratocaster", „L'An I" and „Le Triomphe de l'Amour".*

## Slavoj Zizek

geboren 1949 in Ljubljana. Slavoj Zizek ist Philosoph und Psychoanalytiker und Begründer der slowenischen Lacan-Schule. Seine Hauptarbeitsfelder liegen in der psychoanalytisch orientierten Lesart der Philosophietradition, der psychoanalytisch orientierten Annä-

herung an ideologische und politische Phänomene, sowie der psychoanalytischen Theorie des zeitgenössischen Films und der Pop-Kultur. Slavoj Zizek ist Herausgeber der deutschsprachigen Zeitschrift der Lacan-Schule „Wo es war".

*born in Ljubljana, YU, 1949. Slavoij Zizek is a philosopher and psychoanalyst and the founder of the Slovenian Lacan school. His work's main emphasis is put on psychoanalytically oriented versions of philosophical traditions, psychoanalytically oriented approach to ideological and political phenomenons, as well as psychoanalytical theories of contemporary film and pop culture. Slavoj Zizek is publisher of the German-language Lacan school magazine „Wo es war".*